Deepen Your Mind

# 推薦序一

Java，作為歷久不衰的程式語言，以其物件導向、跨平台、分散式、高性能、元件化、動態特性等諸多特點，在企業計算、個人計算、行動計算等領域，一直備受開發者青睞。以 Java 語言為藍本，在軟體工程方法、設計模式等領域的迭代與發展，更是層出不窮。Java 語言，在近三十年的發展歷程中，形成了諸多被工業界廣泛接受的標準和框架，為開發大型應用提供了便利，隱藏了電腦底層技術的複雜性，使開發者可以更專注於業務邏輯，可以快速、高效率地開發應用，以及穩定、可靠地運行應用。因此，在軟體產業中，多年來也培養出、成長起一大批具有 Java 開發背景的軟體工程師、架構師、管理者。這些從業者形成了強大的 Java 開發者社區，推動著 Java 語言不斷向前發展。

歷史的車輪不斷向前，從傳統的企業計算，到雲端運算，再到霧計算，計算無處不在。應用架構從傳統的單體應用、三層架構走向分散式、微服務、無伺服器架構，架構不斷演變，從「大而全」轉向「小而多」，便於應用的快速開發、迭代、整合、上線。因此，對程式語言及其開發框架來說，也提出了適應時代發展的新要求，比如為了使應用可以更快地啟動、執行時期佔用更少的記憶體以便大量的應用可以同時運行，語言及其框架需要做出一些改變，等等。傳統的 Java 框架在這種新需求下顯得有些「厚重」了，如何讓其「瘦身」，成為 Java 社區的熱點。

Quarkus 正是在這樣的背景下應運而生的，我們可以稱它為雲端原生時代的 Java 框架，或「超音速次原子 Java 框架」，這恰恰說明了 Quarkus 的兩個最重要的特點，一個是「快」，一個是「小」。具體的 Quarkus 是什麼？它有哪些優點？它是如何應用的？相信你一定很好奇，帶著疑問閱讀本書，你必將收穫良多。

本書作者以大量的親身實踐，帶讀者掌握 Quarkus 技術、走進雲端原生應用程式開發的世界。願我們一起擁抱雲端原生、擁抱未來！

張家駒
紅帽中國首席架構師

# 推薦序二

在當今這個追求效率和便捷性的網際網路時代，閱讀這樣一本用心撰寫的 IT 圖書，讓我獲益匪淺。作者圖、文、碼並茂地介紹了 Quarkus 開發相關知識，可以讓讀者在追求企業微服務系統規劃實施的道路上實現快速學習、彎道超車。

在本書中，詳細說明了在微服務應用程式開發和架構設計中 Quarkus 是如何結合 Redis、MongoDB、Kafka、Message Queue 和 Vert.x 等相關框架，讓讀者在學習 Quarkus 知識的同時，具備讓 Quarkus 實際實施的能力。我在讀完本書後，對作者在微服務系統架構設計、規劃實施及管理整合上展現出的能力，感到欽佩不已。

最後，本書最讓我印象深刻的是，作者在介紹 Quarkus 時所表現出的整體結構規劃和深入淺出的表達，這些都讓我這個 IT 老兵能迅速把握書中要點。期待作者持續創作，不斷寫出在 IT 界有影響力的圖書。

陳明儀（*Simon Chen*）
亞馬遜雲端科技專業顧問服務團隊經理

# 前言

## ♣ 適合讀者群

本書適合對 Quarkus 感興趣且想在這方面獲得更多知識或實現更多想法的 IT 從業者。

初級讀者，可以透過本書知道如何使用 Quarkus 進行 Web、Data 和 Message 方面的開發，能非常迅速、高效、簡單地架設一個微服務應用系統。

中級讀者，如具有豐富開發經驗的軟體開發工程師等，可以透過本書獲得對 Quarkus 的全面認識，能建構安全的、整合的、伸縮性和容錯能力強的雲端原生應用。

進階讀者，如具有豐富經驗的架構師和分析師，可以透過本書知道 Quarkus 的核心特性，能利用這些特性遊刃有餘地建構響應式的、高可靠的、高可用的、維護性強的雲端原生架構系統。

本書尤其適合在 Spring 上已經有經驗累積的工程師，他們幾乎可以零成本地又掌握一套基於 Java 語言的雲端原生開發工具。從筆者的角度來看，Quarkus 非常容易上手，讀者如果有一些工作經驗，曾經用類似的工具（如 Spring 等）進行過軟體開發，那麼將能非常快速地掌握 Quarkus 的使用方法。

## ♣ 本書定位

本書是一本 Quarkus 開發指南，簡單地說，就是告訴讀者如何快速、高效和精準地進行 Quarkus 開發。本書中實踐內容佔九成，而理論知識提及較少，因此本書是一本實踐性和可操作性強的圖書。本書既可以作為學習 Quarkus 的教學，也可以作為架構師的參考手冊，以備不時之需。

本書以案例為基礎，包含了案例程式的原始程式、講解和驗證。針對各個案例，筆者並沒有簡單地貼原始程式，而是以原始程式、圖示和文字説明相結合的方式進行了詳細解析，幫助讀者了解案例整體想法和設計意圖。

Quarkus 官網上有非常多案例，讓人眼花繚亂，那麼筆者為什麼會選擇書中的這些案例進行講解呢？這是因為筆者根據自己的實際工作經驗進行了篩選。如果要開發一個雲端原生微服務應用，那麼需要網路支援、資料支援（包括關聯式資料庫、快取資料庫、NoSQL 資料庫等）和安全框架，實現這些基本上就能夠完成一個雲端原生微服務系統的大部分功能。如果涉及非同步處理或事件處理，還可以加上一個訊息元件或流元件。更進一步地，如果還有更進階的用法，那就接著增加容錯、監控、非阻塞等元件。上述這些知識基本上都被筆者精選的案例所囊括。可以說，筆者選擇的案例已經可以覆蓋 80%~90% 的雲端原生微服務應用程式開發相關內容。

本書中反覆提及 Java 的規範和標準。在 IT 世界中，各種開放原始碼平台和產品層出不窮，而且進行著快速迭代。學習每個平台和產品都需要時間成本和投入精力，但是很多時候往往是，開發者非常辛苦地學習了一套平台的用法，沒想到稍過一段時間，就發現所學技術或技能已經落後。而在 Java 領域中，學習相關規範和標準能讓學習成本變低，讓我們更快、更容易地學習技術和技能。

## ✤ 如何使用本書

本書中的每個案例都是一個故事，講故事有很多種方法，就好似不同的導演拍同一個電影題材所展現給觀眾的故事都不一樣。筆者講故事的整體想法是這樣的：首先概述這個故事的目的、組成、環境（上下文）；然後重點分析這個故事的要點及實現，還會提供一兩張圖來描述整個故事的發展過程；最後筆者會列出驗證環節的實現。這樣讀者花非常少的時間和精力就可以進行具體的實踐。

本書還是一本軟體程式設計書。程式設計是一項實踐性強的活動，講 100 句道理也不如寫上 10 行程式。本書中的每個案例都有驗證環節，也就是讓讀者親手實踐，而且針對這些環節，筆者還準備了相關程式，讀者可以看到結果是否與設想一致。讀者也許很容易就能看明白書中的文字和圖示部分，可是具體實操時，卻發現好像不是那麼回事，筆者也曾經歷過這樣的事。因此，要不斷地分析、校正，在踩過無數個「雷」後，最終實現自己想要的效果。筆者篤信：紙上得來終覺淺，絕知此事要躬行。這也是程式設計的真諦。

在開始具體的案例之旅前，筆者強烈建議讀者閱讀第 2 章的「2.4 應用案例說明」一節，其中包含了各個具體案例的整體說明，是關於所有案例的應用場景、原則和規則的通用說明。讀者若能明白這些內容，就能更輕鬆、方便、高效率地了解各個案例的核心含義，從而達到事半功倍的效果。

## ✤ 本書結構

本書總共 12 章，首先是 Quarkus 概述，可以讓讀者從整體上認識 Quarkus；其次是對 Quarkus 的初探；再次是本書的主要部分，將詳細講解如何在 Quarkus 中進行 Web、Data、Message、Security、Reactive、Tolerance、Health、Tracing、Spring 整合等應用場景的開發和實現；接著將介紹 Quarkus 在雲端原生應用場景下的實施和部署；最後引出一個更進階的話題——Quarkus Extension。各章簡介如下。

### 第 1 章　Quarkus 概述

首先將介紹 Quarkus 的概念和特徵；其次將簡單介紹 Quarkus 的整體優勢；再次將說明 Quarkus 的適用場景、目標使用者和競爭對手；接著將探討為什麼 Java 開發者會選擇 Quarkus；最後將介紹 Quarkus 的架構和核心概念。

## 第 2 章　Quarkus 開發初探

首先將列出開發 hello world 微服務全過程；其次將介紹 Quarkus 開發基礎，主要使用 6 個基礎開發案例來進行講解；再次將介紹用 Quarkus 實現 GoF 設計模式的案例；最後是對應用案例的整體說明，可以認為這部分內容是整本書實戰案例的導讀。

## 第 3 章　開發 REST/Web 應用

將分別介紹如何在 Quarkus 中開發 REST JSON 服務、增加 OpenAPI 和 SwaggerUI 功能、撰寫 GraphQL 應用、撰寫 WebSocket 應用，包含案例的原始程式、講解和驗證。

## 第 4 章　資料持久化開發

將分別介紹如何在 Quarkus 中使用 Hibernate ORM 和 JPA 實現資料持久化、使用 Java 交易、使用 Redis Client 實現快取處理、使用 MongoDB Client 實現 NoSQL 處理、使用 Panache 實現資料持久化等，包含案例的原始程式、講解和驗證。

## 第 5 章　整合訊息流和訊息中介軟體

將分別介紹如何在 Quarkus 中呼叫 Apache Kafka 訊息流、建立 JMS 應用實現佇列模式、建立 JMS 應用實現主題模式和建立 MQTT 應用等，包含案例的原始程式、講解和驗證。

## 第 6 章　建構安全的 Quarkus 微服務

首先將對微服務 Security 進行概述並介紹 Quarkus 的 Security 架構；其次將分別介紹如何在 Quarkus 中實現基於檔案儲存使用者資訊的安全認證、基於資料庫儲存使用者資訊並採用 JDBC 獲取的安全認證、基於資料庫儲存使用者資訊並用 JPA 獲取的安全認證、基於 Keycloak 實現認證和授權、使用 OpenID Connect 實現安全的 JAX-RS 服務、使用 OpenID Connect 實現安全的 Web 應用、使用 JWT 加密權杖、使用 OAuth 2.0 實現認證等，包含案例的原始程式、講解和驗證。

## 第 7 章　建構響應式系統應用

首先將簡介響應式系統；其次將簡介 Quarkus 響應式應用；再次將分別介紹如何在 Quarkus 中建立響應式 JAX-RS 應用、響應式 SQL Client 應用、響應式 Hibernate 應用、響應式 Redis 應用、響應式 MongoDB 應用、響應式 Apache Kafka 應用、響應式 AMQP 應用等，包含案例的原始程式、講解和驗證；最後將介紹 Quarkus 響應式基礎框架 Vert.x 的應用，包含案例的原始程式、講解和驗證。

## 第 8 章　Quarkus 微服務容錯機制

首先將簡介微服務容錯；然後將介紹如何在 Quarkus 中開發包括重試、逾時、回復、熔斷器和隔艙隔離等微服務容錯的應用，包含案例的原始程式、講解和驗證。

## 第 9 章　Quarkus 監控和日誌

首先將介紹 Quarkus 中的健康監控，其次將介紹 Quarkus 中的監控度量，最後將介紹 Quarkus 中的呼叫鏈日誌。這些應用都包含案例的原始程式、講解和驗證。

## 第 10 章　整合 Spring 到 Quarkus 中

將分別介紹如何在 Quarkus 中整合 Spring 的 DI 功能、Web 功能、Data 功能、安全功能，以及獲取 Spring Boot 的設定檔屬性功能、獲取 Spring Cloud 的 Config Server 設定檔屬性功能，包含案例的原始程式、講解和驗證。

## 第 11 章　Quarkus 的雲端原生應用和部署

將分別介紹如何在 Quarkus 中建構容器映像檔、生成 Kubernetes 資源檔、生成 OpenShift 資源檔、生成 Knative 資源檔等，包含案例的原始程式、講解和驗證。

第 12 章　進階應用 -- Quarkus Extension

首先將概述 Quarkus Extension；然後將介紹如何建立一個 Quarkus 擴充應用，包含案例的原始程式、講解和驗證；最後是一些關於 Quarkus Extension 的說明。

## ✤ 參考文獻

將列出本書參考文獻，以及本書中會涉及的基於 Quarkus 應用的軟體或平台，如果讀者需要了解更多細節，可以查閱相關文獻和資料。

## ✤ 後記

Quarkus 還處於不斷發展的過程中，本部分將告訴讀者如何使本書中的案例與 Quarkus 版本保持同步更新。

## ✤ 勘誤和支持

由於筆者水準有限，而且本書中所描述的產品也在快速發展過程中，因此書中的紕漏和錯誤在所難免，希望讀者能給予批評和指正。筆者的聯繫方式為 rengang66@sina.com。

# 目錄

# 06 建構安全的 Quarkus 微服務

## 07 建構響應式系統應用

# 10 整合Spring 到 Quarkus中

# 11 Quarkus 的雲端原生應用和部署

# 12 進階應用 --
Quarkus Extension

# Quarkus 概述

最近幾年，隨著 Go、Node 等新語言、新技術的出現，Java 作為服務端開發語言的地位受到了挑戰。雖然 Java 的市場地位在短時間內並不會發生改變，但 Java 社區還是將挑戰視為機遇，並努力、不斷地提高自身應對高併發服務端開發場景的能力。

## 1.1 Quarkus 的概念和特徵

Quarkus 的概念定義有多個方面的解釋，本書採用的是官方定義：Quarkus 是一個全端 Kubernetes 雲端原生 Java 開發框架，Quarkus 可以配合 Java 虛擬機器做本地應用編譯，它是專門針對容器進行最佳化的 Java 框架。Quarkus 可以促使 Java 成為 Serverless（無服務）、雲端原生和 Kubernetes 環境中的高效開發基礎。

Red Hat 官網將 Quarkus 定位為超音速次原子 Java，宣稱這是一個用於撰寫 Java 應用且以容器優先的雲端原生框架，其核心特點如下。

- 容器優先（Container First）：以 Quarkus 為基礎的 Java 應用程式佔用的空間很小，很適合在容器中執行。
- 雲端原生（Cloud Native）：支持在 Kubernetes 等環境中採用十二要素。

- 統一命令式和響應式（Unify Imperative and Reactive）：在統一的程式設計模型下實現非阻塞式和命令式開發模式的協作。
- 以 Java（Standards-based）標準為基礎：以 Java 標準為基礎和實現這些標準的翹楚框架，如 RESTEasy 和 JAX-RS 標準、Hibernate ORM 和 JPA 標準、Netty、Eclipse Vert.x、Eclipse MicroProfile、Jakarta EE 等。
- 微服務優先（Microservice First）：可以實現 Java 應用快速啟動和 Java 程式的迅速迭代。
- 開發者的樂趣（Developer Joy）：以開發體驗為核心，讓開發者的應用程式能迅速生成、測試和投入應用。

為什麼會出現 Quarkus 呢？這還要從 Java 的歷史談起。

Java 誕生於 20 多年前，軟體產業在這 20 年裡經歷了多次革命，但 Java 總是能夠自我改造以與時俱進。多年來，大多數應用程式都執行在擁有大量 CPU 和記憶體資源的大型電腦和伺服器上，在這種環境條件下，應用程式都獨自佔有 CPU 和記憶體。可是現在應用程式執行在虛擬化雲端上或容器中，其受限於環境、資源分享等要求，單位面積執行應用程式的密度發生了變化。每個節點都會盡可能地多執行小型應用程式（或微服務），並透過增加更多的應用實例而非獲得更強大的單一實例來進行擴充。

20 年前設計的 Java 已經不太適合這種新環境。當年 Java 的核心理念是跨平台執行，Java 應用程式被設計成可以全天候執行數月甚至數年，JIT 隨著時間的演進最佳化執行，GC 有效地管理記憶體⋯⋯但是所有這些特性都有代價。當部署 20 或 50 個微服務而非一個應用程式時，執行 Java 應用程式所需的記憶體和啟動時間就需要特別注意了。在引入微服務和高分散式架構後，啟動時間甚至成為區分 Java 框架優劣的主要標示。同時，伴隨著雲端平台和容器技術不斷運用到軟體開發中，計算和記憶體資源消耗情況同樣也成為技術選型的主要重點。這些重點並不是 Java 虛擬機器（JVM）本身的缺陷，而是需要重新打造 Java 生態系統。

Quarkus 就是 Java 重新改造後的產物，這是一個以 Java 雲端原生為基礎的開發框架，它配合 Java 虛擬機器做本地應用編譯並專門針對容器進行了最佳化，使 Java 成為 Serverless、雲端原生和 Kubernetes 環境中的高效開發基礎。可以説，Quarkus 推動了 Java 在雲端原生開發方面的運用，使 Java 這門古老的程式語言再一次煥發了青春。

Quarkus 建議推廣「提前技術」。當建構 Quarkus 應用程式時，一些通常在執行時期處理的工作會提前轉移到建構時。因此，當應用程式執行時期，所有的執行初始化內容都已經預先準備好，所有的註釋掃描、XML 解析等都不會再執行。這樣做帶來了兩個直接的好處：啟動快多了和記憶體消耗低多了。

因此，如圖 1-1 所示，Quarkus 確實針對基礎設施進行了一些改造。首先其用於支持建構時中繼資料發現（如註釋），宣告哪些類別在執行時期需要反射。Quarkus 在建構時啟動，並且通常無條件地提供大量的 GraalVM 最佳化。事實上，由於所有這些中繼資料，Quarkus 可以設定原生編譯器，例如 SubstrateVM 編譯器，為 Java 應用程式生成原生可執行程式檔案，消除一些死程式，最終的結果就是可執行檔更小、啟動更快、使用的記憶體更少。

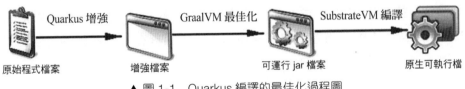

▲ 圖 1-1　Quarkus 編譯的最佳化過程圖

Quarkus 還提供了很好的開發者體驗。其統一了響應式和命令式程式設計方式，以便可以在同一個應用程式中混合正常 JAX-RS 和針對事件的程式。最後，Quarkus 與很多流行的框架相容，比如 Eclipse Vert.x、Apache Camel、Undertow……

# 1.2 Quarkus 的整體優勢

Quarkus 的價值主要表現在以下 4 個方面。

## 1. 節省資源、節省成本

Quarkus 受推崇的原因是節省成本。Quarkus 和傳統 Java 框架相比佔用的記憶體更少、啟動更快，甚至其性能獲得了數百倍的大幅度提升。IDC 的驗證報告證實了這些好處。使用 Quarkus JVM（虛擬機器模式）和 Quarkus Native（原生模式），可以透過降低記憶體消耗和縮短啟動時間來節省成本，從而提高 Kubernetes Pod 的部署密度並降低記憶體使用率。另外，Quarkus 的定位是針對雲端開發，因此其必須符合 Serverless、高密度 Kubernetes 容器和雲端原生應用等新應用程式開發模式下對資源和速度的需求。在生產環境中使用 Quarkus 來節省成本，這是使用者一致認可的 Quarkus 的第一大價值。節省運算資源和開發工時，對使用者尤其對公有雲使用者來講就是實實在在省錢了，這顛覆了之前引入新技術需要額外投入更多資源的觀點。

Quarkus 運行維護成本也較低。原生模式下執行的 Quarkus── 使用 GraalVM 建立的，不在傳統 JVM 上執行的，獨立、可最佳化的可執行檔 ── 的成本可以節省 64%，而在 JVM 上執行時期，成本可以節省 37%。這些成本的節省還來自容器使用率，並且只在需要資源的時候使用資源。

## 2. 較強的技術優勢

Quarkus 提供了顯著的執行時期效率（以 Red Hat 測試為基礎），表現在：①快速啟動（幾十毫秒），允許自動擴充、減少容器和 Kubernetes 上的微服務，以及 FaaS 現場執行；②低記憶體使用率有助最佳化需要多個容器的微服務架構部署中的容器密度；③較小的應用程式和容器映像檔佔用空間。

開發者在使用 Quarkus 時，最初可以發現它提高了記憶體使用率，因為 Java 曾被認為啟動時使用了過多記憶體，並且與羽量級應用不相容。研究發現，Quarkus Native 減少了 90% 的啟動記憶體使用量，Quarkus JVM 減少了 20%。在虛擬機器和原生模式下，啟動時節省的記憶體會在相同的記憶體佔用情況下帶來更高的輸送量，這表示在相同的記憶體量下可以完成更多的工作。由於使用 Quarkus Native 的開發者可以獲得多 8 倍的 Pod，而使用 Quarkus JVM 的開發者可以獲得多 1.5 倍的 Pod，因此透過使用 Quarkus，客戶可以用相同數量的資源做更多的事情，並且可以使用相同數量的記憶體部署更多的應用。部署密度和降低記憶體使用率是 Quarkus 為容器最佳化 Java 的幾個關鍵方法。

另外，Quarkus 的啟動非常快——Quarkus Native 比一般的 Java 框架快 12 倍，比 Quarkus JVM 快 2 倍。這使得應用對負載變化的回應更迅速，在大規模操作（如 Serverless 架構）時更可靠，從而增加了創新機會，並提供了相對於競爭對手的優勢。

## 3. 全面支持雲端原生和 Serverless

Quarkus 是容器優先的，Quarkus 為應用在 HotSpot 和 GraalVM 執行上做了最佳化和裁剪。它支持快速啟動和較低的 RSS 記憶體，並且符合 Serverless 架構要求，形成了針對應用容器化的解決方案。Quarkus 還是一個完整的生態系統。Quarkus 為在 Serverless 架構、微服務、容器、Kubernetes、FaaS 和雲端這個新世界中執行 Java 應用提供了有效的解決方案，能夠為開發者提供在雲端、容器和 Kubernetes 環境中撰寫微服務和應用程式所需的一切能力和功能。Quarkus 不僅是一個執行時期，而且是一個包含豐富擴充的生態系統，目前已經擁有上百個擴充元件，並且仍然在不斷壯大。

## 4. 提高雲端原生開發的生產力

Quarkus 針對雲端原生 Java 應用程式的容器優先方法統一了微服務開發

的命令式和響應式程式設計範例，使開發者可以自由組合這兩種程式設計選項，並可以透過允許較少的專案和原始檔案來縮短維護時間和減少開發者需要管理的專案數量。這樣大多數 Java 開發者都熟悉命令式程式設計模型，並希望在採用新平台時利用這種體驗。Quarkus 提供了一組可擴充的以標準為基礎的企業 Java 函數庫和框架，以及極高的開發者生產力，有望徹底改變我們的 Java 開發方式。與此同時，開發者正在迅速採用雲端原生、事件驅動、非同步和反應模型來滿足業務需求，以建構高度併發且回應迅速的應用程式。Quarkus 旨在將兩種模型無縫地集中在同一平台上，從而在組織內實現強大的槓桿作用。

IDC 報告證實了 Quarkus 能比一般的 Java 開發框架更進一步地簡化和改善開發者的日常工作。Quarkus 的開發樂趣包括統一設定，包含單一屬性檔案中的所有設定；零設定，眨眼間即時重新載入；精簡了 80% 的常見程式，僅保留 20% 的靈活程式；全自動生成沒有麻煩的原生可執行程式。該報告證實，與一般的 Java 開發框架相比，Quarkus 提高了開發者的生產力。這一點很重要，因為開發者生產力的提高可以加快上市時間、發表更具創新性的解決方案，從而使組織保持很強的競爭力。

同時，Quarkus 學起來很容易，一方面它是創新技術，另一方面它對 Java 程式設計師來說具有較平滑的學習曲線，也擁有大量優秀的參考文件。Quarkus 可以加快應用程式的啟動速度，讓 Java 程式設計師用較少的時間排除故障，減少分析堆疊轉儲日誌的情況，透過準確的錯誤訊息直接定位錯誤，這表示它解放了 Java 程式設計師的生產力。因此，企業也能快速擁有新技術能力，透過業務實現和發表的速度優勢來確保自己在商業競爭中領先。

另外，社區提供了應用鷹架線上生成工具。這個工具可以幫助使用者啟動 Quarkus 應用程式並探索其可擴充的生態系統。它可以將 Quarkus 擴充元件作為專案依賴；把擴充設定、啟動和框架或技術融入 Quarkus 應用程式；它還為 GraalVM 提供了正確的設定資訊以負擔應用程式進行本地編譯的所有繁重工作。

Quarkus 減少了更新應用程式所需的操作步驟，因此可以更有效地進行更新。具體而言，IDC 報告指出，使用 Quarkus 對原始程式進行更改和測試的開發者一般只需要執行兩個步驟：更改程式和保存。Quarkus 的兩步操作不僅提高了開發者的生產力，而且使程式編譯更容易和高效。另外，Quarkus 可以即時編碼，對應用所做的更新可以立即被看到，提高了開發者的操作效率，同時有助快速排除故障，並能夠追蹤、顯示最有修改價值的錯誤。

# 1.3 Quarkus 的適用場景、目標使用者和競爭對手

## 1. Quarkus 的適用場景

Quarkus 的適用場景主要有 5 個方面。

（1）全新建構微服務架構：Quarkus 支援多種微服務架構，對於全新建構微服務系統，可以採用 Quarkus 技術堆疊來實現實踐。

（2）建構 Serverless 架構：Quarkus 應用程式可以瞬間啟動，其將 Java 成功地引入了 Function-as-a-Service（FaaS）執行時期的行列。由於 Serverless 架構的整個技術堆疊都包含在 Quarkus 內，因此 Quarkus 具備在 Serverless 環境中實現任何類型的業務邏輯所需的功能。

（3）響應式系統：由於 Quarkus 的基礎架構設計就是以響應式模式和響應式程式設計為基礎的，因此其非常適合撰寫處理非同步事件和內建事件匯流排的應用。

（4）物聯網：Quarkus 佔用空間小，這樣其在物聯網應用程式和系統中才佔有優勢。

（5）單體應用轉為微服務：在單體應用被拆分為微服務的情況下，無論是執行在伺服器上的應用或 Spring Boot 應用，都會佔用很多的記憶體，啟動時間很長。將這些應用遷移到 Quarkus 框架上會是一個解決問題的好選擇。

## 2. Quarkus 的目標使用者

Quarkus 的目標使用者主要是有下列特徵的公司和開發者。

- 那些使用 Red Hat®JBoss® 企業應用平台（JBoss EAP）或在 OpenShift® 上執行 Spring Boot 的抱怨記憶體佔用過多的使用者。
- 那些希望實現數位化和現代化轉型的使用者。
- 那些由於某種原因想放棄 Java 語言而轉向 Go 或 Python 語言的使用者。
- 那些提供很少被呼叫但需要一直維護且不能間斷的應用服務的使用者。
- 那些正在尋找替代 Netflix OSS 容錯能力方案的使用者。
- 那些希望建構無服務功能（如部署 Serverless 整合邏輯）的使用者。
- 那些希望使用羽量級連接器整合 Kafka 的使用者。
- 那些想用 Java 開發整合路由，需要用到 JavaScript 或 Groovy 語言，同時需要快速啟動和低記憶體消耗的使用者。
- 那些正在尋找以 BPMN 和 DMN 為基礎的、執行時期羽量級開發微服務的、實現行之有效的決策和自動化業務邏輯的使用者。

## 3. Quarkus 的競爭對手

按照微服務系統的劃分，Quarkus 框架應該歸屬於微服務開發框架。微服務開發框架的主要目標是推進微服務化、平台化的發展，結合服務治理標準，開發和實現便於管理服務、可降低開發成本的軟體開發框架。微服務開發框架的功能應包括兩方面。一方面，為了降低微服務的開發成本，微服務開發框架平台應該對服務框架組成、服務定義、服務通訊、服務持續發表、服務生命週期管理等通用和重複的工作進行封裝，減輕開發者的學習負擔，減少重複工作，提高重複使用水準，提升開發效率。另一方面，為了滿足微服務治理標準等統一的服務管理能力，根據微服務化和服務治理標準，結合微服務基礎設施，支援平台化開發的服務框架和工具。

在 Java 應用領域中，Quarkus 的競爭對手包括 Spring Boot、Micronaut、Payara Micro 和 Helidon MP 等。其中，Spring Boot 框架以 Spring 系統為基礎，Spring 系統是在 2003 年面世的，目標是應對舊時代 Java 企業級開發的複雜性。Spring 以依賴注入和針對切面程式設計為核心，逐漸演進成一個好用的開發框架。Spring 具有非常多的文件、廣泛的使用者基礎和豐富的開發函數庫，可以讓開發者高效率地建立和維護應用程式，並且提供了平滑的學習曲線。Micronaut 是一個現代化的微服務開發框架，其目標是使應用程式更快速地啟動和擁有更低的記憶體負擔。這一切都發生在編譯期間而非執行時期，使用了 Java Annotation 處理器執行依賴注入，建立針對切面的代理，設定應用程式。Payara Micro 是一種起源於 GlassFish 的 Jakarta 企業級伺服器，是 MicroProfile 的實現之一。Helidon MP 則是一個執行時期平台，由 Oracle 公司於 2018 年發起，提供了對 MicroProfile 標準的實現。

在開發語言層面上，Quarkus 框架代表新一代 Java 語言與 Go、C#、JavaScript、Python、PHP 等語言在微服務開發領域展開競爭。

# 1.4 為什麼 Java 開發者會選擇 Quarkus

Java 開發者選擇 Quarkus 框架來進行開發，一般都是基於以下原因。

## 1. Quarkus 的技術優勢

Quarkus 是針對容器化開發的解決方案。因此，與傳統 Java 應用相比，其擁有更短的應用程式啟動時間。無論應用程式託管在公有雲上或內部託管在 Kubernetes 叢集上，快速啟動和低記憶體消耗都是降低整體成本的重要保證。Quarkus 建構的應用程式與傳統 Java 應用相比，其能夠將記憶體消耗減少到十分之一，啟動速度加快 300 倍。正是因為這兩個突出表現，大大降低了雲端資源的投入成本。

## 2. 開發體驗的提升和樂趣

Quarkus 開發體驗的提升主要表現在以下幾個方面。① 易用：Quarkus 框架從產品設計之初就考慮到了便利性，啟用時不需要特殊設定，零設定即可快速、即時重新載入；② 自由選擇執行模式：應用程式可以編譯、執行在 JVM 和 Native 兩種模式下；③ 整合和最佳化的開發者體驗：以標準和框架為基礎，統一設定，即時編碼，精簡了 80% 的常用程式，僅保留 20% 的靈活程式，可生成一致的本地執行檔案；④ 統一了命令式和響應式程式設計：大多數 Java 開發者都對命令式程式設計很熟悉，並希望在採用新平台時利用這種體驗，與此同時，開發者正在迅速採用雲端原生、事件驅動、非同步和響應式模型來滿足業務需求，以建構高度併發且回應迅速的應用程式，Quarkus 旨在將兩種程式設計方式無縫地集合在同一個平台上，從而在組織內實現強大的槓桿作用；⑤ Quarkus 將阻塞和非阻塞的程式相結合，包括一個內建的事件匯流排，將命令式和響應式程式設計結合運用，可以注入事件匯流排或 Vert.x 上下文，因此可以開放地採用適用場景的技術，這是以事件驅動為基礎的應用程式的響應式系統的關鍵。

正是源於以上這些優勢，使 Quarkus 成為在新開發領域（如 Serverless 架構、微服務、Kubernetes、FaaS 和雲端）中執行 Java 的一種有效的解決方案。

### 3. 擴充了最穩定、最流行的框架

Quarkus 透過利用開發者喜愛的最佳函數庫及在標準主幹上使用的線上函數庫，帶來了一個有凝聚力、易用的全端框架，包括 Eclipse MicroProfile、JPA / Hibernate、JAX-RS / RESTEasy、Eclipse Vert.x、Netty、Apache Camel、Undertow……Quarkus 還包括第三方框架作者開發的擴充元件。Quarkus 擴充元件降低了執行第三方框架並編譯為 GraalVM 本機二進位檔案的複雜度。

### 4. Quarkus 正處於上升階段，社區非常活躍

Quarkus 已經發佈了 1.11 版本，其背後有像 Red Hat 這樣的開放原始碼大廠商支援，是值得信賴的新技術。Quarkus 還是一個完全開放原始碼的技術，它的上游社區十分活躍，版本發佈節奏非常快，能夠快速釋放新特性和修復問題。依靠活躍的社區，維護者會快速回覆問題和提供協助，使用者會得到全面的問題解答。使用者回饋 Quarkus 在可靠性方面表現得可圈可點：

- 「一旦 Quarkus 的 MongoDB 用戶端擴充元件發佈，我們立即能夠將整個服務切換到原生模式。」
- 「Quarkus 社區和 Quarkus 工程師非常活躍，即使在外部討論區中也是如此。」
- 「Red Hat 在軟體市場上的信譽讓我們相信，使用由 Red Hat 主導的 Quarkus 是正確的選擇。」

# 1.5 Quarkus 的架構和核心概念

當應用 Quarkus 框架時，很多功能都已經打包封裝，非常易於開發。這些封裝的功能就是由基礎的 Quarkus 擴充元件組成的。在 Quarkus 執行時期，幾乎所有的部分都已經設定好，啟動時僅應用執行時期設定屬性（如資料庫 URL）即可。

所有中繼資料都是由擴充部分計算和管理的，Quarkus 框架的架構圖如圖 1-2 所示。

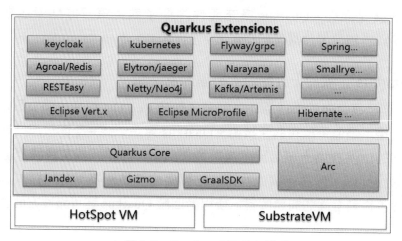

▲ 圖 1-2　Quarkus 框架的架構圖

Quarkus 框架的架構分為 3 個層次，分別是 JVM 平台層、Quarkus 核心框架層和 Quarkus Extensions 框架層。

## 1. JVM 平台層

JVM 平台層主要包括 HotSpot VM 和 SubstrateVM。

HotSpot VM 是 Sun JDK 和 OpenJDK 中的虛擬機器，也是目前使用範圍最廣的 Java 虛擬機器。它是 JVM 實現技術，與以往的實現方式相比，在性能和擴充能力上獲得了很大的提升。

SubstrateVM 主要用於 Java 虛擬機器語言的 AOT 編譯，SubstrateVM 的啟動時間和記憶體負擔非常少。SubstrateVM 的輕量特性使其適合嵌入其他系統中。

## 2. Quarkus 核心框架層

Quarkus 核心框架層包括 Jandex、Gizmo、GraalSDK、Arc、Quarkus Core 等。其中，Jandex 是 JBoss 的函數庫。Gizmo 是 Quarkus 開放原始碼的位元組碼生成函數庫。GraalVM 是以 Java HotSpot 虛擬機器為基礎，以 Graal 即時編譯器為核心，以能執行多種語言為目標，包含一系列框架和技術的大集合基礎平台。這是一個支援多種程式語言的執行環境，比如 JavaScript、Python、Ruby、R、C、C++、Rust 等語言，可以顯著地提高應用程式的性能和效率。GraalVM 還可以透過 AOT（Ahead-Of-Time）編譯成可執行檔來單獨執行（透過 SubstrateVM）。Arc（DI）是 Quarkus 的依賴注入管理，其內容是 io.quarkus.arc，這是 CDI 的一種實現。

## 3. Quarkus Extensions 框架層

Quarkus Extensions 框架層包括 RESTEasy、Hibernate ORM、Netty、Eclipse Vert.x、Eclipse MicroProfile、Apache Camel 等外部擴充元件。Quarkus 常用的外部擴充元件如圖 1-3 所示。

▲ 圖 1-3　Quarkus 常用的外部擴充元件

下面簡單介紹後續案例中會使用到的外部擴充元件。

- Eclipse Vert 擴充元件：該元件是 Quarkus 的網路基礎核心框架擴充元件。本書大部分案例都與其相關，但由於該擴充元件位於底層，故開發者一般不會察覺。

- RESTEasy 擴充元件：RESTEasy 框架是 JBoss 的開放原始碼專案，提供了各種框架來幫助建構 RESTful Web Services 和 RESTful Java 應用程式框架。在後續的案例中，基本上也會用到該擴充元件。

- Hibernate 擴充元件：這是對關聯式資料庫進行處理的 ORM 框架組成，遵循 JPA 標準。

- Eclipse MicroProfile 擴充元件：會在響應式和訊息串流中使用該擴充元件。

- Elytron 擴充元件：主要用於安全類別的擴充，包括 elytron-security-jdbc、elytron-security-ldap、elytron-security-oauth2 等。

- Keycloak 擴充元件：這是應用 Keycloak 開放原始碼認證授權伺服器的擴充元件，包括 quarkus-keycloak-authorization、quarkus-oidc 等。

- SmallRye 擴充元件：這是響應式用戶端的擴充元件，SmallRye 是一個響應式程式設計函數庫。

- Narayana 擴充元件：這是處理資料庫交易的擴充元件。

- Kafka 擴充元件：這是應用 Kafka 開放原始碼訊息串流平台的擴充元件。

- Artemis 擴充元件：這是應用 Artemis 開放原始碼訊息伺服器中介軟體的擴充元件。

- Agroal 擴充元件：這是資料庫連接池的擴充元件。

- Redis 擴充元件：這是應用 Redis 開放原始碼快取伺服器的擴充元件。

- Spring 擴充元件：這是應用 Spring 框架的擴充元件。

- Kubernetes 擴充元件：這是應用 Kubernetes 伺服器的擴充元件。

另外，關於 JSON 整合的擴充元件有 Jackson、JAXB 等。

# 1.6 本章小結

本章主要介紹了 Quarkus 的基本內容，從以下 5 個部分進行了講解。

第一： 介紹了 Quarkus 的概念及其特徵，這是本書的出發點。

第二： 簡單介紹了 Quarkus 的優勢，這是與現有的部分成熟 Java 框架進行比較後得到的，優勢主要表現在 4 個方面。

第三： 說明了 Quarkus 的適用場景、潛在使用者和競爭對手。

第四： 拋出一個問題，為什麼 Java 開發者會選擇 Quarkus，並且列出了答案。

第五： 簡述了 Quarkus 的架構和核心概念。

# Quarkus 開發初探

## 2.1 開發 hello world 微服務全過程

下面以 Quarkus 為基礎開發一個簡單的 hello world 應用程式。需要在筆記型電腦或開發主機上安裝以下工具軟體：Git、Java ™ JDK 1.8 或以上版本、開發者熟悉的 Java 開發 IDE 工具（本書選擇的是 Eclipse）、Maven 3.6.2 或以上版本。

## 2.1.1 3 種開發方式

### 第 1 種方式，使用 UI 實現

進入 Quarkus 自動生成程式專案 UI 介面（如圖 2-1 所示），可以手動建立 Quarkus 專案。

在這個介面上，可以透過 3 個步驟來初始化一個 Quarkus 專案。

（1）介面中提供了 Quarkus 應用程式開發的指導，也列出了其擴充生態系統。首先要定義 Group 名稱，其次要定義 Artifact，最後選擇建構模式，有 Maven 和 Gradle 兩種建構模式，在這裡選擇 Maven 建構模式。

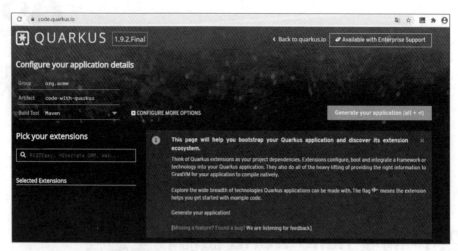

▲ 圖 2-1　Quarkus 自動生成程式專案 UI 介面

（2）選擇擴充元件（Selected Extensions），即應用程式要用到的擴充元件，可選清單中現階段 Quarkus 所支援的擴充元件。可以選擇多個擴充元件，其中對這些擴充元件進行了分類，如圖 2-2 所示。

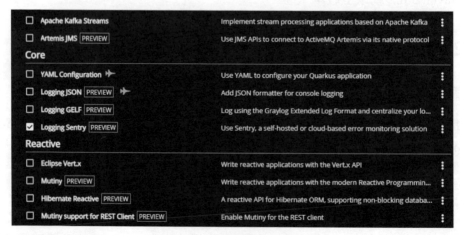

▲ 圖 2-2　選擇擴充元件

現階段擴充元件的分類包括 Web、Data、Messaging、Core、Reactive、Cloud、Observability、Security、Integration、Business Automation、

Serialization、Miscellaneous、Compatibility 等 14 個大類，包括上百個
Quarkus 擴充元件。

（3）選擇好擴充元件後，點擊 "Generate your application"，應用程式原始
碼就會打包下載到本地目錄。

這是生成一個典型的 Maven 專案的結構，典型的 Maven 專案把 Quarkus
擴充元件增加到 pom.xml 的專案依賴項中；進行擴充設定、啟動並將
框架或技術整合到 Quarkus 應用程式中；還負責給 GraalVM 提供正確
的資訊，以便應用程式能夠在本機進行編譯。這樣開發者就可以初始化
Maven 專案並開始自己後續的程式設計任務了。

## 第 2 種方式，寫命令檔案實現

也可以透過 Maven 的命令來初始化 Quarkus 程式。如果使用的是
Windows 的命令列視窗，可以寫以下命令：

```
mvn io.quarkus:quarkus-maven-plugin:1.11.1.Final:create ^
    -DprojectGroupId=com.iiit.quarkus.sample ^
    -DprojectArtifactId=010-quarkus-hello ^
    -Dversion=1.0-SNAPSHOT ^
    -DclassName=com.iiit.quarkus.sample.hello.HelloResource ^
    -Dpath=/hello
```

io.quarkus:quarkus-maven-plugin:1.11.1.Final 表 示 建 構 本 專 案 的
Quarkus 核心版本，DprojectGroupId 表示建構本專案的 GroupId，而
DprojectArtifactId 表示建構本專案的 ArtifactId，Dversion 表示本專案的
版本，DclassName 表示生成本專案原始程式資源的整個限定名，Dpath
表示生成本專案資源的路徑。

注意：中括號後面不能有其他字元（包括空格），否則命令不能生效。

如果使用的是 PowerShell 終端，可以寫以下命令：

```
mvn io.quarkus:quarkus-maven-plugin:1.11.1.Final:create `
```

```
"-DprojectGroupId=com.iiit.quarkus.sample" `
"-DprojectArtifactId=010-quarkus-hello " `
"-DclassName=com.iiit.quarkus.sample.hello.HelloResource" `
"-Dpath=/hello"
```

**注意**：在每行後有一個符號 "`"。

如果是 Linux 系統，其 Bash Shell 終端的命令如下：

```
mvn io.quarkus:quarkus-maven-plugin:1.11.1.Final:create \
    -DprojectGroupId=com.iiit.quarkus.sample \
    -DprojectArtifactId=010-quarkus-hello \
    -DclassName=com.iiit.quarkus.sample.hello.HelloResource \
    -Dpath=/hello
```

**注意**：在每行後有一個符號 "\"。

上述 3 種命令實現的效果都一樣，生成的檔案與 quarkus.io 介面相同，都是一個典型的 Maven 專案的結構。

### 第 3 種方式，下載原始程式實現

匯入 Maven 專案，可以從 GitHub 上複製預先準備好的範例程式：

```
git clone https://******.com/rengang66/iiit.quarkus.sample.git (見連結 1)
```

該程式位於 "010-quarkus-hello" 目錄中，是一個 Maven 專案。

## 2.1.2 撰寫程式內容及說明

這是一個 Maven 專案，可以直接把它匯入 IDE（透過如圖 2-3 所示的 Eclipse 工具）。

這個專案包含了幾個檔案，即 application.properties 設定檔、pom.xml 檔案和原始程式檔案。

```
Java EE - 010-quarkus-hello/src/main/java/com/iiit/quarkus/sample/hello/HelloResource.java - Eclipse
File  Edit  Source  Refactor  Navigate  Search  Project  Run  Window  Help

                                                                              Quick Access

Project Explorer          Navigator              HelloResource.java

  010-quarkus-hello                               1  /*
    src/main/java                                 2   * Licensed under the Apache License, Version 2.0 (the "License");
    src/main/resources                            3   * you may not use this file except in compliance with the License.
    src/test/java                                 4   * You may obtain a copy of the License at
    JRE System Library [JavaSE-1.8]               5   *
    Maven Dependencies                            6   *      http://www.apache.org/licenses/LICENSE-2.0
    src                                           7   *
      main                                        8   * Unless required by applicable law or agreed to in writing, software
        docker                                    9   * distributed under the License is distributed on an "AS IS" BASIS,
        java                                      10  * WITHOUT WARRANTIES OR CONDITIONS OF ANY KIND, either express or implied.
          com                                     11  * See the License for the specific language governing permissions and
            iiit                                  12  * limitations under the License.
              quarkus                             13  */
                sample                            14  package com.iiit.quarkus.sample.hello;
                  hello                           15
                    HelloResource.java            16  import javax.ws.rs.GET;
        resources                                 22
      test                                        23  @Path("/hello")
    target                                        24  public class HelloResource {
    mvnw                                          25
    mvnw.cmd                                      26      @GET
    pom.xml                                       27      @Produces(MediaType.TEXT_PLAIN)
    README.md                                     28      public String getHello() {
                                                  29          return "hello World";
                                                  30      }
                                                  31
                                                  32      @GET
                                                  33      @Produces(MediaType.TEXT_PLAIN)
                                                  34      @Path("/{name}")
                                                  35      public String getHello(@PathParam("name") String name) {
                                                  36          return  "hello," + name;
                                                  37      }
```

▲ 圖 2-3　程式介面圖

開啟 pom.xml 檔案，其 dependencyManagement 屬性部分依賴於 quarkus-universe-bom 檔案，這帶來了一個優點，即可以忽略設定不同 Quarkus 版本依賴的麻煩工作，同時可以避免由於依賴元件的版本選擇不當帶來的衝突問題。相關程式如下：

```
<properties>
    <compiler-plugin.version>3.8.1</compiler-plugin.version>
    <maven.compiler.parameters>true</maven.compiler.parameters>
    <maven.compiler.source>8</maven.compiler.source>
    <maven.compiler.target>8</maven.compiler.target>
    <project.build.sourceEncoding>UTF-8</project.build.sourceEncoding>
    <project.reporting.outputEncoding>UTF-8</project.reporting.
outputEncoding>
    <quarkus-plugin.version>1.11.1.Final</quarkus-plugin.version>
    <quarkus.platform.artifact-id>quarkus-universe-bom</quarkus.platform.
artifact-id>
    <quarkus.platform.group-id>io.quarkus</quarkus.platform.group-id>
    <quarkus.platform.version>1.11.1.Final</quarkus.platform.version>
```

```xml
        <surefire-plugin.version>2.22.1</surefire-plugin.version>
    </properties>

<dependencyManagement>
    <dependencies>
        <dependency>
            <groupId>${quarkus.platform.group-id}</groupId>
            <artifactId>${quarkus.platform.artifact-id}</artifactId>
            <version>${quarkus.platform.version}</version>
            <type>pom</type>
            <scope>import</scope>
        </dependency>
    </dependencies>
</dependencyManagement>
```

在上述檔案中，quarkus-plugin.version 和 quarkus.platform.version 的版本
都是 1.11.1.Final。

在 pom.xml 中，還可以看到 quarkus-plugin.version 屬性，將其設定值給
quarkus-maven-plugin 外掛程式。該外掛程式負責打包應用、管理開發模
式及匯入依賴等輔助環節。

針對該專案，其 pom.xml 檔案有以下依賴：

```xml
<dependency>
    <groupId>io.quarkus</groupId>
    <artifactId>quarkus-resteasy</artifactId>
</dependency>
```

在該程式中，只有一個 com.iiit.quarkus.sample.hello.HelloResource 類別
負責曝露 /hello 服務，還有配套的簡單測試類別，其程式如下：

```java
@Path("/hello")
public class HelloResource {
    @GET
    @Produces(MediaType.TEXT_PLAIN)
    public String getHello() {
        return "hello world";
    }
```

```
@GET
@Produces(MediaType.TEXT_PLAIN)
@Path("/{name}")
public String getHello(@PathParam("name") String name) {
    return  "hello," + name;
}
}
```

程式遵循 JAX-RS 標準，相關註釋說明如下。

① @Path("/hello")──當 Path 標注一個 Java 類別時，表示該 Java 類別是
一個資源類別。資源類別必須使用該註釋，表示路徑可以透過 /hello
來存取。
② @GET──指明接收 HTTP 請求的方式屬於 get 方式。
③ @Path("/{name}")──當 Path 標注 method 時，表示具體的請求資源
的路徑。
④ @Produces(MediaType.TEXT_PLAIN)── 指 定 HTTP 回 應 的 MIME
類型，預設是 */*，表示任意的 MIME 類型。這裡的類型是 TEXT_
PLAIN。

如果對 javax.ws.rs-api 比較熟悉的話，了解起來會比較容易。程式實現的
功能比較簡單。HelloResource 類別有兩個方法：當透過 HTTP 存取時，
答覆是 hello world；當帶著參數存取時，答覆是 hello 加上參數。

應用程式啟動後，可以透過瀏覽器 URL（http://localhost:8080/hello）存
取服務。

## 2.1.3 測試 hello world 微服務

本節介紹如何建構 Quarkus 的測試程式。

對於測試程式，其 Maven 依賴元件主要包括測試元件和與測試 HTTP 服
務相關的元件。

## 1. 對 pom.xml 進行設定

透過 Maven 執行單元測試，需要引入對應的依賴元件：

```
<dependency>
    <groupId>io.quarkus</groupId>
    <artifactId>quarkus-junit5</artifactId>
    <scope>test</scope>
</dependency>
```

若要測試 HTTP 服務，還需要引入 Rest Assured 依賴：

```
<dependency>
    <groupId>io.rest-assured</groupId>
    <artifactId>rest-assured</artifactId>
    <scope>test</scope>
</dependency>
```

Quarkus 支持 JUnit 5 測試，因此，必須設定 Surefire Maven 外掛程式的版本，因為預設版本不支持 JUnit 5。

我們還設定了 java.util.logging 屬性，以確保測試將使用正確的日誌管理器和 maven.home 來自訂設定 ${maven.home}/conf/settings.xml 應用。

```
<plugin>
    <artifactId>maven-surefire-plugin</artifactId>
    <version>${surefire-plugin.version}</version>
    <configuration>
        <systemPropertyVariables>
            <java.util.logging.manager>org.jboss.logmanager.LogManager
</java.util.logging.manager>
            <maven.home>${maven.home}</maven.home>
        </systemPropertyVariables>
    </configuration>
</plugin>
```

以上只説明了 Quarkus 對 Maven 建構工具的支援。除此之外，Quarkus 也支持 Gradle 工具的建構。

## 2. 單元測試範例

使用 HTTP 直接測試 REST 服務,開啟程式原始碼檔案 src/test/java/com/iiit/quarkus/ sample/hello/HelloResourceTest.java,其程式如下:

```
@QuarkusTest
public class HelloResourceTest {
    @Test
    public void testHelloEndpoint() {
        given().when().get("/hello").then().statusCode(200).
body(is("hello world"));
    }

    @Test
    public void testGreetingEndpoint() {
        String uuid = UUID.randomUUID().toString();
        given().pathParam("name",uuid).when().get("/hello/{name}").then()
                .statusCode(200).body(is("hello," + uuid));
    }
}
```

可以看到測試方法 testHelloEndpoint 有兩個主要功能,解釋如下。

① 存取 /hello REST 服務,測試成功的 HTTP 服務的傳回狀態碼為 200。
② 帶有參數存取 /hello REST 服務,測試傳回的封包是否是 hello world。

## 3. 執行測試程式

用簡單的 Maven 命令 mvn clean test 就可以進行測試,預設的測試通訊埠是 8080。當出現如圖 2-4 所示的介面時,表示測試成功。

```
[INFO] Tests run: 2, Failures: 0, Errors: 0, Skipped: 0, Time elapsed: 15.692 s
- in com.iiit.quarkus.sample.hello.HelloResourceTest
2020-11-21 15:46:44,924 INFO  [io.quarkus] (main) Quarkus stopped in 0.085s
[INFO]
[INFO] Results:
[INFO]
[INFO] Tests run: 2, Failures: 0, Errors: 0, Skipped: 0
[INFO]
[INFO]
[INFO] BUILD SUCCESS
[INFO]
[INFO] Total time:  23.941 s
[INFO] Finished at: 2020-11-21T15:46:45+08:00
[INFO]
```

▲ 圖 2-4　測試成功介面

## 2.1.4 執行程式及打包

### 1. 在開發環境下執行程式

在當前專案錄下開啟命令列視窗並執行命令 mvnw compile quarkus:dev 或 mvnw quarkus:dev，可以看到 Quarkus 服務啟動介面，如圖 2-5 所示。

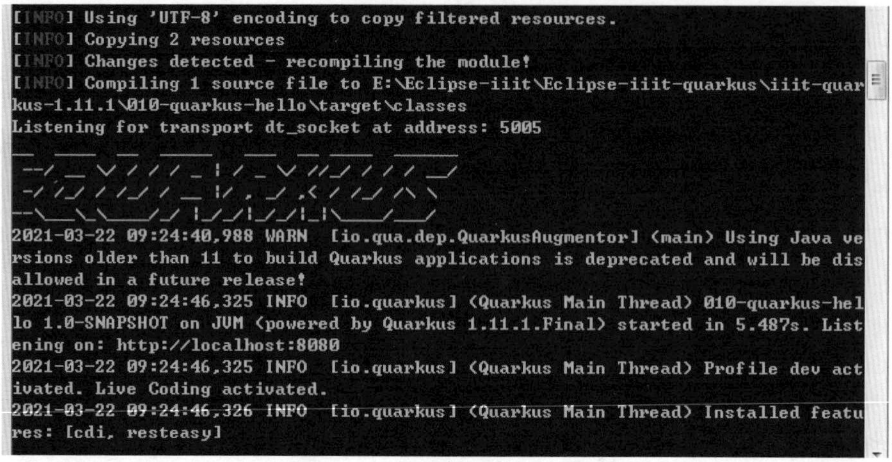

```
[INFO] Using 'UTF-8' encoding to copy filtered resources.
[INFO] Copying 2 resources
[INFO] Changes detected - recompiling the module!
[INFO] Compiling 1 source file to E:\Eclipse-iiit\Eclipse-iiit-quarkus\iiit-quar
kus-1.11.1\010-quarkus-hello\target\classes
Listening for transport dt_socket at address: 5005

 __  ____  __  _____   ___  __ ____  _____
 --/ __ \/ / / / _ | / _ \/ //_/ / / / __/
 -/ /_/ / /_/ / __ |/ , _/ ,< / /_/ /\ \
--_____/_/ |_/_/|_/_/|_|\____/___/
2021-03-22 09:24:40,988 WARN  [io.qua.dep.QuarkusAugmentor] (main) Using Java ve
rsions older than 11 to build Quarkus applications is deprecated and will be dis
allowed in a future release!
2021-03-22 09:24:46,325 INFO  [io.quarkus] (Quarkus Main Thread) 010-quarkus-hel
lo 1.0-SNAPSHOT on JVM (powered by Quarkus 1.11.1.Final) started in 5.487s. List
ening on: http://localhost:8080
2021-03-22 09:24:46,325 INFO  [io.quarkus] (Quarkus Main Thread) Profile dev act
ivated. Live Coding activated.
2021-03-22 09:24:46,326 INFO  [io.quarkus] (Quarkus Main Thread) Installed featu
res: [cdi, resteasy]
```

▲ 圖 2-5　Quarkus 服務啟動介面

在服務啟動完畢後，將開啟一個命令列視窗，可以執行下面的 curl 命令來驗證應用是否正常執行：

```
$ curl http://localhost:8080/hello
```

輸出結果：hello world。

### 2. 打包 jar 應用並執行程式

Quarkus 應用程式可以被打包成 JVM 可執行的 jar 檔案。

在當前專案錄下開啟命令列視窗並執行命令 mvn clean package 或 /mvnw clean package。執行命令後，會在 target/ 目錄下生成一個可執行的 jar 檔案，名為 010-quarkus-hello-1.0-SNAPSHOT-runner.jar。這可不是一個 uber-jar 檔案，相關依賴檔案已經被複製到 target/lib 目錄下。

執行可執行的 jar 檔案，命令如下：

```
java -Dquarkus.http.port=8081 -jar target/010-quarkus-hello-1.0-SNAPSHOT-
runner.jar
```

這裡用 -Dquarkus.http.port=8081 命令啟用了 8081 通訊埠，可以避免同線上程式設計範例使用的 8080 通訊埠發生衝突，如圖 2-6 所示。

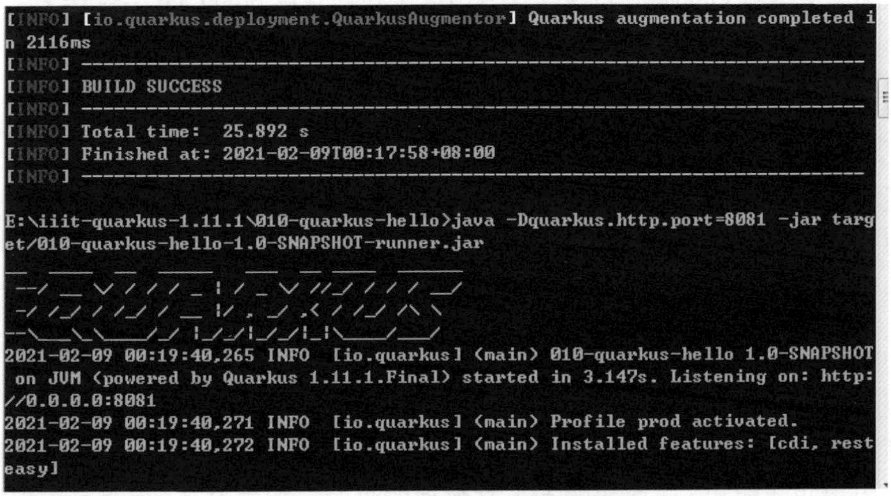

▲ 圖 2-6　打包並執行類別檔案

以上是建構一個基本的 Quarkus 應用程式的過程，這和開發普通的 Java 應用沒有區別。應用會被打包成可執行的 jar 檔案，並且快速啟動。這個 jar 檔案可以像任何常見的可執行 jar 檔案一樣使用，比如直接執行或把它封裝成 Linux 容器映像檔。

### 3. 建立原生可執行程式並執行

要建立原生可執行程式，可在當前專案錄下開啟命令列視窗並執行命令 mvnw package-Pnative 來建立原生可執行程式。

如果沒有安裝 GraalVM，則只能在本機容器中執行，命令為 mvnw package -Pnative -Dquarkus.native.container-build=true。

然後可以使用 /target/010-quarkus-hello-1.0-SNAPSHOT-runner 來執行原生可執行程式。

# 2.2 Quarkus 開發基礎

本節主要講解 Quarkus 的一些常見用法，包括其核心的 CDI 方式等。

## 2.2.1 Quarkus 的 CDI 應用

### 1. Quarkus 的 CDI 簡介

CDI（Contexts and Dependency Injection for Java 2.0）即 Java 的容器、依賴和注入標準。關於標準的詳細內容，可參閱與 JSR 365 標準相關的網址。

Quarkus 的 CDI 方案是以 Java 上下文為基礎的依賴注入 2.0 標準，但該方案只實現了 CDI 的一部分功能，是一個不完全符合 TCK 的 CDI 實現。其實 Quarkus CDI 與 Spring 的依賴注入很相似，在 CDI 中，Bean 是定義應用程式狀態和 / 或邏輯的上下文物件的來源，如果 Bean 容器可以根據 CDI 標準中定義的生命週期上下文模型來管理 Bean 實例的生命週期，那麼這些 Java EE 元件就是 Bean。

### 2. Bean 發現

Bean 是一個容器管理物件，支援一組基本服務，如依賴項的注入、生命週期回呼和攔截器。Quarkus 簡化了 Bean 發現。Bean 是根據以下內容合成的：① application 類別；② 包含 beans.xml 的依賴項；③ 包含 Jandex 索引的依賴項 META-INF/jandex.idx；④ application. properties 檔案中定義的 quarkus.index-dependency 所用到的依賴；⑤ Quarkus 整合程式。

一個簡單的 Bean 範例如下：

```
import javax.inject.Inject;
```

```
import javax.enterprise.context.ApplicationScoped;
import org.eclipse.microprofile.metrics.annotation.Counted;

@ApplicationScoped
public class Translator {

    @Inject
    Dictionary dictionary;

    @Counted
    String translate(String sentence) {
        //...
    }
}
```

@ApplicationScoped 是一個範圍註釋。該註釋告訴容器與 Bean 實例連結的上下文。在這個特定的例子中,為應用程式建立一個 Bean 實例,並可被所有其他注入轉換器的 Bean 使用。

@Inject 是一個現場注入點。該註釋告訴容器轉換器要依賴字典 Bean。如果沒有符合的 Bean,則建構失敗。

@Counted 是一個攔截器綁定註釋。在本例中,該註釋來自 MicroProfile 度量標準。

Quarkus 不會發現沒有註釋 Bean Defining Annotation 的 Bean 類別,這是由 CDI 定義的。但是,包含 producer 方法、欄位和 observer 方法的類別,即使未註釋也會被發現,這與 CDI 中的定義稍微有所不同。實際上,註釋了 @Dependent 的類別表示可以被發現。另外,Quarkus 擴充元件可以宣告其他發現規則。舉例來說,即使宣告類別沒有註釋 @Scheduled 業務方法也會被註冊。

## 3. 原生可執行程式與私有成員

Quarkus 使用 GraalVM 建構原生可執行程式。GraalVM 的限制之一就是反射的使用，其支持反射操作，但必須為所有相關成員進行顯性註冊以實現反射。這些註冊會帶來更大的原生可執行程式。

如果 Quarkus DI 需要存取私有成員，則必須使用反射。因此，Quarkus 鼓勵使用者不要在 Bean 中使用私有成員。這包括注入欄位、構造函數和初始化程式、觀察者方法、生產者方法和欄位、處理常式和攔截器的方法。

如何避免使用私有成員？可以使用 package-private 修飾符號：

```
@ApplicationScoped
public class CounterBean {
    @Inject
    CounterService counterService;
    void onMessage(@Observes Event msg) {
    }
}
```

以及 package-private 注入欄位、package-private 監聽方法，或透過構造函數注入：

```
@ApplicationScoped
public class CounterBean {
    private CounterService service;
    CounterBean(CounterService service) {
        this.service = service;
    }
}
```

在 package-private 構造函數注入這種情況下，@Inject 是可選的。

## 4. Quarkus 的依賴解析原理

在 Quarkus 的 CDI 中，對應 Bean 到注入點的過程點是類型安全的。首先，每個 Bean 都宣告一組 Bean 類型。然後，一個 Bean 被分配給一個注入點，如果這個 Bean 的類型和需要的類型相符合，那就需要限定詞（Qualifier）。

依賴解析中有一個規則，一個 Bean 只能被分配給一個注入點，否則將編譯失敗。如果有一個 Bean 沒被分配，應用系統的編譯也會失敗，會拋出 UnsatisfiedResolutionException 異常。如果一個注入點被分配給多個 Bean，會拋出 AmbiguousResolutionException 異常。這個特性導致 CDI 容器不能找到任何注入點的明確依賴，應用系統也會快速顯示出錯。

同時，可以使用 setter 和構造方法注入，但是在 CDI（Contexts and Dependency Injection for Java EE）中 setter 被更有效的初始化方法替代，初始化方法可以接收多個參數，而不必遵循 JavaBean 的命名約定。以下為一個範例：

```
@ApplicationScoped
public class Translator {
    private final TranslatorHelper helper;
    Translator(TranslatorHelper helper) {
        this.helper = helper;
    }

    // 初始化方法必須用 @Inject 註釋，可以接收多個參數，每個參數都是一個注入點
    @Inject
    void setDeps(Dictionary dic, LocalizationService locService) {
        // ...
    }
}
```

這是一個構造函數注入。實際上，這段程式在正常的 CDI 實現中不起作用，在這種實現中，具有普通作用域的 Bean 必須始終宣告一個無參構造函數，並且該 Bean 的構造函數必須用 @Inject 進行註釋。然而，在 Quarkus 中，如果檢測到沒有參數的構造函數，那麼就會直接在位元組碼中「增加」構造函數。如果只存在一個構造函數，也不是必須增加 @Inject 註釋的。

## 5. 關於 Qualifier 的含義

@Qualifier 註釋的限定詞用於幫助容器區分實現了相同類型的 Bean。如

果一個 Bean 具有所需的所有限定詞，那麼只能被分配給一個注入點。但是，如果注入點未宣告限定詞，那麼就使用 @Default 限定詞。

限定詞類型是被定義為 @Retention（RUNTIME）的 Java 註釋，並使用 @ javax.inject. Qualifier 元註釋進行註釋。例如：

```
@Qualifier
@Retention(RUNTIME)
@Target({METHOD, FIELD, PARAMETER, TYPE})
public @interface Superior {}
```

被限定的 Bean 的宣告是透過註釋 Bean 類別、生產方法或限定類型的類別的屬性實現的，例如：

```
@Superior
@ApplicationScoped
public class SuperiorTranslator extends Translator {
    String translate(String sentence) {
        //...
    }
}
```

@Superior 是一個限定詞註釋。

解釋：該 Bean 可 被 分 配 給 @Inject @Superior Translator 和 @Inject @Superior SuperiorTranslator，但 不 能 被 分 配 給 @Inject Translator，原因是在類型安全解析期間，@Inject 轉換器會自動轉為 @Inject @Default Translator，而且由於 SuperiorTranslator 不宣告 @Default，所以只能分配原始的 Translator Bean。

## 6. Bean 的範圍

Bean 的範圍（Scope）決定了其實例化的生命週期，即何時何地被實例化建立和銷毀，每一個 Bean 都有一個準確的範圍，內建的所有範圍都能使用，除了 javax.enterprise. context.ConversationScoped。內建範圍註釋介紹如下。

@javax.enterprise.context.ApplicationScoped 是該應用程式的單一 Bean 實例，並在所有注入點之間共用。實例是延遲建立的，即在用戶端代理上呼叫方法後。

@javax.inject.Singleton 就像 @ApplicationScoped 一樣，只是不使用任何用戶端代理。在注入註釋為 @Singleton Bean 的注入點時建立該實例化物件。

@javax.enterprise.context.RequestScoped Bean 實例與當前請求（通常是 HTTP 請求）相連結。

@javax.enterprise.context.Dependent 是一個偽作用域，其含義是由此形成的實例不能被共用，並且每個注入點都會生成一個新的依賴 Bean 實例。Dependent Bean 的生命週期與注入它的 Bean 綁定，同時將與注入它的 Bean 一起建立和銷毀。

@javax.enterprise.context.SessionScoped 範圍由 javax.servlet.http.HttpSession 物件支援，僅在使用 quarkus-undertow 尾碼時才可用。

> 提示：Quarkus 擴充元件可以提供其自訂的範圍。舉例來說，quarkus-narayana-jta 就提供了 javax.transaction.TransactionScoped 的自訂範圍。

## 7. 用戶端代理概念

用戶端代理（Client Proxy）原則上是一個將所有方法呼叫委託給目標 Bean 實例的物件，也就是一個由 Bean 容器構造的物件。用戶端代理實現 io.quarkus.arc.ClientProxy 並繼承 Bean 類別。用戶端代理僅限於方法呼叫的委託，故不能讀取或寫入普通作用域 Bean 欄位，否則將使用非上下文環境或過時的資料。範例如下：

```
@ApplicationScoped
class Translator {
    public Translator(){}

    public String translate(String sentence) {
```

```
        //...
    }

    public static Translator getTranslatorInstanceFromTheApplicationConte
xt(){
        Translator translator = new Translator();
        return translator;
    }
}

// 該用戶端代理類別如下
class Translator_ClientProxy extends Translator {

    public String translate(String sentence) {
        // 找到正確的 translator 實例化物件……
        Translator translator = getTranslatorInstanceFromTheApplication-
Context();
        // 並將方法呼叫委託給……
        return translator.translate(sentence);
    }
}
```

Translator_ClientProxy 實例總是被注入,而非直接引用 Translator Bean
的上下文實例。

用戶端代理允許的操作:①延遲實例化,在代理上呼叫方法後才建立實
例化物件;②可以將作用域「更窄」的 Bean 注入作用域「更寬」的 Bean
(舉例來說,可以將 @RequestScoped Bean 注入 @ApplicationScoped
Bean);③依賴關係圖中的循環依賴關係,具有循環依賴關係則通常表示
這不是一個好的設計,應考慮進行重新設計,但有時循環依賴關係很難
避免;④可以手動銷毀 Bean,直接注入的引用將導致過時的 Bean 實例化
物件。

## 8. Bean 的類型

首先,Bean 分為 Class Bean、Producer 方法、Producer 欄位、Synthetics
(複合類型)Beans 等。Producer 方法與欄位主要用來對 Bean 實例化物件

加以控制，此外，在整合第三方函數庫時，既不能控制原始程式，也不能增加其他註釋，這時 Producer 方法與欄位就非常有用了。Producers 範例如下：

```
import javax.enterprise.inject.Produces;

@ApplicationScoped
public class Producers {

    @Produces   double pi = Math.PI;

    @Produces
    List<String> names() {
        List<String> names = new ArrayList<>();
        names.add("Andy");
        names.add("Adalbert");
        names.add("Joachim");
        return names;
    }
}


@ApplicationScoped
public class Consumer {
    @Inject    double pi;
    @Inject    List<String> names;
    //...
}
```

提示：可以宣告限定詞，將依賴項注入 Producer 方法參數中。

## 9. Bean 的生命週期回呼

Bean 類別可以宣告生命週期 @PostConstruct 和 @PreDestroy 回呼。生命週期範例如下：

```
import javax.annotation.PostConstruct;
import javax.annotation.PreDestroy;
```

```
@ApplicationScoped
public class Translator {
// 在 Bean 實例化之後和加入服務之前被呼叫，在此處執行初始化任務是安全的
    @PostConstruct
    void init() {
        //...
    }

    // 在 Bean 實例銷毀前被呼叫，在這裡執行一些清理任務是安全的
    @PreDestroy
    void destroy() {
        //...
    }
}
```

> 提示：最好在回呼函數中保持邏輯「無副作用」，即應該避免在回呼函數中呼叫其他 Bean。

## 10. 攔截器的定義

攔截器用於將跨領域重點與業務邏輯分開。有一個單獨的標準 Java Interceptors，該標準定義了基本的程式設計模型和語義。範例如下：

```
import javax.interceptor.Interceptor;
import javax.annotation.Priority;
import javax.interceptor.AroundInvoke;
import javax.interceptor.InvocationContext;
import org.slf4j.Logger;

@Priority(2020)   // 優先順序用於影響啟動攔截器的順序，優先順序值較小的攔截器
首先被呼叫
@Interceptor     //@Interceptor 是標記攔截器元件的註釋
public class LoggingInterceptor {

    // 攔截器實例化物件可能是依賴注入的目標
    @Inject  Logger logger;

    @AroundInvoke   //@AroundInvoke 表示插入業務方法的方法註釋
```

```
public Object logInvocation(InvocationContext context) {
    // 之前的日誌記錄
    // 進入攔截器鏈中的下一個攔截器或呼叫被攔截的業務方法
    Object ret = context.proceed();
    // 之後的日誌記錄
    return ret;
    }
}
```

> 提示：攔截器實例化物件是攔截的 Bean 實例的相關物件，即為每個攔截到的 Bean 都建立一個新的攔截器實例化物件。

## 11. 事件與觀察者（Event and Observer）

Bean 可以實現生產事件和消費事件在完全解耦的方式下互動，任何 Java 物件都可以充當事件的有效負載。可選的限定詞充當主題選擇器。範例如下：

```
class TaskCompleted {
    //...
}
@ApplicationScoped
class ComplicatedService {
    //javax.enterprise.event.Event 用於觸發事件
    @Inject
    Event<TaskCompleted> event;
    void doSomething() {
        //...
        // 表示同步觸發事件
        event.fire(new TaskCompleted());
    }
}

@ApplicationScoped
class Logger {
    // 當觸發 TaskCompleted 事件時，將通知此方法
    void onTaskCompleted(@Observes TaskCompleted task) {
```

```
        // 任務的日誌記錄
    }
}
```

Quarkus 中也使用依賴注入和針對切面的基本方法和技巧。

## 12. 以 Quarkus 框架為基礎的 CDI 程式的實現

下面是一個以 Quarkus 框架為基礎的 CDI 程式的簡單實現，主要包括
兩個類別：一個是資源類別，一個是服務類別。服務類別會注入資源類
別，透過呼叫資源類別來實現相關功能。

（1）匯入專案

匯入 Maven 專案，可以從 GitHub 上複製預先準備好的範例程式：

```
git clone https://******.com/rengang66/iiit.quarkus.sample.git（見連結 1）
```

該程式位於 "011-quarkus-hello-cdi" 目錄中，是一個 Maven 專案。

（2）程式說明

該程式由 HelloResource 類別和 HelloService 類別組成。

其中一個是資源類別，開啟 com.iiit.quarkus.sample.hello.HelloResource
類別檔案。該 Bean 負責曝露 /hello 服務，其程式如下：

```
@Path("/hello")
public class HelloResource {
    @Inject
    HelloService service;

    @GET
    @Produces(MediaType.TEXT_PLAIN)
    public String getHello() {
        return service.getHello();
    }

    @GET
    @Produces(MediaType.TEXT_PLAIN)
```

```
    @Path("/{name}")
    public String getHello(@PathParam("name") String name) {
        return service.getHello(name);
    }
}
```

程式說明：

① HelloResource 類別有兩個方法。當透過 HTTP 存取時，答覆是 hello world；當帶著參數存取時，答覆是 hello 加上參數。

② @Inject 是一個現場注入點。它告訴容器本 Bean 依賴於 HelloService Bean。如果沒有符合的 Bean，則建構失敗。

另一個 Bean 是服務類別，開啟 com.iiit.quarkus.sample.hello.HelloService 類別檔案，其程式如下：

```
@ApplicationScoped
public class HelloService {
    public String getHello() {
        return "hello world";
    }

    public String getHello(String name) {
        return "hello " + name;
    }
}
```

程式說明：

@ApplicationScoped 是一個範圍註釋，它告訴容器與 Bean 實例連結的上下文。在這個特定的例子中，為應用程式建立一個 Bean 實例，並由所有其他注入的 Bean 一起使用。

程式實現過程為，當外部呼叫 /hello 時，轉到 HelloResource 的呼叫方法 getHello，而 HelloResource 的 getHello 方法最終呼叫的是 HelloService 的 getHello 方法。

（3）在開發模式下啟動應用

在目前的目錄下，開啟命令列視窗並執行命令 mvnw compile quarkus: dev。

應用啟動完畢後，可在任意位置開啟一個命令列視窗來執行命令 curl
http://localhost:8080/ hello，以此驗證應用是否正常執行。也可以透過瀏
覽器 URL（http://localhost:8080）存取服務。結果輸出都是 hello world。

## 2.2.2 Quarkus 命令模式

### 1. Quarkus 命令模式簡介

（1）Quarkus 啟動命令模式的方式

Quarkus 有兩種不同的方法來實現執行並退出應用程式。第 1 種方法是實
現 QuarkusApplication，並讓 Quarkus 自動執行此方法。第 2 種方法是實
現 QuarkusApplication 和 Java 的 main 方法，並使用 Java 的 main 方法啟
動 Quarkus。

QuarkusApplication 實例被稱為應用程式主實例，具有 Java main 方法的
類別被稱為 Java main。可以存取 Quarkus API 的最簡單的命令模式應用
程式如下所示：

```
import io.quarkus.runtime.QuarkusApplication;
import io.quarkus.runtime.annotations.QuarkusMain;

@QuarkusMain
public class HelloWorldMain implements QuarkusApplication {
    @Override
    public int run(String... args) throws Exception {
        System.out.println("Hello World");
        return 10;
    }
}
```

@QuarkusMain 註釋告訴 Quarkus 這是主進入點。

一旦 Quarkus 啟動，就會呼叫 run 方法，而應用程式在完成時停止。

（2）Quarkus 啟動命令的 main 方法

如果我們想使用 Java 的 main 方法來執行應用程式 main，其程式如下：

```
import io.quarkus.runtime.Quarkus;
import io.quarkus.runtime.annotations.QuarkusMain;

@QuarkusMain
public class JavaMain {
    public static void main(String... args) {
        Quarkus.run(HelloWorldMain.class, args);
    }
}
```

這實際上與直接執行 HelloWorldMain 應用程式中的 main 方法相同，但是該方法的優點是可以從 IDE 執行，這樣便於偵錯和監控。

如果實現 QuarkusApplication 並具有 JavaMain 類別，則 Java 的 main 方法將執行。建議 Java 的 main 方法只執行很少的邏輯，只需啟動應用程式的 main 方法。在開發模式下，Java 的 main 方法在主應用程式不同的類別載入器中執行，因此其行為可能不像預期的那樣。

QuarkusMain 也支持多種主要方法。一個應用程式中可以有多個主方法，並在建構時在它們之間進行選擇。@QuarkusMain 註釋採用可選的 name 參數，在生成 quarkus.package.main-class 時設定選項來定義要選擇的 name 參數。如果不想使用註釋，也可以使用該 name 參數來指定主類別的完全限定詞。

預設情況下，將使用沒有名稱的 @QuarkusMain（即空字串），如果它不存在或 quarkus.package.main-class 未指定，則 Quarkus 將自動生成一個只執行應用程式的主類別。

@QuarkusMain 的名稱必須唯一（包括空字串的預設名稱）。如果應用程式中有多個 @QuarkusMain 註釋，而且名稱不唯一，則程式執行將失敗，編譯無法通過。

（3）命令模式程式的基本生命週期

執行命令模式程式時，基本生命週期環節包括：① 啟動 Quarkus；② 執行 QuarkusApplication 主方法；③ 在 main 方法返回後關閉 Quarkus 並退出 JVM。

應用程式總是由主執行緒返回，如果希望在啟動時執行一些邏輯，然後像普通應用程式一樣執行（即不退出），那麼需要在主執行緒上呼叫 Quarkus.waitForExit（非命令模式應用程式本質上只執行了一個只呼叫 waitForExit 的應用程式）。如果希望關閉正在執行的應用程式，而不在主執行緒中，那麼應該呼叫 Quarkus.asyncExit，以解鎖主執行緒並啟用關閉處理程序。

## 2. Quarkus 命令模式程式的實現

下面撰寫一個 Quarkus 命令模式程式的簡單實現。在上面的程式中再增加一個類別，即命令的啟動類別。

（1）匯入專案

匯入 Maven 專案，可以從 GitHub 上複製預先準備好的範例程式：

```
git clone https://******.com/rengang66/iiit.quarkus.sample.git（見連結1）
```

該程式位於 "012-quarkus-hello-command-mode" 目錄中，是一個 Maven 專案。

（2）程式說明

在該程式中，HelloMain 類別是核心。com.iiit.quarkus.sample.hello. HelloMain 類別負責啟動程式，其程式如下：

```
@QuarkusMain
public class HelloMain implements QuarkusApplication {
    @Inject
    HelloResource service;

    @Override
```

```java
    public int run(String... args) {
        if(args.length>0) {
            System.out.println("hi,commond mode,this is args:" + args);
        } else {
            System.out.println("hi,commond mode");
        }

        Quarkus.waitForExit();
        return 0;
    }

    public static void main(String... args) {
        Quarkus.run(HelloMain.class, args);
    }
}
```

程式說明：
............

① @QuarkusMain 註釋告訴 Quarkus 使用當前類別作為主方法，除非它在設定中被重新定義。這個主類別將啟動 Quarkus 並執行它，直到停止。這與自動生成的主類別沒有什麼不同，但是優點是開發者可以直接從 IDE 啟動它，而不需要執行 Maven 或 Gradle 命令。

② 如果希望在啟動時實際執行業務邏輯（或撰寫完成任務後會退出的應用程式），需要給 run 方法提供一個 io.quarkus.runtime. QuarkusApplication 類別。在 Quarkus 啟動後，將呼叫應用程式的 run 方法。當此方法返回時，Quarkus 應用程式將退出。

③ 如果希望在啟動時執行邏輯，你應該呼叫 Quarkus.waitForExit 方法，該方法將一直等待請求關閉（來自外部訊號，如按 Ctrl+C 組合鍵時或執行緒已呼叫 Quarkus.asyncExit 方法時）。

（3）在命令模式下啟動程式
可以直接在 IDE 工具上執行程式。如果 IDE 工具是 Eclipse，選擇一級選單 Run 中的 Run 命令即可啟動程式，其介面如圖 2-7 所示。

▲ 圖 2-7 Eclipse 啟動命令列介面

如果 IDE 工具是 IntelliJ IDEA，選擇一級選單 Run 中的 Run "HelloMain" 命令即可啟動程式，其介面如圖 2-8 所示。

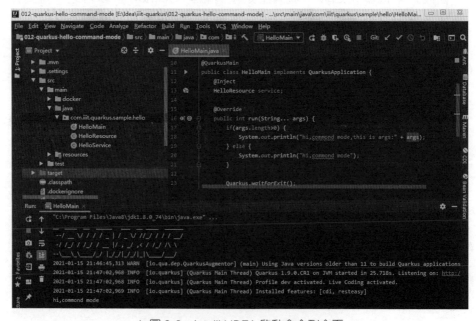

▲ 圖 2-8 IntelliJ IDEA 啟動命令列介面

由於輸入了 Quarkus.waitForExit()，因此程式保持原有狀態，沒有退出。

在程式啟動完畢後，可在其他任何位置開啟一個新命令列視窗並執行命令 curl http://localhost:8080 來驗證程式是否正常執行，也可以透過瀏覽器 URL（http://localhost:8080）來存取服務。

## 2.2.3 Quarkus 應用程式生命週期

### 1. Quarkus 應用程式生命週期簡介

Quarkus 應用程式具有生命週期，包括啟動、執行、終止等過程。本節主要說明 Quarkus 應用程式在啟動時執行自訂操作，並在應用程式停止時清理所有內容。

Quarkus 應用程式生命週期相關的事件包括使用 main 方法撰寫 Quarkus 應用程式、撰寫執行任務後退出的命令模式程式，以及應用程式啟動時或應用程式停止時的通知。

### 2. Quarkus 應用程式生命週期程式的實現

下面撰寫一個 Quarkus 應用程式生命週期程式的簡單實現。在上面的命令模式程式上增加兩個類別。

匯入 Maven 專案，可以從 GitHub 上複製預先準備好的範例程式：

```
git clone https://******.com/rengang66/iiit.quarkus.sample.git（見連結 1）
```

該程式位於 "013-quarkus-hello-lifecycle" 目錄中，是一個 Maven 專案。

在該程式中開啟 com.iiit.quarkus.sample.hello.AppLifecycleBean 類別檔案，其程式如下：

```
@ApplicationScoped
public class AppLifecycleBean {
    private static final Logger LOGGER = LoggerFactory.
getLogger("ListenerBean");
    @Inject
```

```
    AppRuntimeStatusBean bean;
    void onStart(@Observes StartupEvent ev) {
        LOGGER.info("The application is starting...{}", bean.
startupStatus());
    }

    void onStop(@Observes ShutdownEvent ev) {
        LOGGER.info("The application is stopping... {}", bean.
terminationStatus());
    }
}
```

程式注入了一個 AppRuntimeStatusBean 物件，這樣就能呼叫 AppRuntime
StatusBean 物件的方法。當啟動 StartupEvent 事件時，呼叫 AppRuntime
StatusBean 物件的 startupStatus 方法；當啟動 ShutdownEvent 事件時，呼
叫 AppRuntimeStatusBean 物件的 terminationStatus 方法。

開啟 com.iiit.quarkus.sample.hello.AppRuntimeStatusBean 類別檔案，其程
式如下：

```
@ApplicationScoped
public class AppRuntimeStatusBean {
    public String startupStatus() {
        return "hello,this app is open.";
    }
    public String  terminationStatus() {
        return "bye bye,this app is close";
    }
}
```

我們在命令模式下啟動程式，可以直接在 IDE 工具上執行程式，選擇一級
選單 Run 中的 Run 命令即可啟動程式。執行程式後的介面如圖 2-9 所示。

```
2020-11-22 07:41:10,432 WARN  [io.qua.dep.QuarkusAugmentor] (main) Using Java versions older than 11 to build Quarkus applications is deprecated and
2020-11-22 07:41:16,704 INFO  [ListenerBean] (Quarkus Main Thread) The application is starting...hello,this app is open.
2020-11-22 07:41:17,630 INFO  [io.quarkus] (Quarkus Main Thread) Quarkus 1.9.0.CR1 on JVM started in 7.744s. Listening on: http://0.0.0.0:8080
2020-11-22 07:41:17,638 INFO  [io.quarkus] (Quarkus Main Thread) Profile dev activated. Live Coding activated.
2020-11-22 07:41:17,638 INFO  [io.quarkus] (Quarkus Main Thread) Installed features: [cdi, resteasy]
hi,command mode
2020-11-22 07:41:17,640 INFO  [ListenerBean] (Quarkus Main Thread) The application is stopping... bye bye,this app is close
2020-11-22 07:41:17,683 INFO  [io.quarkus] (Quarkus Main Thread) Quarkus stopped in 0.044s
Quarkus application exited with code 0
Press Enter to restart or Ctrl + C to quit
```

▲ 圖 2-9　執行程式後的介面

在程式啟動後，接著執行，直到退出，其日誌如下所示：

```
2020-11-22 07:41:10,432 WARN  [io.qua.dep.QuarkusAugmentor] (main) Using
Java versions older than 11 to build Quarkus applications is deprecated
and will be disallowed in a future release!
2020-11-22 07:41:16,704 INFO  [ListenerBean] (Quarkus Main Thread) The
application is starting...hello,this app is open.
2020-11-22 07:41:17,630 INFO  [io.quarkus] (Quarkus Main Thread) Quarkus
1.9.0.CR1 on JVM started in 7.744s. Listening on: http://0.0.0.0:8080
2020-11-22 07:41:17,638 INFO  [io.quarkus] (Quarkus Main Thread) Profile
dev activated. Live Coding activated.
2020-11-22 07:41:17,638 INFO  [io.quarkus] (Quarkus Main Thread)
Installed features: [cdi, resteasy]
hi,commond mode
2020-11-22 07:41:17,640 INFO  [ListenerBean] (Quarkus Main Thread) The
application is stopping... bye bye,this app is close
2020-11-22 07:41:17,683 INFO  [io.quarkus] (Quarkus Main Thread) Quarkus
stopped in 0.044s
Quarkus application exited with code 0
```

透過日誌可以看到，Quarkus Main Thread 首先啟動的是 StartupEvent 事件，之後才開啟 JVM 並啟動監聽通訊埠，然後是處理設定檔，接著開始安裝 Quarkus 的外部擴充元件，並進入執行模式，監聽外部資訊。最後結束流程。

虛擬機器模式和原生模式稍微有一點區別，也就是在虛擬機器模式下，StartupEvent 事件總是在（ApplicationScoped.class）的 @Initialized 之後被觸發，而關閉事件在 @destroy 之前被觸發（ApplicationScoped.class）。但是，在原生模式下，可執行程式 @Initialized (ApplicationScoped. class) 在原生模式的建構過程中被觸發，而 StartupEvent 事件在生成原生模式映像檔時被觸發。

在 CDI 應用程式中，帶有限定詞 @Initialized 的事件（ApplicationScoped. class）在初始化應用程式上下文時被觸發。

## 2.2.4 Quarkus 設定檔

### 1. Quarkus 設定檔簡介

（1）Quarkus 設定屬性的檔案和程式存取

預設情況下，Quarkus 會讀取 application.properties 設定檔。Quarkus 遵循 MicroProfile 設定標準在應用程式中注入設定，注入使用 @ConfigProperty 註釋。當以程式設計方式存取設定檔 application.properties 時，可以透過存取設定方法 org.eclipse.microprofile. config.ConfigProvider.getConfig 來實現。

Quarkus 常用設定資訊只在建立應用程式時才有效，在應用程式執行時期有可能會被覆蓋。

（2）Quarkus 設定屬性清單

Quarkus 的設定屬性非常多，可參閱官網上的説明。該網站中列出了大部分 Quarkus 設定屬性，Quarkus 第三方擴充元件基本上都有自己的設定屬性，所以 Quarkus 的設定參數也基本上是按照 Quarkus 擴充元件來分類的。這些類別包括但不限於 AWS Lambda、Agroal Database connection pool、Amazon DynamoDB Client、Amazon IAM、Amazon KMS、Amazon S3、Amazon SES、Amazon SNS、Amazon SQS、Apache Kafka、Apache Tika、ArC、Artemis Core、Cache、Consul Config、Container Image、Datasource configuration、Eclipse Vert.x、Elasticsearch REST Client、Elytron Security、Flyway、Funqy、Google Cloud Functions、Hibernate、Infinispan Client、Jaeger、Keycloak Authorization、Kubernetes、Liquibase、Logging、Mailer、Micrometer Metrics、MongoDB Client、Narayana JTA、Neo4j Client、OpenID Connect、Picocli、Quarkus Core、Console Logging、Quarkus Extension for Spring Cloud Config Client、Quartz、Qute Templating、RESTEasy JAX-RS、Reactive DB2 Client、Redis Client、Scheduler、SmallRye、Swagger UI、Undertow、Vault、gRPC 等。

基本上每個 Quarkus 擴充元件都有其對應的設定資訊，這些設定資訊都統一在 application. properties 檔案中進行定義。

（3）Quarkus 支持多設定檔

Quarkus 允許同一個檔案中存在多個設定，並透過設定檔名在它們之間進行選擇。

語法是 %{profile}.config.key=value.，範例如下：

```
quarkus.http.port=9090
%dev.quarkus.http.port=8181
```

其含義是：Quarkus HTTP 通訊埠為 9090，但當 dev 設定檔處於活動狀態時，Quarkus HTTP 通訊埠為 8181。

儘管可以使用任意多個設定檔，可是在預設情況下，Quarkus 只有以下 3 個設定檔。

- 開發階段：在開發模式下啟動（即 quarkus:dev）。
- 測試階段：在執行測試時啟動（即 quarkus:test）。
- prod 階段：不在開發或測試模式下執行時期的預設設定檔。

有兩種方法可以設定自訂設定檔，即透過 quarkus.profile 檔案系統內容或 QUARKUS_PROFILE 環境變數。如果兩者都已設定，則系統內容優先。不需要在任何地方定義這些設定檔的名稱，只需使用設定檔名稱建立一個設定屬性，然後將當前設定檔設定為該名稱。舉例來說，如果想要一個具有不同 HTTP 通訊埠的 staging profile 檔案，可以將以下內容增加到 application.properties 檔案中：

```
quarkus.http.port=9090
%staging.quarkus.http.port=9999
```

## 2. Quarkus 設定檔程式的實現

下面撰寫一個 Quarkus 設定檔程式的簡單實現。

（1）匯入專案

匯入 Maven 專案，可以從 GitHub 上複製預先準備好的範例程式：

```
git clone https://******.com/rengang66/iiit.quarkus.sample.git（見連結 1）
```

該程式位於 "014-quarkus-hello-config" 目錄中，是一個 Maven 專案。

（2）程式說明

在該程式目錄下，有一個 application.properties 設定檔，還有一個 application.properties 設定檔標準範例（該檔案可透過 mvnw quarkus: generate-config 來生成）。

開啟 application.properties 設定檔：

```
hello.message = config-hello
hello.name = config-quarkus
configProvider.message = configProvider-quarkus
quarkus.http.port=8080
%dev.quarkus.http.port=8081
%test .quarkus.http.port=8082
...
```

關於 HTTP 通訊埠，在正常環境條件下，程式會監聽 8080 通訊埠。在開發環境下（即設定檔的 %dev.quarkus.http.port=8081），程式會監聽 8081 通訊埠。在測試環境下（即設定檔的 %test .quarkus.http.port=8082），程式會監聽 8082 通訊埠。

除去設定資訊的內容，後續有很多已經註釋掉的設定資訊，是透過下面的命令來實現的：

```
mvnw quarkus:generate-config -Dfile=application.properties
```

開發者可根據具體工程的設定需求，對設定資訊進行增加、修改和刪除。

開啟 com.iiit.quarkus.sample.hello.HelloResource 類別檔案，其程式如下：

```
@Path("/hello")
public class HelloResource {
```

```
    @Inject
    HelloService service;

    @GET
    @Produces(MediaType.TEXT_PLAIN)
    public String getHello() {
        return service.getHello();
    }

    @GET
    @Produces(MediaType.TEXT_PLAIN)
    @Path("/config")
    public String getConfigProvider() {
        return service.getConfigProvider();
    }

    @GET
    @Produces(MediaType.TEXT_PLAIN)
    @Path("/{name}")
    public String getHello(@PathParam("name") String name) {
        return service.getHello(name);
    }
}
```

程式說明：
..............

HelloResource 類別是一個資源類別，透過 getConfigProvider 方法，曝露
/config 外部服務。

在 HelloResource 類別中注入一個 HelloService 物件，其程式如下：

```
@ApplicationScoped
public class HelloService {
    @ConfigProperty(name = "hello.message")
    String message;

    @ConfigProperty(name = "hello.name", defaultValue = "reng")
    String helloName;
```

```
    public String getHello() { return message; }

    public String getHello(String name) { return helloName+":" + name;  }

    public String getConfigProvider() {
        String message = ConfigProvider.getConfig().getValue("config-
Provider. message", String.class);
        return message ;
    }
}
```

程式說明：

① 對於 message 和 helloName 兩個屬性，分別使用 @ConfigProperty 註釋注入。

② 對於 getConfigProvider 方法，透過存取設定方法 org.eclipse.microprofile. config. ConfigProvider. getConfig 來實現。

（3）在命令模式下啟動程式

可以直接在 IDE 工具上執行 HelloMain 程式，即選擇一級選單 Run 下的 run 命令啟動程式。

在程式啟動後，可以分別執行下列命令，並觀察獲取到的不同結果：

```
curl http://localhost:8081/hello
curl http://localhost:8081/hello/config
curl http://localhost:8081/hello/reng
```

**注意**：這裡的監聽通訊埠是 8081，因為程式是在開發模式下啟動的。

## 3. Quarkus 元件常用設定資訊及其說明

Quarkus 元件採用了統一設定方式，即所有擴充元件的設定資訊都放在統一的 application.properties 檔案中，這樣的設定屬性有幾千個，表 2-1 中列出的是 Quarkus 常用設定資訊及其簡介。

表 2-1　Quarkus 常用設定資訊及其簡介

| 屬 性 名 稱 | 簡　介 | 預　設　值 |
|---|---|---|
| quarkus.http.root-path | 這是 Quarkus 的 HTTP 根目錄，所有 Web 內容都將相對於此根路徑提供服務 | |
| quarkus.http.port | Quarkus 程式 HTTP 通訊埠 | 8080 |
| quarkus.http.test-port | Quarkus 程式測試的 HTTP 通訊埠 | 8081 |
| quarkus.http.host | 開發／測試模式下的 HTTP 主機預設為 localhost，在 prod 模式下，預設為 0.0.0.0，這樣將使 Quarkus 更容易部署到容器 | localhost |
| quarkus.args | 傳遞給命令列的參數。arg 參數不是一個列表，因為 arg 是用空格分隔的，而非用逗點 | |
| quarkus.application.name | 應用程式的名稱。如果未設定，則預設為專案名稱（完全未設定的測試除外） | |
| quarkus.application.version | 應用程式的版本。如果未設定，則預設為專案的版本（完全未設定的測試除外） | |
| quarkus.banner.path | 可以使用提供的橫幅，並輸入橫幅檔案的路徑（相對於類別路徑的根路徑） | default_banner.txt |
| quarkus.banner.enabled | 是否顯示橫幅 | |
| quarkus.log.level | 根類別的日誌等級，用作所有類別的預設日誌等級 | |

# 2.2.5　Quarkus 日誌設定

## 1. Quarkus 日誌設定簡介

（1）Quarkus 支援的日誌元件

Quarkus 支援的日誌元件有 JDK java.util.logging、JBoss Logging、SLF4J、Apache Commons Logging 等。其內部預設使用 JBoss 日誌記錄，可供開發者在應用程式中直接使用，無須為日誌增加其他依賴項。如果開發者使用 JBoss 日誌記錄，但是其中一個 Java 函數庫使用了不同的日誌 API，則需要設定日誌介面卡。

（2）Quarkus 日誌等級
以下是 Quarkus 使用的日誌等級。

- OFF（關閉日誌）：關閉日誌記錄的特殊等級。
- FATAL（致命日誌）：嚴重的服務故障 / 完全無法處理任何類型的請求。
- ERROR（錯誤日誌）：請求中的嚴重中斷或無法為請求提供服務。
- WARN（警告日誌）：不需要立即校正的非關鍵服務錯誤或問題。
- INFO（資訊日誌）：服務生命週期事件或重要的相關極低頻資訊。服務生命週期事件或重要性相當低的資訊。
- DEBUG（偵錯日誌）：傳遞有關生命週期或非請求綁定事件的額外資訊的訊息，這些資訊可能有助偵錯。
- TRACE（追蹤日誌）：傳遞額外的每個請求偵錯資訊的訊息，這些訊息的出現頻率可能非常高。
- ALL（所有日誌）：所有訊息的特殊等級，包括自訂等級。

此外，可以為執行的應用程式和函數庫設定以下等級的 java.util.logging 檔案。

- SEVERE（嚴重日誌）：與錯誤日誌相同。
- WARNING（警示日誌）：與警告日誌相同。
- CONFIG（設定日誌）：服務設定資訊。
- FINE（正常日誌）：與偵錯日誌相同。
- FINER（複雜日誌）：與追蹤（TRACE）日誌相同。
- FINEST（精細日誌）：該日誌比追蹤日誌含更多的偵錯資訊，可能出現的頻率更高。

（3）Quarkus 日誌執行時期設定
日誌記錄是按類別設定的。每個類別都可以獨立設定，應用在某一個類

別的設定也將應用於該類別的所有子類別，除非定義了更具體的子類別
設定。對於每個類別，都應用 console/file/syslog 設定的相同設定，也可
以透過將一個或多個命名處理常式附加到類別來重新定義這些處理常式。

根記錄器類別是單獨處理的，並透過相關屬性來進行設定。如果指定記
錄器類別不存在等級設定，則檢查封閉（父）類別。如果沒有設定包含
相關類別的類別，則使用根記錄器設定。

（4）Quarkus 日誌格式

預設情況下，Quarkus 使用日誌格式化程式來生成讀取的文字日誌。

可以透過專用屬性為每個日誌處理常式設定格式，例如對於主控台處理
常式，屬性為 quarkus.log.console.format。

可以更改主控台日誌的輸出格式，由外部環境服務捕捉 Quarkus 應用程式
日誌輸出功能將非常有用，舉例來說，可以處理和儲存日誌資訊以供以
後分析。

（5）日誌處理常式

日誌處理常式是一個日誌元件，負責向接收者發送日誌事件。Quarkus 有
3 種不同的日誌處理常式：主控台、檔案和系統日誌。

- 主控台日誌處理常式：預設情況下，將啟用主控台日誌處理常式。日
  誌處理常式將所有日誌事件輸出到應用程式的主控台。
- 檔案日誌處理常式：預設情況下，檔案日誌處理常式處於禁用狀態。
  日誌處理常式將所有日誌事件輸出到應用程式主機上的檔案中。它支
  持記錄檔旋轉。
- 系統日誌處理常式：Syslog 是一種使用 RFC5424 定義的協定，是在類
  別 UNIX 系統上發送日誌訊息的協定。Syslog 處理常式將所有日誌事
  件發送到 Syslog 伺服器。預設情況下，該功能處於禁用狀態。

## 2. Quarkus 日誌設定程式的實現

下面撰寫一個 Quarkus 日誌設定程式的簡單實現。

（1）匯入專案

匯入 Maven 專案，可以從 GitHub 上複製預先準備好的範例程式：

```
git clone https://******.com/rengang66/iiit.quarkus.sample.git（見連結 1）
```

該程式位於 "015-quarkus-hello-logging" 目錄中，是一個 Maven 專案。

（2）程式說明

在該程式中，開啟 com.iiit.quarkus.sample.hello.LoggingFilter 類別檔案，
其程式如下：

```java
@Provider
public class LoggingFilter implements ContainerRequestFilter {
    private static final Logger LOG = Logger.getLogger(LoggingFilter.
class);

    @Context
    UriInfo info;

    @Context
    HttpServerRequest request;

    @Override
    public void filter(ContainerRequestContext context) {
        final String method = context.getMethod();
        final String path = info.getPath();
        final String address = request.remoteAddress().toString();
        LOG.infof("Request %s %s from IP %s", method, path, address);
    }
}
```

程式說明：

① @Provider 註釋表示自訂類別，說明 LoggingFilter 類別是實現了
ContainerRequestFilter 的自訂類別，然後實現具體的 filter 方法。

② filter 方法可以實現在日誌上顯示外部呼叫 Request 方法的名稱、存取
　路徑和 IP 位址。

（3）在命令模式下啟動程式

可以直接在 IDE 工具上執行 HelloMain 程式，即執行一級選單 Run 中的
Run 命令啟動程式。

在程式啟動後，可以分別執行下列命令，並觀察日誌的記錄資訊：

```
curl http://localhost:8080/hello
curl http://localhost:8080/hello/config
curl http://localhost:8080/hello/reng
```

## 2.2.6 快取系統資料

### 1. Quarkus 內部快取簡介

本節將介紹如何在 Quarkus 應用程式的任何 CDI 管理的 Bean 中啟用應用
程式資料快取。

Quarkus 會對快取進行註釋，即 Quarkus 提供了一組可以在 CDI 管理的
Bean 中使用的註釋來啟用快取功能。這些註釋分別介紹如下。

■ @CacheResult，盡可能不執行方法區塊，從快取載入方法結果。
　當使用 @CacheResult 註釋的方法被呼叫時，Quarkus 將計算一個快取
　鍵並使用它檢查快取中是否已經呼叫了該方法。如果該方法有一個或
　多個參數，則從所有方法參數或用 @CacheKey 註釋的所有參數來計算
　鍵。作為鍵一部分的每個非基元方法參數，必須正確實現 equals 方法
　和 hashCode 方法，只有這樣快取才能按預期工作。該註釋也可以用於
　沒有參數的方法，在這種情況下，將使用從快取名稱衍生的預設鍵。
　如果在快取中找到一個值，則傳回該值，而帶註釋的方法不會實際執
　行。如果找不到值，則呼叫帶註釋的方法，並使用計算出來的鍵將傳
　回的值儲存到快取中。

使用 @CacheResult 註釋的方法受快取鎖定未命中機制的保護。如果多個併發呼叫嘗試從同一個遺失的鍵中檢索快設定值,則該方法將只被呼叫一次。第一個併發呼叫將觸發方法呼叫,而隨後的併發呼叫將等待方法呼叫結束後才能獲取快取的結果。lockTimeout 參數可用於指定延遲後的中斷鎖定。預設情況下,鎖定逾時是禁用的,這表示鎖定不會中斷。該註釋不能用於傳回 void 的方法,但 Quarkus 能夠快取空值。

- @CacheInvalidate,從快取中移除項。
  當使用 @CacheInvalidate 註釋的方法被呼叫時,Quarkus 將計算一個快取鍵並使用它嘗試從快取中刪除現有項。如果該方法有一個或多個參數,則從所有方法參數或使用 @CacheKey 註釋的所有參數來計算鍵。該註釋也可以用於沒有參數的方法,在這種情況下,將使用從快取名稱衍生的預設鍵。如果該鍵沒有標識任何快取項,則不會發生任何事情。

- @CacheInvalidateAll,當使用 @CacheInvalidateAll 註釋的方法被呼叫時,Quarkus 將刪除快取中的所有項目。

- @CacheKey, 當 方 法 參 數 使 用 @CacheKey 註 釋 時, 在 呼 叫 由 @CacheResult 或 @CacheInvalidate 註釋的方法時,@CacheKey 才會被標識為快取鍵的一部分。該註釋是可選的,僅當某些方法參數不是快取鍵的一部分時才應使用。
  複合快取金鑰生成邏輯是,如果一個快取鍵是由多個方法參數共同建構的,那麼不管它們是否用 @CacheKey 顯性標識,建構邏輯都取決於這些參數在方法簽名中出現的順序。另一方面,參數名稱根本不會被使用,因此對快取鍵沒有任何影響。

## 2. Quarkus 內部快取程式的實現

下面撰寫一個 Quarkus 內部快取程式的簡單實現。

（1）匯入專案

匯入 Maven 專案，可以從 GitHub 上複製預先準備好的範例程式：

```
git clone https://******.com/rengang66/iiit.quarkus.sample.git（見連結1）
```

該程式位於 "016-quarkus-hello-cache" 目錄中，是一個 Maven 專案。

（2）程式說明

在該程式中，開啟 com.iiit.quarkus.sample.hello.HelloResource 類別檔案，其程式如下：

```
@Path("/hello")
public class HelloResource {

    private static final Logger LOG = Logger.getLogger(HelloResource.class);

    @Inject
    HelloService service;

    @GET
    @Produces(MediaType.TEXT_PLAIN)
    public String getHello() {
        long executionStart = System.currentTimeMillis();
        String hello = service.getHello();
        long executionEnd = System.currentTimeMillis();
        long  execution = executionEnd - executionStart;
        LOG.infof(hello + execution);
        return hello + execution;
    }
}
```

程式說明：

① HelloResource 類別注入了帶有快取處理的 HelloService 物件。

② HelloResource 類別透過兩次呼叫 HelloService 物件方法所用的時間計算出時間差，這樣可以了解兩次呼叫之間的區別。

開啟程式中的 com.iiit.quarkus.sample.hello.HelloService 類別檔案,其程式如下:

```
@ApplicationScoped
public class HelloService {
    @ConfigProperty(name = "hello.message")
    String message;

    @CacheResult(cacheName = "hello-cache")
    public String getHello() {
        try {
            Thread.sleep(2000L);
        } catch (InterruptedException e) {
            Thread.currentThread().interrupt();
        }
        return " 獲取 "+message+" 的時間:";
    }
}
```

程式說明:

① @CacheResult(cacheName = "hello-cache") 定義了一個名為 hello-cache 的快設定值。

② 當第一次從外部呼叫 getHello 方法時,會沉睡 2000µs,然後傳回呼叫時間。當第二次及以後呼叫該方法時,由於從快取中獲取資料,故呼叫時間非常短。

(3)在命令模式下啟動程式

可以直接在 IDE 工具上執行 HelloMain 程式,即選擇一級選單 Run 中的 run 命令啟動程式。

在程式啟動後,可以反覆執行命令 curl http://localhost:8080/hello 並觀察回饋資訊。這時的開發工具主控台回饋資訊如下:

```
2021-01-13 11:12:46,580 INFO  [com.iii.qua.sam.hel.HelloResource]
(executor-thread-198) 獲取 config-hello 的時間:2002
2021-01-13 11:12:58,093 INFO  [com.iii.qua.sam.hel.HelloResource]
```

```
(executor-thread-198) 獲取 config-hello 的時間：0
2021-01-13 11:13:00,992 INFO  [com.iii.qua.sam.hel.HelloResource]
(executor-thread-198) 獲取 config-hello 的時間：0
2021-01-13 11:13:03,812 INFO  [com.iii.qua.sam.hel.HelloResource]
(executor-thread-198) 獲取 config-hello 的時間：0
2021-01-13 11:13:06,773 INFO  [com.iii.qua.sam.hel.HelloResource]
(executor-thread-198) 獲取 config-hello 的時間：0
```

可以看到，第一次獲取資料的時間最長，其後獲取資料的時間都為 0。

## 2.2.7 基礎開發案例

Quarkus 基礎開發案例及其簡介如表 2-2 所示。

表 2-2　Quarkus 基礎開發案例及其簡介

| 案 例 名 稱 | 簡　　介 | 關 鍵 詞 |
|---|---|---|
| 010-quarkus-hello | 一個 hello world 程式 | hello world |
| 011-quarkus-hello-cdi | 一個 CDI 簡單應用的 Quarkus 案例 | CDI |
| 012-quarkus-hello-command-mode | 介紹 Quarkus 命令模式的簡單案例 | command-mode |
| 013-quarkus-hello-lifecycle | 介紹 Quarkus 生命週期的簡單案例 | lifecycle |
| 014-quarkus-hello-config | 介紹 Quarkus 設定管理的簡單案例 | config |
| 015-quarkus-hello-logging | 介紹 Quarkus 日誌管理的簡單案例 | logging |
| 016-quarkus-hello-cache | 介紹 Quarkus 快取處理的簡單案例 | cache |

# 2.3 GoF 設計模式的 Quarkus 實現

## 2.3.1 GoF 設計模式簡介

自從 GoF（Erich Gamma、Richard Helm、Ralph Johnson 和 John Vlissides 這 4 位博士）的《設計模式：可重複使用物件導向軟體的基礎》問世以

來，全世界的開發者形成了學習、使用設計模式的熱潮。在本節中，會結合 Quarkus 和具體語言來完成 GoF 設計模式的實現，一方面對設計模式進行了詮釋和列出了案例説明，另一方面也可以學習 Quarkus 開發的一些基本技巧。

GoF 設計模式總共 23 種，可分為以下 3 類別。

（1）建立型模式（Creational Pattern）：主要負責物件的建立工作，其應用過程不再是簡單地直接實例化物件。建立型模式包括工廠方法（Factory Method）模式、抽象工廠（Abstract Factory）模式、建構元（Builder）模式、原型（Prototype）模式及單例（Singleton）模式等 5 種模式。

（2）結構型模式（Structural Pattern）：一般用於複雜的使用者介面和統計資料，結構型模式描述了如何組合類別與物件以形成更大的結構，包括介面卡（Adapter）模式、橋樑（Bridge）模式、組合（Composite）模式、裝飾（Decorator）模式、門面（Facade）模式、享元（Flyweight）模式和代理（Proxy）模式等 7 種模式。

（3）行為型模式（Behavioral Pattern）：主要用於精確定義系統中物件之間的通訊流程，以及在一些相當複雜的程式中如何控制該流程。通常可以分為職責鏈（Chain of Responsibility）模式、命令（Command）模式、解譯器（Interpreter）模式、迭代器（Iterator）模式、調停者（Mediator）模式、備忘錄（Memento）模式、觀察者（Observer）模式、狀態（State）模式、策略（Strategy）模式、範本（Template）模式和存取者（Visitor）模式等 11 種模式。

本節按照 23 種設計模式分別完成實現和講解。首先列出設計模式的經典概念，並結合設計模式來分析和解析；然後針對設計模式虛擬應用場景介紹；最後對應用場景進行程式設計實現。

## 2.3.2 GoF 設計模式案例的 Quarkus 原始程式結構 及示範

獲取程式，可以從 GitHub 上複製預先準備好的範例程式：

git clone https://******.com/rengang66/iiit.quarkus.sample.git（見連結 1）

該程式位於 "018-quarkus-sample-gof23" 目錄中，是一個 Maven 專案。

匯入 Maven 專案，這是一個典型的 Maven 專案的結構。程式結構如圖 2-10 所示。

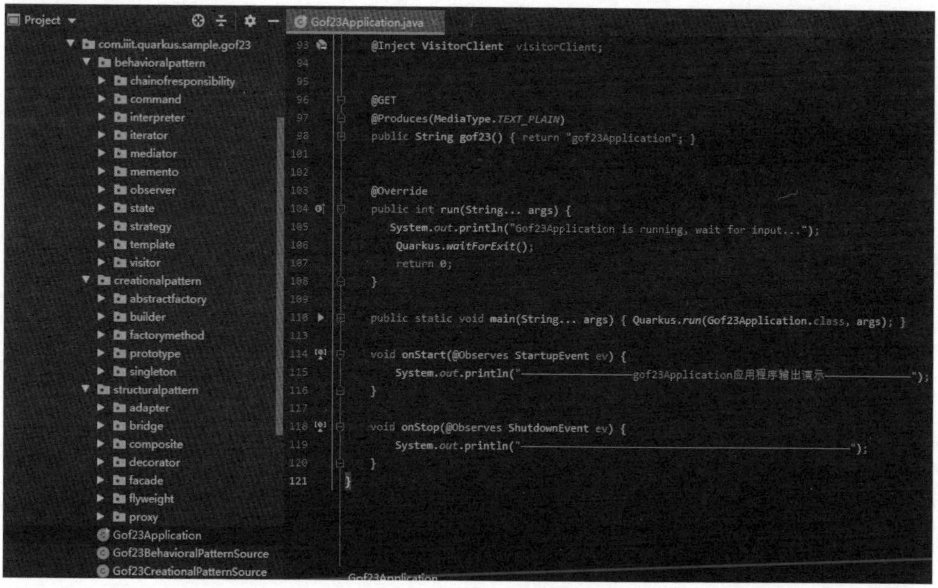

▲ 圖 2-10　程式結構

在以 Quarkus 為基礎的 GoF 設計模式中，每個模式程式都由其名稱、位置和主程式類別組成。表 2-3 列出了程式的設計模式名稱、程式原始碼位置和主程式類別表。

表 2-3　程式的設計模式名稱、程式原始碼位置和主程式類別表

| 模式名稱 | 原始程式碼位置 | 主程式類別 |
|---|---|---|
| 工廠方法模式 | com.iiit.quarkus.sample.gof23.creationalpattern.factorymethod | FactorymethodClient |
| 抽象工廠模式 | com.iiit.quarkus.sample.gof23.creationalpattern.abstractfactory | AbstractfactoryClient |
| 建構元模式 | com.iiit.quarkus.sample.gof23.creationalpattern.builder | BuilderClient |
| 原型模式 | com.iiit.quarkus.sample.gof23.creationalpattern.prototype | PrototypeClient |
| 單例模式 | com.iiit.quarkus.sample.gof23.creationalpattern.singleton | SingletonClient |
| 轉接器模式 | com.iiit.quarkus.sample.gof23.structuralpattern.adapter | AdapterClient |
| 橋樑模式 | com.iiit.quarkus.sample.gof23.structuralpattern.bridge | BridgeClient |
| 組合模式 | com.iiit.quarkus.sample.gof23.structuralpattern.composite | CompositeClient |
| 裝飾模式 | com.iiit.quarkus.sample.gof23.structuralpattern.decorator | DecoratorClient |
| 門面模式 | com.iiit.quarkus.sample.gof23.structuralpattern.facade | FacadeClient |
| 享元模式 | com.iiit.quarkus.sample.gof23.structuralpattern.flyweight | FlyweightClient |
| 代理模式 | com.iiit.quarkus.sample.gof23.structuralpattern.proxy | ProxyClient |
| 職責鏈模式 | com.iiit.quarkus.sample.gof23.behavioralpattern.chainofresponsibility | ChainofresponsibilityClient |
| 命令模式 | com.iiit.quarkus.sample.gof23.behavioralpattern.command | CommandClient; |
| 解譯器模式 | com.iiit.quarkus.sample.gof23.behavioralpattern.interpreter | InterpreterClient |

| 模式名稱 | 原始程式碼位置 | 主程式類別 |
|---|---|---|
| 迭代器模式 | com.iiit.quarkus.sample.gof23. behavioralpattern.iterator | IteratorClient |
| 調停者模式 | com.iiit.quarkus.sample.gof23. behavioralpattern.mediator | MediatorClient |
| 備忘錄模式 | com.iiit.quarkus.sample.gof23. behavioralpattern.memento | MementoClient |
| 觀察者模式 | com.iiit.quarkus.sample.gof23. behavioralpattern.observer | ObserverClient |
| 狀態模式 | com.iiit.quarkus.sample.gof23. behavioralpattern.state | StateClient |
| 策略模式 | com.iiit.quarkus.sample.gof23. behavioralpattern.strategy | StrategyClient |
| 範本模式 | com.iiit.quarkus.sample.gof23. behavioralpattern.template | TemplateClient |
| 存取者模式 | com.iiit.quarkus.sample.gof23. behavioralpattern.visitor | VisitorClient |

有 3 種方式可以示範應用程式的執行效果。

第 1 種是在透過 Quarkus 開發模式啟動程式後，在命令列視窗中輸入相關內容，查看示範效果。

舉例來說，要查看工廠方法模式的示範效果，步驟如下。

（1）在程式目錄下輸入命令 mvnw compile quarkus:dev，啟動程式。
（2）在命令列視窗中輸入命令 curl http://localhost:8080/gof23/ factorymethod。
（3）在 Quarkus 的命令列視窗中可以看到輸出結果，如圖 2-11 所示。

對於這種模式，程式目錄中有一個執行檔案 quarkus-sample-gof23-test. cmd，可以一次性示範全部效果。

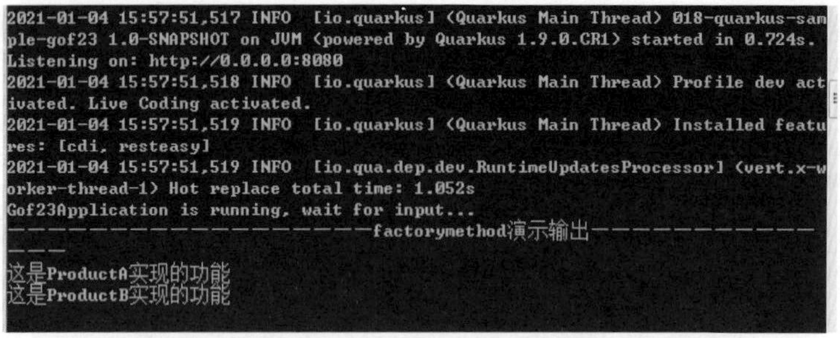

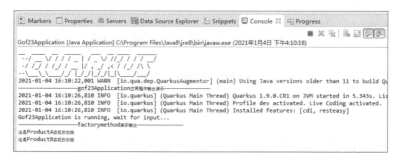

▲ 圖 2-11　工廠方法模式在開發模式下的示範效果圖
（編按：本圖例中包含簡體中文介面）

第 2 種是在 Gof23Application 類別上透過 Quarkus 命令模式啟動程式，然後在命令列視窗中輸入相關內容，查看示範效果。

舉例來説，要查看工廠方法模式的示範效果，步驟如下。

（1）在開發工具（如 Eclipse）中執行 Gof23Application 類別的 run 命令，啟動程式。

（2）在命令列視窗中輸入命令 curl http://localhost:8080/gof23/factorymethod。

（3）在開發工具（如 Eclipse）的主控台視窗中可以看到輸出結果，如圖 2-12 所示。

▲ 圖 2-12　工廠方法模式在命令模式下結合外部呼叫的示範效果圖

對於這種模式，程式目錄下有一個執行檔案 quarkus-sample-gof23-test. cmd，可以一次性示範全部效果。

第 3 種是在設計模式的各個主程式類別上，透過命令模式執行程式，查看示範效果。

舉例來説，要查看工廠方法模式的示範效果，步驟如下。

（1）首先開啟工廠方法模式的 FactorymethodClient 類別檔案，然後在開發工具（如 Eclipse）中執行 run 命令，啟動程式。

（2）在開發工具（如 Eclipse）的主控台視窗中可以看到輸出結果，如圖 2-13 所示。

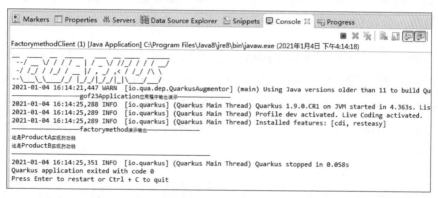

▲ 圖 2-13　工廠方法模式在命令模式下的示範效果圖

其他 22 種設計模式都可以參照上述 3 種方式來查看示範效果。

## 2.3.3 案例場景、說明和 Quarkus 原始程式實現

為了方便了解程式，下面對設計模式及其應用場景進行簡要説明，這樣可以了解各個案例具體的實現過程並了解 Quarkus 使用方法。

### 1. 工廠方法模式

（1）標準定義和分析說明

工廠方法模式標準定義：定義一個用於建立物件的介面，讓子類別決定實例化哪一個類別。工廠方法使一個類別的實例化延遲到其子類別。工

廠方法模式是一個建立型模式，它要求工廠類別和產品類別分開，由一個工廠類別根據傳入的參數決定建立哪一種產品類別的實例，但這些不同的實例有共同的父類別。工廠方法把建立這些實例的具體過程封裝了起來，當一個類別無法預料將要建立哪個類別的物件或一個類別需要由子類別來指定建立的物件時，就需要用到工廠方法模式了。

（2）應用場景舉例

比如某一類公司能提供一種產品，但是這種產品有不同的型號。當客戶需要一種產品，但是沒有具體列出是哪一種型號，只是提供了一些產品參數時，公司就根據這些參數來提供產品，這就是工廠方法模式。

在這裡，可以把公司（Company）了解為抽象工廠角色；把 CompanyA 了解為具體工廠（Concrete Creator）角色；把 Product 了解為抽象產品（Product）角色；把 ProductA 和 ProductB 了解為具體產品（Concrete Product）角色。圖 2-14（遵循 UML 2.0 標準繪製）是實現該應用場景的類別結構圖。

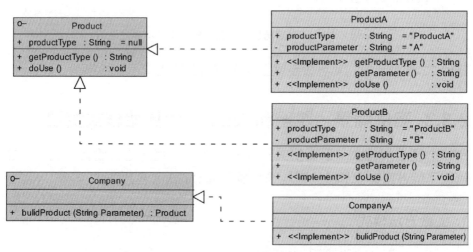

▲ 圖 2-14　工廠方法模式的應用案例類別結構圖

## 2. 抽象工廠模式

（1）標準定義和分析說明

抽象工廠模式標準定義：提供一個建立一系列相關或相互依賴物件的介面，而無須指定它們具體的類別。抽象工廠模式是一個建立型模式，與工廠方法模式一樣，它要求工廠類別和產品類別分開。但是核心工廠類別不再負責所有產品的建立，而是將具體的建立工作交給子類別去做，成為一個抽象工廠角色，僅負責列出具體工廠類別必須實現的介面，而不接觸哪一個產品類別應當被實例化這種細節，由一個具體的工廠類別負責建立產品族中的各個產品。其實質就是由 1 個工廠類別層次、N 個產品類別層次和 $N \times M$ 個產品組成的。

（2）應用場景舉例

比如，幾家公司同時能生產電腦和電話，但是電腦系列包括 PC 個人電腦、筆記型電腦和伺服器，電話系列包括市話電話和手機，對於這種情況就可以採用抽象工廠模式。

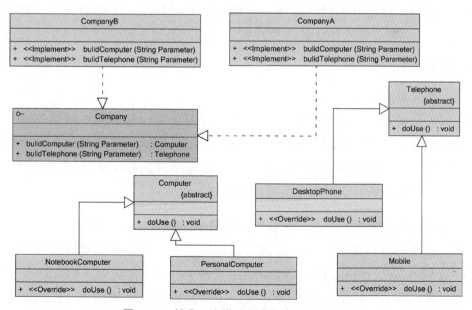

▲ 圖 2-15　抽象工廠模式的應用案例類別結構圖

在這裡，可以把 Company 了解為抽象工廠（Abstract Factory）角色；把 CompanyA 和 CompanyB 了解為具體工廠（Concrete Creator）角色；把 Computer 和 Telephone 了解為兩類不同的抽象產品（Product）角色；把 NotebookComputer 和 PersonalComputer 了解為以 Computer 抽象產品為基礎的具體產品（Concrete Product）角色；把 DesktopPhone 和 Mobile 了解為以 Telephone 抽象產品為基礎的具體產品（Concrete Product）角色。圖 2-15（遵循 UML 2.0 標準繪製）是實現該應用場景的類別結構圖。

### 3. 建構元模式

（1）標準定義和分析説明

建構元模式標準定義：將一個複雜物件的建構與它的表示分離，使得同樣的建構過程可以建立不同的表示。建構元模式屬於建立型模式，它就是將產品的內部表面和產品的生成過程分割開來，從而使一個建構過程生成具有不同內部表面的產品物件。建構元模式使得產品內部表面可以獨立變化，客戶不必知道產品內部組成的細節。建構元模式可以強制實行一種分步驟進行的構造過程。建構元模式就是解決這類問題的一種思想方法——將一個複雜物件的建構與它的表示分離，使得同樣的建構過程可以建立不同的表示。

（2）應用場景舉例

比如，公司要做一個軟體專案，該軟體專案由可行性研究、技術交流、投標、簽訂合約、需求調研、系統設計、系統編碼、系統測試、系統部署和實施、系統維護等多個過程組成，但是不同的專案由不同的過程組成，對於這種情況就可以採用建構元模式。

對於非投標專案 ProjectA，只有需求調研、系統設計、系統編碼、系統測試、系統部署和實施、系統維護等過程，這時就可以採用建構元模式。可以把 AbstractProjectProcessBuilder 了解為抽象構造者（Builder）角色；把 ConcreteProjectProcessBuilder 了解為實現抽象構造者（Builder）

角色的具體構造者（Concrete Builder）角色；把 ProjectA 了解為導演者
（Director）角色和產品（Product）角色的結合。圖 2-16（遵循 UML 2.0
標準繪製）是實現該應用場景的類別結構圖。

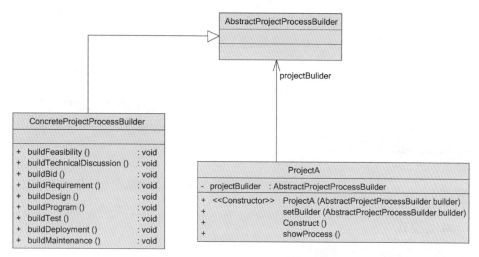

▲ 圖 2-16　建構元模式的應用案例類別結構圖

## 4. 原型模式

（1）標準定義和分析說明

原型模式標準定義：用原型實例指定建立物件的種類，並且透過複製
（複製）這些原型建立新的物件。原型模式也是一種建立型模式。當一
個系統應該獨立於它的產品建立、組成和表示，以及要實例化的類別是
在執行時期指定的時候，可使用原型模式。原型模式適用於任何等級結
構。原型模式的缺點是每一個類別都必須配備一個複製方法。

（2）應用場景舉例

比如，公司對各個產品都有自己的宣傳資料，每個宣傳資料都是首先對
公司介紹，然後對公司組織結構介紹，中間內容才是對產品的技術介
紹、案例說明，最後還要留下公司的通訊聯絡方式。不同產品的宣傳資
料中公司介紹、組織結構介紹和通訊聯絡方式都是一樣的，這樣就可以

採用原型模式,從基本的公司產品資料中複製出一個介紹範本,然後根據具體產品來加上產品的技術參數。

在這裡,可以把 AbstractPrototype 類別了解為抽象原型(Prototype)角色,把 CompanyBaseIntroduction 了解為具體原型(Concrete Prototype)角色。圖 2-17(遵循 UML 2.0 標準繪製)是實現該應用場景的類別結構圖。

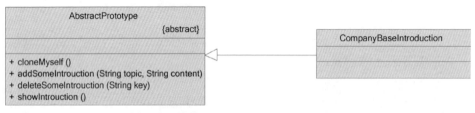

▲ 圖 2-17　原型模式的應用案例類別結構圖

## 5. 單例模式

(1)標準定義和分析説明

單例模式標準定義:保證一個類別僅有一個實例,並提供一個存取它的全域存取點。單例模式屬於建立型模式。單例模式就是採取一定的方法保證在整個軟體系統中對某個類別只能存在一個物件實例,並且其他類別可以透過某種方法存取該實例。單例模式只應在有真正的「單一實例」的需求時才可使用。單例模式只有一個角色,就是要進行唯一實例化的類別。

(2)應用場景舉例

比如,公司規定一個市場使用者只能由一個市場人員追蹤。最初使用者聯絡公司的時候,任命一個市場人員負責這個使用者,以後這個使用者再聯絡公司時,仍由指定的這個市場人員負責。

在這裡,SaleMan 類別是一個要求唯一實例化的類別,ServiceManager 類別是一個提供唯一實例化方法的類別。圖 2-18(遵循 UML 2.0 標準繪製)是實現該應用場景的類別結構圖。

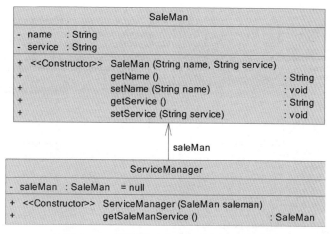

▲ 圖 2-18　單例模式的應用案例類別結構圖

## 6. 轉接器模式

（1）標準定義和分析説明

轉接器模式標準定義：將一個類別的介面轉換成客戶希望的另一個介面，使得原本由於介面不相容而不能一起工作的那些類別可以一起工作。轉接器模式屬於結構型模式。轉接器模式也叫變壓器模式，也叫包裝器模式。

（2）應用場景舉例

比如，公司的客戶與公司設計程式的開發人員直接進行交流比較困難，這時加入一個需求分析人員，就可以使事情變得簡單。客戶把自己的想法告訴需求分析人員，需求分析人員把使用者需求轉化成需求分析，並告訴設計程式的開發人員如何進行設計和實現。需求分析人員就是一個介面卡，把兩個毫無關聯的人員匹配起來。在軟體外包產業內就有這樣的實際情況。

在這裡，可以把 Customer 類別了解為目標（Target）角色；把 Designer 類別了解為來源（Adapter）角色；把 Analyst 類別了解為介面卡（Adapter）角色。圖 2-19（遵循 UML 2.0 標準繪製）是實現該應用場景的類別結構圖。Analyst 類別繼承自 Customer 類別並連結 Designer 類別。

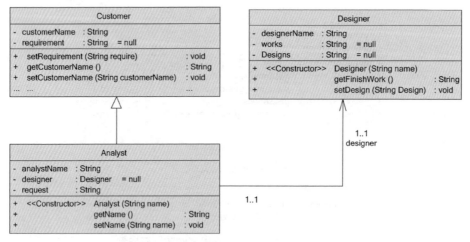

▲ 圖 2-19　轉接器模式的應用案例類別結構圖

## 7. 橋樑模式

（1）標準定義和分析説明

橋樑模式標準定義：將抽象部分與它的實現部分分離，使它們都可以獨立變化。橋樑模式屬於結構型模式，它將抽象化與實現化脱耦，使得二者可以獨立變化，也就是説將它們之間的強連結變成弱連結，指在一個軟體系統的抽象化和實現化之間使用組合 / 聚合關係而非繼承關係，從而使兩者可以獨立變化。

（2）應用場景舉例

比如，公司有幾個技術部門，分別是研發部、開發部和售後服務部，這些部門都有教育訓練和開會等工作。教育訓練的時候，要有教育訓練老師、教育訓練教材、教育訓練人員和教育訓練教室。開會也一樣，要有會議主持人、開會地點等。因此，可以把部門了解為抽象單位，研發部、開發部和售後服務部繼承自抽象單位並實現具體的工作。日常工作可以抽象，教育訓練和開會繼承自日常工作，不同部門的日常工作是不同的。

在這裡，可以把 AbstractDepartment 類別了解為抽象化（Abstraction）角色；把 AbstractAction 類別了解為實現化（Implementor）角色；把

DevelopmentDep 類別、FinanceDep 類別和 MarketDep 類別了解為修正抽象化（Refine Abstraction）角色；把 Meeting 類別和 Training 類別了解為具體實現化（Concrete Implementor）角色。圖 2-20（遵循 UML 2.0 標準繪製）是實現該應用場景的類別結構圖。

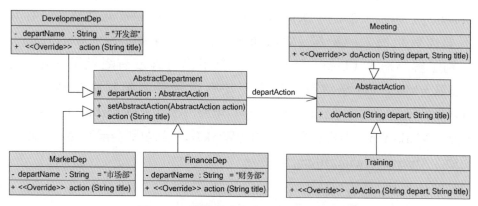

▲ 圖 2-20　橋樑模式的應用案例類別結構圖

## 8. 組合模式

（1）標準定義和分析説明

組合模式標準定義：將物件組合成樹狀結構以表示「部分 - 整體」的層次結構，定義了包含基本物件和組合物件的類別層次結構，使得使用者對單一物件和組合物件的使用具有一致性。組合模式屬於結構型模式，其就是一個處理物件的樹結構模式。組合模式把部分與整體的關係用樹結構表示出來，使得用戶端同等看待一個個單獨的成分物件與由它們複合而成的合成物件。

（2）應用場景舉例

比如，團隊（組織）是一個整體的抽象類別，集團公司、公司、工廠、部門、班組、專案小組都是團隊，都可以繼承團隊，但是團隊本身也是有層次結構的。我們要架構一個軟體公司，就要這樣先形成公司，再形成公司下面的部門，接著形成部門下面的專案小組。如果架構一個工廠性質的公司,那麼在形成公司根節點後開始形成公司下屬的工廠,在工廠下面再形成廠房。

在這裡,可以把抽象組織(AbstractOrganization)類別了解為抽象元件(Abstract Component)角色;把公司(Corporation)類別、工廠(Factory)類別、部門(Department)類別了解為樹枝元件角色,在其下面還有組織;把廠房(Workshop)類別和專案小組(WorkTeam)類別了解為樹葉(Leaf)元件角色,其下面已經沒有組織了。圖 2-21(遵循 UML 2.0 標準繪製)是實現該應用場景的類別結構圖。公司(Corporation)類別、工廠(Factory)類別、部門(Department)類別、廠房(Workshop)類別和專案小組(WorkTeam)類別全部都繼承自抽象組織(AbstractOrganization)類別。

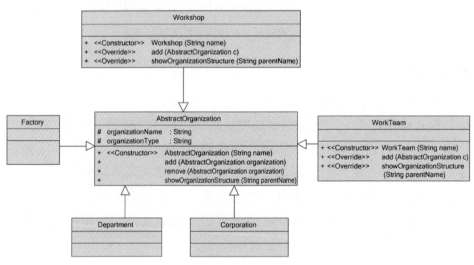

▲ 圖 2-21　組合模式的應用案例類別結構圖

## 9. 裝飾模式

(1)標準定義和分析説明

裝飾模式標準定義:動態地給一個物件增加額外的職責,以達到擴充其功能的目的,是繼承關係的替代方案,提供了比繼承更多的靈活性。裝

飾模式屬於結構型模式。動態地給一個物件增加功能，這些功能也可以
再動態地取消，增加由一些基本功能的排列組合而產生的大量功能。

（2）應用場景舉例

比如，公司的軟體工程都是由需求分析、設計、編碼、測試、部署和維
護組成的。這只是一般過程，但是萬一要加上需求分析驗證，或要加上
設計驗證等過程，這時就可以透過裝飾模式來實現。軟體工程過程是抽
象元件角色；標準軟體工程過程是具體元件角色，定義一個將要接收額
外責任的類別；附加驗證是裝飾角色；需求分析驗證是具體裝飾角色。

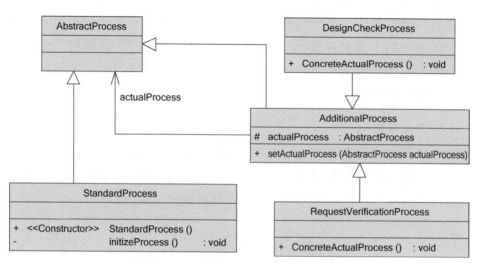

▲ 圖 2-22　裝飾模式的應用案例類別結構圖

在這裡，可以把 AbstractProcess 類別了解為抽象元件（Abstract Component）
角色；把 StandardProcess 類別了解為具體元件（Concrete Component）
角色；把 AdditionalProcess 類別了解為一種裝飾（Decorator）角色；把
DesignCheckProcess 類別和 RequestVerificationProcess 類別了解為具
體裝飾（Concrete Decorator）角色。圖 2-22（遵循 UML 2.0 標準繪
製）是實現該應用場景的類別結構圖。AbstractProcess 抽象類別有兩
個子類別，一個是 StandardProcess 類別，另一個是 AdditionalProcess

類別。AdditionalProcess 類別不僅繼承自 AbstractProcess 抽象類別，而且還連結 AbstractProcess 抽象類別。DesignCheckProcess 類別和 RequestVerificationProcess 類別是繼承自 AdditionalProcess 類別的子類別，它們是附加類別的具體實現。

## 10. 門面模式

（1）標準定義和分析説明

門面模式標準定義：為子系統中的一組介面提供一致的介面，門面模式定義了一個高層介面，這個介面使得子系統更容易使用。門面（Facade）模式也叫外觀模式，屬於結構型模式。外部與一個子系統的通訊必須透過一個統一的門面物件進行，每一個子系統只有一個門面類別，而且該門面類別只有一個實例，也就是説它是一個單例模式，但整個系統可以有多個門面類別。

（2）應用場景舉例

比如，公司基本上都有前台，來訪人員可分為幾類別，一類是過來工作的，一類是訪客，一類是快遞員，還有就是來視察的主管等，他們都需要經過前台。這時就可以透過門面模式來實現。

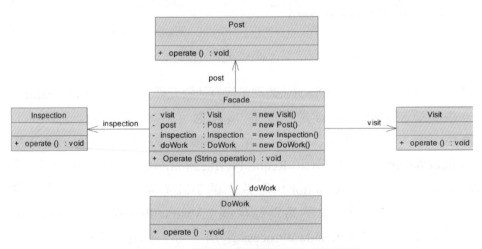

▲ 圖 2-23　門面模式的應用案例類別結構圖

在這裡，可以把 Facade 類別了解為門面（Facade）角色；把 DoWork 類別、Inspection 類別、Post 類別和 Visit 類別了解為子系統（Subsystem）角色。圖 2-23（遵循 UML 2.0 標準繪製）是實現該應用場景的類別結構圖。Facade 類聚合 DoWork 類別、Inspection 類別、Post 類別和 Visit 類別等 4 個類別。

## 11. 享元模式

（1）標準定義和分析說明

享元模式（又稱蠅量級模式）標準定義：以共用的方式高效率地支援大量的細粒度物件。享元模式屬於結構型模式。享元模式能做到共用的關鍵是其區分了內蘊狀態和外蘊狀態。內蘊狀態儲存在享元內部，不會隨環境的改變而有所改變。外蘊狀態是隨環境的改變而改變的。外蘊狀態不能影響內蘊狀態，它們是相互獨立的。將可以共用的狀態和不可以共用的狀態從正常類中區分開來，將不可以共用的狀態從類別中剔除。用戶端不可以直接建立被共用的物件，而應當使用一個工廠物件負責建立被共用的物件。享元模式大幅度地降低了記憶體中物件的數量。

（2）應用場景舉例

比如，公司裡有資料需要共用，這些資料包括技術文件、財務文件、行政文件、管理文件、日常文件等。享元物件的外蘊狀態就是技術、財務、行政、管理、日常等類別。

在這裡，可以把 Document（文件類別）抽象類別了解為抽象享元（Flyweight）角色；把 TechnicalDocument（技術文件）類別、Financial Document（財務文件）類別、AdministrativeDocument（行政文件）類別了解為具體享元（Concrete Flyweight）角色；把 DocumentRepository（資料庫）類別了解為享元工廠（Flyweight Factory）角色。圖 2-24（遵循 UML 2.0 標準繪製）是實現該應用場景的類別結構圖。TechnicalDocument 類別、FinancialDocument 類別和 AdministrativeDocument 類別都繼承自

Document 抽象類別。Document 抽象類別與 DocumentRepository 類別是
聚合關係，即 DocumentRepository 實例化物件會包容多個 Document 實
例化物件。

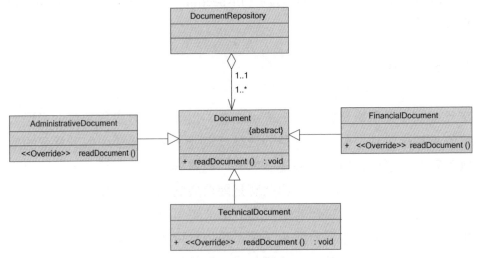

▲ 圖 2-24　享元模式的應用案例類別結構圖

## 12. 代理模式

（1）標準定義和分析說明

代理模式標準定義：為其他物件提供一種代理以控制對這個物件的存
取。代理模式屬於結構型模式。代理就是一個人或一個機構代表另一個
人或另一個機構採取行動。在某些情況下，客戶不想或不能直接引用一
個物件，這時代理物件可以在客戶和目標物件之間造成仲介的作用。用
戶端分辨不出代理主題物件與真實主題物件，代理模式可以不知道真正
的被代理物件，而僅持有一個被代理物件的介面，這時代理物件不能建
立被代理物件，被代理物件必須由系統的其他角色代為建立並傳入。

（2）應用場景舉例

比如，公司為了拓展業務，在 A 省設定辦事處。所有在 A 省的使用者請
求都透過該辦事處轉達給公司，其中辦事處就是一個代理機構。

在這裡，可以把 AbstractOrganization 類別了解為抽象主題（Abstract Subject）角色；把 Agency 類別了解為代理主題（Proxy Subject）角色；把 Corporation 類別了解為真實主題（Real Subject）角色。圖 2-25（遵循 UML 2.0 標準繪製）是實現該應用場景的類別結構圖。Corporation 只用繼承自 AbstractOrganization 類別，而 Agency 類別既要繼承自 AbstractOrganization 類別，還要聚合 Corporation 類別。

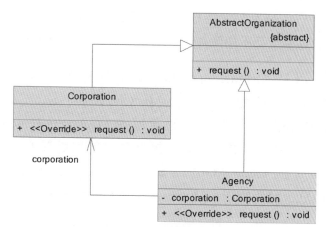

▲ 圖 2-25　代理模式的應用案例類別結構圖

## 13. 職責鏈模式

（1）標準定義和分析說明

職責鏈模式標準定義：使多個物件都有機會處理請求，從而避免請求的發送者和接收者之間出現耦合關係。將這些物件連成一條鏈，並沿著這條鏈傳遞請求，直到有一個物件處理它。職責鏈模式屬於行為型模式。在職責鏈模式中，各種服務組合或物件由每一個服務或物件對其下家的引用接起來形成一個整體的系統鏈。請求在這個鏈上傳遞，直到鏈上的某一個物件決定處理該請求。客戶並不知道鏈上的哪一個物件最終會處理請求，系統可以在不影響用戶端的情況下動態地重新組織鏈和分配責任。處理請求者有兩個選擇：承擔職責或把職責推給下家。一個請求最終可能不被任何接收端的物件所接收。職責鏈可以提高系統的靈活性，透過設定多變的職責鏈可以完成系統功能的擴充或改變，保證系統的可攜性。

（2）應用場景舉例

比如，公司技術部門有幾位技術高手，當菜鳥在工作中遇到問題時，向這些高手請教，如果第一位高手能解決問題，那這個過程就結束，否則傳遞給下一位高手，下一位高手也執行同樣的操作，不能解決問題的話就再交給下下一位高手。就這樣，不是這些高手中的其中一位能解決問題，就是這些高手全都不能解決問題，這就是職責鏈模式。

在這裡，可以把 AbstractSuperMan 抽象類別了解為抽象處理者（Abstract Handler）角色；把 SuperManOne 類別、SuperManTwo 類別和 SuperManThree 類別了解為具體處理者（Concrete Handler）角色。圖 2-26（遵循 UML 2.0 標準繪製）是實現該應用場景的類別結構圖。SuperManOne 類別、SuperManTwo 類別和 SuperManThree 類別繼承自 AbstractSuperMan 抽象類別，AbstractSuperMan 抽象類別進行自我連結。

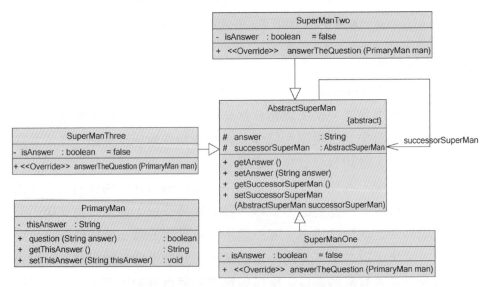

▲ 圖 2-26 職責鏈模式的應用案例類別結構圖

## 14. 命令模式

（1）標準定義和分析說明

命令模式標準定義：將一個請求封裝為一個物件，從而使你可用不同的請求對客戶進行參數化；對請求排隊或記錄請求日誌，以及支援可取消操作。命令模式屬於行為型模式。命令模式把一個請求或操作封裝到一個物件中，把發出命令的職責和執行命令的職責分開，委派給不同的物件，允許請求的一方和發送的一方相互獨立，使得請求的一方不必知道接收請求一方的介面，更不必知道請求是怎麼被接收的，以及操作是否執行、何時執行、怎麼執行。另外，系統支援命令的取消。

（2）應用場景舉例

比如，公司的管理者對下屬安排工作就可以透過命令模式。管理者是客戶角色；命令角色是一個抽象類別；安排工作就是具體命令角色，具體要求包括撰寫工作計畫、上報工作報告等；下屬就是接收者角色。比如，老李這個管理者安排小王撰寫工作計畫和上報工作報告。

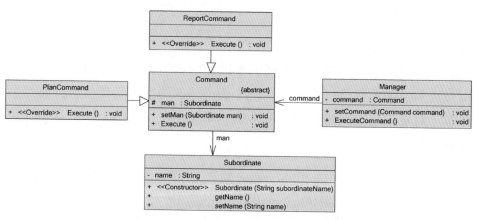

▲ 圖 2-27　命令模式的應用案例類別結構圖

在這裡，可以把 Manager 類別了解為客戶（Client）角色；把 Command 抽象類別了解為命令（Command）角色；把 Computer 類別了解為一種抽象產品（Abstract Product）角色；把 PlanCommand 類別和 ReportCommand

類別了解為具體命令（Concrete Command）角色；把 Subordinate 類別了解為接收者（Receiver）角色。圖 2-27（遵循 UML 2.0 標準繪製）是實現該應用場景的類別結構圖。Manager 類聚合 Command 抽象類別，Command 抽象類別聚合 Subordinate 類別，PlanCommand 類別和 ReportCommand 類別繼承自 Command 抽象類別。

## 15. 解譯器模式

（1）標準定義和分析說明

解譯器模式標準定義：指定語言，定義其文法的一種表示，並同時提供一個解譯器，這個解譯器使用該表示來解釋語言中的句子。解譯器模式屬於行為型模式。解譯器模式將描述怎樣在有簡單文法後使用模式設計、解釋敘述。解譯器模式提到的語言是指任何解譯器物件能夠解釋的任何組合。在解譯器模式中，需要定義一個代表文法的命令類別的等級結構，也就是一系列的組合規則。每一個命令物件都有一個解釋方法，代表對命令物件的解釋。命令物件的等級結構中的物件的任何排列組合都是語言。

（2）應用場景舉例

比如，公司接了一個專案，不同的部門對專案有不同的了解。技術部門從技術角度來說明這個專案的情況，而市場部門從市場角度來詮釋這個專案，財務部門從財務角度來解釋這個專案。在這種情況下就可以採用解譯器模式。

在這裡，可以把 AbstractExpression 類別了解為抽象運算式（Abstract Expression）角色；把 FinancialDepExpression 類別檔案、MarketDep Expression 類別檔案和 TechnicalDepExpression 類別檔案了解為終結符號運算式（Terminal Expression）角色；把 Project 類別了解為環境（Context）角色。圖 2-28（遵循 UML 2.0 標準繪製）是實現該應用場景的類別結構圖。AbstractExpression 類別為抽象類別，FinancialDep Expression 具體類別、MarketDepExpression 具體類別和 TechnicalDep

Expression 具體類別繼承自 AbstractExpression 抽象類別。Project 類別與 AbstractExpression 類別存在依賴關係。

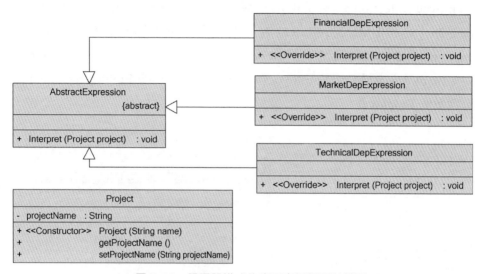

▲ 圖 2-28　解譯器模式的應用案例類別結構圖

## 16. 迭代器模式

（1）標準定義和分析說明

迭代器模式標準定義：提供一種方法循序存取一個聚合物件中的各個元素，而又不需要曝露該物件的內部表示。迭代器模式又稱迭代子模式，屬於行為型模式。多個物件聚在一起形成的整體被稱為聚合，聚合物件是能夠包容一組物件的容器物件。迭代器模式將迭代邏輯封裝到一個獨立的子物件中，從而與聚合本身隔開。迭代器模式簡化了聚合的介面。每一個聚合物件都可以由一個或一個以上的迭代器物件組成，每一個迭代器的迭代狀態可以是彼此獨立的。迭代演算法可以獨立於聚合角色變化。

（2）應用場景舉例

比如，公司想統計所有員工中有碩士文憑的人數和他們的姓名，可以把所有員工都放到一個集合中，然後一個一個地詢問他們是否是碩士，這樣就可以知道有多少名碩士了。

在這裡，可以把 Iterator 抽象類別了解為抽象迭代器（Iterator）角色；把 ImplementIterator 類別了解為具體迭代器（Concrete Iterator）角色；把 EmployeeCollection 類別了解為具體聚合（Concrete Aggregate）角色。圖 2-29（遵循 UML 2.0 標準繪製）是實現該應用場景的類別結構圖。ImplementIterator 類別實現了 Iterator 介面並連結 EmployeeCollection 類別。Employee 類聚合 EmployeeCollection 類別，即 EmployeeCollection 包容多個 Employee。

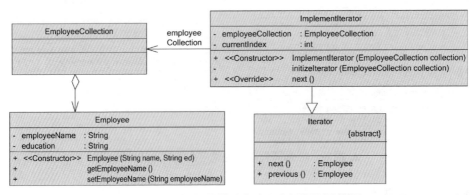

▲ 圖 2-29　迭代器模式的應用案例類別結構圖

## 17. 調停者模式

（1）標準定義和分析說明

調停者模式標準定義：用一個仲介物件來封裝一系列的物件互動。仲介物件使各物件不需要顯性地相互引用，從而使其耦合鬆散，而且可以獨立地改變它們之間的互動。調停者模式也叫仲介者模式，屬於行為型模式。當某些物件之間的作用發生改變時，不會立即影響其他物件之間的作用，調停者模式可以保證這些作用彼此獨立變化。調停者模式將多對多的相互作用轉化為一對多的相互作用，將類別與類之間的複雜相互關係封裝到一個調停者類別中。調停者模式將物件的行為和協作抽象化，使物件在小尺度行為上與其他物件的相互作用分開。

（2）應用場景舉例

比如，公司有很多專案，專案包括專案工作和專案人員。但有的時候，一些專案人員過多，一些專案人員過少，一些專案工作量大，一些專案工作量小，這就需要技術總監充當調停者，把一些專案的人員調到另一些專案上，或把一些專案的工作安排給其他專案。規則不允許專案經理之間自我調整，而必須由技術總監來調停，這就是調停者模式。

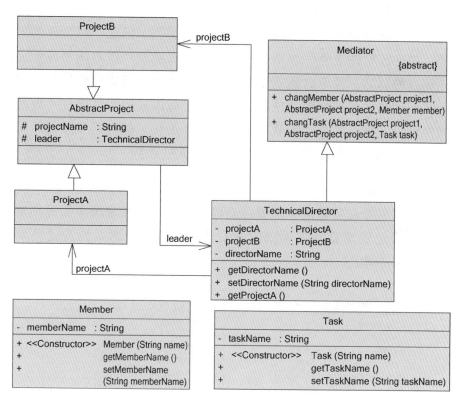

▲ 圖 2-30　調停者模式的應用案例類別結構圖

在這裡，可以把 Mediator 抽象類別了解為抽象調停者（Abstract Mediator）角色；把 TechnicalDirector 類別了解為具體調停者（Concrete Mediator）角色；把 AbstractProject 抽象類別了解為抽象同事類（Abstract Colleague）角色；把 ProjectA 類別和 ProjectB 類別了解為具體同事類（Concrete

Colleague）角色。圖 2-30（遵循 UML 2.0 標準繪製）是實現該應用場景的
類別結構圖。TechnicalDirector 類別一方面繼承自 Mediator 抽象類別，另
一方面連結 AbstractProject 抽象類別。ProjectA 類別和 ProjectB 類別繼承自
AbstractProject 抽象類別，同時連結 TechnicalDirector 類別。

## 18. 備忘錄模式

（1）標準定義和分析説明

備忘錄模式標準定義：在不破壞封裝性的前提下，捕捉一個物件的內部
狀態，並在該物件之外保存這個狀態。這樣以後就可以將該物件恢復到
原先保存的狀態。備忘錄模式屬於行為型模式。備忘錄物件是一個用來
儲存另一個物件內部狀態的快照物件。備忘錄模式的用意是在不破壞封
裝的條件下，將一個物件的狀態捕捉住並外部化、儲存起來，從而可以
在將來合適的時候把這個物件還原到儲存起來的狀態。

（2）應用場景舉例

比如，公司主管在每週週一都要召開專案會議，每次會議後都提交會議
紀要。會議紀要需要整理現階段專案情況，而這些專案情況就是備忘
錄，上面有時間戳記標示。

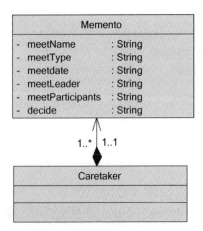

▲ 圖 2-31　備忘錄模式的應用案例類別結構圖

在這裡，可以把 Meeting 類別了解為發起人（Originator）角色；把 Caretaker 類別了解為負責人（Caretaker）角色。圖 2-31（遵循 UML 2.0 標準繪製）是實現該應用場景的類別結構圖。Memento 類別與 Caretaker 類別的關係是聚合關係，即 Caretaker 類別擁有多個 Memento 類別。

## 19. 觀察者模式

（1）標準定義和分析說明

觀察者模式標準定義：定義物件間一對多的依賴關係，當一個物件的狀態發生改變時，所有依賴於它的物件都會得到通知並獲得自動更新。觀察者模式屬於行為型模式。觀察者模式定義了一種一對多的依賴關係，讓多個觀察者物件同時監聽某一個主題物件。這個主題物件在狀態上發生變化時，會通知所有觀察者物件，使它們能夠自動更新自己。這一模式主要針對兩個物件 Object 和 Observer。一個 Object 物件可以有多個 Observer 物件，當一個 object 物件的狀態發生改變時，所有依賴於它的 Observer 物件都會得到通知並獲得自動更新。

（2）應用場景舉例

比如，公司的通訊錄是員工都會用到的，同時也經常發生變化。每次通訊錄變化時，都要把更新後的通訊錄分發給所有公司員工。這時就可以採用觀察者模式。

在這裡，可以把 AbstractAddressBook 抽象類別了解為抽象主題（Abstract Subject）角色；把 AbstractEmployee 抽象類別了解為抽象觀察者（Abstract Observer）角色；把 CompanyAddressBook 類別了解為具體主題（Concrete Subject）角色；把 CompanyEmployee 類別了解為具體觀察者（Concrete Observer）角色。圖 2-32（遵循 UML 2.0 標準繪製）是實現該應用場景的類別結構圖。CompanyAddressBook 類別繼承自 AbstractAddressBook 抽象類別，CompanyEmployee 類別繼承自 AbstractEmployee 抽象類別。AbstractEmployee 抽象類別連結 AbstractAddressBook 抽象類別，即 AbstractEmployee 類別有 AbstractAddressBook 類別的屬性。

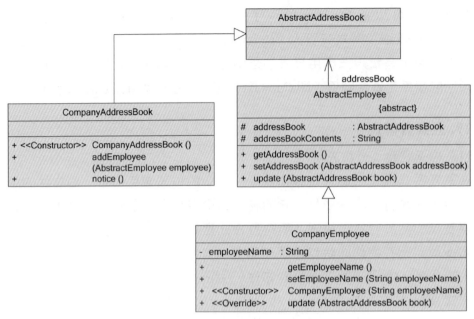

▲ 圖 2-32　觀察者模式的應用案例類別結構圖

## 20. 狀態模式

（1）標準定義和分析説明

狀態模式標準定義：允許一個物件在其內部狀態改變時改變它的行為，物件看起來就像修改了它的類別一樣。狀態模式屬於行為型模式。狀態模式可被了解為在不同的上下文中相同的動作導致的結果不同。狀態模式把所研究物件的行為包裝在不同的狀態物件裡，每一個狀態物件都屬於一個抽象狀態類別的子類別。狀態模式的意圖是讓一個物件在其內部狀態改變的時候行為也隨之改變，需要對每一個系統可能取得的狀態建立狀態類別的子類別。當系統的狀態發生變化時，系統便改變對應的子類別。

（2）應用場景舉例

比如，公司的專案有這麼幾個狀態：專案成案、專案開發、專案試運行、專案驗收、專案維護、專案結項等。當專案啟動時，需要進行專案成案工作;在專案成案完成後,接下來的工作是專案開發;在專案開發完成後,工作變成了專案試運行;在專案試運行完成後,進入了專案驗收階段;在專案驗收完成後,進行專案維護;在維護工作結束後,最後是專案結項。這時整個專案就全部完成了。因此,專案在不同的狀態下有不同的工作內容。透過設定專案狀態,我們可以知道針對不同狀態的專案應該採取什麼樣的工作。

在這裡,可以把 State 抽象類別了解為抽象狀態(Abstract State)角色; 把 ProjectBuilderState 類 別、ProjectDevelopmentState 類 別、Project MaintenanceState 類 別、ProjectRunState 類 別 和 ProjectEndState 類 別了解為具體狀態(Concrete State)角色;把 Project 類別了解為環境(Context)角色。圖 2-33(遵循 UML 2.0 標準繪製)是實現該應用場景的類別結構圖。ProjectBuilderState 類別、ProjectDevelopmentState 類別、ProjectMaintenanceState 類別、ProjectRunState 類別和 ProjectEndState 類別繼承自 State 抽象類別。Project 類別連結 State 抽象類別,即 State 類別是 Project 類別的屬性。

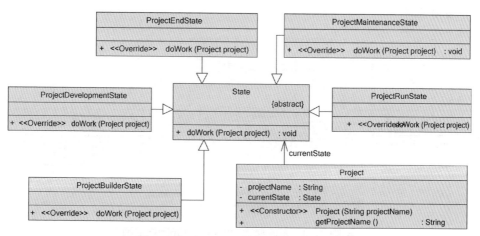

▲ 圖 2-33 狀態模式的應用案例類別結構圖

## 21. 策略模式

（1）標準定義和分析說明

策略模式標準定義：定義一系列演算法，把它們一個個封裝起來，並且使它們可以相互替換，該模式使演算法可獨立於使用它的客戶而變化。策略模式屬於行為型模式，透過分析策略模式可以發現：策略模式針對一組演算法，將每一個演算法封裝到具有共同介面的獨立類別中，從而使得它們可以相互替換。策略模式使演算法可以在不影響用戶端的情況下發生變化，把行為和環境分開。環境類別負責維持和查詢行為類別，而各種演算法在具體的策略類別中提供。由於演算法和環境獨立開來，演算法的增減、修改都不會影響環境和用戶端。

（2）應用場景舉例

比如，公司專案包括多個產業，對於不同的產業，專案有不同的做法。產業專案就是環境（Context）角色，有一個抽象策略（Abstract Strategy）角色。而銀行產業專案管理策略、能源產業專案管理策略、電信產業專案管理策略、政府專案管理策略全部都繼承自抽象策略並有各個產業的實現模式。

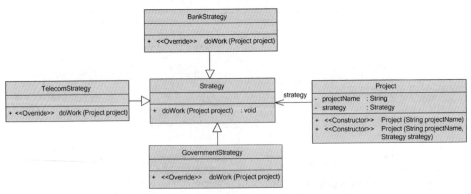

▲ 圖 2-34　策略模式的應用案例類別結構圖

在這裡，可以把 Project 類別了解為環境（Context）角色；把 Strategy 抽象類別了解為抽象策略（Abstract Strategy）角色；把 BankStrategy 類

別、GovernmentStrategy 類別、TelecomStrategy 類別了解為具體策略（Concrete Strategy）角色。圖 2-34（遵循 UML 2.0 標準繪製）是實現該應用場景的類別結構圖。BankStrategy 類別、GovernmentStrategy 類別和 TelecomStrategy 類別繼承自 Strategy 抽象類別，Project 類別連結 Strategy 抽象類別。

## 22. 範本模式

（1）標準定義和分析說明

範本模式標準定義：定義一個操作中演算法的骨架，而將一些步驟推後到子類別中執行。Template Method 使子類別不改變一個演算法的結構就可以重定義該演算法的某些特定步驟。範本模式屬於行為型模式，其準備了一個抽象類別，將部分邏輯以具體方法和具體構造形式實現，然後宣告一些抽象方法來迫使子類別實現剩餘的邏輯。不同的子類別可以以不同的方式實現這些抽象方法，這樣剩餘邏輯獲得了不同的實現。即先制定一個頂級邏輯框架，將邏輯的細節留給具體的子類別去實現。

（2）應用場景舉例

比如，公司研發專案的過程是可行性研究、需求分析、整體設計、詳細設計、系統編碼、系統測試、系統部署、系統維護等標準過程，這些可以形成介面，但是為了簡化工作，也可以形成一個抽象的範本類別，把這些步驟全部都實現了。如果不能實現，那麼就使用抽象方法。現在有某個具體專案，其中的整體設計和詳細設計與範本不同，這時就可以採用範本模式。

在這裡，可以把 ProjectProcessTemplate 抽象類別了解為抽象類別（Abstract Class）範本角色；把 ProjectA 類別和 ProjectB 類別了解為具體類別（Concrete Class）範本角色。圖 2-35（遵循 UML 2.0 標準繪製）是實現該應用場景的類別結構圖。ProjectA 類別和 ProjectB 類別都繼承自 ProjectProcessTemplate 抽象類別並實現 ProjectProcess 介面。

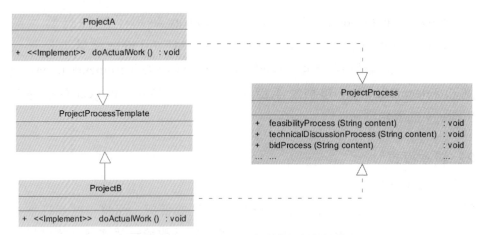

▲ 圖 2-35 範本模式的應用案例類別結構圖

## 23. 存取者模式

（1）標準定義和分析説明

存取者模式標準定義：表示一個作用於某物件結構中各元素的操作。它使你可以在不改變各元素的類別的前提下定義作用於這些元素的新操作。存取者模式屬於行為型模式，其目的是封裝一些施加於某種資料結構元素之上的操作。一旦需要修改這些操作，就接受這個操作的資料結構可以保持不變。存取者模式適用於資料結構相對未確定的系統，它把資料結構和作用於結構上的操作解耦，使得操作集合可以相對自由地演化。存取者模式使得增加新的操作變得很容易，即增加一個新的存取者類別；還將有關行為集中到一個存取者物件中，而非分散到一個個節點類別中。當使用存取者模式時，要將盡可能多的物件瀏覽邏輯放到存取者類別中，而非放到它的子類別中。存取者模式可以跨幾個類別的等級結構存取屬於不同等級結構的成員類別。

（2）應用場景舉例

比如，公司一般都要接受多方面的審查。工商部門的審查主要看是否符合商務稽核，稅務部門的審查主要看是否合法納稅，會計師交易所的審查主要是對公司進行財務稽核。這些部門都是外部參觀者，是抽象存取者（Abstract Visitor）角色；工商部門、稅務部門和會計師交易所是具體存取者角色。需要定義一個抽象公司的抽象節點角色，不同的公司工商情況、稅務情況和會計情況就是具體節點角色。

在這裡，可以把 Visitor 抽象類別了解為抽象存取者（Abstract Visitor）角色；把 AccountingFirm 類別、TaxBureau 類別、TradeBureau 類別了解為具體存取者（Concrete Visitor）角色；把 AbstractCompany 抽象類別了解為抽象節點（Abstract Node）角色；把 CompanyA 類別和 CompanyB 類別了解為具體節點（Concrete Node）角色。圖 2-36（遵循 UML 2.0 標準繪製）是實現該應用場景的類別結構圖。AccountingFirm 類別、TaxBureau 類別、TradeBureau 類別繼承自 Visitor 抽象類別，CompanyA 類別和 CompanyB 類別繼承自 AbstractCompany 抽象類別，AbstractCompany 抽象類別連結 Visitor 抽象類別。

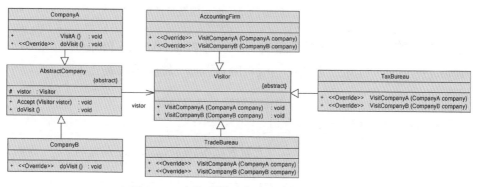

▲ 圖 2-36　存取者模式的應用案例類別結構圖

# 2.4　應用案例說明

下面會透過程式案例原始程式的方式介紹 Quarkus 的應用案例。

## 2.4.1 應用案例場景說明

後續案例的應用場景一般為一個或多個微服務場景,以一個完整的微服務為主,典型的案例應用場景物件關係如圖 2-37 所示。

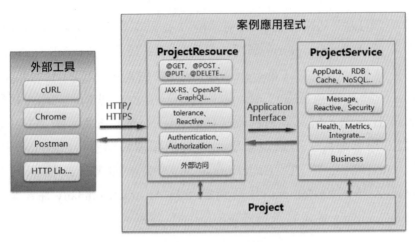

▲ 圖 2-37 典型的案例應用場景物件關係

應用案例專案一般由 5 個類別組成,分別是 ProjectMain、ProjectResource、ProjectService、Project 和 LoggingFilter 類別,其說明如表 2-4 所示。

表 2-4 應用案例專案的常用類別說明

| 類別名稱 | 類 別 | 描 述 |
|---|---|---|
| ProjectMain | 應用類別 | 這是實現 QuarkusApplication 的啟動類別,主要用於偵錯 |
| ProjectResource | 資源類別 | 主要用於映射到 HTTP 等外部介面服務 |
| ProjectService | 服務類別 | 主要是提供後台業務邏輯處理的服務類別 |
| Project | 實體類別 | 一個業務的 JavaBean 或 POJO 物件 |
| LoggingFilter | 日誌記錄類別 | 主要記錄存取日誌資訊,便於了解業務行為 |

在後續所有的案例中,ProjectMain 和 LoggingFilter 類別的程式基本不變,而 ProjectResource、ProjectService、Project 類別整體上的功能、作

用是相同的,內容也大同小異,但會根據具體應用場景做一些訂製化的
調整。

## 1. ProjectMain 命令列應用類別

ProjectMain 類別主要用於偵錯,這樣開發者可以在 IDE 開發工具中直接
啟動程式。在實際應用中,可以忽略這個類別。ProjectMain 類別的程式
如下:

```
@QuarkusMain
public class ProjectMain implements QuarkusApplication {
    @Override
    public int run(String... args) {
        System.out.println("======== quarkus is running! ========");
        Quarkus.waitForExit();
        return 0;
    }

    public static void main(String... args) {
        Quarkus.run(ProjectMain.class, args);
    }
}
```

## 2. LoggingFilter 日誌記錄類別

LoggingFilter 類別主要在 IDE 開發工具的主控台上記錄日誌,這樣可以
在 IDE 開發工具中直接觀察呼叫資訊。在實際應用中,可以忽略這個類
別。LoggingFilter 類別的程式如下:

```
@Provider
public class LoggingFilter implements ContainerRequestFilter {
    private static final Logger LOG = Logger.getLogger(LoggingFilter.
class);

    @Context
    UriInfo info;

    @Context
```

```
HttpServerRequest request;

@Override
public void filter(ContainerRequestContext context) {
    final String method = context.getMethod();
    final String path = info.getPath();
    final String address = request.remoteAddress().toString();

    LOG.infof("Request %s %s from IP %s", method, path, address);
}
}
```

## 2.4.2 應用案例簡介

Quarkus 應用案例簡介及關鍵字如表 2-5 所示。

表 2-5　Quarkus 應用案例簡介及關鍵字

| 序號 | 案例名稱 | 簡　介 | 關　鍵　詞 |
|---|---|---|---|
| 1 | 020-quarkus-sample-rest-json | 以 JAX-RS 標準建構為基礎的 Quarkus 應用 | REST、JSON |
| 2 | 021-quarkus-sample-openapi-swaggerui | 在 Web 服務下提供 OpenAPI 和整合 Swagger 的文件介面 | OpenAPI、Swagger |
| 3 | 023-quarkus-sample-graphql | Quarkus 的 GraphQL 實現 | GraphQL |
| 4 | 024-quarkus-sample-websockets | Quarkus 在 Undertow 上的 WebSocket 實現 | WebSocket、Undertow |
| 5 | 031-quarkus-sample-orm-hibernate | Quarkus 的 JPA 標準實現，對資料庫進行的 CRUD 操作，ORM 採用 Hibernate，資料庫採用 PostgreSQL | ORM、JPA、Hibernate、PostgreSQL |
| 6 | 032-quarkus-sample-orm-hibernate-h2 | Quarkus 的 JPA 標準實現，ORM 採用 Hibernate，資料庫採用 H2 | ORM、Hibernate、H2 |
| 7 | 033-quarkus-sample-redis | Quarkus 對 Redis 的存入和讀取實現 | Redis |
| 8 | 034-quarkus-sample-mongodb | Quarkus 對 NoSQL 資料庫 MongoDB 的 CRUD 操作 | MongoDB |

| 序號 | 案例名稱 | 簡　介 | 關　鍵　詞 |
|---|---|---|---|
| 9 | 035-quarkus-sample-orm-panache-activerecord | Quarkus 的 JPA 標準實現，對資料庫進行的 CRUD 操作，ORM 採用 Panache，資料庫採用 PostgreSQL | Panache、Hibernate、PostgreSQL |
| 10 | 036-quarkus-sample-jpa-transaction | Quarkus 處理關聯式資料庫交易管理的程式，ORM 採用 Hibernate，資料庫採用 PostgreSQL | JPA、Transaction、JTA |
| 11 | 037-quarkus-sample-jta | Quarkus 的 JTA 實現，主要示範 TransactionManager、UserTransaction、Transaction 之間的關係 | JTA、UserTransaction、TransactionManager |
| 12 | 040-quarkus-sample-kafka-streams | Quarkus 擴充 Kafka Stream 的實現 | Kafka、Kafka Stream |
| 13 | 041-quarkus-sample-jms-artemis | Quarkus 擴充 JMS 標準的實現，JMS 用戶端使用 Artemis 用戶端，JMS 服務端使用 Artemis 服務端平台，採用 JMS 主題模式 | JMS、Artemis、Topic |
| 14 | 042-quarkus-sample-jms-qpid | Quarkus 擴充 JMS 標準的實現，JMS 用戶端使用 Qpid 用戶端，JMS 服務端使用 Artemis 服務端平台，採用 JMS 佇列模式 | JMS、Qpid、Artemis、Queue |
| 15 | 045-quarkus-sample-mqtt | Quarkus 擴充 MQTT 協定標準的實現，MQTT 服務端使用 Mosquitto 訊息佇列 | Reactive、MQTT、Mosquitto、SmallRye |
| 16 | 050-quarkus-sample-security-file | 安全認證應用，Quarkus 以檔案方式儲存使用者角色 | Security、File |
| 17 | 051-quarkus-sample-security-jdbc | 安全認證應用，Quarkus 以資料庫方式儲存使用者角色並透過 JDBC 讀取 | Security、JDBC |
| 18 | 052-quarkus-sample-security-jpa | 安全認證應用，Quarkus 以資料庫方式儲存使用者角色並透過 JPA 方式讀取 | Security、JPA |

| 序號 | 案例名稱 | 簡　介 | 關鍵詞 |
|---|---|---|---|
| 19 | 053-quarkus-sample-security-jwt | Quarkus 擴充支持 JWT 方式的案例 | JWT |
| 20 | 054-quarkus-sample-security-oauth2 | Quarkus 擴充支持 OAuth 2.0 方式的案例 | OAuth 2.0、Keycloak |
| 21 | 055-quarkus-sample-security-keycloak | Quarkus 擴充支持 Keycloak 開放原始碼認證授權框架平台 | Keycloak |
| 22 | 056-quarkus-sample-security-openid-connect-web | Quarkus 擴充支持 openid-connect 方式的前端應用案例 | openid-connect |
| 23 | 057-quarkus-sample-security-openid-connect-service | Quarkus 擴充支持 openid-connect 方式的後台服務案例 | openid-connect |
| 24 | 060-quarkus-sample-reactive-mutiny | Quarkus 擴充支持響應式的 JAX-RS 實現案例 | Reactive、Mutiny |
| 25 | 061-quarkus-sample-reactive-sqlclient | Quarkus 擴充支持響應式的 SQL Client 實現案例，資料庫採用 PostgreSQL | Reactive、SQL Client |
| 26 | 062-quarkus-sample-reactive-redis | Quarkus 擴充支持響應式的 Redis 實現案例 | Reactive、Redis |
| 27 | 063-quarkus-sample-reactive-amqp | Quarkus 擴充支持響應式的 AMQP 協定實現案例，用戶端和服務端使用 Artemis 框架 | Reactive、AMQP、Artemis |
| 28 | 064-quarkus-sample-reactive-mongodb | Quarkus 擴充支持響應式的 MongoDB 實現案例 | Reactive、NoSQL、MongoDB |
| 29 | 065-quarkus-sample-reactive-hibernate | Quarkus 擴充支持響應式的 Hibernate 實現案例 | Reactive、Hibernate |
| 30 | 066-quarkus-sample-reactive-kafka | Quarkus 擴充支持響應式的 Kafka 實現案例 | Reactive、Kafka |
| 31 | 067-quarkus-sample-vertx | Quarkus 響應式基礎平台 Vert.x 的一些功能示範案例，包括 Web、Vert.x 用戶端等 | Reactive、Vert.x |

| 序號 | 案例名稱 | 簡　介 | 關　鍵　詞 |
|---|---|---|---|
| 32 | 070-quarkus-sample-fault-tolerance | Quarkus 整合 MicroProfile 實現的服務容錯功能的案例 | MicroProfile、Tolerance |
| 33 | 071-quarkus-sample-microprofile-health | Quarkus 整合 MicroProfile 實現的服務健康監測功能的案例 | MicroProfile、Health |
| 34 | 073-quarkus-sample-opentracing | Quarkus 擴充整合 Jaeger 框架實現遵循 OpenTracing 標準的分散式追蹤功能的案例 | OpenTracing、Jaeger |
| 35 | 100-quarkus-sample-integrate-spring-di | Quarkus 擴充實現整合 Spring 的 DI 功能的案例 | Spring、DI |
| 36 | 101-quarkus-sample-integrate-spring-web | Quarkus 擴充實現整合 SpringMVC 功能的案例 | SpringMVC |
| 37 | 102-quarkus-sample-integrate-spring-data | Quarkus 擴充實現整合 Spring Data 功能的案例 | Spring Data |
| 38 | 103-quarkus-sample-integrate-spring-security | Quarkus 擴充實現整合 Spring Security 功能的案例 | Spring Security |
| 39 | 104-quarkus-sample-integrate-springboot-properties | Quarkus 擴充實現整合 Spring Boot 的設定資訊功能的案例 | Spring Boot、Config |
| 40 | 105-quarkus-sample-integrate-springcloud-configserver | Quarkus 擴充實現整合 Spring Cloud 的 Config Server 功能的案例 | Spring Cloud、Config Server |
| 41 | 110-quarkus-sample-extension-project | 一個非常簡單的 Quarkus 擴充程式 | Quarkus、Extension |
| 42 | 111-quarkus-hello-extends-test | 測試上述 Quarkus 擴充的驗證程式 | |
| 43 | 120-quarkus-sample-container-image | Quarkus 將應用程式生成容器映像檔的部署檔案 | Container、container-image、Docker |
| 44 | 121-quarkus-sample-kubernetes | Quarkus 將應用程式在零設定下生成 Kubernetes 的資源檔 | Kubernetes |

| 序號 | 案例名稱 | 簡　介 | 關鍵詞 |
|---|---|---|---|
| 45 | 122-quarkus-sample-openshift | Quarkus 將應用程式生成 OpenShift 的資源檔 | OpenShift |
| 46 | 123-quarkus-sample-knative | Quarkus 將應用程式生成 Knative 的資源檔 | Knative |
| 47 | 124-quarkus-sample-kubernetes-customizing | Quarkus 將帶有各種設定資訊的應用程式生成 Kubernetes 的資源檔 | Kubernetes |

另外，有 3 種途徑可以獲取案例原始程式。

第 1 種途徑是直接從網站獲取原始程式打類別檔案，然後解壓匯入。

第 2 種途徑是從 GitHub 上獲取，可以從 GitHub 上複製預先準備好的範例程式，命令如下：

```
git clone https://******.com/rengang66/iiit.quarkus.sample.git（見連結 1）
```

第 3 種途徑是從 Gitee 上獲取，可以從 Gitee 上複製預先準備好的範例程式，命令如下：

```
git clone https://*****.com/rengang66/iiit.quarkus.sample.git（見連結 77）
```

每個案例都是獨立的應用程式，可以單獨執行和驗證，與其他案例沒有依賴關係。

案例原始程式遵循 Apache License、Version 2.0 開放原始碼協定。

## 2.4.3 與應用案例相關的軟體和須遵循的標準

### 1. 必備軟體

應用案例程式的執行可能需要安裝以下軟體、工具、框架，以便能進行正確的測試和驗證。

（1）JDK 1.8

開發和執行應用程式，非常重要的是 Java 開發套件（JDK）。本書案例所有專案中的程式使用 JDK 1.8，編譯成原生可執行程式時採用 JDK 11。

（2）GraalVM

GraalVM 是 Java 虛擬機器（JVM）的擴充，以支援更多的語言和幾種執行模式。它支援大量的語言，除 Java 外，還支持其他以 JVM 為基礎的語言（如 Groovy、Kotlin 等），也支持 JavaScript、Ruby、Python、R 和 C++ 語言。GraalVM 包含一個新的高性能 Java 編譯器，可以在 HotSpot 虛擬機器的即時（Just-in-Time，JIT）設定中使用，或在底層虛擬機器上的提前（AOT）設定中使用。GraalVM 的目標是提高以 Java 虛擬機器為基礎的語言性能，以符合本地語言的性能。

當需要編譯成原生可執行程式時，必須安裝 GraalVM。

（3）Eclipse IDE

Eclipse 是一個開放原始程式的專案，是著名的跨平台開放原始碼整合式開發環境（IDE）。它是筆者在本書中主要使用的 IDE 開發工具。若後面沒有特殊說明，都預設使用這個 IDE 工具。首選 Eclipse 的原因是，筆者已經用了差不多 20 年，比較熟悉。

（4）Maven 3.6.x

Maven 為案例專案提供了一個建構解決方案、共用函數庫和外掛程式平台。以「約定優先於設定」原則為基礎，Maven 提供了一個標準的專案描述和一些約定，例如標準的目錄結構。透過以外掛程式為基礎的可擴充架構，Maven 可以提供很多不同的服務。

本書所有案例全部由 Maven 來建構或打包。注意，要保證 Maven 的版本在 3.6.x 以上。

（5）cURL

cURL 是一個免費的開放原始碼命令列工具和函數庫，可以使用各種協定（包括 HTTP）進行可靠的資料傳輸，並且已經被移植到多個作業系統上。

大部分應用案例驗證都是透過 cURL 來呼叫和驗證應用案例程式的服務實現的。

**2. 可選軟體**

可選軟體是指在一些場景下建構、測試和驗證應用程式所需的軟體。

（1）Docker

Docker 是以 Go 語言實現為基礎的開放原始碼專案。Docker 的主要目標是 "Build, Ship and Run Any App, Anywhere"，也就是透過對應用元件的封裝、分發、部署、執行等生命週期的管理，讓使用者的應用程式及其執行環境能夠做到「一次封裝，到處執行」。

本書的案例在講解一些基礎軟體（如資料庫、訊息中介軟體、授權軟體等）的安裝時會使用到 Docker。由於這些基礎軟體的映像檔比較大，因此建議先下載下來，供後期使用。下載列表如下。

- docker pull postgres:10.5
- docker pull redis:5.0.6
- docker pull mongo:4.0
- docker pull strimzi/kafka:0.19.0-kafka-2.5.0
- docker pull vromero/activemq-artemis:2.11.0-alpine
- docker pull jboss/keycloak

（2）IntelliJ IDEA

IntelliJ IDEA 的簡稱是 IDEA，具有美觀、高效等許多特點。IDEA 是 JetBrains 公司的產品。免費版只支持 Java 等少數語言。IntelliJ IDEA 的 Smart Code Completion 和 On-the-fly Code Analysis 等功能可以提高開發者的工作效率，其還提供了對 Web 和行動開發的進階支援。

這是筆者的輔助 IDE 開發工具。該工具與 Eclipse 工具相比，各有優勢。

（3）Postman

Postman 是一款功能強大的網頁偵錯與發送網頁 HTTP 請求的 Chrome 外掛程式。方便加數據，查看回應，設定檢查點 / 斷言，能進行一定程度上的自動化測試。

本書在講解 Quarkus 使用安全認證的案例時，有些場景下採用的驗證工具就是 Postman。

（4）PostgreSQL

PostgreSQL 是一個免費的物件—關聯式資料庫伺服器（ORDBMS），由加州大學柏克萊分校電腦系開發並以 BSD 許可證發行。PostgreSQL 的口號是「世界上最先進的開放原始碼關聯式資料庫」。

本書在講解 Quarkus 使用關聯式資料庫的案例時，採用的關聯式資料庫就是 PostgreSQL。

（5）Redis

Redis（Remote Dictionary Server，遠端字典服務）是一個高性能的開放原始碼鍵值資料庫。這是一個開放原始碼的、使用 ANSI C 語言撰寫的、支援網路、可以記憶體為基礎也可持久化的日誌型鍵值資料庫，其提供了多種語言的 API。

本書在講解 Quarkus 使用快取資料庫的案例時，採用的快取資料庫就是 Redis。

（6）MongoDB

MongoDB 是一個以分散式檔案儲存為基礎的資料庫。它是介於關聯式資料庫和非關聯式資料庫之間的產品，是非關聯式資料庫中功能最豐富、最像關聯式資料庫的資料庫。

本書在講解 Quarkus 使用 NoSQL 資料庫的案例時，採用的 NoSQL 資料庫就是 MongoDB。

（7）Apache Kafka

Apache Kafka 是一個分散式資料流程處理平台。它是一個可擴充的、容錯的發佈—訂閱訊息系統，可以即時發佈、訂閱、儲存和處理資料流程。

本書在講解 Quarkus 使用分散式資料流程訊息系統的案例時，採用的分散式資料流程訊息系統就是 Apache Kafka。

（8）Apache ActiveMQ Artemis

Apache ActiveMQ Artemis 是一個開放原始碼專案，旨在建構一個多協定、可嵌入、非常高性能的叢集、非同步訊息傳遞系統。

本書在講解 Quarkus 使用 JMS 訊息中介軟體的案例時，採用的訊息中介軟體就是 Apache ActiveMQ Artemis。

（9）Apache Eclipse Mosquitto

Apache Eclipse Mosquitto 是一個羽量級的開放原始碼訊息代理，它實現了 MQTT 協定。Eclipse Mosquitto 適用於從低功耗單板電腦到全套伺服器的所有裝置。

本書在講解 Quarkus 使用 MQTT 訊息中介軟體的案例時，採用的 MQTT 訊息中介軟體就是 Apache Eclipse Mosquitto。

（10）Keycloak

Keycloak 是一個進行身份認證和存取控制的開放原始碼軟體。Keycloak 由 Red Hat 基金會開發，可以方便地給應用程式和安全服務增加身份認證。

本書在講解 Quarkus 使用安全認證的案例時，採用的開放原始碼認證伺服器就是 Keycloak。

（11）Kubernetes 平台（可選）

Kubernetes 是來自 Google 雲端平台的開放原始碼容器叢集管理系統。該系統可以自動地在一個容器叢集中選擇一個工作容器使用。Kubernetes 能提供一個以「容器為中心的基礎架構」，滿足在生產環境中執行應用的一些常見需求，其核心概念是 Container Pod。

本書在講解 Quarkus 生成 Kubernetes 資源檔的案例時，會採用 Kubernetes 平台來驗證案例。

（12）OpenShift 平台（可選）

OpenShift 是由 Red Hat 推出的一款對開放原始碼開發者開放的平台即服務（PaaS）。OpenShift 透過為開發者提供語言、框架和雲端上的更多選擇，使開發者可以建構、測試、執行和管理他們的應用。

本書在講解 Quarkus 生成 OpenShift 資源檔的案例時，會採用 OpenShift 平台來驗證案例。

（13）Knative 平台（可選）

Knative 是 Google 公司開放原始碼的 Serverless 架構方案，旨在提供一套簡單、好用、標準化的 Serverless 方案，目前參與的公司主要有 Google、Pivotal、IBM、Red Hat 和 SAP。

本書在講解 Quarkus 生成 Knative 資源檔的案例時，會採用 Knative 平台來驗證案例。

## 3. 案例遵循的標準

（1）Jakarta EE 標準

多年來，Java EE 一直是企業應用程式的主要開發平台。為了加速針對雲端原生世界的業務應用程式開發，Oracle 公司將 Java EE 技術貢獻給 Eclipse 基金會，Java EE 將以 Jakarta EE 品牌繼續發展。

Jakarta EE 標準是一組使全世界的 Java 開發者都能夠在雲端原生 Java 企業應用程式上工作的 Java 標準。這些標準是由著名的產業領導者制定的，他們向技術開發者和消費者灌輸了信心。

Jakarta EE 標準可以是一個平台標準（完整或 Web 平台），也可以是一個單獨的標準。所有 Jakarta EE 標準包括：① API 和標準文件——定義和描述標準；②技術相容性工具套件（TCK），這用於測試以 API 和標準文件為基礎實現的程式。

Jakarta EE 標準內容包括 Jakarta EE Platform、Jakarta EE Web Profile、Jakarta Activation、Jakarta Annotations、Jakarta Authentication、Jakarta Authorization 等 40 餘個。

與本書的應用案例相關的標準有以下這些。

- Jakarta EE Platform，定義了一個託管 Jakarta EE 應用程式的平台。
- Jakarta Contexts and Dependency Injection，宣告性依賴注入和支援服務。
- Jakarta Dependency Injection，公共宣告性依賴注入註釋。
- Jakarta JSON Binding，用於轉換 POJO 與 JSON 文件的綁定框架。
- Jakarta JSON Processing，用於解析、生成、轉換和查詢 JSON 文件的 API。
- Jakarta Messaging，透過鬆散耦合、可靠的非同步服務傳遞訊息。
- Jakarta Persistence，持久性管理和物件 / 關係映射。
- Jakarta RESTful Web Services，用於開發遵循 REST 模式的 Web 服務的 API。
- Jakarta Security，定義了建立安全應用程式的標準。
- Jakarta Transactions，允許處理與 X/Open XA 標準一致的交易。
- Jakarta WebSocket，用於 WebSocket 協定的伺服器和用戶端端點的 API。

（2）Eclipse MicroProfile 標準

Eclipse MicroProfile 是一個開發 Java 微服務的基礎程式設計模型，它致力於定義企業 Java 微服務標準，MicroProfile 提供了指標、API 文件、執行狀況檢查、容錯、JWT、Open API 與分散式追蹤等能力，使用它建立的雲端原生微服務可以自由地部署在任何地方。Eclipse MicroProfile 是由群供應商和社區成員開發的在微服務系統結構中使用 Java EE 的新標準，這些標準可以被增加到將來的 Java EE 版本中。許多創新的「微服務」企業 Java 環境和框架已經存在於 Java 生態系統中。這些專案正在建立新的特性和功能來解決微服務系統結構的問題——利用 Jakarta EE/Java EE 和非 Jakarta EE 技術。

MicroProfile 4.0（截至 2020 年 11 月 20 日）的標準有以下內容：CDI 2.0、Config 2.0、Fault Tolerance 3.0、Health 3.0、JWT RBAC 1.2、Metrics 3.0、Open API 2.0、Open Tracing 2.0、Rest Client 2.0 等。還有兩個標準在規劃中，分別是 MicroProfile Reactive Streams Operators 和 MicroProfile Reactive Messaging。

與本書的應用案例相關的標準有以下這些。

- Config 2.0：提供一種獨立於設定來源的將設定資料中繼到應用程式中的統一方法。
- Fault Tolerance 3.0：容錯，包括使微服務對網路或它們所依賴的其他服務的故障具有彈性的機制，例如定義遠端服務呼叫的逾時，在發生故障的情況下重試策略及設定回復方法。
- Health 3.0：健康，報告服務是否健康。這對像 Kubernetes 這樣的排程程式來確定是否應終止一個應用程式（容器）並啟動一個新應用程式來說非常重要。
- JWT RBAC 1.2：JSON Web 權杖（JWT）是以權杖為基礎的身份驗證 / 授權系統，該系統允許以安全權杖進行身份驗證、授權為基礎。JWT 傳播定義了與 Java EE 樣式以角色為基礎的存取控制一起使用的 JWT 的互通性和容器整合需求。
- Metrics 3.0：指標，處理遙測資料及如何以統一的方式顯示遙測資料。這包括來自底層 Java 虛擬機器的資料及來自應用程式的資料。

- Open API 2.0：一種記錄資料模型和 REST API 的方法，以便機器可以讀取它們並自動從該文件建構用戶端程式。OpenAPI 來自 Swagger 標準。
- Open Tracing 2.0：一種跨一系列微服務的分散式呼叫追蹤機制。
- MicroProfile Reactive Streams Operators：響應式串流操作標準。
- MicroProfile Reactive Messaging：響應式訊息標準。

（3）UML 標準

UML（Unified Modeling Language，統一模組化語言）是一種標準語言，用於指定、視覺化、構造和記錄軟體系統的軟體元件。UML 由物件管理組（OMG）建立，其最初用來捕捉複雜軟體和非軟體系統的行為，現在已經成為 OMG 的標準。

本書在繪製類別圖（Class Diagram）、序列圖（Sequence Diagram）和通訊圖（Communication Diagram）的案例中都使用了 UML 2.0 標準（會有特別標注）。

## 2.4.4 應用案例的示範和呼叫

程式設計時採用不同的 IDE 工具，處理方式稍微有一些不同。筆者主要採用 Eclipse 作為 IDE 工具，但不排除採用其他 IDE 工具。下面分別介紹不同的 IDE 工具開啟專案的方式。

### 1. IDE 為 Eclipse 工具時的用法

在 Eclipse 中匯入 Maven 專案程式，然後進入如圖 2-38 所示的開發程式設計介面。由於專案較多，在匯入 Maven 程式的過程中，可能會有一定的等待時間，當然也可以匯入單一專案。

在該 Eclipse 環境下，可以閱讀、查看、執行、偵錯和驗證各個案例專案。可以在 Eclipse 中執行選單命令來啟動案例專案，也可以直接在案例程式目錄中呼叫 Quarkus 開發模式的命令。

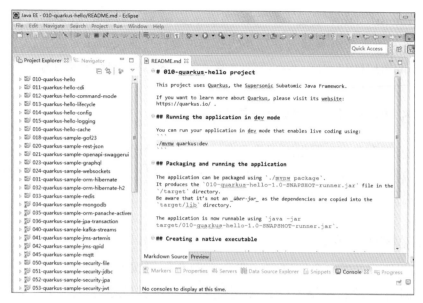

▲ 圖 2-38　Eclipse 工具下的應用案例程式圖

## 2. IDE 是 IDEA 工具時的用法

在 IDEA 中匯入 Maven 專案程式，然後進入如圖 2-39 所示的開發程式設計介面。

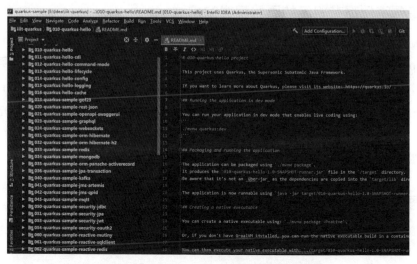

▲ 圖 2-39　IDEA 工具下的應用案例程式圖

在該 IntelliJ IDEA 環境下，可以閱讀、查看、執行、偵錯和驗證各個案例專案。啟動案例專案需要在案例程式目錄中呼叫 Quarkus 開發命令。注意，IntelliJ IDEA 可能不支持執行選單命令來啟動案例專案的方式。

## 2.4.5 應用案例的解析說明

為了便於了解，下面對應用案例做一些指導說明並介紹一些原則。若能明白這些指導說明和原則，就能更輕鬆、方便、高效率地了解各個案例的核心含義。

### 1. 每個案例的組成

每個案例基本都由介紹案例、撰寫案例和驗證案例 3 個部分組成，但個別案例有一定的特殊性，比如可能會多一些擴充性說明。如講解案例 031-quarkus-sample-orm-hibernate 時，該案例程式只針對 PostgreSQL 資料庫進行了設定，但也還會簡單介紹如何設定其他關聯式資料庫，該案例程式只實現了以 Hibernate 為基礎的 ORM 框架，但也還會增加其他一些 ORM 框架的解釋。

### 2. 每個案例都有對應的原始程式的編號

程式案例的命名方式是編號加上案例特徵屬性，如程式案例 020-quarkus-sample-rest-json 中的 020 是編號，而 quarkus-sample-rest-json 是案例特徵屬性。案例特徵屬性工作表示該案例要實現的目標，如 quarkus-sample-rest-json 表示這是一個以 Quarkus 為基礎實現了 REST 和 JSON 結合的程式。編號僅作為排序和歸類使用，沒有其他含義。在案例的具體講解中，有可能會忽略編號。

### 3. 每個案例的程式原始碼的組成元素

程式原始碼的組成元素包括設定檔、Java 應用程式原始碼檔案、資源檔等。

（1）所有案例都有設定檔。一般只有 application.properties 檔案，不排除有些程式可能會有附加的設定檔。舉例來說，與資料庫操作相關的有資料初始設定檔案 import.sql，與安全相關的有使用者認證檔案等。

（2）Java 應用程式原始碼檔案。一般程式基本上至少由 5 個類別檔案組成，分別是 ProjectMain、ProjectResource、ProjectService、Project 和 LoggingFilter 類別。特殊情況下，如 WebSocket 案例，僅有 WebSocketMain 和 ChatSocket 兩個類別檔案。

（3）資源檔。資源檔包括分頁檔（如 index.htm）、js 檔案和一些其他資源檔。由於案例的驗證都採用 cURL 工具進行輸入，故很少使用頁面來處理。特殊情況下，只有 WebSocket 案例，必須透過頁面來驗證。

在講解案例的程式原始碼時，不會對每個原始程式檔案都進行一一講解。每個案例專案都會有一個「程式設定檔和核心類別」說明，只針對其中核心的、重要的原始程式檔案進行解析說明。對於要講解的原始程式檔案，為了篇幅不過長，會略去不重要或不必要的部分。本書中所列的原始程式檔案內容以實現案例程式的原始程式檔案為準。

## 4. 驗證程式時輸入資料的格式可能有所不同

在驗證程式的過程中，本書案例都採用 Windows 的命令列視窗作為輸入終端，所以輸入的資料格式都是按照 Windows 的命令列終端標準來撰寫的。但對於 Bash Shell 和 PowerShell 終端，有可能需要資料格式上的調整，這點需要注意，尤其是 Maven 和 cURL 工具的輸入。

為了方便驗證程式，每個程式都有一個 quarkus sample test cmd 文字檔，其中列出了需要的測試和驗證命令。同時，在某些案例程式上，筆者也撰寫了一個針對該案例程式的批次處理驗證命令檔案，該命令檔案是用 ANSI 編碼（非 UTF-8 編碼）撰寫的，可支援中文輸入。這樣就可以一次性驗證所有內容了。

## 5. 繪製圖形說明

為了儘快、準確、容易地了解案例,筆者為每個案例都配備了圖示。圖示分為靜態圖和動態圖,一般案例都會有一張核心靜態圖,即應用架構圖。對於案例的動態圖,筆者會根據案例講解的需要和方便讀者了解,採用序列圖、通訊圖、程式執行過程圖或服務呼叫過程圖等。

應用架構圖是筆者為了清楚描述案例整體結構而建立的一種圖示,下面以一個實際案例來説明,例如某個應用架構圖如圖 2-40 所示。

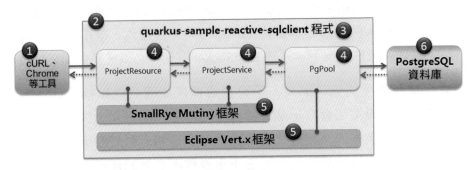

▲ 圖 2-40　應用架構示意圖

首先解釋一下圖 2-40 中各個編號的含義。

編號①是外部工具,筆者一般採用的是 cURL 工具。

編號②是該案例程式的邊界,框內的內容都是案例程式的內容。

編號③是該案例程式的名稱,例如圖 2-40 中案例的名稱是 quarkus-sample-reactive-sqlclient,實際上這也是案例的應用程式名稱(去掉了編號)。

編號④是該案例程式的程式檔案,也就是程式原始碼。例如圖 2-40 中的案例有 ProjectResource 和 ProjectService 類別檔案,雖然還有 PgPool,但這是一個外部輸入物件,其表現在程式原始碼檔案中會是一個外部注入物件,故沒有類別檔案。

編號⑤是該案例程式依賴的關鍵或核心框架或 Quarkus 擴充元件，由於任何一個案例程式依賴的框架和 Quarkus 擴充元件都非常多，因此在講解時只會針對當前案例所説明的內容列出相關內容，這部分內容一般不可見。筆者一般會在介紹基礎知識或科普常識時簡單介紹一下這些框架的內容及功能。例如圖 2-40 中的案例所依賴的框架只列出了 SmallRye Mutiny 框架和 Eclipse Vert.x 框架，主要原因是這個案例主要講解響應式程式設計的內容。

編號⑥是該案例程式驗證或示範所需的外部元件，這也是前面介紹的與應用案例相關的軟體。筆者在講解案例時，會簡單講解外部元件的安裝和初始化設定，讓讀者能夠示範或驗證案例程式。舉例來説，圖 2-40 中案例的外部元件就是 PostgreSQL 資料庫。

另外，應用架構圖物件之間有包含關係、依賴關係和流向（存取 / 返回）關係。

（1）如果是大框包含小框，表示是包含關係。例如圖 2-40 中的 quarkus-sample-reactive-sqlclient 程式和 ProjectResource 檔案之間的關係。

（2）如果一條線兩端都是圓球，表示兩者存在依賴關係。例如圖 2-40 中的 PgPool 和 Eclipse Vert.x 框架之間的關係。

（3）如果是單實線箭頭，表示是呼叫（存取）關係。例如圖 2-40 中的 ProjectResource 對於 ProjectService 就是呼叫（存取）關係。

（4）如果是單虛線箭頭，表示是資料流程向（返回）關係。例如圖 2-40 中的 ProjectService 對於 ProjectResource 就是資料流程向（返回）關係。

# 2.5 本章小結

本章初探了 Quarkus 的開發內容，從以下 4 個部分進行了講解。

第一： 開發一個 hello world 微服務的全過程，包括開發、編碼、測試、執行程式及打包程式，基本上清晰地描繪了 Quarkus 開發的整個過程。

第二： 說明 Quarkus 的開發基礎，主要用 6 個基礎應用程式開發案例來講解說明，分別是以 CDI 為基礎的案例、採用命令模式的案例、採用應用程式生命週期的案例、如何使用設定檔的案例、日誌設定的案例和快取系統資料的案例等。

第三： 用 Quarkus 實現 GoF 的 23 種設計模式的案例，包括 5 個建立型模式（Creational Pattern）、7 個結構型模式（Structural Pattern）和 11 個行為型模式（Behavioral Pattern）案例。每個案例都講解了模式定義、模式的分析和說明、案例的應用場景和核心類別圖。

第四： 對應用案例進行了整體說明，也可以說是整本書實戰案例的導讀。這部分描述了應用案例的場景、簡介，與應用案例相關的軟體和需要遵循的標準，如何呼叫和示範應用案例，以及如何解析說明這些案例等內容。

# 開發 REST/Web 應用

## 3.1 撰寫 REST JSON 服務

本案例將說明如何在 Quarkus 框架中透過 REST 服務使用和傳回 JSON 資料。

### 3.1.1 案例簡介

本案例介紹以 Quarkus 框架為基礎實現 REST 的基本功能。Quarkus 框架的 REST 實現遵循 JAX-RS 標準，瀏覽器和伺服器之間的資料傳輸格式採用 JSON。該模組引入了 RESTEasy/JAX-RS 和 JSON-B 擴充。透過閱讀和分析在 Web 上實現查詢、新增、刪除、修改資料的操作等案例程式，可以了解和掌握以 Quarkus 框架為基礎的 REST 服務用法。

**基礎知識**：JAX-RS 標準和 RESTEasy 框架。

JAX-RS 標準（Java API for RESTful Web Services）是一套用 Java 實現 REST 服務的標準，也是一個 Java 程式語言的應用程式介面，支援按照表述性狀態轉移（REST）架構風格建立 Web 服務。JAX-RS 標準提供了一些註釋來說明資源類別，並把 POJO Java 類別封裝成 Web 資源。JAX-RS 標準的常用註釋說明如表 3-1 所示。

表 3-1　JAX-RS 標準的常用註釋說明

| 註釋 | 註釋說明 | 註釋位置和類型 |
|---|---|---|
| @Path | 標注 class 時，表示該類別是一個資源類別，凡是資源類別必須使用該註釋。標注 method 時，表示具體的請求資源的路徑 | 類別註釋、方法註釋 |
| @GET | 指明接收 HTTP 請求的方式屬於 GET、POST、PUT、DELETE 中的哪一種 | 方法註釋 |
| @POST | 指明接收 HTTP 請求的方式屬於 GET、POST、PUT、DELETE 中的哪一種 | 方法註釋 |
| @PUT | 指明接收 HTTP 請求的方式屬於 GET、POST、PUT、DELETE 中的哪一種 | 方法註釋 |
| @DELETE | 具體請求方式，由用戶端發起請求時指定 | 方法註釋 |
| @Consumes | 指定 HTTP 請求的 MIME 類型，預設是 */*，表示任意的 MIME 類型。該註釋支援多個值設定，可以使用 MediaType 來指定 MIME 類型。MediaType 的類型有 application/xml、application/atom+xml、application/json、application/svg+xml、application/x-www-form-urlencoded、application/octet-stream、multipart/form-data、text/plain、text/xml、text/html 等 | 方法註釋 |
| @Produces | 指定 HTTP 回應的 MIME 類型，預設是 */*，表示任意的 MIME 類型。與 @Consumes 使用 MediaType 來指定 MIME 類型一樣 | 方法註釋 |
| @PathParam | 配合 @Path 使用，可以獲取 URI 中指定規則的參數 | 參數註釋 |
| @QueryParam | 用於獲取 GET 請求中的查詢參數，實際上是 URL 拼接在 ? 後面的參數 | 參數註釋 |
| @FormParam | 用於獲取 POST 請求且以 form（MIME 類型為 application/x-www-form-urlencoded）方式提交的表單的參數 | 參數註釋 |
| @FormDataParam | 用於獲取 POST 請求且以 form（MIME 類型為 multipart/form-data）方式提交的表單的參數，通常是在上傳檔案的時候 | 參數註釋 |

| 註釋 | 註釋說明 | 註釋位置和類型 |
|---|---|---|
| @HeaderParam | 用於獲取 HTTP 請求標頭中的參數值 | 參數註釋 |
| @CookieParam | 用於獲取 HTTP 請求 cookie 中的參數值 | 參數註釋 |
| @MatrixParam | 用來綁定包含多個 property（屬性）=value（值）方法的參數運算式，用於獲取請求 URL 參數中的鍵值對，必須使用;作為鍵值對分隔符號 | 參數註釋 |
| @DefaultValue | 配合前面的參數註釋等使用，用來設定預設值。如果請求指定的參數中沒有值，透過該註釋指定預設值 | 參數註釋 |
| @BeanParam | 如果傳遞的參數較多，可以使用 @FormParam 等參數註釋。一個個地接收參數可能顯得太繁瑣，可以透過 Bean 方式接收自訂的 Bean，在自訂的 Bean 欄位中使用 @FormParam 等參數註釋。只需定義一個接收參數 | 參數註釋 |
| @Context | 用來解析上下文參數，與 Spring 中的 AutoWired 效果類似。透過該註釋可以獲取 ServletConfig、ServletContext、HttpServletRequest、HttpServletResponse 和 HttpHeaders 等資訊 | 屬性註釋、參數註釋 |
| @Encoded | 禁止解碼，用戶端發送的參數是什麼格式，伺服器就原樣接收對應的格式 | |

目前實現 JAX-RS 標準的框架包括 Apache CXF、Jersey、RESTEasy、Restlet、Apache Wink 等。

本案例會用到的 RESTEasy 是 JBoss/Red Hat 的開放原始碼專案，其提供各種框架來幫助建構 RESTful Web Services 和 RESTful Java 應用程式。RESTEasy 遵循 JAX-RS 標準，是 Jakarta RESTful Web 服務的完整實現且可透過 JCP 認證。RESTEasy 與 JBoss 應用伺服器能極佳地整合在一起。RESTEasy 還提供了一個 RESTEasy JAX-RS 用戶端呼叫框架，能夠很方便地與 EJB、Seam、Guice、Spring 和 Spring MVC 整合使用，支援在用戶端與服務端自動實現 Gzip 解壓縮。此外，RESTEasy 還實現了 MicroProfile 用戶端標準 API。

## 3.1.2 撰寫程式碼

撰寫程式碼有 3 種方式。第 1 種方式是透過程式 UI 來實現的，在 Quarkus 官網的生成內碼表面中按照指定步驟生成鷹架程式，然後下載檔案，將專案引入 IDE 工具中，最後修改程式原始碼。

第 2 種方式是透過 mvn 來建構程式，透過下面的命令建立 Maven 專案來實現：

```
mvn io.quarkus:quarkus-maven-plugin:1.11.1.Final:create ^
    -DprojectGroupId=com.iiit.quarkus.sample
    -DprojectArtifactId=020-quarkus- sample-rest-json ^
    -DclassName=com.iiit.quarkus.sample.rest.json.ProjectResource
    -Dpath= /projects ^
    -Dextensions=resteasy-jsonb
```

在 IDE 工具中匯入 Maven 專案，然後增加和修改程式原始碼。

第 3 種方式是直接從 GitHub 上獲取程式，可以從 GitHub 上複製預先準備好的範例程式：

```
git clone https://******.com/rengang66/iiit.quarkus.sample.git (見連結 1)
```

該程式位於 "020-quarkus-sample-rest-json" 目錄中，是一個 Maven 專案程式。

在 IDE 工具中匯入 Maven 專案程式，圖 3-1 是一個典型的 Maven 專案結構。

程式引入了 Quarkus 的兩項擴充依賴性，在 pom.xml 的 <dependencies> 下有以下內容：

```
<dependency>
    <groupId>io.quarkus</groupId>
    <artifactId>quarkus-resteasy</artifactId>
</dependency>
```

```
<dependency>
    <groupId>io.quarkus</groupId>
    <artifactId>quarkus-resteasy-jsonb</artifactId>
</dependency>
```

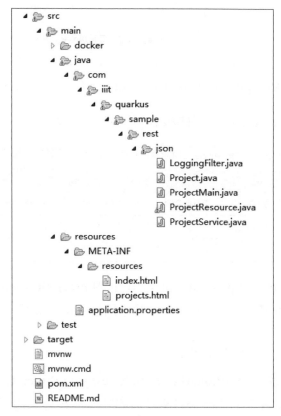

▲ 圖 3-1　quarkus-sample-rest-json 的目錄結構圖

quarkus-resteasy 是 Quarkus 整合了 RESTEasy 的 REST 服務實現。而 quarkus-resteasy-jsonb 是 Quarkus 整合了 RESTEasy 的 JSON 解析實現。

quarkus-sample-rest-json 程式的應用架構（見圖 3-2）表示，外部存取 ProjectResource 資源介面，ProjectResource 呼叫 ProjectService 服務，ProjectResource 資源依賴於 RESTEasy 框架。

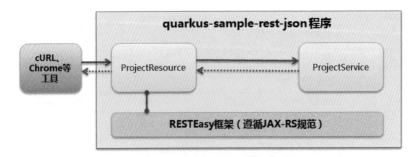

▲ 圖 3-2　quarkus-sample-rest-json 程式應用架構圖

quarkus-sample-rest-json 程式的核心類別如表 3-2 所示。

表 3-2　quarkus-sample-rest-json 程式的核心類別

| 名　稱 | 類　型 | 簡　介 |
|---|---|---|
| ProjectResource | 資源類別 | 提供 REST 外部 API，是該程式的核心類別，將重點介紹 |
| ProjectService | 服務類別 | 主要提供資料服務，將簡單介紹 |
| Project | 實體類別 | POJO 物件，將簡單介紹 |

下面講解 quarkus-sample-rest-json 程式中的 ProjectResource 資源類別、ProjectService 服務類別和 Project 實體類別的功能和作用。

## 1. ProjectResource 資源類別

用 IDE 工具開啟 com.iiit.quarkus.sample.rest.json.ProjectResource 類別檔案，該類別主要實現了外部 JSON 介面的呼叫，其程式如下：

```
@Path("/projects")
@ApplicationScoped
@Produces(MediaType.APPLICATION_JSON)
@Consumes(MediaType.APPLICATION_JSON)
public class ProjectResource {
    // 注入 ProjectService 物件
    @Inject
    ProjectService service;

    public ProjectResource() {}
```

```
@GET
public Set<Project> list() {
    return service.list();
}

@GET
@Path("/{key}")
public Set<Project> get(@PathParam("key") String key) {
    return service.list();
}

@POST
public Set<Project> add(Project project) {
    return service.add(project);
}

@PUT
public Set<Project> update(Project project) {
    return service.update(project);
}

@DELETE
public Set<Project> delete(Project project) {
    return service.delete(project);
}
}
```

程式說明：

① ProjectResource 類別的作用還是與外部進行互動，@Path("/projects") 表示路徑。

② @Produces(MediaType.APPLICATION_JSON) 表示生成的資料格式是 MediaType. APPLICATION_JSON 格式。

③ @Consumes(MediaType.APPLICATION_JSON) 表示消費的資料格式 是 MediaType. APPLICATION_JSON 格式。

④ ProjectResource 類別的主要方法是 REST 的基本操作方法，包括 GET、POST、PUT 和 DELETE 方法。

## 2. ProjectService 服務類別

用 IDE 工具開啟 com.iiit.quarkus.sample.rest.json.ProjectService 類別檔案，
ProjectService 類別主要是給 ProjectResource 提供業務邏輯服務，其程式
如下：

```
@ApplicationScoped
public class ProjectService {
    private Set<Project> projects = Collections.newSetFromMap
(Collections.synchronizedMap(new LinkedHashMap<>()));

    public ProjectService() {
        projects.add(new Project(" 專案 A", " 關於專案 A 的情況描述 "));
        projects.add(new Project(" 專案 B", " 關於專案 B 的情況描述 "));
    }

    public Set<Project> list() {return projects;}

    public Set<Project> add(Project project) {
        projects.add(project);
        return projects;
    }

    public Set<Project> update(Project project) {
        projects.removeIf(existingProject -> existingProject.name
                .contentEquals(project.name));
        projects.add(project);
        return projects;
    }

    public Set<Project> delete(Project project) {
        projects.removeIf(existingProject -> existingProject.name
                .contentEquals(project.name));
        return projects;
    }
}
```

程式説明：

① ProjectService 服務類別內部有一個變數 Set<Project>，用來儲存所有
的 Project 物件實例。

② ProjectService 服務實現了對 Set<Project> 的顯示、查詢、新增、修改和刪除等操作功能。

## 3. Project 實體類別

用 IDE 工具開啟 com.iiit.quarkus.sample.rest.json.Project 類別檔案，實體類別主要是基本的 POJO 物件，其程式如下：

```
public class Project {
    public Integer id;
    public String name;
    public String description;

    public Project() {}

    // 省略部分程式
}
```

程式說明：
.............

Project 類別是一個實體類別，但它不是一個標準的 JavaBean。

該程式動態執行的序列圖（如圖 3-3 所示，遵循 UML 2.0 標準繪製）描述了外部呼叫者 Actor、ProjectResource 和 ProjectService 等 3 個物件之間的時間順序互動關係。

該序列圖中總共有 5 個序列，分別介紹如下。

序列 1 活動：① 外部呼叫 ProjectResource 資源類別的 GET(list) 方法；② GET(list) 方法呼叫 ProjectService 服務類別的 list 方法；③ 傳回整個 Project 列表。

序列 2 活動：① 外部傳入參數 ID 並呼叫 ProjectResource 資源類別的 GET(getById) 方法；② GET(getById) 方法呼叫 ProjectService 服務類別的 getById 方法；③ 傳回 Project 列表中對應 ID 的 Project 物件。

序列 3 活動：① 外部傳入參數 Project 物件並呼叫 ProjectResource 資源類

別的 POST(add) 方法;② POST(add) 方法呼叫 ProjectService 服務類別的 add 方法,ProjectService 服務類別實現增加一個 Project 物件的操作並傳回整個 Project 列表。

序列 4 活動:① 外部傳入參數 Project 物件並呼叫 ProjectResource 資源類別的 PUT(update) 方法;② PUT(update) 方法呼叫 ProjectService 服務類別的 update 方法,ProjectService 服務類別根據專案名稱是否相等來實現修改一個 Project 物件的操作並傳回整個 Project 列表。

序列 5 活動:① 外部傳入參數 Project 物件並呼叫 ProjectResource 資源類別的 DELETE(delete) 方法;② DELETE(delete) 方法呼叫 ProjectService 服務類別的 delete 方法,ProjectService 服務類別根據專案名稱是否相等來實現刪除一個 Project 物件的操作並傳回整個 Project 列表。

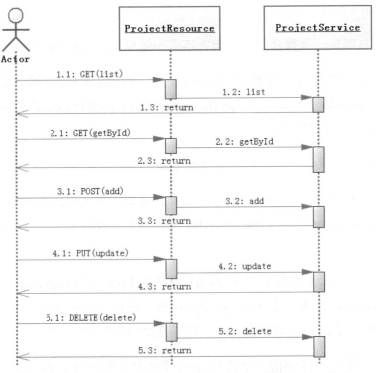

▲ 圖 3-3　quarkus-sample-rest-json 程式動態執行的序列圖

# 3.1.3 驗證程式

透過下列幾個步驟（如圖 3-4 所示）來驗證案例程式。

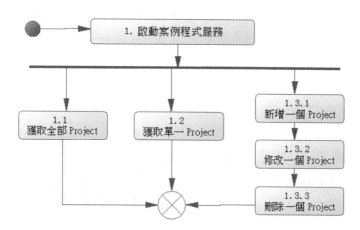

▲ 圖 3-4　quarkus-sample-rest-json 程式驗證流程圖

下面對其中相關的關鍵點說明。

## 1. 啟動 quarkus-sample-rest-json 程式服務

啟動程式有兩種方式，第 1 種是在開發工具（如 Eclipse）中呼叫
ProjectMain 類別的 run 方法，第 2 種是在程式目錄下直接執行命令 mvnw
compile quarkus:dev。

## 2. 透過 API 顯示全部 Project 的 JSON 清單內容

為獲取所有 Project 資訊，在命令列視窗中輸入命令 curl http://
localhost:8080/projects。程式會傳回所有 Project 的 JSON 列表。

## 3. 透過 API 獲取一筆 Project 資料

為獲取一筆 Project 資料，在命令列視窗中輸入命令 curl http://
localhost:8080/projects/1。其傳回專案 ID 為 1 的 JSON 列表。

## 4. 透過 API 增加一筆 Project 資料

按照 JSON 格式增加一筆 Project 資料，命令列視窗中的命令如下：

```
curl -X POST -H "Content-type: application/json" -d {\"id\":3,
\"name\":\" 專案 C\",\"description\":\" 關於專案 C 的描述 \"} http://
localhost: 8080/projects
```

或

```
curl -X POST -H "Content-type: application/json" ^
    -d {\"id\":3,\"name\":\" 專案 C\",\"description\":\" 關於專案 C 的描述 \"} ^
    http://localhost:8080/projects
```

**注意**：這裡採用的是 Windows 上的 JSON 格式。由於 curl 命令在
Windows 和 Linux 上的 JSON 格式有所不同，主要區別在帶有引號的內容
上。如果是在 Linux 上，這一命令的 JSON 格式如下：

```
curl -X POST -H "Content-type: application/json" -d {"id":3,"name":" 專案
C","description":" 關於專案 C 的描述 "}
```

## 5. 透過 API 修改一筆 Project 資料

按照 JSON 格式修改一筆 Project 資料，命令列視窗中的命令如下：

```
curl -X PUT -H "Content-type: application/json" -d {\"id\":3,\"name\":\"
專案 C\",\"description\":\" 專案 C 描述的修改內容 \"} http://localhost:8080/
projects
```

根據結果，可以看到已經對專案 C 的描述進行了修改。

## 6. 透過 API 刪除一筆 Project 資料

按照 JSON 格式刪除一筆 Project 資料，命令列視窗中的命令如下：

```
curl -X DELETE  -H "Content-type: application/json" -d {\"id\":3,
\"name\":\" 專案 C\",\"description\":\" 關於專案 C 的描述 \"} http://
localhost: 8080/projects
```

根據結果，可以看到已經刪除了專案 C 的內容。

## 3.1.4 Quarkus 的 Web 實現原理講解

Quarkus 框架使用 Eclipse Vert.x 作為基本 HTTP 層來實現 Web 功能。這不同於 Spring Boot 框架內嵌和整合 Tomcat。Quarkus 框架也支持 Servlet 功能，Quarkus 框架的 Servlet 功能實現是使用執行在 Vert.x 之上的 Undertow 軟體。RESTEasy 只支持 JAX-RS 標準。如果存在 Undertow，RESTEasy 將作為 Servlet 篩檢程式執行，否則它將直接執行在 Vert.x 上，而不包括 Servlet。Quarkus 框架的 Web 架構圖如圖 3-5 所示。

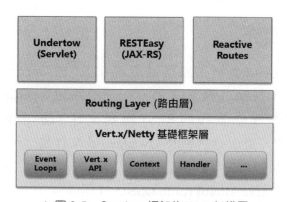

▲ 圖 3-5　Quarkus 框架的 Web 架構圖

下面對 Quarkus 框架的 Web 原理說明。假設傳入了一個 HTTP 請求，Eclipse Vert.x 的 HTTP 伺服器接收請求，然後將其路由到應用程式。如果請求的目標是 JAX-RS 資源，那麼路由層將呼叫工作執行緒中的 resource 方法，並在資料可用時傳回回應。圖 3-6 描述了 Quarkus 的 Web 呼叫過程。

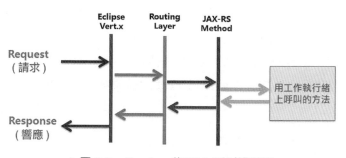

▲ 圖 3-6　Quarkus 的 Web 呼叫過程圖

同時，Quarkus 框架也支持響應式 Web 的呼叫，將在第 7 章中進行詳細講解。

# 3.2 增加 OpenAPI 和 SwaggerUI 功能

Quarkus 框架的另一個與 REST 服務相關的功能是對 OpenAPI 的支持。透過 Quarkus 框架的 OpenAPI 擴充，可以生成 OpenAPI 的標準文件。

## 3.2.1 案例簡介

本案例介紹以 Quarkus 框架為基礎實現 REST 的 OpenAPI 功能。在應用程式增加了 OpenAPI 擴充之後，在存取路徑 /openapi 下可以得到以 OpenAPI v3 標準為基礎的 REST 服務文件。OpenAPI 擴充也附帶了 Swagger 介面，可以透過路徑 /swagger-ui 來存取，可以同時了解一下 Quarkus 框架的 OpenAPI 功能和整合 Swagger 的使用方法。本案例的 OpenAPI 遵循 Eclipse MicroProfile OpenAPI 標準。

**基礎知識**：OpenAPI 標準、Eclipse MicroProfile OpenAPI 標準和 Swagger 框架。

OpenAPI 標準（OAS）為 HTTP API 定義了一個標準的、與語言無關的 RESTful API 標準描述，OpenAPI 允許開發者和作業系統查看並了解服務的功能，而不需要存取原始程式、附加文件或檢查網路流量。外部讀取 API 定義文件的使用案例包括但不限於：互動式文件；文件、用戶端和伺服器的程式生成；以及測試使用案例的自動化。OpenAPI 文件描述可以用 YAML 或 JSON 格式表示。這些文件可以靜態地生成和提供，也可以從應用程式中動態生成。OpenAPI 標準的結構如圖 3-7 所示。

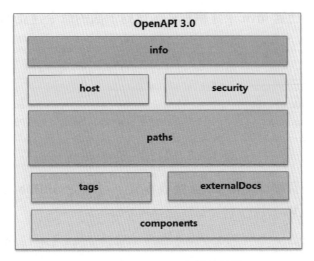

▲ 圖 3-7　OpenAPI 標準的結構

Eclipse MicroProfile OpenAPI 標準旨在為 OpenAPI v3 標準提供統一的 Java API，所有應用程式開發者都可以使用它來公開 API 文件。SpecAPI 由註釋、模型和程式設計介面組成。標準文件簡介了標準的規則。 Swagger 框架實際上就是一個以 OpenAPI 標準為基礎生成 API 文件的工 具。該工具是一個標準和完整的框架，用於生成、描述、呼叫和視覺化 RESTful 風格的 Web 服務。Swagger 的整體目標是讓用戶端和檔案系統 作為伺服器，以同樣的速度進行更新。其 API 檔案的方法、參數和模型 緊密整合到服務端的程式中，允許 API 始終保持同步。Swagger UI 提供 了一個視覺化的頁面，用於展示描述檔案。該工具支援線上匯入描述檔 案和本地部署 UI 專案。

## 3.2.2　撰寫程式碼

撰寫程式碼有 3 種方式。第 1 種方式是透過程式 UI 來實現的，在 Quarkus 官網的生成內碼表面中按照指定步驟生成鷹架程式，然後下載檔 案，將專案引入 IDE 工具中，最後修改程式原始碼。

第 2 種方式是透過 mvn 來建構程式，透過下面的命令建立 Maven 專案來實現：

```
mvn io.quarkus:quarkus-maven-plugin:1.11.1.Final:create ^
    -DprojectGroupId=com.iiit.quarkus.sample
    -DprojectArtifactId=021-quarkus-sample-openapi-swaggerui ^
    -DclassName=com.iiit.quarkus.sample.openapi.swaggerui.ProjectResource
    -Dpath=/projects ^
    -Dextensions=resteasy-jsonb,quarkus-smallrye-openapi
```

第 3 種方式是直接從 GitHub 上獲取程式，可以從 GitHub 上複製預先準備好的範例程式：

```
git clone https://******.com/rengang66/iiit.quarkus.sample.git (見連結 1)
```

該程式位於 "021-quarkus-sample-openapi-swaggerui" 目錄中，是一個 Maven 專案程式。

在 IDE 工具中匯入 Maven 專案程式，在 pom.xml 的 <dependencies> 下有以下內容：

```
<dependency>
    <groupId>io.quarkus</groupId>
    <artifactId>quarkus-smallrye-openapi</artifactId>
</dependency>
```

quarkus-smallrye-openapi 是 Quarkus 整合了 OpenAPI 和 SwaggerUI 服務的實現。

quarkus-sample-openapi-swaggerui 程式的應用架構（見圖 3-8）表示，外部存取 ProjectResource 資源介面，ProjectResource 資源依賴於 SmallRye OpenAPI 擴充（遵循 MicroProfile OpenAPI 標準）和 Swagger 框架，因此能提供 OpenAPI 的資訊展現。

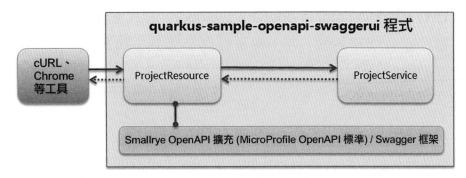

▲ 圖 3-8　quarkus-sample-openapi-swaggerui 程式應用架構圖

該案例的程式碼與 quarkus-sample-rest-json 案例的程式碼相似，就不再重複列出了。

## 3.2.3 驗證程式

透過下列幾個步驟（如圖 3-9 所示）來驗證案例程式。

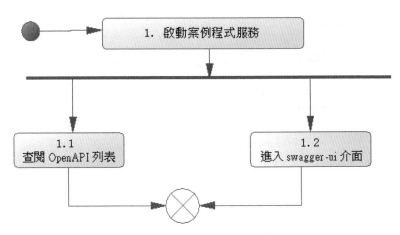

▲ 圖 3-9　quarkus-sample-openapi-swaggerui 程式驗證流程圖

下面對其中包括的關鍵點說明。

## 1. 啟動 quarkus-sample-openapi-swaggerui 程式服務

啟動程式有兩種方式，第 1 種是在開發工具（如 Eclipse）中呼叫
ProjectMain 類別的 run 方法，第 2 種是在程式目錄下直接執行命令 mvnw
compile quarkus:dev。

## 2. 透過 API 顯示專案 OpenAPI 的 JSON 清單內容

在命令列視窗中輸入命令 curl http://localhost:8080/openapi。其傳回所
有專案所有 OpenAPI 的 JSON 列表。也可以透過瀏覽器 URL（http://
localhost:8080/openapi）獲取一個 OpenAPI 文件，其內容如下：

```
---
openapi: 3.0.3
info:
  title: Generated API
  version: "1.0"
paths:
  /projects:
    get:
      responses:
        "200":
          description: OK
          content:
            application/json:
              schema:
                $ref: '#/components/schemas/SetProject'
    post:
      requestBody:
        content:
          application/json:
            schema:
              $ref: '#/components/schemas/Project'
      responses:
        "200":
          description: OK
          content:
            application/json:
```

```
              schema:
                $ref: '#/components/schemas/SetProject'
        delete:
          requestBody:
            content:
              application/json:
                schema:
                  $ref: '#/components/schemas/Project'
          responses:
            "200":
              description: OK
              content:
                application/json:
                  schema:
                    $ref: '#/components/schemas/SetProject'
components:
  schemas:
    Project:
      type: object
      properties:
        description:
          type: string
        name:
          type: string
    SetProject:
      uniqueItems: true
      type: array
      items:
        $ref: '#/components/schemas/Project'
```

該 OpenAPI 文件是按照 info、path、components 等層級的 JSON 列出
的，遵循 OpenAPI 3.0 標準。

## 3. 顯示 UI 介面

在瀏覽器中顯示 UI 介面，輸入 URL（http://localhost:8080/swagger-ui）。
從其返回介面（如圖 3-10 所示）可以獲得所有的 API 方法及其內容。

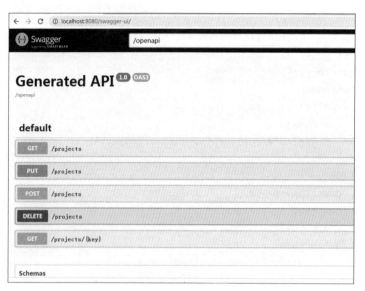

▲ 圖 3-10　OpenAPI 和 SwaggerUI 介面

透過圖 3-10，可以了解微服務的 GET、PUT、POST、DELETE 等方法的
參數和輸出內容。點擊方法 GET，方法詳細描述如圖 3-11 所示。

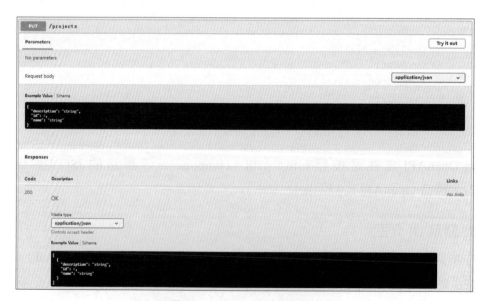

▲ 圖 3-11　GET 方法的詳細描述

可以查看方法的 Request body 和 Responses 等具體內容，也可以閱讀 Schemas 的內容，如圖 3-12 所示。

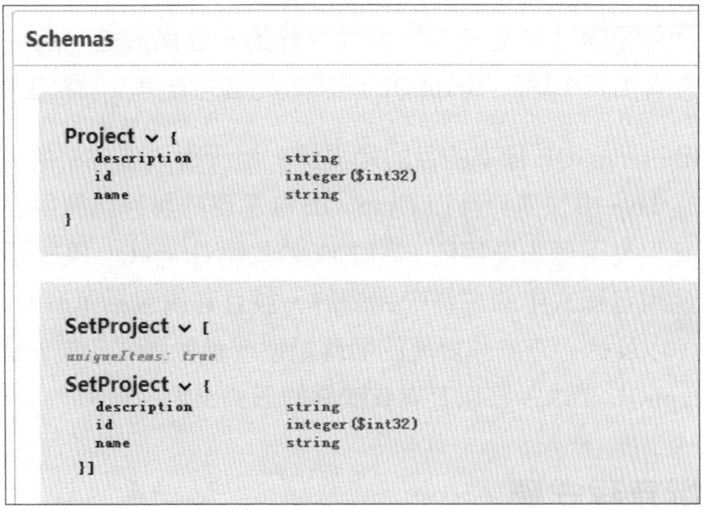

▲ 圖 3-12　OpenAPI 的 Schemas 內容

透過 Schemas 的內容，我們可以知道 Project 的結構，以及傳入參數 Project 的結構。

# 3.3　撰寫 GraphQL 應用

## 3.3.1　案例簡介

本案例介紹以 Quarkus 框架為基礎來實現 GraphQL 的基本功能。透過閱讀和分析在 Web 上實現的以 GraphQL 語言為基礎的查詢、新增、刪除操作等案例程式，可以了解和掌握以 Quarkus 框架為基礎的 GraphQL 使用方法。

**基礎知識**：GraphQL 應用和 MicroProfile GraphQL 標準。

GraphQL 既是一種用於 API 的查詢語言，也是一個滿足資料查詢的執行時期環境。GraphQL 為應用系統 API 中的資料提供了一套易於了解的完整描述，使得用戶端能夠準確地獲得它需要的資料，而且沒有任何容錯。這一功能也讓 API 更容易地隨著時間的演進而演進，還能用於建構強大的開發者工具。關於 GraphQL 的詳細內容可參考其官網上的資料。

MicroProfile GraphQL 標準的目的是提供一組「程式優先」的 API，讓使用者能夠在 Java 中快速開發以 GraphQL 為基礎的可移植應用程式。本標準的所有實現有兩個主要目的：①生成並促使 GraphQL 模式可用，這是透過查看使用者程式中的註釋來完成的，並且必須包括所有 GraphQL 查詢和變異，以及透過查詢和變異的回應類型或參數隱式定義的所有實體；②執行 GraphQL 請求，將以查詢或變異的形式出現。

## 3.3.2 撰寫程式碼

撰寫程式碼有 3 種方式。第 1 種方式是透過程式 UI 來實現的，在 Quarkus 官網的生成內碼表面中按照指定步驟生成鷹架程式，然後下載檔案，將專案引入 IDE 工具中，最後修改程式原始碼。

第 2 種方式是透過 mvn 來建構程式，透過下面的命令建立 Maven 專案來實現：

```
mvn io.quarkus:quarkus-maven-plugin:1.11.1.Final:create ^
    -DprojectGroupId=com.iiit.quarkus.sample
    -DprojectArtifactId=023-quarkus-sample-graphql ^
    -DclassName=com.iiit.quarkus.sample.graphql.ProjectResource
    -Dpath=/projects ^
    -Dextensions=resteasy-jsonb,quarkus-smallrye-graphql
```

第 3 種方式是直接從 GitHub 上獲取程式，可以從 GitHub 上複製預先準備好的範例程式：

```
git clone https://******.com/rengang66/iiit.quarkus.sample.git（見連結 1）
```

該程式位於 "023-quarkus-sample-graphql" 目錄中，是一個 Maven 專案程式。

在 IDE 工具中匯入 Maven 專案程式，在 pom.xml 的 <dependencies> 下有以下內容：

```
<dependency>
    <groupId>io.quarkus</groupId>
    <artifactId>quarkus-smallrye-graphql</artifactId>
</dependency>
```

quarkus-smallrye-graphql 是 Quarkus 整合了 SmallRye 的 GraphQL 實現。

quarkus-sample-graphql 程式的應用架構（如圖 3-13 所示）表示，外部存取 ProjectResource 資源介面，ProjectResource 呼叫 ProjectService 服務，ProjectResource 資源依賴於 SmallRye Mutiny 框架，GraphQL 執行遵循 MicroProfile GraphQL 標準。

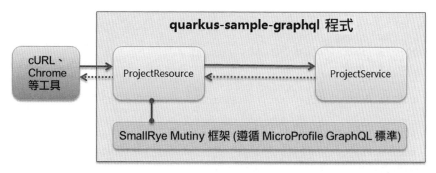

▲ 圖 3-13　quarkus-sample-graphql 程式應用架構圖

quarkus-sample-graphql 程式的核心類別如表 3-3 所示。

表 3-3　quarkus-sample-graphql 程式的核心類別

| 名　稱 | 類　型 | 簡　介 |
|---|---|---|
| ProjectResource | 資源類別 | 提供 GraphQL 外部 API，是該程式的核心類別，將重點介紹 |

| 名　稱 | 類　型 | 簡　介 |
|--------|--------|--------|
| ProjectService | 服務類別 | 主要提供資料服務，其中初始化資料部分能形成層次關係，將一般性介紹 |
| Project | 實體類別 | 這是一個 JavaBean，將簡單介紹 |

下面講解 quarkus-sample-graphql 程式中的 ProjectResource 資源類別、ProjectService 服務類別和 Project 實體類別的功能和作用。

## 1. ProjectResource 資源類別

用 IDE 工具開啟 com.iiit.quarkus.sample.graphql.ProjectResource 類別檔案，其程式如下：

```
@ApplicationScoped
@GraphQLApi
public class ProjectResource {

    // 注入 ProjectService 物件
    @Inject    ProjectService service;

    public ProjectResource() {}

    @Query("projects")
    public Set<Project> list() {return service.list();}

    @Query("project")
    public Project getById(@Name("id") Integer id) {return service.
getById(id);}

    @Mutation
    public Set<Project> add(Project project) {return service.
add(project);     }

    @Mutation
    public Set<Project> update(Project project) {return service.
update(project);}

    @Mutation
```

```
    public Set<Project> delete(Project project) {return service.
delete(project);}
}
```

程式説明：

① ProjectResource 類別的作用還是與外部進行互動，該程式實現了 GraphQL 的 CRUD 操作。

② @GraphQLApi 註釋：表示引入 GraphQL 的 API 方法。

③ @Query("projects") 註釋：查詢路徑，類似於 REST 的 GET 方法。

④ @Mutation 註釋：在資料被建立、更新或刪除時使用，類似於 REST 的 POST、PUT 和 DELETE 方法。

## 2. ProjectService 服務類別

用 IDE 工 具 開 啟 com.iiit.quarkus.sample.graphql.ProjectService 類 別 檔案，ProjectService 類別主要給 ProjectResource 提供業務邏輯服務，其程式如下：

```
public class ProjectService {
    private Set<Project> projects = Collections.newSetFromMap
(Collections.synchronizedMap(new LinkedHashMap<>()));

    public ProjectService() {
        Project project1 = new Project(1,"專案部 1", "關於專案部 1 的描述 ");
        Project project2 = new Project(2,"專案部 2", "關於專案部 2 的描述 ");

        Project project3 = new Project(3," 專案 A", " 關於專案 A 的描述 ");
        Project project4 = new Project(4," 專案 B", " 關於專案 B 的描述 ");

        Project project5 = new Project(5," 專案 C", " 關於專案 C 的描述 ");
        Project project6 = new Project(6," 專案 D", " 關於專案 D 的描述 ");

        Project project7 = new Project(7," 專案子案 AA", " 關於專案子案 AA 的
描述 ");
        Project project8 = new Project(8," 專案子案 AB", " 關於專案子案 AB 的
描述 ");
```

```
        project1.addChildProject(project3);
        project1.addChildProject(project4);

        project2.addChildProject(project5);
        project2.addChildProject(project6);

        project3.addChildProject(project7);
        project3.addChildProject(project8);

        projects.add(project1);
        projects.add(project2);
    }

    public Set<Project> list() {return projects;}

    public Project getById(Integer id) {
        for (Project value : projects) {
            if ( (id.intValue()) == (value.getId().intValue())) {
                return value;
            }
        }
        return null;
    }

    public Set<Project> add(Project project) {
        projects.add(project);
        return projects;
    }

    public Set<Project> update(Project project) {
        projects.removeIf(existingProject -> existingProject.getName()
                .contentEquals(project.getName()));
        projects.add(project);
        return projects;
    }

    public Set<Project> delete(Project project) {
        projects.removeIf(existingProject -> existingProject.getName()
                .contentEquals(project.getName()));
```

```
        return projects;
    }
}
```

程式説明：

① 服務類別內部有一個變數 Set<Project>，用來儲存所有的 Project 物件
實例。該服務實現了對 Set<Project> 的全部列出、查詢、新增、修改
和刪除等操作功能。

② ProjectService 構造階段，實例化了 8 個 Project 物件，然後建立了這 8
個 Project 物件之間的父子層次。

## 3. Project 實體類別

用 IDE 工具開啟 com.iiit.quarkus.sample.graphql.Project 類別檔案，實體
類別主要就是基本的 POJO 物件，其程式如下：

```
public class Project {
    private Integer id;
    private String name;
    private String description;
    private int level = 1;
    private List<Project> childProjects = new ArrayList<>();
    public Project() {}

    // 省略部分程式

    public void setChildProjects(List<Project> childProjects){
        this.childProjects = childProjects;
    }

    public List<Project> getChildProjects(){
        return this.childProjects;
    }

    public Project addChildProject (Project childProject){
        if (!isExist(childProject)) {
```

```
            childProject.level = this.level + 1 ;
            childProjects.add(childProject);
        }
        return this;
    }

    public Project deleteChildProject (Project childProject){
        for (int i = 0; i < childProjects.size(); i++) {
            if (childProject.name == ((Project) childProjects.get(i)).name){
                childProjects.remove(childProject);
            }
         }
        return this;
    }

    public Project updateChildProject (Project childProject){
        if (isExist(childProject)) {
            deleteChildProject (childProject);
            childProject.level = this.level + 1 ;
            addChildProject(childProject);
        }
        return this;
    }

    private boolean isExist(Project childProject){
        boolean isExist = false;
        for (int i = 0; i < childProjects.size(); i++) {
            if (childProject.name == ((Project) childProjects.get(i)).name){
                return true;
            }
        }
        return isExist;
    }
  }
```

程式說明：
..........

Project 類別一定是一個標準的 JavaBean，即內部欄位都是私有變數，透
過 get 和 set 方法來賦值和取值。

該程式動態執行的序列圖（如圖 3-14 所示，遵循 UML 2.0 標準繪製）描述了外部呼叫者 Actor、ProjectResource 和 ProjectService 等 3 個物件之間的時間順序互動關係。

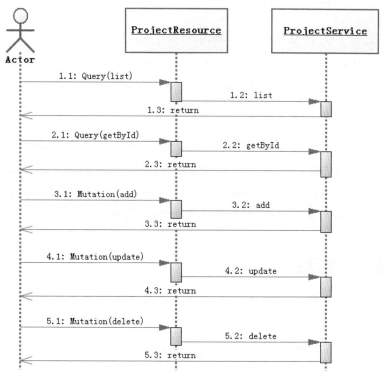

▲ 圖 3-14　quarkus-sample-graphql 程式動態執行的序列圖

該序列圖中總共有 5 個序列，分別介紹如下。

序列 1 活動：① 外部呼叫 ProjectResource 資源類別的 Query(list) 方法；② Query(list) 方法呼叫 ProjectService 服務類別的 list 方法；③ 傳回整個 Project 列表。

序列 2 活動：① 外部傳入參數 ID 並呼叫 ProjectResource 資源類別的 Query(getById) 方法；② Query(getById) 方法呼叫 ProjectService 服務類別的 getById 方法；③ 傳回 Project 列表中對應 ID 的 Project 物件。

序列 3 活動：① 外部傳入參數 Project 物件並呼叫 ProjectResource 資源類別的 Mutation(add) 方法；② Mutation(add) 方法呼叫 ProjectService 服務類別的 add 方法，ProjectService 服務類別實現增加一個 Project 物件的操作並傳回整個 Project 列表。

序列 4 活動：① 外部傳入參數 Project 物件並呼叫 ProjectResource 資源類別的 Mutation(update) 方法；② Mutation(update) 方法呼叫 ProjectService 服務類別的 update 方法，ProjectService 服務類別根據專案名稱是否相等來實現修改一個 Project 物件的操作並傳回整個 Project 列表。

序列 5 活動：① 外部傳入參數 Project 物件並呼叫 ProjectResource 資源類別的 Mutation (delete) 方法；② Mutation(delete) 方法呼叫 ProjectService 服務類別的 delete 方法，ProjectService 服務類別根據專案名稱是否相等來實現刪除一個 Project 物件的操作並傳回整個 Project 列表。

### 3.3.3 驗證程式

透過下列幾個步驟（如圖 3-15 所示）來驗證案例程式。

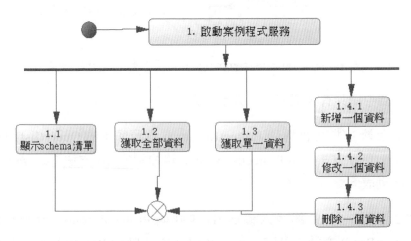

▲ 圖 3-15　quarkus-sample-graphql 程式驗證流程圖

下面對其中包括的關鍵點説明。

## 1. 啟動 quarkus-sample-graphql 程式服務

啟動程式有兩種方式，第 1 種是在開發工具（如 Eclipse）中呼叫
ProjectMain 類別的 run 方法，第 2 種是在程式目錄下直接執行命令 mvnw
compile quarkus:dev。

## 2. 透過 API 顯示全部 schema 內容

在命令列視窗中輸入命令 curl http://localhost:8080/graphql/schema.
graphql，或在瀏覽器中輸入 URL（http://localhost:8080/graphql/schema.
graphql），獲得的結果是 schema 列表，是 JSON 格式的：

```
"Mutation root"
type Mutation {
    add(project: ProjectInput): [Project]
    delete(project: ProjectInput): [Project]
    update(project: ProjectInput): [Project]
}

type Project {
    childProjects: [Project]
    description: String
    exist: Boolean!
    id: Int
    level: Int!
    name: String
}

"Query root"
type Query {
    project(id: Int): Project
    projects: [Project]
}

input ProjectInput {
    childProjects: [ProjectInput]
```

```
    description: String
    id: Int
    level: Int!
    name: String
}
```

schema 內容説明如下：

① Query 有 2 個方法，分別是 project 和 projects 方法。
② Mutation 有 3 個方法，分別是 add、delete、update 方法。
③ Project 物件結構。
④ 輸入的 Project 物件結構。

## 3. GraphQL 的查詢和處理

接著，透過專業工具來進行查詢和處理，開啟瀏覽器 URL（http://localhost:8080/graphql-ui/），會顯示如圖 3-16 所示的 graphql-ui 介面。

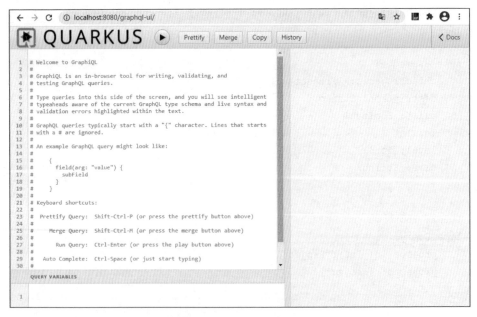

▲ 圖 3-16　graphql-ui 介面

可以在輸入框中輸入以下查詢內容：

```
query projects {
  projects {
    id
    name
    description
    level
  }
}
```

然後點擊「執行」按鈕，會顯示如圖 3-17 所示的結果。

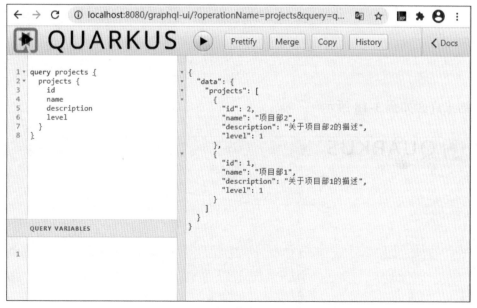

▲ 圖 3-17　顯示查詢結果介面（編按：本圖例中包含簡體中文介面）

## 4. 透過介面工具獲取 Project 清單及其內部全部資料

為了獲取所有資料及其內部的層次資料，可以在介面工具視窗中輸入以下 GraphQL 敘述：

```
query projects {
  projects {
```

```
id
name
description
level
childProjects{
  id
  name
  description
  level
  childProjects{
    id
    name
    description
    level
  }
}
}
}
```

結果介面如圖 3-18 所示。

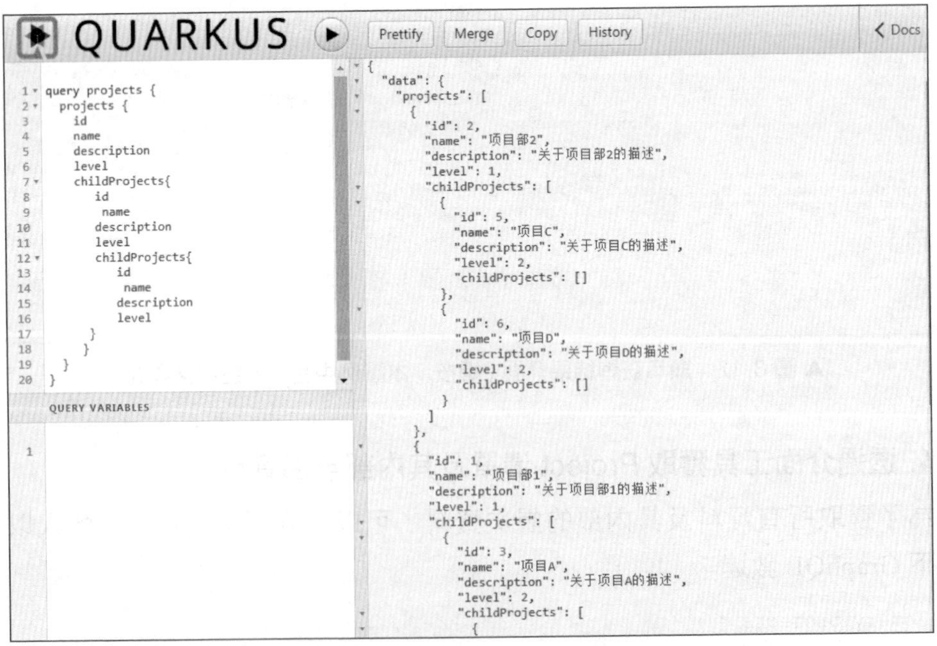

▲ 圖 3-18 查詢全部資料的結果介面 ( 編按：本圖例中包含簡體中文介面 )

具體的結果內容如下：

```
{
  "data": {
    "projects": [
      {
        "id": 2,
        "name": " 專案部 2",
        "description": " 關於專案部 2 的描述 ",
        "level": 1,
        "childProjects": [
          {
            "id": 5,
            "name": " 專案 C",
            "description": " 關於專案 C 的描述 ",
            "level": 2,
            "childProjects": []
          },
          {
            "id": 6,
            "name": " 專案 D",
            "description": " 關於專案 D 的描述 ",
            "level": 2,
            "childProjects": []
          }
        ]
      },
      {
        "id": 1,
        "name": " 專案部 1",
        "description": " 關於專案部 1 的描述 ",
        "level": 1,
        "childProjects": [
          {
            "id": 3,
            "name": " 專案 A",
            "description": " 關於專案 A 的描述 ",
            "level": 2,
            "childProjects": [
```

```
          {
            "id": 7,
            "name": " 專案子案 AA",
            "description": " 關於專案 AA 的描述 ",
            "level": 3
          },
          {
            "id": 8,
            "name": " 專案子案 AB",
            "description": " 關於專案 AB 的描述 ",
            "level": 3
          }
        ]
      },
      {
        "id": 4,
        "name": " 專案 B",
        "description": " 關於專案 B 的描述 ",
        "level": 2,
        "childProjects": []
      }
    ]
  }
  ]
 }
}
```

這與我們的初始化資料完全一致。

## 5. 透過介面工具獲取一筆 Project 資料

按照 JSON 格式獲取一筆 Project 資料，在介面工具視窗中輸入以下
GraphQL 敘述：

```
query project {
  project1: project(id: 1) {
    id
    name
    description
```

```
      level
    }
  }
```

結果是專案 id 為 1 的 JSON 列表。

## 6. 透過介面工具新增一筆 Project 資料

按照 JSON 格式增加一筆 Project 資料，在介面工具視窗中輸入以下 GraphQL 敘述：

```
mutation addProject {
  add(
    project: {
      id: 10,
      name: "專案 G",
      description: "關於專案 G 的描述 ",
      level : 1
    }
  )
  {
    id
    name
    description
    level
  }
}
```

## 7. 透過介面工具修改一筆 Project 資料

按照 JSON 格式修改一筆 Project 資料，在介面工具視窗中輸入以下 GraphQL 敘述：

```
mutation updateProject {
  update(
    project: {
      id: 1,
      name: "專案部 1",
      description: "修改關於專案部 1 的描述 ",
```

```
    level : 1
    }
  )
  {
    id
    name
    description
    level
  }
}
```

透過結果，可以觀察到已經修改了資料內容。

## 8. 透過介面工具刪除一筆 Project 資料

按照 JSON 格式刪除一筆 Project 資料，在介面工具視窗中輸入以下 GraphQL 敘述：

```
mutation DeleteProject {
  delete(
    project: {
      id: 10,
      name: "專案 G",
      description: "關於專案 G 的描述",
      level : 1
    }
  )
  {
    id
    name
    description
    level
  }
}
```

透過結果，可以觀察到已經刪除了資料內容。

# 3.4 撰寫 WebSocket 應用

## 3.4.1 案例簡介

本案例介紹以 Quarkus 框架為基礎實現 WebSocket 的基本功能。該功能的實現遵循 WebSocket 標準，該模組引入了 Undertow WebSocket 擴充。本案例建立了一個簡單的聊天應用程式，使用 WebSocket 接收訊息並向其他連接使用者發送訊息。透過閱讀和分析一個簡單的聊天應用程式的案例程式，可以了解和掌握 Quarkus 框架的 WebSocket 使用方法。本案例程式的應用場景如圖 3-19 所示。

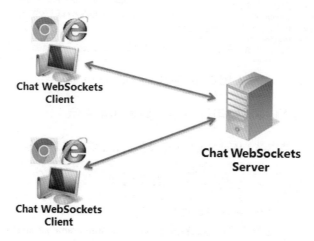

▲ 圖 3-19　本案例程式的應用場景

**基礎知識**：WebSocket 標準及一些相關概念。

WebSocket（架構如圖 3-20 所示）是一種在單一 TCP 連接上進行全雙工通訊的協定，允許服務端主動向用戶端推送資料。在 WebSocket API 中，瀏覽器和伺服器之間只需要完成一次握手，兩者就可以直接建立持久性連接，並進行雙向資料傳輸。為了建立一個 WebSocket 連接，用戶端瀏覽器首先要向伺服器發起一個 HTTP 請求，這個請求和通常的 HTTP

請求不同,包含了一些附加標頭資訊。WebSocket 通訊協定於 2011 年被 IETF 定為標準 RFC 6455,並被 RFC 7936 補充成標準。WebSocket API 也被 W3C 定為標準。

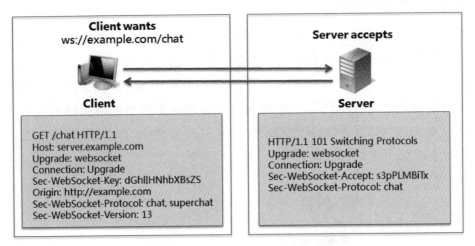

▲ 圖 3-20　WebSocket 存取架構

WebSocket 標準的 Java 常用註釋說明如表 3-4 所示。

表 3-4　WebSocket 標準的 Java 常用註釋說明

| 註釋 | 註釋 說 明 | 註釋位置和類型 |
|---|---|---|
| @ServerEndpoint | 宣告 WebSocket 位址時使用 @ServerEndpoint 註釋來宣告介面,如果其參數是 @PathParam("paraName") Integer userId,則連結位址形如 ws://localhost:8080/project-name/websocket/8 | 類別註釋 |
| @OnOpen | 有連接時觸發的方法。可以在使用者連接時記錄使用者連接所帶的參數,只需在參數列表中增加參數 @PathParam("paraName") String paraName | 方法註釋 |
| @OnClose | 連接關閉時呼叫的方法 | 方法註釋 |
| @OnMessage | 收到訊息時呼叫的方法 | 方法註釋 |
| @OnError | 發生意外錯誤時呼叫的方法 | 方法註釋 |

## 3.4.2 撰寫程式碼

撰寫程式碼有 3 種方式。第 1 種方式是透過程式 UI 來實現的，在 Quarkus 官網的生成內碼表面中按照指定步驟生成鷹架程式，然後下載檔案，將專案引入 IDE 工具中，最後修改程式原始碼。

第 2 種方式是透過 mvn 來建構程式，透過下面的命令建立 Maven 專案來實現：

```
mvn io.quarkus:quarkus-maven-plugin:1.11.1.Final:create ^
    -DprojectGroupId=com.iiit.quarkus.sample
    -DprojectArtifactId=024-quarkus- sample-websockets ^
    -DclassName=com.iiit.quarkus.sample.websockets.ChatSocket
    -Dpath=/chat ^
    -Dextensions=quarkus-undertow-websockets
```

第 3 種方式是直接從 GitHub 上獲取程式，可以從 GitHub 上複製預先準備好的範例程式：

```
git clone https://******.com/rengang66/iiit.quarkus.sample.git（見連結 1）
```

該程式位於 "024-quarkus-sample-websockets" 目錄中，是一個 Maven 專案程式。

在 IDE 工具中匯入 Maven 專案程式，在 pom.xml 的 <dependencies> 下有以下內容：

```
<dependency>
    <groupId>io.quarkus</groupId>
    <artifactId>quarkus-undertow-websockets</artifactId>
</dependency>
```

quarkus-undertow-websockets 是 Quarkus 整合了 undertow-websockets 的實現。

quarkus-sample-websockets 程式的應用架構（如圖 3-21 所示）表示，外部存取 index.html 頁面，index.html 頁面的 JavaScript 程式呼叫 ChatSocket

服務，ChatSocket 服務依賴於 Undertow 平台。

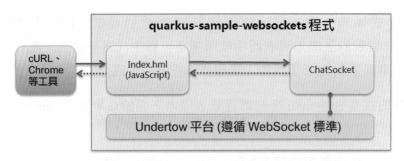

▲ 圖 3-21　quarkus-sample-websockets 程式應用架構圖

quarkus-sample-websockets 程式的核心類別和分頁檔如表 3-5 所示。

表 3-5　quarkus-sample-websockets 程式的核心類別和分頁檔

| 名　稱 | 類　型 | 簡　介 |
|---|---|---|
| ChatSocket | 資源類別 | 提供 WebSocket 的後台程式，是核心類別 |
| index.html | 分頁檔 | 這是 Web 聊天頁面的介面，重點介紹其內部的 JavaScript 程式內容 |

下面講解 ChatSocket 類別和 index.html 頁面中的 JavaScript 程式內容。

## 1. ChatSocket 類別

用 IDE 工具開啟 com.iiit.quarkus.sample.websockets.ChatSocket 類別檔案，其程式如下：

```
@ServerEndpoint("/chat/{username}")
@ApplicationScoped
public class ChatSocket {
    private static final Logger LOG = Logger.getLogger(ChatSocket.class);
    Map<String, Session> sessions = new ConcurrentHashMap<>();

    // 有連接時的觸發函數
    @OnOpen
    public void onOpen(Session session, @PathParam("username") String
username) {
```

```
        sessions.put(username, session);
    }

    // 連接關閉時的呼叫方法
    @OnClose
    public void onClose(Session session, @PathParam("username") String
username) {
        sessions.remove(username);
        broadcast("User " + username + " left");
    }

    // 發生意外錯誤時呼叫的函數
    @OnError
    public void onError(Session session, @PathParam("username") String
username, Throwable throwable) {
        sessions.remove(username);
        LOG.error("onError", throwable);
        broadcast("User " + username + " left on error: " + throwable);
    }

    // 收到訊息時呼叫的函數，其中 Session 是每個 WebSocket 特有的資料成員
    @OnMessage
    public void onMessage(String message, @PathParam("username") String
username) {
        if (message.equalsIgnoreCase("_ready_")) {
            broadcast("User " + username + " joined");
        } else {
            broadcast(">> " + username + ": " + message);
        }
    }

    // 向各個註冊點廣播的資訊
    private void broadcast(String message) {
        sessions.values().forEach(session -> {
            session.getAsyncRemote().sendObject(message, result -> {
                if (result.getException() != null) {
                    System.out.println("Unable to send message: " +
result.getException());
                }
```

```
            });
        });
    }
}
```

程式說明：

① @ServerEndpoint 註釋：宣告 WebSocket 位址。@ServerEndpoint("/chat/{username}") 表示連結位址的形式是 ws://localhost:8080/chat/{username}。

② @OnOpen 註釋：這是有連接時的觸發函數。該函數的內容是 Session 加入一個使用者（或端點）。Session 代表了兩個 WebSocket 端點的階段；在 WebSocket 握手成功後，WebSocket 就會提供一個開啟的 Session，可以透過這個 Session 向另一個端點發送資料；如果 Session 關閉後發送資料，將顯示出錯。

③ @OnClose 註釋：連接關閉時呼叫的方法。Session 關閉指定使用者（或端點）。

④ @OnMessage 註釋：收到訊息時呼叫的方法，其中 Session 是每個 WebSocket 特有的資料成員。訊息以廣播的形式在 Session 中發佈。

⑤ @OnError 註釋：發生意外錯誤時呼叫的方法。

## 2. index.html 頁面

由於包括表現層互動，故需要一個頁面 index.html，而 index.html 頁面的核心是採用 JavaScript 來撰寫通訊內容。開啟 index.html 檔案，其 JavaScript 程式如下所示：

```
<script type="text/javascript">
    var connected = false; // 定義 WebSocket 的連接狀態變數
        var socket; // 定義 WebSocket 變數

    // 初始化，#connect（按鈕）綁定 connect 方法，#send（按鈕）綁定
sendMessage 方法
        $(document).ready(function() {
```

```
$("#connect").click(connect);
$("#send").click(sendMessage);

// 在 name 輸入框中進行確認操作，呼叫 connect 方法
$("#name").keypress(function(event) {
    if (event.keyCode == 13 || event.which == 13) {
        connect();
    }
});

// 在 msg 輸入框中進行確認操作，呼叫 connect 方法
$("#msg").keypress(function(event) {
    if (event.keyCode == 13 || event.which == 13) {
        sendMessage();
    }
});

// 當 chat 文字標籤的內容有變動時，呼叫 scrollToBottom 方法
$("#chat").change(function() {
    scrollToBottom();
});

$("#name").focus();
});

// 連接到 WebSocket 伺服器
var connect = function() {
    if (!connected) {
        var name = $("#name").val();
        console.log("Val: " + name);
        socket = new WebSocket("ws://" + location.host + "/
chat/"+ name);
        socket.onopen = function() {
            connected = true;
            console.log("Connected to the web socket");
            $("#send").attr("disabled", false);
            $("#connect").attr("disabled", true);
            $("#name").attr("disabled", true);
            $("#msg").focus();
```

```
                };
                socket.onmessage = function(m) {
                    console.log("Got message: " + m.data);
                    $("#chat").append(m.data + "\n");
                    scrollToBottom();
                };
            }
        };

        // 向 WebSocket 伺服器發送訊息
        var sendMessage = function() {
            if (connected) {
                var value = $("#msg").val();
                console.log("Sending " + value);
                socket.send(value);
                $("#msg").val("");
            }
        };

        // 當 chat 文字標籤的內容有變動時，捲動導覽
        var scrollToBottom = function() {
            $('#chat').scrollTop($('#chat')[0].scrollHeight);
        };
    </script>
```

程式說明：

① 定義兩個變數，一個是 WebSocket 的連接狀態變數 connected，另一個是 WebSocket 變數 socket。

② 兩個核心函數，一個是連接 WebSocket 伺服器的函數 connect，另一個是向 WebSocket 伺服器發送訊息的函數 sendMessage。

③ 展現頁面時，可透過 $("#connect") 按鈕呼叫連接 WebSocket 伺服器的 connect 函數，然後就可以透過 ("#send") 按鈕呼叫 sendMessage 函數來發表內容了。具體細節實現在 js 檔案的註釋中已經進行了說明。

### 3.4.3 驗證程式

透過下列幾個步驟（如圖 3-22 所示）來驗證案例程式。

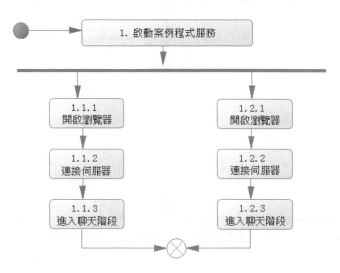

▲ 圖 3-22　quarkus-sample-websockets 程式驗證流程圖

下面對其中包括的關鍵點説明。

### 1. 啟動 quarkus-sample-websockets 程式服務

啟動程式有兩種方式，第 1 種是在開發工具（如 Eclipse）中呼叫 ProjectMain 類別的 run 方法，第 2 種是在程式目錄下直接執行命令 mvnw compile quarkus:dev。

### 2. 開啟兩個瀏覽器

分別開啟兩個瀏覽器視窗 http://localhost:8080/，在頂部文字區域輸入名稱（使用兩個不同的名稱）。點擊連接按鈕，連接伺服器成功後，就可以進入階段介面了。在階段介面上可以發送文字資訊，同時可以收到其他終端發來的資訊。可以進行即時通訊，如圖 3-23 所示的是兩個瀏覽器之間的通話。

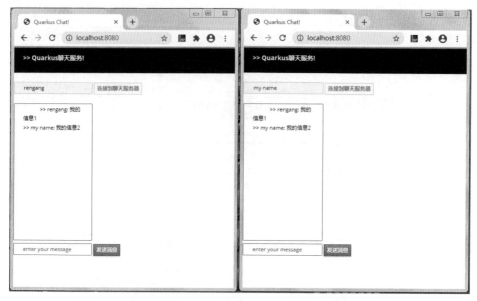

▲ 圖 3-23　兩個瀏覽器之間的通話（編按：本圖例為簡體中文介面）

# 3.5 本章小結

本章主要介紹了 Quarkus 在 REST/Web 上的開發應用，從以下 4 個部分進行了講解。

第一： 介紹了在 Quarkus 框架上如何開發遵循 JAX-RS 標準的 REST 程式，包含案例程式的原始程式、講解和驗證。

第二： 介紹了在 Quarkus 框架上如何實現 OpenAPI 和 SwaggerUI 功能，包含案例程式的原始程式、講解和驗證。

第三： 介紹了在 Quarkus 框架上如何開發 GraphQL 語言的程式，包含案例程式的原始程式、講解和驗證。

第四： 介紹了在 Quarkus 框架上如何開發 WebSocket 程式，包含案例程式的原始程式、講解和驗證。

# 資料持久化開發

## 4.1 使用 Hibernate ORM 和 JPA 實現資料持久化

### 4.1.1 前期準備

本案例需要使用 PostgreSQL 資料庫,安裝、部署資料庫的方式有兩種, 第 1 種是透過 Docker 容器來安裝、部署 PostgreSQL 資料庫,第 2 種是 直接在本地安裝 PostgreSQL 資料庫並進行基本設定。

### 1. 透過 Docker 容器來安裝、部署

透過 Docker 容器安裝、部署 PostgreSQL 資料庫的命令如下:

```
docker run --ulimit memlock=-1:-1 -it
         --rm=true --memory-swappiness=0 ^
         --name quarkus_test -e POSTGRES_USER=quarkus_test ^
         -e POSTGRES_PASSWORD=quarkus_test -e POSTGRES_DB=quarkus_test ^
         -p 5432:5432 postgres:10.5
```

執行命令後出現如圖 4-1 所示的介面,説明已經成功啟動 PostgreSQL 資 料庫。

說明：PostgreSQL 服務在 Docker 中的容器名稱是 quarkus_test，PostgreSQL 服務內部建立了一個名稱為 quarkus_test 的資料庫，用戶名稱為 quarkus_test，密碼為 quarkus_test，可從 postgres:10.5 容器映像檔中獲取。內部和外部通訊埠是一致的，都為 PostgreSQL 的標準通訊埠 5432。

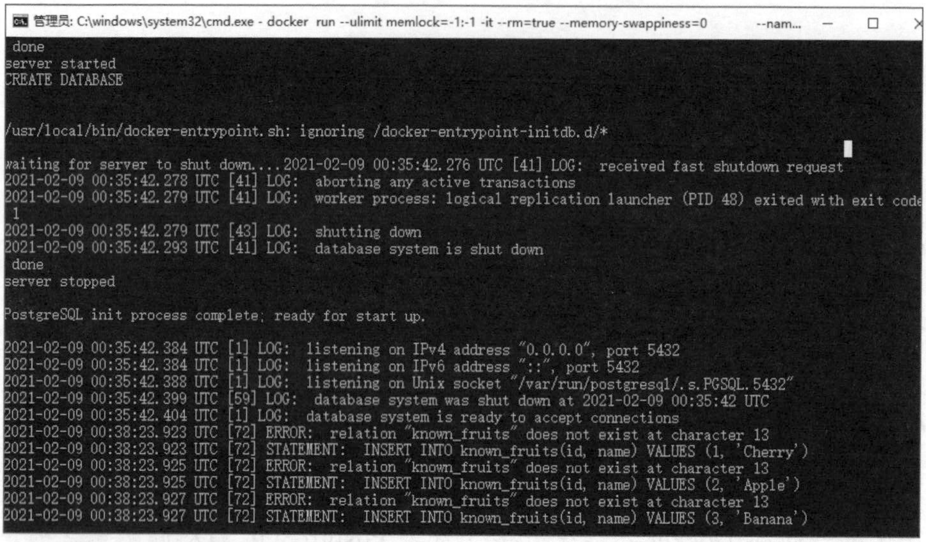

▲ 圖 4-1　使用 Docker 容器啟動 PostgreSQL 資料庫

## 2. 本地直接安裝

首先要安裝 PostgreSQL 資料庫。下載 PostgreSQL 資料庫安裝檔案並進行安裝，關於 PostgreSQL 資料庫的安裝步驟就不進行具體說明了。在 PostgreSQL 資料庫安裝完畢後，要做一些初始化設定。

首先，建立一個登入角色，用戶名稱是 quarkus_test，密碼也是 quarkus_test，如圖 4-2 所示。

其次，建立一個名為 quarkus_test 的資料庫，如圖 4-3 所示。

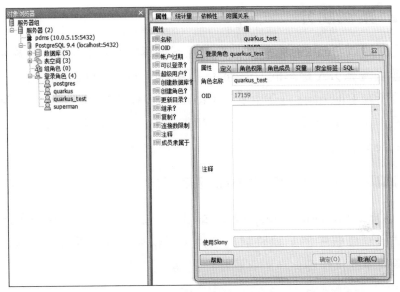

▲ 圖 4-2　PostgreSQL 管理介面的登入角色目錄（編按：本圖例為簡體中文介面）

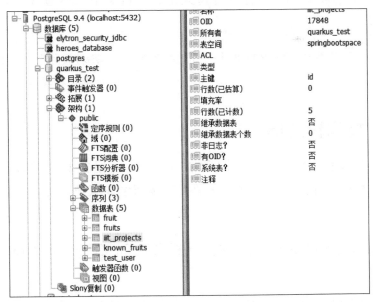

▲ 圖 4-3　PostgreSQL 管理介面的資料庫目錄（編按：本圖例為簡體中文介面）

這樣就建構了一個基本的資料庫開發環境。

## 4.1.2 案例簡介

本案例介紹以 Quarkus 框架為基礎實現資料庫操作基本功能。該模組以成熟的並且遵循 JPA 標準的 Hibernate 框架作為 ORM 的實現框架。透過閱讀和分析在 Hibernate 框架上實現 CRUD 等操作（增加、檢索、更新、刪除等操作）的案例程式，可以了解和掌握 Quarkus 框架的 ORM、JPA 和 Hibernate 使用方法。

**基礎知識**：ORM、JPA 和 Hibernate 及其概念。

ORM（Object/Relation Mapping），即物件 / 關係映射。其核心思想是將關聯式資料庫表中的記錄映射成物件，以物件的形式展現，開發者可以將對資料庫的操作轉化為對實體物件的操作。

JPA（Java Persistence API）表示 JDK 5.0 註釋或 XML 描述 ORM 表的映射關係，並將執行期的實體物件持久化到資料庫中。不過 JPA 只是一個介面標準。

Hibernate 是最流行的 ORM 框架，透過物件關係映射設定，可以完全脫離底層 SQL。同時，它也是透過 JPA 標準實現的羽量級框架。

## 4.1.3 撰寫程式碼

撰寫程式碼有 3 種方式。第 1 種方式是透過程式 UI 來實現的，在 Quarkus 官網的生成內碼表面中按照指定步驟生成鷹架程式，然後下載檔案，將專案引入 IDE 工具中，最後修改程式原始碼。

第 2 種方式是透過 mvn 來建構程式，透過下面的命令建立 Maven 專案來實現：

```
mvn io.quarkus:quarkus-maven-plugin:1.11.1.Final:create ^
    -DprojectGroupId=com.iiit.quarkus.sample
    -DprojectArtifactId=031-quarkus-sample-orm-hibernate ^
```

```
    -DclassName=com.iiit.quarkus.sample.orm.hibernate.ProjectResource
    -Dpath=/projects ^
    -Dextensions=resteasy-jsonb,quarkus-agroal,quarkus-hibernate-
orm,quarkus-jdbc-postgresql
```

第 3 種方式是直接從 GitHub 上獲取程式，可以從 GitHub 上複製預先準
備好的範例程式：

```
git clone https://******.com/rengang66/iiit.quarkus.sample.git（見連結 1）
```

該程式位於 "031-quarkus-sample-orm-hibernate" 目錄中，是一個 Maven
專案程式。

在 IDE 工具中匯入 Maven 專案程式，在 pom.xml 的 <dependencies> 下有
以下內容：

```
<dependency>
    <groupId>io.quarkus</groupId>
    <artifactId>quarkus-hibernate-orm</artifactId>
</dependency>

<dependency>
    <groupId>io.quarkus</groupId>
    <artifactId>quarkus-jdbc-postgresql</artifactId>
</dependency>
```

quarkus-hibernate-orm 是 Quarkus 擴充了 Hibernate 的 ORM 服務實現。
quarkus-jdbc-postgresql 是 Quarkus 擴充了 PostgreSQL 的 JDBC 介面實
現。

quarkus-sample-orm-hibernate 程式的應用架構（如圖 4-4 所示）表示，外
部存取 ProjectResource 資源介面，ProjectResource 呼叫 ProjectService 服
務，ProjectService 服務呼叫注入的 EntityManager 物件並對 PostgreSQL
資料庫執行物件持久化操作。ProjectService 服務依賴於 Hibernate 框架和
quarkus-jdbc 擴充。

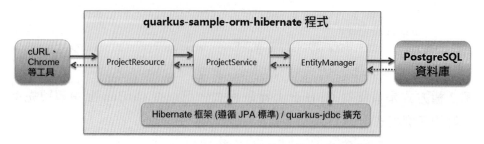

▲ 圖 4-4　quarkus-sample-orm-hibernate 程式應用架構圖

quarkus-sample-orm-hibernate 程式的設定檔和核心類別如表 4-1 所示。

表 4-1　quarkus-sample-orm-hibernate 程式的設定檔和核心類別

| 名　稱 | 類　型 | 簡　介 |
|---|---|---|
| application.properties | 設定檔 | 須定義資料庫設定資訊 |
| import.sql | 設定檔 | 在資料庫中初始化資料 |
| ProjectResource | 資源類別 | 提供 REST 外部 API，無特殊處理，將簡單介紹 |
| ProjectService | 服務類別 | 主要提供資料服務，其功能是透過 JPA 與資料庫互動，是核心類別，將重點介紹 |
| Project | 實體類別 | POJO 物件，需要改造成 JPA 標準的實體，將簡單介紹 |

在該程式中，首先看看設定資訊的 application.properties 檔案：

```
quarkus.datasource.db-kind=postgresql
quarkus.datasource.username=quarkus_test
quarkus.datasource.password=quarkus_test
quarkus.datasource.jdbc.url=jdbc:postgresql://localhost/quarkus_test
quarkus.datasource.jdbc.max-size=8
quarkus.datasource.jdbc.min-size=2

quarkus.hibernate-orm.database.generation=drop-and-create
quarkus.hibernate-orm.log.sql=true
quarkus.hibernate-orm.sql-load-script=import.sql
```

在 application.properties 檔案中，設定了與資料庫連接相關的參數。

（1）db-kind 表示連接的資料庫是 PostgreSQL。

（2）quarkus.datasource.username 和 quarkus.datasource.password 是 用 戶名稱和密碼，即 PostgreSQL 的登入角色名和密碼。

（3）quarkus.datasource.jdbc.url 定義了資料庫的連接位置資訊，其中 jdbc:postgresql://localhost/ quarkus_test 中 的 quarkus_test 是 連 接 PostgreSQL 的資料庫。

（4）quarkus.hibernate-orm.database.generation=drop-and-create 表 示 程 式 啟動後會重新建立表並初始化資料。

（5）quarkus.hibernate-orm.sql-load-script=import.sql 的含義是程式啟動後 會重新建立表並初始化資料需要呼叫的 SQL 檔案。

下面讓我們看看 import.sql 檔案的內容：

```
insert into  iiit_projects(id, name) values (1, '專案 A');
insert into  iiit_projects(id, name) values (2, '專案 B');
insert into  iiit_projects(id, name) values (3, '專案 C');
insert into  iiit_projects(id, name) values (4, '專案 D');
insert into  iiit_projects(id, name) values (5, '專案 E');
```

import.sql 主要實現了 iiit_projects 表的資料初始化工作。

下面講解 quarkus-sample-orm-hibernate 程式中的 ProjectResource 資源類 別、ProjectService 服務類別和 Project 實體類別的功能和作用。

## 1. ProjectResource 資源類別

用 IDE 工具開啟 com.iiit.quarkus.sample.orm.hibernate.ProjectResource 類 別檔案，其程式如下：

```
@Path("projects")
@ApplicationScoped
@Produces("application/json")
@Consumes("application/json")
public class ProjectResource {
    private static final Logger LOGGER = Logger.getLogger(ProjectResource.
class.getName());
```

```java
// 注入服務類別
@Inject
ProjectService service;

// 獲取 Project 列表
@GET
public List<Project> get() {
    return service.get();
}

// 獲取單筆 Project 資訊
@GET
@Path("{id}")
public Project getSingle(@PathParam("id")  Integer id) {
    return service.getSingle(id);
}

// 增加一個 Project 物件
@POST
public Response create( Project project) {
    service.create(project) ;
    return Response.ok(project).status(201).build();
 }

// 修改一個 Project 物件
@PUT
@Path("{id}")
public Project update(Project project) {
    return service.update(project);
}

// 刪除一個 Project 物件
@DELETE
@Path("{id}")
public Response delete(@PathParam("id") Integer id) {
    service.delete(id);
    return Response.status(204).build();
}
```

```
    // 處理 Response 的錯誤情況
    @Provider
    public static class ErrorMapper implements ExceptionMapper<Exception>
{

        @Override
        public Response toResponse(Exception exception) {
            LOGGER.error("Failed to handle request", exception);

            int code = 500;
            if (exception instanceof WebApplicationException) {
                code = ((WebApplicationException) exception).
getResponse(). getStatus();
            }

            JsonObjectBuilder entityBuilder = Json.createObjectBuilder()
                .add("exceptionType", exception.getClass().getName()).
add("code", code);

            if (exception.getMessage() != null) {
                entityBuilder.add("error", exception.getMessage());
            }
            return Response.status(code).entity(entityBuilder.build())
.build();
        }
    }
}
```

程式說明：

① ProjectResource 類別主要用於與外部互動，其主要方法是 REST 的基本操作方法，包括 GET、POST、PUT 和 DELETE 方法。

② 對後台的操作主要是透過注入的 ProjectService 物件來實現的。

## 2. ProjectService 服務類別

用 IDE 工具開啟 com.iiit.quarkus.sample.orm.hibernate.ProjectService 類別檔案，其程式如下：

```java
@ApplicationScoped
public class ProjectService {
    private static final Logger LOGGER = Logger.getLogger(ProjectResource.
class.getName());

    // 注入持久類別
    @Inject
    EntityManager entityManager;

    // 獲取所有 Project 列表
    public List<Project> get() {
        return entityManager.createNamedQuery("Projects.findAll",
Project.class)
                .getResultList();
    }

    // 獲取單一 Project
    public Project getSingle(Integer id) {
        Project entity = entityManager.find(Project.class, id);
        if (entity == null) {
            String info  = "project with id of " + id + " does not
exist.";
            LOGGER.info(info);
            throw new WebApplicationException(info, 404);
        }
        return entity;
    }

    // 帶交易提交增加一筆記錄
    @Transactional
    public Project create(Project project) {
        if (project.getId() == null) {
            String info  = "Id was invalidly set on request.";
            LOGGER.info(info);
            throw new WebApplicationException(info, 422);
        }
        entityManager.persist(project);
        return project;
    }
```

```java
// 帶交易提交修改一筆記錄
@Transactional
public Project update(Project project) {
    if (project.getName() == null) {
        String info  = "project Name was not set on request.";
        LOGGER.info(info);
        throw new WebApplicationException(info, 422);
    }

    Project entity = entityManager.find(Project.class, project.getId());
    if (entity == null) {
        String info  = "project with id  does not exist.";
        LOGGER.info(info);
        throw new WebApplicationException(info, 404);
    }
    entity.setName(project.getName());
    return entity;
}

// 帶交易提交刪除一筆記錄
@Transactional
public void delete( Integer id) {
    Project entity = entityManager.getReference(Project.class, id);
    if (entity == null) {
        String info  = "project with id of " + id + " does not exist.";
        LOGGER.info(info);
        throw new WebApplicationException(info, 404);
    }
    entityManager.remove(entity);
    return ;
}
}
```

程式說明：

① **ProjectService** 類別實現了 **JPA** 標準下的資料庫操作，包括查詢、新增、修改和刪除等操作。

② ProjectService 類別透過注入 EntityManager 物件，實現了後端資料庫的 CRUD 操作。EntityManager 物件是 JPA 標準的物理管理器。

③ @Transactional 註釋是方法註釋，表示該方法對資料庫的操作具有交易性。

### 3. Project 實體類別

用 IDE 工具開啟 com.iiit.quarkus.sample.orm.hibernate.Project 類別檔案，其程式如下：

```
@Entity
@Table(name = "iiit_projects")
@NamedQuery(name = "Projects.findAll", query = "SELECT f FROM Project f
ORDER BY f.name", hints = @QueryHint(name = "org.hibernate.cacheable",
value = "true"))
@Cacheable
public class Project {
    @Id
    private Integer id;

    @Column(length = 40, unique = true)
    private String name;

    public Project() { }

    // 省略部分程式
}
```

程式說明：

① @Entity 註釋表示 Project 物件是一個遵循 JPA 標準的實體物件。

② @Table(name = "iiit_projects") 註釋表示 Project 物件映射的關聯式資料庫表是 iiit_projects。

③ @NamedQuery(name = "Projects.findAll", query = "SELECT f FROM Project f ORDER BY f.name", hints = @QueryHint(name = "org.

hibernate.cacheable", value = "true")) 表示呼叫 Projects. findAll 方法時將使用後面的 SQL 查詢敘述。

④ @Cacheable 表示物件採用快取模式。

該程式動態執行的序列圖（如圖 4-5 所示，遵循 UML 2.0 標準繪製）描述了外部呼叫者 Actor、ProjectResource、ProjectService 和 EntityManager 等 4 個物件之間的時間順序互動關係。

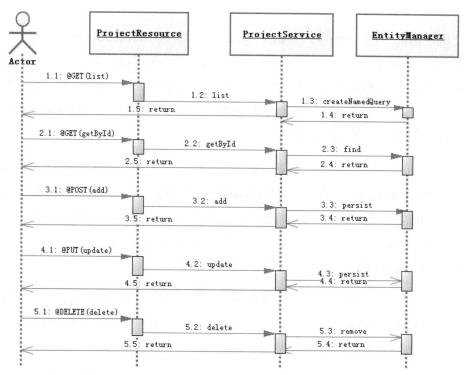

▲ 圖 4-5　quarkus-sample-orm-hibernate 程式動態執行的序列圖

該序列圖中總共有 5 個序列，分別介紹如下。

序列 1 活動：① 外部呼叫 ProjectResource 資源類別的 GET(list) 方法；② GET(list) 方法呼叫 ProjectService 服務類別的 list 方法；③ ProjectService

服務類別的 list 方法呼叫 EntityManager 的 get 方法；④ 傳回整個 Project 列表。

序列 2 活動：① 外部傳入參數 ID 並呼叫 ProjectResource 資源類別的 GET(getById) 方法；② GET(getById) 方法呼叫 ProjectService 服務類別的 getById 方法；③ ProjectService 服務類別的 getById 方法呼叫 EntityManager 的 find 方法；④ 傳回 Project 列表中對應 ID 的 Project 物件。

序列 3 活動：① 外部傳入參數 Project 物件並呼叫 ProjectResource 資源類別的 POST(add) 方法；② POST(add) 方法呼叫 ProjectService 服務類別的 add 方法；③ ProjectService 服務類別的 add 方法呼叫 EntityManager 的 persist 方法；④ EntityManager 的 persist 方法實現增加一個 Project 物件的操作並傳回參數 Project 物件。

序列 4 活動：① 外部傳入參數 Project 物件並呼叫 ProjectResource 資源類別的 PUT(update) 方法；② PUT(update) 方法呼叫 ProjectService 服務類別的 update 方法；③ ProjectService 服務類別根據專案名稱是否相等來實現修改一個 Project 物件的操作並呼叫 EntityManager 的 persist 方法；④ EntityManager 的 persist 方法實現並傳回參數 Project 物件。

序列 5 活動：① 外部傳入參數 Project 物件並呼叫 ProjectResource 資源類別的 DELETE(delete) 方法；② DELETE(delete) 方法呼叫 ProjectService 服務類別的 delete 方法；③ ProjectService 服務類別根據專案名稱是否相等來實現呼叫 EntityManager 的 remove 方法的操作；④ EntityManager 的 remove 方法實現刪除一個 Project 物件的操作並返回。

## 4.1.4 驗證程式

透過下列幾個步驟（如圖 4-6 所示）來驗證案例程式。

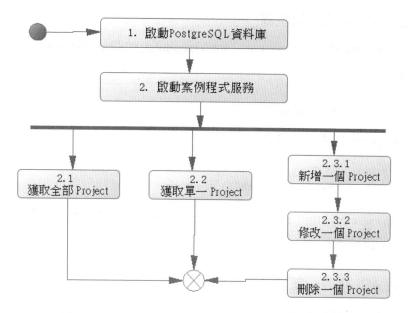

▲ 圖 4-6　quarkus-sample-orm-hibernate 程式驗證流程圖

下面對其中包括的關鍵點說明。

## 1. 啟動 PostgreSQL 資料庫

首先要啟動 PostgreSQL 資料庫，然後可以進入 PostgreSQL 的圖形管理介面並觀察資料庫中資料的變化情況。

## 2. 啟動 quarkus-sample-orm-hibernate 程式服務

啟動程式有兩種方式，第 1 種是在開發工具（如 Eclipse）中呼叫 ProjectMain 類別的 run 方法，第 2 種是在程式目錄下直接執行命令 mvnw compile quarkus:dev。

## 3. 透過 API 顯示專案的 JSON 格式內容

在命令列視窗中輸入命令 curl http://localhost:8080/projects，將傳回整個專案列表的專案資料。

### 4. 透過 API 顯示單筆記錄

在命令列視窗中輸入命令 curl http://localhost:8080/projects/1，將傳回專案 1 的專案資料。

### 5. 透過 API 增加一筆資料

在命令列視窗中輸入以下命令：

```
curl -X POST  -H "Content-type: application/json" -d {\"id\":6,\"name\":
\" 專案 F\"} http://localhost:8080/projects
```

可採用命令 curl http://localhost:8080/projects 顯示全部內容，觀察是否成功增加了資料。

### 6. 透過 API 修改一筆資料的內容

在命令列視窗中輸入以下命令：

```
curl -X PUT -H "Content-type: application/json" -d {\"id\":5,\"name\":
\"Project5\"} http://localhost:8080/projects/5 -v
```

可採用命令 curl http://localhost:8080/projects/5 來查看資料的變化情況。

### 7. 透過 API 刪除 project6 記錄

在命令列視窗中輸入以下命令：

```
curl -X DELETE http://localhost:8080/projects/6  -v
```

命令執行完成後，呼叫命令 curl http://localhost:8080/projects 顯示該記錄，查看變化情況。

## 4.1.5 其他資料庫設定的實現

本案例採用的資料庫是 PostgreSQL 資料庫，事實上 Quarkus 支援多種資料庫。Quarkus 不但可以透過常用方法使用資料來源並設定 JDBC 驅動程式，還可以採用響應式驅動程式以響應式的方式連接到資料庫。針對

JDBC 驅動程式，首選的資料來源和連接池實現是 Agroal。而對於響應式驅動，Quarkus 使用 Vert.x 響應式驅動程式。Agroal 和 Vert.x 都可以透過統一、靈活的設定進行協作。

## 1. Quarkus 中首選的 JDBC 資料來源和連接池實現 Agroal

Agroal 是一個現代的、羽量級的連接池實現，可用於高性能和高可伸縮性場景，並可與 Quarkus 中的其他元件（如安全性、交易管理、健康度量等元件）整合。資料來源設定就是增加 Agroal 擴充和 jdbc-db2、jdbc-derby、jdbc-h2、jdbc mariadb、jdbc mssql、jdbc mysql 或 jdbc postgresql 之一。由於預設使用了 Agroal 擴充，設定檔中只需增加資料來源即可。設定資訊如下：

```
quarkus.datasource.db-kind=postgresql
quarkus.datasource.username=<your username>
quarkus.datasource.password=<your password>

quarkus.datasource.jdbc.url=jdbc:postgresql://localhost:5432/hibernate_
orm_test
quarkus.datasource.jdbc.min-size=4
quarkus.datasource.jdbc.max-size=16
```

舉例來說，要設定的資料來源是 H2 資料庫，修改為以下內容即可：

```
quarkus.datasource.db-kind=h2
```

## 2. Quarkus 支援的內建資料庫類型

資料庫類型設定會定義要連接到的資料庫類型。Quarkus 目前支援的內建資料庫類型有 DB2: db2、Derby: derby、H2: h2、MariaDB: mariadb、Microsoft SQL Server: mssql、MySQL: mysql、PostgreSQL: postgresql、pgsql 或 pg 等。在 Quarkus 設定資料庫類型時，可以直接使用資料來源 JDBC 驅動程式擴充並在設定中定義內建資料庫類型，Quarkus 會自動解析 JDBC 驅動程式。

如果使用的不是上面列出的內建資料庫類型的資料庫，可使用 other 選項並顯性定義 JDBC 驅動程式。Quarkus 應用程式在 JVM 模式下可支援任何 JDBC 驅動程式，但不支援將 other 的 JDBC 驅動程式編譯為原生可執行程式。

在開發資料庫程式時，很可能需要定義一些其他設定資訊來存取資料庫。這需要透過設定資料來源的其他屬性來實現，如用戶名稱和密碼等，相關程式如下：

```
quarkus.datasource.username=<your username>
quarkus.datasource.password=<your password>
```

Quarkus 還支持從 Vault 檢索密碼來設定資料來源資訊。

## 3. Quarkus 中 JDBC 的設定介紹

JDBC 是最常見的資料庫連接模式。舉例來說，在使用 Hibernate ORM 時，通常需要一個 JDBC 資料來源。這就需要將 quarkus agroal 依賴項增加到專案中，可以使用一個簡單的 Maven 命令進行增加：

```
./mvnw quarkus:add-extension -Dextensions="agroal"
```

Agroal 是 Hibernate ORM 擴充的可傳遞依賴項。如果使用 Hibernate ORM，則不需要顯性地增加 Agroal 擴充依賴項，而只需要為關聯式資料庫驅動程式選擇並增加 Quarkus 擴充。

Quarkus 提供的驅動程式擴充有 DB2-jdbc-db2、Derby-jdbc-derby、H2-jdbc-h2、MariaDB-jdbc-mariadb、Microsoft SQL Server-jdbc-mssql、MySQL-jdbc-mysql、PostgreSQL-jdbc-postgresql 等。H2 和 Derby 資料庫通常可以設定為以「嵌入式模式」執行。但需要注意，Quarkus 擴充不支援將嵌入式資料庫引擎編譯為原生可執行程式。

使用內建資料來源類型之一時，將自動解析 JDBC 驅動程式，它們的映射關係如表 4-2 所示。

表 4-2　資料庫類型到 JDBC 驅動程式的映射

| 資料庫類型 | 資料庫 JDBC 驅動程式 | 資料庫 XA 驅動程式 |
|---|---|---|
| DB2 | com.ibm.db2.jcc.DBDriver | com.ibm.db2.jcc.DB2XADataSource |
| Derby | org.apache.derby.jdbc.ClientDriver | org.apache.derby.jdbc.ClientXADataSource |
| H2 | org.h2.Driver | org.h2.jdbcx.jdbcDataSource |
| Mssql | com.microsoft.sqlserver.jdbc.SQLServerDriver | com.microsoft.sqlserver.jdbc.SQLServerXADataSource |
| MySQL | com.mysql.cj.jdbc.Driver | com.mysql.cj.jdbc.MysqlXADataSource |
| PostgreSQL | org.postgresql.Driver | org.postgresql.xa.PGXADataSource |

如何處理沒有內建擴充或使用其他驅動程式的資料庫呢？如果需要（例如使用 OpenTracing 驅動程式）或希望使用 Quarkus 沒有內建 JDBC 驅動程式擴充的資料庫，則可以使用特定的驅動程式。如果沒有 Quarkus 的驅動擴充，雖然驅動程式可以在任何執行於 JVM 模式下的 Quarkus 應用程式中正常執行，但是在將應用程式編譯為原生可執行程式時，不會有效實現。若希望生成原生可執行程式，還是建議使用現有的 Quarkus 擴充 JDBC 驅動程式。

下面是使用 OpenTracing 驅動程式的程式：

```
quarkus.datasource.jdbc.driver=io.opentracing.contrib.jdbc.TracingDriver
```

針對內建不支援的資料庫存取（在 JVM 模式下資料庫為 Oracle），可採用以下定義：

```
quarkus.datasource.db-kind=other
quarkus.datasource.jdbc.driver=oracle.jdbc.driver.OracleDriver
quarkus.datasource.jdbc.url=jdbc:oracle:thin:@192.168.1.12:1521/ORCL_SVC
quarkus.datasource.username=scott
quarkus.datasource.password=tiger
```

如果需要在程式中直接存取資料來源，則可以透過以下方式注入：

```
@Inject
AgroalDataSource defaultDataSource;
```

在上面的範例中，注入類型是 AgroalDataSource，這是 javax.sql. DataSource 類型。因此，也可以直接注入 javax.sql.DataSource。

**4. 常用的資料庫類型設定方式**

每個受支援的資料庫都包含不同的 JDBC URL 設定選項，下面簡單列出這些設定選項。

（1）H2 的設定方式

H2 是一個嵌入式資料庫，它可以作為伺服器執行，可以儲存為檔案，也可以完全駐留在記憶體中。

H2 採用以下格式的連接 URL：

```
jdbc:h2:{ {.|mem:}[name] | [file:]fileName | {tcp|ssl}:[//]server [:port]
[,server2[:port]]/name }[;key=value…]
```

例子：jdbc:h2:tcp://localhost/~/test，jdbc:h2:mem:myDB。

案例程式 "032-quarkus-sample-orm-hibernate-h2" 就是 H2 資料庫，可詳細了解。

（2）PostgreSQL 的設定方式

PostgreSQL 只作為伺服器執行，下面的其他資料庫也是這樣。因此，必須指定連接的詳細資訊或使用預設值。PostgreSQL 採用以下格式的連接 URL：

```
jdbc:postgresql:[//][host][:port][/database][?key=value…]
```

不同部分的預設值如下：host 預設是 localhost，port 預設是 5432，database 預設與用戶名稱相同。

例子：jdbc:postgresql://localhost/test。

大部分案例程式都採用的是 PostgreSQL。

（3）DB2 的設定方式

DB2 採用以下格式的連接 URL：

```
jdbc:db2://<serverName>[:<portNumber>]/<databaseName>[:<key1>=<value>;[<k
ey2>=<value2>;]]
```

例子：jdbc:db2://localhost:50000/MYDB:user=dbadm;password=dbadm。

（4）MySQL 的設定方式

MySQL 採用以下格式的連接 URL：

```
jdbc:mysql:[replication:|failover:|sequential:|aurora:]//<hostDescri
ption>[,<hostDescription…]/[database][?<key1>=<value1>[&<key2>=<val
ue2>]] hostDescription:: <host>[:<portnumber>] or address=(host=<host>)
[(port=<portnumber>)][(type=(master|slave))]
```

例子：jdbc:mysql://localhost:3306/test。

（5）Microsoft SQL Server 的設定方式

Microsoft SQL Server 採用以下格式的連接 URL：

```
jdbc:sqlserver://[serverName[\instanceName][:portNumber]][;property=value
[;property=value]]
```

例子：jdbc:sqlserver://localhost:1433;databaseName=AdventureWorks。

（6）Derby 的設定方式

Derby 是一個嵌入式資料庫，也可以作為伺服器執行，該資料庫可以儲存
為檔案，也可以完全駐留在記憶體中。以下列出了所有相關選項。Derby
採用以下格式的連接 URL：

```
jdbc:derby:[//serverName[:portNumber]/][memory:]databaseName[;property=va
lue[;property=value]]
```

例子：jdbc:derby://localhost:1527/myDB, jdbc:derby:memory:myDB;create
=true。

其他 JDBC 驅動程式與上述驅動程式的工作原理相同。

### 4.1.6 關於其他 ORM 實現

本案例採用的 ORM 是支持 JPA 標準的 Hibernate。Quarkus 也支持其他的 ORM，很多開發者採用 MyBatis 作為 ORM 框架。雖然現階段 Quarkus 官方沒有公佈，但有一些開放原始碼同好已經在 Quarkus 上實現了 MyBatis 擴充，感興趣的讀者可以上 GitHub 試用該擴充。

# 4.2 使用 Java 交易

## 4.2.1 Quarkus 交易管理

Quarkus 框架附帶了一個交易（Transaction）管理器，使用該管理器可協調交易並向應用程式開放交易。Quarkus 框架可以整合每個可處理資料持久性框架的擴充元件，並透過 CDI 顯性地與交易互動。Quarkus 有 3 種交易，第 1 種是註釋式交易，第 2 種是程式設計式交易，最後一種是進階交易。

### 1. 註釋式交易

定義交易邊界的最簡單的方法是在 entry 方法中使用 @Transactional 註釋（javax.transaction. Transactional 交易處理），範例如下：

```
@ApplicationScoped
public class SantaClausService {
    @Inject ChildDAO childDAO;
    @Inject SantaClausDAO santaDAO;

    @Transactional
    public void getAGiftFromSanta(Child child, String giftDescription) {
        // 一些交易工作操作
```

```
        Gift gift = childDAO.addToGiftList(child, giftDescription);
        if (gift == null) {
            throw new OMGGiftNotRecognizedException();
        }
        else {
            santaDAO.addToSantaTodoList(gift);
        }
    }
}
```

該註釋定義了交易邊界，並將呼叫方法包裝在交易中。我們的 quarkus-sample-orm-hibernate 程式就是透過這種方式來實現交易操作的。

跨越交易邊界的 RuntimeException 將回覆交易。@Transactional 可用於在方法等級或類別等級上控制任何 CDI Bean 上的交易邊界，以確保每個方法都是交易性的，包括 REST 端點。

開發者可以使用 @Transactional 上的參數控制是否啟動交易及如何啟動交易，具體如下。

■ @Transactional(REQUIRED)（預設）：如果沒有啟動交易，則啟動交易，否則與現有交易保持一致。

■ @Transactional(REQUIRES_NEW)：如果沒有啟動交易，則啟動一個交易；如果啟動了現有交易，則暫停該交易並為該方法的邊界啟動一個新交易。

■ @Transactional(MANDATORY)：如果沒有啟動交易，則失敗；否則在現有交易中工作。

■ @Transactional(SUPPORTS)：如果交易已啟動，則加入該交易；否則不處理任何交易。

■ @Transactional(NOT_SUPPORTED)：如果交易已啟動，則暫停該交易並在方法邊界內不使用任何交易；否則不處理任何交易。

■ @Transactional(NEVER)：如果交易已啟動，則引發異常；否則不處理任何交易。

"REQUIRED" 或 "NOT_SUPPORTED" 可能是最有用的。這是開發者決定一個方法是在交易內部還是在交易外部執行的方式。

在 @Transactional 方法中，交易上下文被傳播到巢狀結構的所有呼叫方法中（在本例中就是 childDAO.addToGiftList() 和 santaDAO.addToSantaTodoList()）。除非執行時期異常跨越方法邊界，否則將提交交易。開發者可以使用 @Transactional(dontRollbackOn=SomeException.class) 或 @Transactional(dontRollbackOn=RollbackOn 來重新定義異常並決定是否強制回覆。

## 2. 程式設計式交易

可以透過程式設計方式將交易標記為回覆，為此插入 TransactionManager：

```
@ApplicationScoped
public class SantaClausService {
    @Inject TransactionManager tm;
    @Inject ChildDAO childDAO;
    @Inject SantaClausDAO santaDAO;

    @Transactional
    public void getAGiftFromSanta(Child child, String giftDescription) {
        // 一些交易工作操作
        Gift gift = childDAO.addToGiftList(child, giftDescription);
        if (gift == null) {
            tm.setRollbackOnly();
        }
        else {
            santaDAO.addToSantaTodoList(gift);
        }
    }
}
```

注入 TransactionManager 以啟動 setRollbackOnly 語義。以程式設計方式為回覆設定交易。

## 3. 進階交易

透過使用 @TransactionConfiguration 註釋，可以對交易進行進階設定，
該註釋是在 entry 方法或類別等級上的標準 @Transactional 註釋之外設定
的。@TransactionConfiguration 註釋允許設定一個 timeout 屬性（以秒為單
位），該屬性適用於在帶註釋的方法中建立的交易。該註釋只能放在描述
交易的頂層方法中。需要注意，帶註釋的交易巢狀結構方法將引發異常。

如果在類別上定義 @TransactionConfiguration 註釋，則相當於在標記為
@Transactional 的類別的所有方法上定義 @TransactionConfiguration 註
釋。方法上定義的設定優先於類別上定義的設定。

注入一個 UserTransaction 物件並進行各種交易的劃分和處理，這在實際
應用中有一定的難度。下面這段程式可供參考。

```
@ApplicationScoped
public class SantaClausService {
    @Inject ChildDAO childDAO;
    @Inject SantaClausDAO santaDAO;
    @Inject UserTransaction transaction;

    public void getAGiftFromSanta(Child child, String giftDescription) {
        // 交易開始工作
        try {
            transaction.begin();
            Gift gift = childDAO.addToGiftList(child, giftDescription);
            santaDAO.addToSantaTodoList(gift);
            transaction.commit();
        }
        catch(SomeException e) {
            // 交易失敗
            transaction.rollback();
        }
    }
}
```

不能由 @Transactional 呼叫交易的應用場景可使用 UserTransaction。

## 4.2.2 案例簡介

本案例介紹以 Quarkus 框架為基礎實現 Java 關聯式資料庫交易的基本功能。透過閱讀和分析在 Hibernate 框架上實現 CRUD 等操作的案例程式，可以了解和掌握 Quarkus 框架的 Java 交易使用方法。

**基礎知識**：交易、Java 交易、JTA（JavaTransaction API）交易及其基本概念。

資料庫交易保證了使用者操作的原子性（Atomicity）、一致性（Consistency）、隔離性（Isolation）和持久性（Durability）。

Java 交易類型包括 JDBC 交易、JTA 交易和容器交易。

JDBC 交易，有時也叫本地交易。JDBC 交易由 Connection 物件控制。JDBCConnection 介面（java.sql.Connection）提供了兩種交易模式：自動提交和手工提交。

JTA（Java Transaction API）是一種高層的、與實現無關的、與協定無關的 API，應用程式和應用伺服器可以使用 JTA 來存取交易，允許應用程式執行分散式交易處理。JTA 指定了一個分散式交易處理中的交易管理程式和另一個元件之間的標準 Java 介面，包括應用程式、應用程式伺服器和資源管理程式。

JTA 的 3 個介面介紹如下。① UserTransaction，javax.transaction.UserTransaction 介面提供了能夠以程式設計方式控制交易處理範圍的應用程式。javax.transaction.UserTransaction 方法可以開啟一個全域交易並且把呼叫執行緒與交易處理相連結。② TransactionManager，javax.transaction. TransactionManager 介面允許應用程式伺服器來控制代表正在管理的應用程式的交易範圍。③ XAResource，javax.transaction.xa.XAResource 介面是一個以 X/OpenCAE Specification 為基礎的業界標準 XA 介面的 Java 映射。

## 4.2.3 撰寫程式碼

撰寫程式碼有 3 種方式。第 1 種方式是透過程式 UI 來實現的，在 Quarkus 官網的生成內碼表面按照指定步驟生成鷹架程式，然後下載檔案，將專案引入 IDE 工具中，最後修改程式原始碼。

第 2 種方式是透過 mvn 來建構程式，透過下面的命令建立 Maven 專案來實現：

```
mvn io.quarkus:quarkus-maven-plugin:1.11.1.Final:create ^
    -DprojectGroupId=com.iiit.quarkus.sample ^
    -DprojectArtifactId=036-quarkus-sample-jpa-transaction ^
    -DclassName=com.iiit.quarkus.sample.jpa.transaction.ProjectResource
    -Dpath=/projects ^
    -Dextensions=resteasy-jsonb,quarkus-narayana-jta,quarkus-jdbc-
postgresql, ^
    quarkus-hibernate-orm,quarkus-agroal
```

第 3 種方式是直接從 GitHub 上獲取程式，可以從 GitHub 上複製預先準備好的範例程式：

```
git clone https://******.com/rengang66/iiit.quarkus.sample.git (見連結 1)
```

該程式位於 "036-quarkus-sample-jpa-transaction" 目錄中，是一個 Maven 專案程式。

在 IDE 工具中匯入 Maven 專案程式，在 pom.xml 的 <dependencies> 下有以下內容：

```
<dependency>
    <groupId>io.quarkus</groupId>
    <artifactId>quarkus-narayana-jta</artifactId>
</dependency>

<dependency>
    <groupId>io.quarkus</groupId>
    <artifactId>quarkus-hibernate-orm</artifactId>
</dependency>
```

```
<dependency>
    <groupId>io.quarkus</groupId>
    <artifactId>quarkus-jdbc-postgresql</artifactId>
</dependency>
```

quarkus-narayana-jta 是 Quarkus 擴充了 Hibernate 的分散式交易服務實現。quarkus-hibernate-orm 是 Quarkus 擴充了 Hibernate 的 ORM 服務實現。quarkus-jdbc-postgresql 是 Quarkus 擴充了 PostgreSQL 的 JDBC 介面實現。

quarkus-sample-jpa-transaction 程式的應用架構（如圖 4-7 所示）表示，外部存取 ProjectResource 資源介面，ProjectResource 呼叫 ProjectService 服務，ProjectService 服務透過 UserTransaction 實現對資料庫的交易操作，ProjectService 服務類別依賴於 narayana-jta 框架。

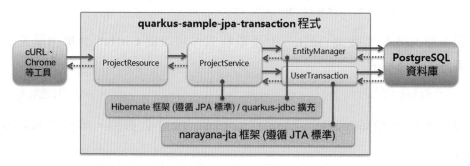

▲ 圖 4-7　quarkus-sample-jpa-transaction 程式應用架構圖

quarkus-sample-jpa-transaction 程式的設定檔和核心類別如表 4-3 所示。

表 4-3　quarkus-sample-jpa-transaction 程式的設定檔和核心類別

| 名　稱 | 類　型 | 簡　介 |
|---|---|---|
| application.properties | 設定檔 | 需要定義資料庫的設定資訊，無特殊處理，在本節中將不做介紹 |
| import.sql | 設定檔 | 在資料庫中初始化資料，無特殊處理，在本節中將不做介紹 |

| 名　稱 | 類　型 | 簡　介 |
|---|---|---|
| ProjectResource | 資源類別 | 提供 REST 外部 API，無特殊處理，在本節中將不做介紹 |
| ProjectService | 服務類別 | 主要提供資料服務，採用 UserTransaction 來實現交易處理。核心類別，將重點介紹，這是針對開發者的通用操作 |
| Project | 實體類別 | POJO 物件，無特殊處理，在本節中將不做介紹 |

該程式的 application.properties 檔案與 quarkus-sample-orm-hibernate 程式的大致相同，不做解釋。

import.sql 的內容與 quarkus-sample-orm-hibernate 程式的大致相同，不做解釋。其主要實現了 iiit_projects 表的資料初始化工作。

下面講解 quarkus-sample-jpa-transaction 程式中的 ProjectService 服務類別的功能和作用。

用 IDE 工具開啟 com.iiit.quarkus.sample.jpa.transaction.ProjectService 類別檔案，其程式如下：

```
@ApplicationScoped
public class ProjectService {
    private static final Logger LOGGER = Logger.getLogger(ProjectResource.
class.getName());
    @Inject   UserTransaction transaction;
    @Inject   EntityManager entityManager;

    // 獲取所有 Project 列表
    public List<Project> get() {
        return entityManager.createNamedQuery("Projects.findAll",
Project.class)
                .getResultList();
    }

    // 獲取單一 Project
    public Project getSingle(Integer id) {
```

```
        Project entity = entityManager.find(Project.class, id);
        if (entity == null) {
            String info  = "project with id of " + id + " does not exist.";
            LOGGER.info(info);
            throw new WebApplicationException(info, 404);
        }
        return entity;
    }

    // 帶交易提交增加一筆記錄
    public Project add(Project project) throws SystemException {
        if (project.getId() == null) {
            String info  = "Id was invalidly set on request.";
            LOGGER.info(info);
            throw new WebApplicationException(info, 422);
        }

        try {
            transaction.begin();
            entityManager.persist(project);
            transaction.commit();
            System.out.println("add 成功!");
        } catch (Exception e) {
            transaction.rollback();
            System.out.println("add 不成功!");
            e.printStackTrace();
        }
        return project;
    }

    // 帶交易提交修改一筆記錄
    public Project update(Project project)  throws SystemException {
        if (project.getName() == null) {
            String info  = "project Name was not set on request.";
            LOGGER.info(info);
            throw new WebApplicationException(info, 422);
        }

        Project entity = entityManager.find(Project.class, project.getId());
```

```java
        if (entity == null) {
            String info  = "project with id  does not exist.";
            LOGGER.info(info);
            throw new WebApplicationException(info, 404);
        }


        try {
            transaction.begin();
            entity.setName(project.getName());
            entityManager.merge(entity);
            transaction.commit();
            System.out.println("update 成功 !");
        } catch (Exception e) {
            transaction.rollback();
            System.out.println("update 不成功 !");
            e.printStackTrace();
        }
        return entity;
    }

    // 帶交易提交刪除一筆記錄
    public void delete( Integer id) throws SystemException  {
        Project entity = entityManager.find(Project.class, id);
        if (entity == null) {
            String info  = "project with id of " + id + " does not exist.";
            LOGGER.info(info);
            throw new WebApplicationException(info, 404);
        }


        try {
            transaction.begin();
            entityManager.remove(entityManager.getReference(Project.
class, id));
            transaction.commit();
            System.out.println("delete 成功 ");
        } catch (Exception e) {
            transaction.rollback();
            e.printStackTrace();
            System.out.println(" 無法刪除，delete!");
```

```
        }
        return ;
    }

}
```

程式説明：

① ProjectService 類別主要用於實現程式設計模式下的交易處理，包括新增、修改和刪除等操作。

② ProjectService 類別注入了 UserTransaction 物件，該物件可以進行交易的控制和管理。

③ 具體的交易操作過程如下。首先開啟交易，然後進行資料庫操作，接著將資料庫所有的交易操作統一提交，提交成功當前交易結束，提交不成功則全部資料庫交易操作返回到初始階段，也就是回覆。

該程式動態執行的序列圖（如圖 4-8 所示，遵循 UML 2.0 標準繪製）描述了外部呼叫者 Actor、ProjectResource、ProjectService、EntityManager、UserTransaction 等 5 個物件之間的時間順序互動關係。

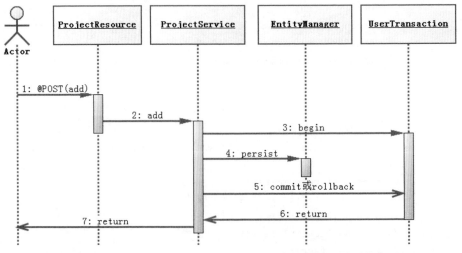

▲ 圖 4-8 quarkus-sample-jpa-transaction 程式動態執行的序列圖

圖 4-8 是該程式的交易處理序列圖，描述了新增操作的交易提交過程，其步驟如下。

（1）外部呼叫 ProjectResource 資源類別的 POST(add) 方法。

（2）ProjectResource 資源物件呼叫 ProjectService 服務物件的 add 方法。

（3）ProjectService 服務物件呼叫 UserTransaction 注入物件的 begin 方法，開啟交易服務。

（4）ProjectService 服務物件呼叫 EntityManager 注入物件的 persist 方法，執行交易操作。

（5）ProjectService 服務物件呼叫 UserTransaction 注入物件的方法，這裡存在以下兩種可能性。當提交交易無異常時，呼叫 UserTransaction 的 commit 方法；當提交交易有異常，或交易提交不成功時，則呼叫 UserTransaction 的 rollback 方法。

（6）無論成功與否，交易結束並返回到 ProjectService 服務物件，然後 ProjectService 服務物件接著返回到 ProjectResource 資源物件，直到最後返回到外部呼叫端。

上面講解了外部呼叫新增操作的全過程，修改、刪除等操作與其類似，就不再重複講解了。

## 4.2.4 驗證程式

透過下列幾個步驟（如圖 4-9 所示）來驗證案例程式。

下面對其中包括的關鍵點說明。

### 1. 啟動 PostgreSQL 資料庫

首先啟動 PostgreSQL 資料庫，然後進入 PostgreSQL 的圖形管理介面來觀察資料庫中資料的變化情況。

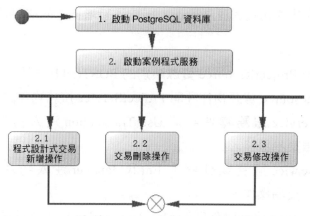

▲ 圖 4-9　quarkus-sample-jpa-transaction 程式驗證流程圖

## 2. 啟動 quarkus-sample-jpa-transaction 程式服務

啟動程式有兩種方式，第 1 種是在開發工具（如 Eclipse）中呼叫 ProjectMain 類別的 run 方法，第 2 種是在程式目錄下直接執行命令 mvnw compile quarkus:dev。

## 3. 透過 API 增加一筆資料

在命令列視窗中輸入以下命令：

```
curl -X POST  -H "Content-type: application/json" -d {\"id\":6,\"name\":
\" 專案 F\"} http://localhost:8080/projects
```

可以透過命令 curl http://localhost:8080/projects/6 來確認是否已經增加了一筆資料。

## 4. 透過 API 修改一筆資料的內容

在命令列視窗中輸入以下命令：

```
curl -X PUT -H "Content-type: application/json" -d {\"id\":5,\"name\":
\"Project5\"} http://localhost:8080/projects/5 -v
```

可以透過命令 curl http://localhost:8080/projects/5 來確認是否已經修改了資料內容。

### 5. 透過 API 刪除 project1 記錄

在命令列視窗中輸入以下命令：

```
curl -X DELETE http://localhost:8080/projects/6  -v
```

可以透過命令 curl http://localhost:8080/projects 來確認是否已經刪除了記錄。

## 4.2.5 JTA 交易的多種實現

JTA 交易（遵循 Jakarta Transactions 標準，允許處理與 X/openxa 標準一致的交易）主要包括 UserTransaction、Transaction 和 TransactionManager 這 3 個主要介面，JTA 標準約定的架構和外部廠商的實現類別圖如圖 4-10 所示（遵循 UML 2.0 標準繪製）。

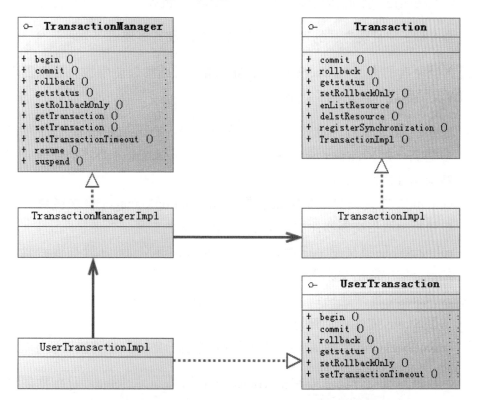

▲ 圖 4-10　JTA 標準約定的架構和外部廠商的實現類別圖

UserTransaction、Transaction 和 TransactionManager 這 3 個介面由 JTA 標準所約定，UserTransactionImpl、TransactionImpl 和 TransactionManagerImpl 等實現則由各廠商（資料庫、JMS 等）依據自家介面的標準提供交易資源管理功能。

開發者使用開發者介面，實現應用程式對全域交易的支援。圖 4-10 列出了範例實現中相關的 Java 類別和介面，其中 UserTransactionImpl 實現了 UserTransaction 介面，TransactionManagerImpl 實現了 Transaction Manager 介面，TransactionImpl 實現了 Transaction 介面。就算是在不同的資料庫之間進行交易操作，JTA 也可以根據約定的介面協調兩種交易資源，從而實現分散式交易。正是以統一標準為基礎的不同實現，使得 JTA 可以協調與控制不同資料庫或 JMS 廠商的交易資源。

下面按照正常實現方式的理解來講解這些介面及其實現。

針對開發者的介面為 UserTransaction，開發者通常只使用該介面來實現 JTA 交易管理，其定義了以下方法。

- begin：開始一個分散式交易。正常做法是，TransactionManager 在後台建立一個 Transaction 交易物件並透過 ThreadLocal 將該物件連結到當前執行緒。
- commit：提交交易。正常做法是，TransactionManager 會在後台從當前執行緒取出交易物件並提交該物件所代表的交易。
- rollback：回覆交易。正常做法是，TransactionManager 會在後台從當前執行緒中取出交易物件並回覆該物件代表的交易。
- getStatus：傳回連結到當前執行緒的分散式交易的狀態。正常做法是傳回 Status 物件裡定義的所有交易狀態。
- setRollbackOnly：標識連結到當前執行緒的分散式交易將被回覆。

針對廠商的實現介面主要包括 Transaction 和 TransactionManager 兩個物件。

Transaction 代表了一個實際意義上的交易。UserTransaction 介面中的 commit、rollback、getStatus 等方法最終都將委託給 Transaction 類別的對應方法執行。Transaction 介面定義了以下方法：① commit 方法會協調不同的交易資源來共同完成交易的提交；② rollback 方法會協調不同的交易資源來共同完成交易的回覆；③ setRollbackOnly 方法會標識連結到當前執行緒的分散式交易並且將交易復原；④ getStatus 方法會傳回連結到當前執行緒的分散式交易的狀態；⑤ enListResource(XAResource xaRes, int flag) 方法會將交易資源加入當前的交易中；⑥ delistResourc(XAResource xaRes, int flag) 方法會將交易資源從當前交易中刪除；⑦ registerSynchronization(Synchronization sync) 回呼介面，實現者需要透過自己的交易控制機制來保證交易的一致性，同時還需要一種回呼機制，以便在交易完成時得到通知，從而觸發一些處理工作。

TransactionManager 將對分散式交易的使用映射到實際的交易資源並在交易資源間進行協調與控制，其會充當使用者介面和實現介面之間的橋樑。TransactionManager 中定義的大部分交易方法與 UserTransaction 和 Transaction 相同。 當 UserTransaction.commit 呼叫 TransactionManager.commit 時，將從當前執行緒中取出交易物件 Transaction 並提交該物件所代表的交易，即呼叫 Transaction.commit。

TransactionManager 的方法包括：① begin 方法表示開始交易；② commit 方法表示提交交易；③ rollback 方法表示回覆交易；④ getStatus 方法表示傳回當前交易狀態；⑤ setRollbackOnly 方法表示設定回覆屬性；⑥ getTransaction 方法表示傳回連結到當前執行緒的交易；⑦ setTransactionTimeout(int seconds) 方法表示設定交易逾時；⑧ resume (Transaction tobj) 方法表示繼續執行當前執行緒連結的交易；⑨ suspend 方法表示暫停當前執行緒連結的交易。

筆者在 Quarkus 平台上實現了這 3 種交易呼叫（下面會介紹到），其程式為 "037-quarkus-sample-jta"。

用 IDE 工具開啟 com.iiit.quarkus.sample.jta.ProjectTransactionResource 類別檔案，TransactionManagerProjectService 的程式如下：

```java
@Path("projects")
@ApplicationScoped
@Produces("application/json")
@Consumes("application/json")
public class ProjectTransactionResource {
    private static final Logger LOGGER = Logger.getLogger(Project
TransactionResource.class.getName());
    @Inject  UserTransactionProjectService userTransactionService;
    @Inject   TransactionManagerProjectService transactionManagerProjectS
ervice;
    @Inject   TransactionProjectService transactionProjectService;

    @GET
    @Path("/usertransaction")
    public void doUserTransaction()  throws SystemException {
        LOGGER.info("UserTransaction 開始 ");

        LOGGER.info(" 增加單筆資料 ");
        Project project1 = new Project(6," 專案 F");
        userTransactionService.add(project1) ;
        System.out.println(getProjectInform(jpaProjectService.get()));

        LOGGER.info(" 修改單筆資料 ");
        Project project2 = new Project(3," 修改專案 C");
        userTransactionService.update(project2);
        System.out.println(getProjectInform(jpaProjectService.get()));

        LOGGER.info(" 刪除單筆資料 ");
        userTransactionService.delete(6);
        System.out.println(getProjectInform(jpaProjectService.get()));
        return ;
    }

    @GET
    @Path("/transactionmanager")
    public void doTransactionManagerProjectService()  throws
```

```
SystemException {
        LOGGER.info(" 增加單筆資料 ");
        Project project1 = new Project(6," 專案 F");
        transactionManagerProjectService.add(project1) ;
        System.out.println(getProjectInform(transactionManagerProject-
Service.get()));

        LOGGER.info(" 修改單筆資料 ");
        Project project2 = new Project(3," 修改專案 C");
        transactionManagerProjectService.update(project2);
        System.out.println(getProjectInform(transactionManagerProject-
Service. get()));

        LOGGER.info(" 刪除單筆資料 ");
        transactionManagerProjectService.delete(6);
        System.out.println(getProjectInform(transactionManagerProject-
Service. get()));
        return ;
    }

    @GET
    @Path("/transaction")
    public void doTransactionProjectService()  throws SystemException {
        LOGGER.info(" 增加單筆資料 ");
        Project project1 = new Project(6," 專案 F");
        transactionProjectService.add(project1) ;
        System.out.println(getProjectInform(transactionProject-Service.
get()));

        LOGGER.info(" 修改單筆資料 ");
        Project project2 = new Project(3," 修改專案 C");
        transactionProjectService.update(project2);
        System.out.println(getProjectInform(transactionProject-Service.
get()));

        LOGGER.info(" 刪除單筆資料 ");
        transactionProjectService.delete(4);
        System.out.println(getProjectInform(transactionProject-Service.
get()));
```

```
        return ;
    }

    private String getProjectInform(List projects){
        String projectContent = "";
        for (int i = 0; i < projects.size(); i++) {
            Project project = (Project) projects.get(i);
            String projectInform = "{ 專案 ID：" + project.getId() + "，" +
"專案名稱：" + project.getName() + "};";
            projectContent = projectContent + projectInform;
        }
        return projectContent;
    }
}
```

程式說明：
............

① 分別注入了 UserTransaction、TransactionManager、Transaction 等 3 種服務物件，這些服務物件可以進行交易的控制和管理。這 3 種服務物件對應 3 種交易呼叫的方式，而 narayana-jta 是 3 種事實呼叫的底層 JTA 交易實現。

② UserTransaction 服務交易可以實現 UserTransaction 介面的交易操作，其內容與 quarkus-sample-jpa-transaction 程式的完全相同。

③ TransactionManager 服務交易可以實現 TransactionManager 介面的交易操作。

④ Transaction 服務交易可以實現 Transaction 介面的交易操作。

關於該程式的測試和驗證，感興趣的讀者可以自行了解並實現。

# 4.3 使用 Redis Client 實現快取處理

## 4.3.1 前期準備

本案例需要使用 Redis 資料庫,獲得 Redis 的方式有兩種,第 1 種是透過
Docker 容器來安裝、部署 Redis 資料庫,第 2 種是本地直接安裝 Redis 資
料庫並進行基本設定。

### 1. 透過 Docker 容器來安裝、部署

透過 Docker 容器安裝和部署 Redis 資料庫,命令如下:

```
docker run --ulimit memlock=-1:-1 -it --rm=true ^
        --memory-swappiness=0  ^
        --name redis_quarkus_test ^
        -p 6379:6379 redis:5.0.6
```

執行命令後出現如圖 4-11 所示的介面,説明已成功啟動 Redis 資料庫。

▲ 圖 4-11　透過 Docker 容器啟動 Redis 資料庫

說明：Redis 服務在 Docker 容器中的名稱是 redis_quarkus_test，可從 redis:5.0.6 容器映像檔中獲取。內部和外部通訊埠一致，為 Redis 的標準通訊埠 6379。

## 2. 本地直接安裝

在網際網路上下載 Redis 安裝檔案。Redis 有 32 位元和 64 位元兩個版本。可下載 Redis-x64-xxx.zip 壓縮檔到硬碟，解壓後，將資料夾重新命名為 redis。在安裝目錄下開啟一個命令列視窗，啟動 Redis，會出現如圖 4-12 所示的介面。

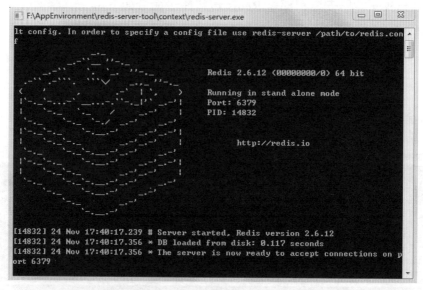

▲ 圖 4-12　Redis 的啟動介面

這樣就建構了一個基本的 Redis 開發環境。

## 4.3.2　案例簡介

本案例介紹以 Quarkus 框架為基礎實現分散式快取的基本功能。該模組採用成熟的 Redis 框架作為快取的實現框架。透過閱讀和分析在 Redis 框架上實現 CRUD 等操作的案例程式，可以了解和掌握 Quarkus 框架分散式快取 Redis 的使用方法。

**基礎知識**：Redis 框架。
Redis 是最流行的高性能開放原始碼鍵值快取資料庫。

## 4.3.3 撰寫程式碼

撰寫程式碼有 3 種方式。第 1 種方式是透過程式 UI 來實現的，在 Quarkus 官網的生成內碼表面中按照指定步驟生成鷹架程式，然後下載檔案，將專案引入 IDE 工具中，最後修改程式原始碼。

第 2 種方式是透過 mvn 來建構程式，透過下面的命令建立 Maven 專案來實現：

```
mvn io.quarkus:quarkus-maven-plugin:1.11.1.Final:create ^
    -DprojectGroupId=com.iiit.quarkus.sample
    -DprojectArtifactId=033-quarkus- sample-redis ^
    -DclassName=com.iiit.quarkus.sample.redis.ProjectResource
    -Dpath=/projects ^
    -Dextensions=resteasy-jsonb,quarkus-redis-client
```

第 3 種方式是直接從 GitHub 上獲取程式，可以從 GitHub 上複製預先準備好的範例程式：

```
git clone https://******.com/rengang66/iiit.quarkus.sample.git (見連結 1)
```

該程式位於 "033-quarkus-sample-redis" 目錄中，是一個 Maven 專案程式。

在 IDE 工具中匯入 Maven 專案程式，在 pom.xml 的 <dependencies> 下有以下內容：

```
<dependency>
    <groupId>io.quarkus</groupId>
    <artifactId>quarkus-redis-client</artifactId>
</dependency>
```

quarkus-redis-client 是 Quarkus 擴充了 Redis 的用戶端實現。

quarkus-sample-redis 程式的應用架構（如圖 4-13 所示）顯示，外部存取 ProjectResource 資源介面，ProjectResource 呼叫 ProjectService 服務，ProjectService 服務透過注入的 RedisClient 物件存取 Redis 伺服器，ProjectService 服務需要 quarkus-RedisClient 擴充來進行支持。

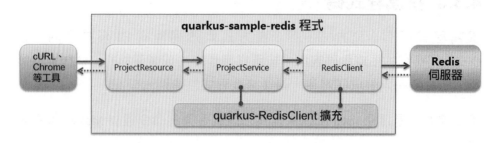

▲ 圖 4-13　quarkus-sample-redis 程式應用架構圖

quarkus-sample-redis 程式的設定檔和核心類別如表 4-4 所示。

表 4-4　quarkus-sample-redis 程式的設定檔和核心類別

| 名　稱 | 類　型 | 簡　介 |
|---|---|---|
| application.properties | 設定檔 | 需要定義 Redis 連接的資訊 |
| ProjectResource | 資源類別 | 提供 REST 外部 API，無特殊處理，在本節中將不做介紹 |
| ProjectService | 服務類別 | 主要提供了與 Redis 服務互動資料的服務，核心類別，將重點介紹 |
| Project | 實體類別 | POJO 物件，無特殊處理，在本節中將不做介紹 |

在該程式中，首先看看設定資訊的 application.properties 檔案：

```
quarkus.redis.hosts=redis://localhost:6379
```

在 application.properties 檔案中，設定了與 Redis 連接相關的參數。quarkus.redis.hosts 表示連接 Redis 資料庫的位置。

下面講解 quarkus-sample-redis 程式中的 ProjectService 服務類別的功能和作用。

用 IDE 工具開啟 com.iiit.quarkus.sample.redis.ProjectService 類別檔案，其程式如下：

```java
@Singleton
class ProjectService {
    private static final Logger LOG = Logger.getLogger(ProjectService.class);
    // 注入 Redis 用戶端
    @Inject  RedisClient redisClient;

    ProjectService() { }

    // 在 Redis 中初始化資料
    @PostConstruct
    void config() {
        set("project1", "關於 project1 的情況描述 ");
        set("project2", "關於 project2 的情況描述 ");
    }

    // 在 Redis 中刪除某主鍵的值
    public void del(String key) {
        redisClient.del(Arrays.asList(key));
    }

    // 從 Redis 中獲取某主鍵的值
    public String get(String key) {
        return redisClient.get(key).toString();
    }

    // 在 Redis 中為某主鍵設定值
    public void set(String key,String value) {
        redisClient.set(Arrays.asList(key.toString(), value));
    }

    // 在 Redis 中修改某主鍵
```

```
public void update(String key, String value) {
    redisClient.getset(key,value);
}
}
```

程式説明：

① ProjectService 類別實現了對 Redis 快取資料庫中的主鍵及其值的獲取、新增、修改和刪除操作。

② @Singleton 註釋表示單例模式，即無論有多少外部實例化過程，該類別只實例化一個物件。

③ 注入 RedisClient 物件，實現了與 Redis 快取資料庫的互動。

該程式動態執行的序列圖（如圖 4-14 所示，遵循 UML 2.0 標準繪製）描述了外部呼叫者 Actor、ProjectResource、ProjectService 和 RedisClient 等物件之間的時間順序互動關係。

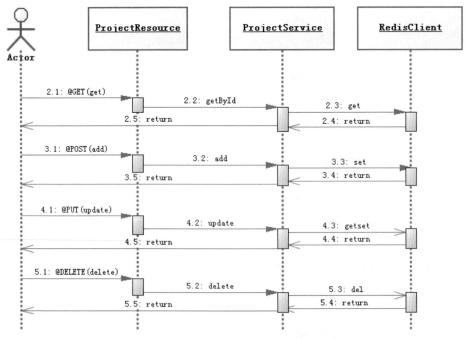

▲ 圖 4-14 quarkus-sample-redis 程式動態執行的序列圖

該序列圖中總共有 4 個序列，分別介紹如下。

序列 1 活動：① 外部傳入參數 ID 並呼叫 ProjectResource 資源類別的 GET (getById) 方法；② GET(getById) 方法呼叫 ProjectService 服務類別的 getById 方法；③ ProjectService 服務類別的 getById 方法呼叫 Redis Client 的 get 方法；④ 傳回 Project 列表中對應 ID 的 Project 物件。

序列 2 活動：① 外部傳入參數 Project 物件並呼叫 ProjectResource 資源類別的 POST(add) 方法；② POST(add) 方法呼叫 ProjectService 服務類別的 add 方法；③ ProjectService 服務類別的 add 方法呼叫 RedisClient 的 set 方法；④ RedisClient 的 set 方法實現 Redis 資料庫中的增加操作並傳回參數 Project 物件。

序列 3 活動：① 外部傳入參數 Project 物件並呼叫 ProjectResource 資源類別的 PUT(update) 方法；② PUT(update) 方法呼叫 ProjectService 服務類別的 update 方法；③ ProjectService 服務類別根據專案名稱是否相等來實現修改一個 Project 物件的操作和呼叫 RedisClient 的 getset 方法；④ RedisClient 的 getset 方法實現了 Redis 資料庫中的修改操作並傳回參數 Project 物件。

序列 4 活動：① 外部傳入參數 Project 物件並呼叫 ProjectResource 資源類別的 DELETE (delete) 方法；② DELETE(delete) 方法呼叫 ProjectService 服務類別的 delete 方法；③ ProjectService 服務類別根據專案名稱是否相等來呼叫 RedisClient 的 del 方法；④ RedisClient 的 del 方法實現 Redis 資料庫中的刪除操作並返回。

## 4.3.4 驗證程式

透過下列幾個步驟（如圖 4-15 所示）來驗證案例程式。

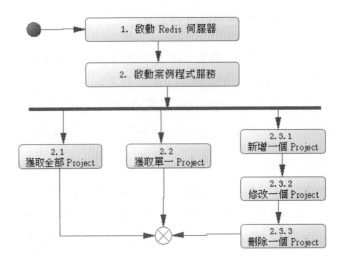

▲ 圖 4-15　quarkus-sample-redis 程式驗證流程圖

下面對其中相關的關鍵點説明。

### 1. 啟動 Redis 伺服器

首先要啟動 Redis 伺服器。

### 2. 啟動 quarkus-sample-redis 程式服務

啟動程式有兩種方式，第 1 種是在開發工具（如 Eclipse）中呼叫 Project
Main 類別的 run 方法，第 2 種是在程式目錄下直接執行命令 mvnw compile
quarkus:dev。

### 3. 透過 API 顯示單筆記錄

在命令列視窗中輸入以下命令：

```
curl http://localhost:8080/projects/project1
```

### 4. 透過 API 增加一筆資料

在命令列視窗中輸入以下命令：

```
curl -X POST  -H "Content-type: application/json" -d {\"name\":
```

```
\"project3\",\"description\":\" 關於 project3 的描述 \"} http://localhost:
8080/projects
```

顯示內容為 curl http://localhost:8080/projects/project3。

## 5. 透過 API 增加一筆資料並修改其內容

在命令列視窗中輸入以下命令：

```
curl -X PUT -H "Content-type: application/json" -d {\"name\":
\"project2\",\"description\":\" 關於 project2 的描述的修改 \"} http://
localhost: 8080/projects/project2
```

顯示該記錄：http://localhost:8080/projects。

## 6. 透過 API 刪除 project3 記錄

在命令列視窗中輸入以下命令：

```
curl -X DELETE http://localhost:8080/projects/project3  -v
```

顯示該記錄：curl http://localhost:8080/projects。

# 4.4 使用 MongoDB Client 實現 NoSQL 處理

## 4.4.1 前期準備

首先要安裝 MongoDB 資料庫，有兩種方式，第 1 種是透過 Docker 容器來安裝、部署 MongoDB 資料庫，第 2 種是本地直接安裝 MongoDB 資料庫並進行基本設定。

## 1. 透過 Docker 容器來安裝、部署

透過 Docker 容器來安裝和部署 MongoDB 資料庫，命令如下：

```
docker run -ti --rm -name mongo_test -p 27017:27017 mongo:4.0
```

執行命令後出現如圖 4-16 所示的介面，説明已成功啟動 MongoDB 資料
庫。

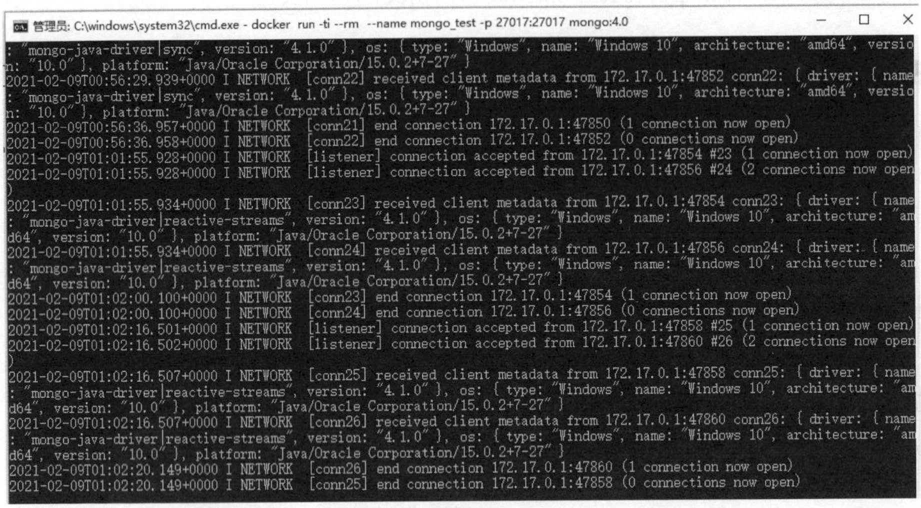

▲ 圖 4-16 透過 Docker 容器啟動 MongoDB 資料庫

説明：容器名稱為 mongo_test，可從 mongo:4.0 容器映像檔中獲取，內部
和外部通訊埠是一致的，都為 MongoDB 的標準通訊埠 27017。

## 2. 本地直接安裝

MongoDB 提供了可用於 32 位元和 64 位元系統的預先編譯二進位套件，
可在 MongoDB 官網下載。

下載 .msi 檔案，下載後雙擊該檔案，按操作提示進行安裝即可。建立資
料目錄，MongoDB 將資料目錄存放在 db 目錄下。

啟動 MongoDB 伺服器。如果要在命令提示符號下執行 MongoDB 伺
服器，必須從 MongoDB 的 bin 目錄下執行 mongod.exe 檔案，例如
{$home}\bin\mongod --dbpath  {$home}:\data\db。如果已經將 MongoDB
服務註冊為 Windows 服務，則可在 Windows 服務（如圖 4-17 所示）中
直接啟用 MongoDB 服務。

| Microsoft Software Shadow Copy Provider | 管理卷影複製服務製作的基於軟體... | | 手動 | 本地系統 |
|---|---|---|---|---|
| MongoDB Server (MongoDB) | MongoDB Database Server (Mo... | 已啟動 | 手動 | 網路服務 |
| Mosquitto Broker | Eclipse Mosquitto MQTT v5/v3.1... | | 手動 | 本地系統 |

▲ 圖 4-17　在 Windows 服務中啟用 MongoDB 服務

進入 MongoDB 管理後台。在命令列視窗中執行 mongo.exe 命令，即可連接 MongoDB 資料庫，執行命令 {$home}\bin\mongo.exe。MongoDB Shell 是 MongoDB 附帶的互動式 JavaScript Shell，是用於對 MongoDB 操作和管理的互動式環境。

在進入 MongoDB 管理後台後，MongoDB 一般會預設連接到 test 文件（資料庫），可切換到 projects 文件，執行以下命令：

```
use projects
db.createCollection("iiit_projects")
```

建立資料庫和資料庫集合。MongoDB 基礎開發環境就架設完成了。

## 4.4.2　案例簡介

本案例介紹以 Quarkus 框架為基礎來實現 NoSQL 資料庫操作的基本功能。該模組以成熟的 MongoDB 資料庫作為 NoSQL 資料庫。透過閱讀和分析在 MongoDB 資料庫上實現 CRUD 等操作的案例程式，可以了解和掌握 Quarkus 框架的 NoSQL 和 MongoDB 資料庫使用方法。

**基礎知識**：NoSQL 和 MongoDB 資料庫及一些基本概念。

NoSQL 指非關聯式資料庫，是對不同於傳統的關聯式資料庫的資料庫管理系統的統稱。NoSQL 用於超大規模資料的儲存，這些類型的資料儲存不需要固定模式，無須多餘操作就可以水平擴充。

MongoDB 是一個以分散式檔案為基礎儲存的資料庫。MongoDB 是介於關聯式資料庫和非關聯式資料庫之間的產品，是非關聯式資料庫中功能最豐富、最像關聯式資料庫的資料庫。MongoDB 將資料儲存為一個文件，資料結構由鍵值對組成。MongoDB 文件類似於 JSON 物件。MongoDB 文件的欄位值可以包含其他文件、陣列及文件陣列,因此可以儲存比較複雜的資料類型。MongoDB 最大的特點是支援的查詢語言非常強大,其語法有點類似於物件導向的查詢語言,幾乎可以實現類似於關聯式資料庫單表查詢的絕大部分功能,而且還支援對資料建立索引。

在 MongoDB 中,基本概念有資料庫(database)、集合(collection)、文件(document)和域欄位(field)。如果將關聯式資料庫的 SQL 術語概念的 database 類比 MongoDB 術語概念的 database,那麼關聯式資料庫的 SQL 術語的 table(資料庫表)就與 MongoDB 術語的 collection(集合)相對應。表 4-5 簡單顯示了 SQL 術語概念和 MongoDB 術語概念之間的對應關係,這有助了解 MongoDB 中的一些基本概念。

表 4-5　SQL 術語概念和 MongoDB 術語概念之間的對應關係

| SQL 術語概念 | MongoDB 術語概念 | 說　明 |
|---|---|---|
| database | database | 資料庫 |
| table | collection | 表 / 集合 |
| row | document | 資料記錄行 / 文件 |
| column | field | 資料欄位 / 域 |
| index | index | 索引 |
| primary key | primary key | MongoDB 自動將 _id 欄位設定為主鍵 |

## 4.4.3 撰寫程式碼

撰寫程式碼有 3 種方式。第 1 種方式是透過程式 UI 來實現的,在 Quarkus 官網的生成內碼表面中按照指定步驟生成鷹架程式,然後下載檔案,將專案引入 IDE 工具中,最後修改程式原始碼。

第 2 種方式是透過 mvn 來建構程式,透過下面的命令建立 Maven 專案來實現:

```
mvn io.quarkus:quarkus-maven-plugin:1.11.1.Final:create ^
    -DprojectGroupId=com.iiit.quarkus.sample
    -DprojectArtifactId=034-quarkus-sample-mongodb ^
    -DclassName=com.iiit.quarkus.sample.mongodb.ProjectResource
    -Dpath=/projects ^
    -Dextensions=resteasy-jsonb,quarkus-mongodb-client
```

第 3 種方式是直接從 GitHub 上獲取程式，可以從 GitHub 上複製預先準備好的範例程式：

```
git clone https://******.com/rengang66/iiit.quarkus.sample.git (見連結 1)
```

該程式位於 "034-quarkus-sample-mongodb" 目錄中，是一個 Maven 專案程式。

在 IDE 工具中匯入 Maven 專案程式，在 pom.xml 的 <dependencies> 下有以下內容：

```
<dependency>
    <groupId>io.quarkus</groupId>
    <artifactId>quarkus-mongodb-client</artifactId>
</dependency>
```

quarkus-mongodb-client 是 Quarkus 擴充了 MongoDB 的用戶端實現。

quarkus-sample-mongodb 程式的應用架構（如圖 4-18 所示）顯示，外部存取 ProjectResource 資源介面，ProjectResource 呼叫 ProjectService 服務，ProjectService 服務透過注入的 MongoClient 物件可以對 MongoDB 資料庫執行 CRUD 操作，ProjectService 服務依賴於 MongoClient 框架。

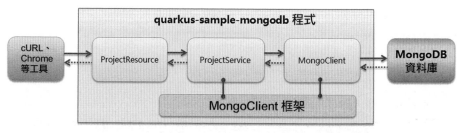

▲ 圖 4-18　quarkus-sample-mongodb 程式應用架構圖

quarkus-sample-mongodb 程式的設定檔和核心類別如表 4-6 所示。

表 4-6　quarkus-sample-mongodb 程式的設定檔和核心類別

| 名　稱 | 類　型 | 簡　介 |
|---|---|---|
| application.properties | 設定檔 | 需要定義 MongoDB 資料庫連接的資訊 |
| ProjectResource | 資源類別 | 提供 REST 外部 API，無特殊處理，在本節中將不做介紹 |
| ProjectService | 服務類別 | 主要提供與 MongoDB 資料庫互動資料的服務，核心類別，將重點介紹 |
| Project | 實體類別 | POJO 物件，無特殊處理，在本節中將不做介紹 |

在該程式中，首先看看設定資訊的 application.properties 檔案：

```
quarkus.mongodb.connection-string = mongodb://localhost:27017
iiit_projects.init.insert = true
```

在 application.properties 檔案中，設定了與資料庫連接相關的參數，分別介紹如下。

（1）quarkus.mongodb.connection-string 表示連接的 MongoDB 資料庫的位置資訊。

（2）iiit_projects.init.insert 是該程式用於決定是否初始化資料的屬性。

下面講解 quarkus-sample-mongodb 程式中的 ProjectService 服務類別的功能和作用。

用 IDE 工具開啟 com.iiit.quarkus.sample.mongodb.ProjectService 類別檔案，其程式如下：

```
@ApplicationScoped
public class ProjectService {
    @Inject    MongoClient mongoClient;

    @Inject
    @ConfigProperty(name = "iiit_projects.init.insert", defaultValue =
"true")
```

```
boolean initInsertData;

public ProjectService() {      }

@PostConstruct
void config() {
    if (initInsertData) {
        initDBdata();
    }
}
```

```
// 初始化資料
private void initDBdata() {
    deleteAll();
    Project project1 = new Project(" 專案 A", " 關於專案 A 的描述 ");
    Project project2 = new Project(" 專案 B", " 關於專案 B 的描述 ");
    add(project1);
    add(project2);
}
```

```
// 從 MongoDB 中獲取 projects 資料庫 iiit_projects 集合中的所有資料並存入
List
public List<Project> list() {
    List<Project> list = new ArrayList<>();
    MongoCursor<Document> cursor = getCollection().find().iterator();

    try {
        while (cursor.hasNext()) {
            Document document = cursor.next();
            Project project = new Project(document.getString("name"),
                document.getString("description"));
            list.add(project);
        }
    } finally {
        cursor.close();
    }
    return list;
}
```

```
// 在 MongoDB 的 projects 資料庫 iiit_projects 集合中新增一筆 Document 記錄
```

```java
    public void add(Project project) {
        Document document = new Document().append("name", project.name).
append("description", project.description);
        getCollection().insertOne(document);
    }

    // 在 MongoDB 的 projects 資料庫 iiit_projects 集合中修改一筆 Document 記錄
    public void update(Project project) {
        Document document = new Document().append("name", project.name).
append("description", project.description);
        getCollection().deleteOne(Filters.eq("name", project.name));
        add(project);
    }

    // 在 MongoDB 的 projects 資料庫 iiit_projects 集合中刪除一筆 Document 記錄
    public void delete(Project project) {
        getCollection().deleteOne(Filters.eq("name", project.name));
    }

    // 刪除 MongoDB 的 projects 資料庫 iiit_projects 集合中的所有記錄
    private void deleteAll() {
        BasicDBObject document = new BasicDBObject();
        getCollection().deleteMany(document);
    }

    // 獲取 MongoDB 的 projects 資料庫 iiit_projects 集合物件
    private MongoCollection getCollection() {
        return mongoClient.getDatabase("projects").getCollection(
            "iiit_projects");
    }
}
```

程式說明：
. . . . . . . . . . .

① ProjectService 類別實現了對 MongoDB 資料庫中記錄的獲取、新增、
修改和刪除等操作。

② ProjectService 類別注入 MongoClient 物件，由此實現與 MongoDB 資
料庫的互動。

該程式動態執行的序列圖（如圖 4-19 所示，遵循 UML 2.0 標準繪製）描述了外部呼叫者 Actor、ProjectResource、ProjectService 和 MongoClient 等物件之間的時間順序互動關係。

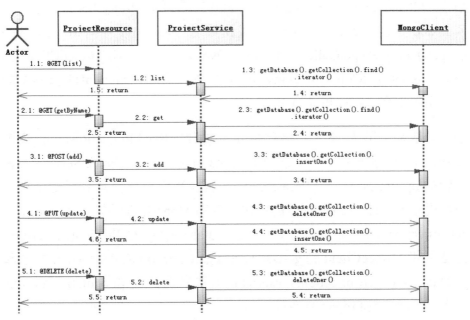

▲ 圖 4-19　quarkus-sample-mongodb 程式動態執行的序列圖

該序列圖中總共有 5 個序列，分別介紹如下。

序列 1 活動：① 外部呼叫 ProjectResource 資源類別的 GET(list) 方法；② GET(list) 方法呼叫 ProjectService 服務類別的 list 方法；③ ProjectService 服務類別的 list 方法呼叫 MongoClient 的 getDatabase().getCollection(). find().iterator 方法並進行處理，以形成 Project 列表；④ 傳回整個 Project 列表。

序列 2 活動：① 外部傳入參數 ID 並呼叫 ProjectResource 資源類別的 GET(getById) 方法；② GET(getById) 方法呼叫 ProjectService 服務類別的 getById 方法；③ ProjectService 服務類別的 getById 方法呼叫

MongoClient 的 getDatabase().getCollection().find().iterator 方法並進行處理，以形成單一 Project；④ 傳回 Project 列表中對應 ID 的 Project 物件。

序列 3 活動：① 外部傳入參數 Project 物件並呼叫 ProjectResource 資源類別的 POST(add) 方法；② POST(add) 方法呼叫 ProjectService 服務類別的 add 方法；③ ProjectService 服務類別的 add 方法呼叫 MongoClient 的 getDatabase().getCollection().insertOne 方法； ④ MongoClient 的 getDatabase().getCollection().insertOne 方法實現針對 MongoDB 資料庫的增加操作並傳回參數 Project 物件。

序列 4 活動：① 外部傳入參數 Project 物件並呼叫 ProjectResource 資源類別的 PUT(update) 方法；② PUT(update) 方法呼叫 ProjectService 服務類別的 update 方法；③ ProjectService 服務類別根據專案名稱是否相等來實現修改一個 Project 物件的操作並呼叫 MongoClient 的 getDatabase().getCollection().deleteOner 方法和 getDatabase().getCollection().insertOne 方法；④ MongoClient 的 getDatabase().getCollection().deleteOner 方法和 getDatabase().getCollection().insertOne 方法實現針對 MongoDB 資料庫的操作並傳回參數 Project 物件。

序列 5 活動：① 外部傳入參數 Project 物件並呼叫 ProjectResource 資源類別的 DELETE(delete) 方法；② DELETE(delete) 方法呼叫 ProjectService 服務類別的 delete 方法；③ ProjectService 服務類別根據專案名稱是否相等來決定呼叫 MongoClient 的 getDatabase(). getCollection().deleteOner 方法；④ MongoClient 的 getDatabase().getCollection().deleteOner 方法實現針對 MongoDB 資料庫的刪除操作並返回。

## 4.4.4 驗證程式

透過下列幾個步驟（如圖 4-20 所示）來驗證案例程式。

下面對其中相關的關鍵點説明。

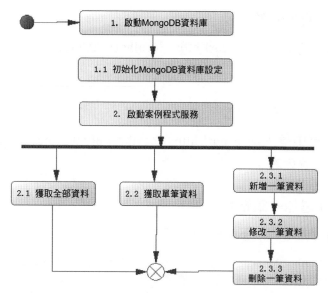

▲ 圖 4-20　quarkus-sample-mongodb 程式驗證流程圖

## 1. 啟動 MongoDB 資料庫

首先啟動 MongoDB 資料庫，可以在命令列視窗中啟動，也可以在 Windows 服務上啟動。

## 2. 需要進入 MongoDB 後台管理

需要先開啟 MongoDB 安裝目錄下的 bin 目錄，然後執行 mongo.exe 檔案，MongoDB Shell 是 MongoDB 附帶的互動式 JavasScript Shell，是對 MongoDB 操作和管理的互動式環境。在進入 MongoDB 後台後，預設會連接到 test 文件（資料庫）。在前期準備時，我們已經建立了資料庫 projects，故使用命令 use projects 來轉至資料庫 projects。

## 3. 啟動 quarkus-sample-mongodb 程式服務

啟動程式有兩種方式，第 1 種是在開發工具（如 Eclipse）中呼叫 ProjectMain 類別的 run 方法，第 2 種是在程式目錄下直接執行命令 mvnw compile quarkus:dev。

## 4. 透過 API 顯示全部記錄

在命令列視窗中輸入命令 curl http://localhost:8080/projects。結果是顯示全部記錄內容。

## 5. 透過 API 顯示單筆記錄

在命令列視窗中輸入命令 curl http://localhost:8080/projects/find/A。結果是顯示單筆記錄內容。

## 6. 透過 API 增加一筆資料

在命令列視窗中輸入以下命令：

```
curl -X POST -H "Content-type: application/json" -d {\"name\":\" 專案
C\",\"description\":\" 關於專案C的描述 \"} http://localhost:8080/projects
```

結果是顯示全部記錄內容，可以觀察到新增了一筆資料。

## 7. 透過 API 修改內容

在命令列視窗中輸入以下命令：

```
curl -X PUT -H "Content-type: application/json" -d {\"name\":\" 專案
C\",\"description\":\" 關於專案C的描述修改 \"} http://localhost:8080/
projects
```

結果是顯示全部記錄內容，可以觀察到修改了一筆資料。

## 8. 透過 API 刪除記錄

在命令列視窗中輸入以下命令：

```
curl -X DELETE -H "Content-type: application/json" -d {\"name\":\" 專
案B\",\"description\":\" 關於專案B的描述修改 \"} http://localhost:8080/
projects
```

結果是顯示全部記錄內容，可以觀察到刪除了一筆資料。

# 4.5 使用 Panache 實現資料持久化

## 4.5.1 前期準備

本案例採用 PostgreSQL 資料庫。PostgreSQL 資料庫的安裝和設定相關內容可以參考 4.1.1 節。

## 4.5.2 案例簡介

本案例介紹以 Quarkus 框架為基礎實現資料庫操作的基本功能。該模組以 Panache 框架為實現框架。透過閱讀和分析在 Panache 框架上實現查詢、新增、刪除、修改資料等操作的案例程式，可以了解和掌握在 Quarkus 框架中使用 Panache 框架的方法。

**基礎知識**：Panache 框架。

由於使用 Hibernate 和 JPA 進行資料庫存取的程式不夠直觀和簡單，開發者也可以使用 Panache 來簡化對 Hibernate 的操作。使用 Panache 之前需要增加 hibernate-orm-panache 擴充。

其具體實現方式是實體類別繼承 Panache 框架的 PanacheEntity 類別。PanacheEntity 類別提供了很多實用方法來簡化 JPA 相關操作。實體類別的靜態方法 findByName 使用 PanacheEntity 類別的父類別 PanacheEntityBase 中的 find 方法來根據 name 欄位查詢並傳回第一個結果。相對於使用 JPA 中的 EntityManager 和 CriteriaBuilder，PanacheEntity 類別提供的實用方法要簡單很多。

## 4.5.3 撰寫程式碼

撰寫程式碼有 3 種方式，第 1 種方式是透過程式 UI 來實現的，在 Quarkus 官網的生成內碼表面中按照指定步驟生成鷹架程式，然後下載檔案，將專案引入 IDE 工具中，最後修改程式原始碼。

第 2 種方式是透過 mvn 來建構程式，透過下面的命令建立 Maven 專案來
實現：

```
mvn io.quarkus:quarkus-maven-plugin:1.11.1.Final:create ^
    -DprojectGroupId=com.iiit.quarkus.sample ^
    -DprojectArtifactId=035-quarkus-sample-orm-panache-activerecord ^
    -DclassName=com.iiit.quarkus.sample.orm.panache.activerecord.
ProjectResource
    -Dpath=/projects ^
    -Dextensions=resteasy-jsonb,quarkus-hibernate-orm-panache,quarkus-
jdbc-postgresql
```

第 3 種方式是直接從 GitHub 上獲取程式，可以從 GitHub 上複製預先準
備好的範例程式：

```
git clone https://******.com/rengang66/iiit.quarkus.sample.git (見連結 1)
```

該程式位於 "035-quarkus-sample-orm-panache-activerecord" 目錄中，是一
個 Maven 專案程式。

在 IDE 工具中匯入 Maven 專案程式，在 pom.xml 的 <dependencies> 下有
以下內容：

```
<dependency>
    <groupId>io.quarkus</groupId>
    <artifactId>quarkus-hibernate-orm-panache</artifactId>
</dependency>

<dependency>
    <groupId>io.quarkus</groupId>
    <artifactId>quarkus-jdbc-postgresql</artifactId>
</dependency>
```

quarkus-hibernate-orm-panache 是 Quarkus 擴充了 Panache 的 ORM 服務
實現。quarkus-jdbc-postgresql 是 Quarkus 擴充了 PostgreSQL 的 JDBC 介
面實現。

quarkus-sample-orm-panache-activerecord 程式的應用架構（如圖 4-21 所示）顯示，外部存取 ProjectResource 資源介面，ProjectResource 呼叫 Project 服務，Project 物件本身也是一個實體物件，透過繼承 PanacheEntity 類別實現對 PostgreSQL 資料庫進行 CRUD 操作，Project 物件資源依賴於 Hibernate 框架和 quarkus-jdbc 擴充。

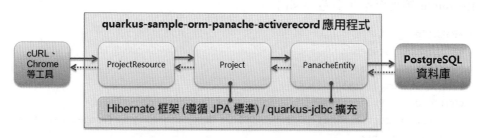

▲ 圖 4-21　quarkus-sample-orm-panache-activerecord 程式應用架構圖

quarkus-sample-orm-panache-activerecord 程式的設定檔和核心類別如表 4-7 所示。

表 4-7　quarkus-sample-orm-panache-activerecord 程式的設定檔和核心類別

| 名　稱 | 類　型 | 簡　介 |
|---|---|---|
| application.properties | 設定檔 | 需要定義資料庫的設定資訊，無特殊處理，在本節中將不做介紹 |
| import.sql | 設定檔 | 在資料庫中初始化資料，無特殊處理，在本節中將不做介紹 |
| ProjectResource | 資源類別 | 提供 REST 的外部 API，無特殊處理，在本節中將不做介紹 |
| Project | 實體類別 | POJO 物件，無特殊處理，在本節中將不做介紹 |

該程式的 application.properties 檔案與 quarkus-sample-orm-hibernate 程式的大致相同，不再贅述。

import.sql 的內容與 quarkus-sample-orm-hibernate 程式的大致相同，也不再贅述，其主要作用是實現了 iiit_projects 表的資料初始化工作。

下面講解 quarkus-sample-orm-panache-activerecord 程式中的 ProjectResource
資源類別、Project 實體類別的功能和作用。

## 1. ProjectResource 資源類別

用 IDE 工具開啟 com.iiit.quarkus.sample.orm.panache.activerecord.Project
Resource 類別檔案，其程式如下：

```
@Path("projects")
@ApplicationScoped
@Produces("application/json")
@Consumes("application/json")
public class ProjectResource {
    private static final Logger LOGGER = Logger.getLogger(ProjectResource.
class.getName());
    public ProjectResource(){}

    // 獲取 Project 列表
    @GET
    public List<Project> get() {
        return Project.listAll(Sort.by("name"));
    }

    // 獲取單筆 Project 資訊
    @GET
    @Path("{id}")
    public Project getSingle(@PathParam Long id) {
        Project entity = Project.findById(id);
        if (entity == null) {
            throw new WebApplicationException("Project with id of " + id
+ " does not exist.", 404);
        }
        return entity;
    }

    // 增加一個 Project 物件
    @POST
    @Transactional
    public Response add( Project project) {
```

```java
        if (project.id != null) {
            throw new WebApplicationException("Id was invalidly set on
request.", 422);
        }
        project.persist();
        return Response.ok(project).status(201).build();
    }

    // 修改一個 Project 物件
    @PUT
    @Path("{id}")
    @Transactional
    public Project update(@PathParam Long id, Project project) {
        if (project.getName() == null) {
            throw new WebApplicationException("Project Name was not set
on request.", 422);
        }
        Project entity = Project.findById(id);
        if (entity == null) {
            throw new WebApplicationException("Project with id of " + id
+ " does not exist.", 404);
        }
        entity.setName(project.getName());
        return entity;
    }

    // 刪除一個 Project 物件
    @DELETE
    @Path("{id}")
    @Transactional
    public Response delete( @PathParam Long id ) {
        Project entity = Project.findById(id);
        if (entity == null) {
            throw new WebApplicationException("Project with id of " + id
+ " does not exist.", 404);
        }
        entity.delete();
        return Response.status(204).build();
    }
```

```java
    // 處理 Response 的錯誤情況
    @Provider
    public static class ErrorMapper implements ExceptionMapper<Exception>
{

        @Override
        public Response toResponse(Exception exception) {
            LOGGER.error("Failed to handle request", exception);

            int code = 500;
            if (exception instanceof WebApplicationException) {
                code = ((WebApplicationException) exception).
getResponse().getStatus();
            }

            JsonObjectBuilder entityBuilder = Json.createObjectBuilder()
                    .add("exceptionType", exception.getClass().getName())
                    .add("code", code);

            if (exception.getMessage() != null) {
                entityBuilder.add("error", exception.getMessage());
            }

            return Response.status(code)
                    .entity(entityBuilder.build())
                    .build();
        }
    }
}
```

程式說明：

ProjectResource 類別的主要方法是 REST 的基本操作方法，包括 GET、POST、PUT 和 DELETE 方法。

## 2. Project 實體類別

用 IDE 工具開啟 com.iiit.quarkus.sample.orm.panache.activerecord.Project 類別檔案，其程式如下：

```
@Entity
@Table(name = "iiit_projects")
@Cacheable
public class Project extends PanacheEntity {
    @Column(length = 40, unique = true)
    private String name;

    public Project() {
    }

    // 省略部分程式
}
```

程式說明：

① Project 類別繼承自 PanacheEntity 類別，具備了基本的 CRUD 持久化操作。換句話說，其本身就是一個 PanacheEntity 物件。

② @Entity 註釋表示 Project 物件是一個遵循 JPA 標準的實體物件。

③ @Table(name = "iiit_projects") 註釋表示 Project 物件映射的關聯式資料庫表是 iiit_projects。

④ @Cacheable 註釋表示物件採用快取模式。

該程式動態執行的序列圖（如圖 4-22 所示，遵循 UML 2.0 標準繪製）描述了外部呼叫者 Actor、ProjectResource 和 Project 等物件之間的時間順序互動關係。

該序列圖中總共有 5 個序列，分別介紹如下。

序列 1 活動：① 外部呼叫 ProjectResource 資源類別的 GET(list) 方法；② 該方法呼叫 Project 服務類別（實際上是其父類別 PanacheEntityBase）的 listAll 方法，傳回整個 Project 列表。

序列 2 活動：① 外部傳入參數 ID 並呼叫 ProjectResource 資源類別的 GET(getById) 方法；② 該方法呼叫 Project 服務類別（實際上是其父類別

PanacheEntityBase）的 findById 方法；③ 傳回 Project 列表中對應 ID 的 Project 物件。

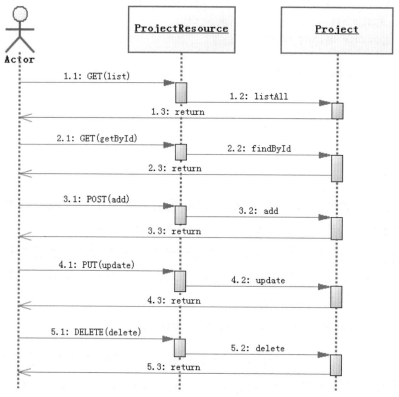

▲ 圖 4-22　quarkus-sample-orm-panache-activerecord 程式動態執行的序列圖

序列 3 活動：① 外部傳入參數 Project 物件並呼叫 ProjectResource 資源類別的 POST(add) 方法；② 該方法呼叫 Project 服務類別（實際上是其父類別 PanacheEntityBase）的 persist 方法；③ ProjectService 服務類別實現增加一個 Project 物件的操作並傳回整個 Project 列表。

序列 4 活動：① 外部傳入參數 Project 物件並呼叫 ProjectResource 資源類別的 PUT(update) 方法；② 該方法呼叫 Project 服務類別的 setName 方

法；③ ProjectService 服務類別根據專案名稱是否相等來實現修改一個 Project 物件的操作並傳回整個 Project 列表。

序列 5 活動：① 外部傳入參數 Project 物件並呼叫 ProjectResource 資源類別的 DELETE(delete) 方法；② 該方法呼叫 Project 服務類別（實際上是其父類別 PanacheEntityBase）的 delete 方法；③ ProjectService 服務類別根據專案名稱是否相等來實現刪除一個 Project 物件的操作並傳回整個 Project 列表。

## 4.5.4　驗證程式

透過下列幾個步驟（如圖 4-23 所示）來驗證案例程式。

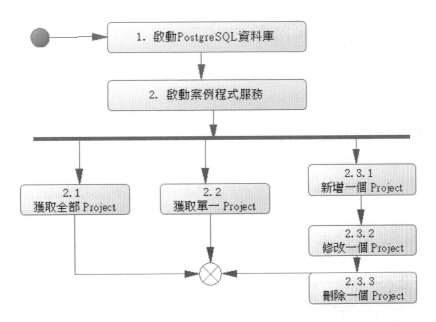

▲ 圖 4-23　quarkus-sample-orm-panache-activerecord 程式驗證流程圖

下面對其中相關的關鍵點說明。

## 1. 啟動 PostgreSQL 資料庫

首先安裝 PostgreSQL 資料庫,然後進入 PostgreSQL 的圖形管理介面去觀察資料庫中資料的變化情況。

## 2. 啟動 quarkus-sample-orm-panache-activerecord 程式服務

啟動程式有兩種方式,第 1 種是在開發工具(如 Eclipse)中呼叫 ProjectMain 類別的 run 方法,第 2 種是在程式目錄下直接執行命令 mvnw compile quarkus:dev。

## 3. 透過 API 顯示專案的 JSON 格式內容

在命令列視窗中輸入以下命令:

```
curl http://localhost:8080/projects
```

## 4. 透過 API 顯示單筆記錄

在命令列視窗中輸入以下命令:

```
curl http://localhost:8080/projects/1
```

## 5. 透過 API 增加一筆資料

在命令列視窗中輸入以下命令:

```
curl -X POST -d  {\"name\":\" 專案 D\"} -H "Content-Type:application/json"
http://localhost:8080/projects -v
```

結果顯示新增的內容:curl http://localhost:8080/projects。

## 6. 透過 API 修改一筆資料的內容

在命令列視窗中輸入以下命令:

```
curl -X PUT -H "Content-type: application/json" -d {\"name\":\" 專案
BBB\"} http://localhost:8080/projects/2
```

結果顯示該記錄:http://localhost:8080/projects/2。

### 7. 透過 API 刪除 project1 記錄

在命令列視窗中輸入以下命令：

```
curl -X DELETE http://localhost:8080/projects/4
```

結果顯示可用命令 curl http://localhost:8080/projects。

# **4.6** 本章小結

本章主要介紹 Quarkus 在資料持久化方面的開發應用，從以下 5 個部分來進行講解。

第一： 介紹了在 Quarkus 框架上如何開發遵循 JPA 標準的 Hibernate 應用，包含案例的原始程式、講解和驗證。由於該案例中的關聯式資料庫為 PostgreSQL，故增加了如何設定其他關聯式資料庫的內容。由於該案例的 ORM 框架是 Hibernate，故又增加了如何採用其他 ORM 框架的內容。

第二： 介紹了在 Quarkus 框架上如何實現 Java 交易管理的應用，包含案例的原始程式、講解和驗證。

第三： 介紹了在 Quarkus 框架上如何開發、操作快取資料庫 Redis 資料的應用，包含案例的原始程式、講解和驗證。

第四： 介紹了在 Quarkus 框架上如何開發 NoSQL 資料庫 MongoDB 的應用，包含案例的原始程式、講解和驗證。

第五： 介紹了在 Quarkus 框架上如何使用 Panache 實現資料持久化的應用，包含案例的原始程式、講解和驗證。

# 整合訊息串流和訊息中介軟體

## 5.1 呼叫 Apache Kafka 訊息串流

### 5.1.1 前期準備

本案例需要安裝 Kafka 訊息服務，有兩種安裝方式，第 1 種是透過 Docker 容器來安裝、部署 Kafka 訊息服務，第 2 種是在本地直接安裝 Kafka 訊息服務。

### 1. 透過 Docker 容器來安裝、部署

建立 docker-compose.yaml 檔案，包含以下內容：

```
version: '2'
services:
  zookeeper:
    image: strimzi/kafka:0.19.0-kafka-2.5.0
    command: [
      "sh", "-c",
      "bin/zookeeper-server-start.sh config/zookeeper.properties"
    ]
    ports:
      - "2181:2181"
    environment:
      LOG_DIR: /tmp/logs
```

```
kafka:
  image: strimzi/kafka:0.19.0-kafka-2.5.0
  command: [
    "sh", "-c",
    "bin/kafka-server-start.sh config/server.properties --override
listeners=$${KAFKA_LISTENERS} --override advertised.listeners=$${KAFKA_
ADVERTISED_LISTENERS} --override zookeeper.connect=$${KAFKA_ZOOKEEPER_
CONNECT}"
  ]
  depends_on:
    - zookeeper
  ports:
    - "9092:9092"
  environment:
    LOG_DIR: "/tmp/logs"
    KAFKA_ADVERTISED_LISTENERS: PLAINTEXT://localhost:9092
    KAFKA_LISTENERS: PLAINTEXT://0.0.0.0:9092
    KAFKA_ZOOKEEPER_CONNECT: zookeeper:2181
```

一旦建立 docker-compose.yaml 檔案，執行命令 docker-compose up，執行命令後出現如圖 5-1 所示的介面，說明已經成功啟動 Kafka。

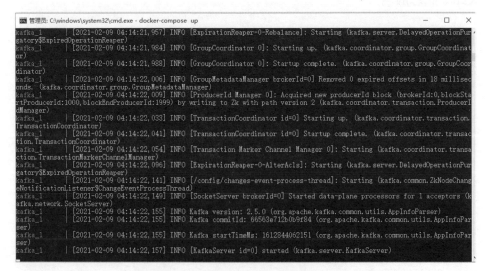

▲ 圖 5-1　透過 Docker 容器啟動 Kafka

下載並啟動 Kafka，需要分別啟動兩個服務。第 1 個服務是 ZooKeeper 服務，ZooKeeper 開啟通訊埠 2181（這也是 ZooKeeper 的預設通訊埠），內部和外部通訊埠是一致的。第 2 個服務是 Kafka 服務，Kafka 開啟通訊埠 9092（這也是 Kafka 的預設通訊埠），內部和外部通訊埠是一致的。兩個服務都是從 strimzi/kafka:0.19.0-kafka-2.5.0 容器映像檔中獲取的。

## 2. 本地直接安裝

由於 Kafka 依賴 ZooKeeper，Kafka 透過 ZooKeeper 現實分散式系統的協調，所以需要先安裝 ZooKeeper。

下面簡單說明安裝步驟。

第 1 步：獲得 Kafka。
下載最新的 Kafka 版本並將其解壓縮。注意，本地環境中必須安裝 Java 8+。

第 2 步：啟動 ZooKeeper 服務。
開啟一個命令列視窗並啟動 ZooKeeper 服務，命令如下：

```
bin/zookeeper-server-start.sh config/zookeeper.properties
```

第 3 步：啟動 Kafka 服務
開啟另一個命令列視窗並啟動 Kafka Broker 服務，命令如下：

```
bin/kafka-server-start.sh config/server.properties
```

執行命令後出現如圖 5-2 所示的介面，說明已經成功啟動 Kafka。

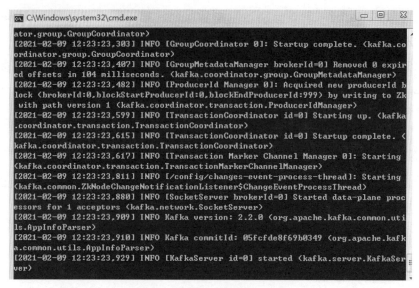

▲ 圖 5-2　啟動本地安裝的 Kafka

一旦所有服務成功啟動，就建構了一個基本的 Kafka 服務開發環境。

## 5.1.2 案例簡介

本案例介紹以 Quarkus 框架為基礎實現分散式訊息串流的基本功能。該模組以成熟的 Apache Kafka 框架作為分散式訊息串流平台。透過閱讀和分析在 Apache Kafka 上實現生成、發佈、廣播和消費分散式訊息等操作的案例程式，可以了解和掌握 Quarkus 框架的分散式訊息串流和 Apache Kafka 使用方法。

**基礎知識**：Apache Kafka 平台、Kafka Streams 及一些基本概念。

Apache Kafka 平台是一個分散式資料流程處理平台，可以即時發佈、訂閱、儲存和處理資料流程。它被設計為處理多種來源的資料流程，並將它們發表給多個消費者。下面簡單介紹一下 Kafka 的基本機制。其系統架構如圖 5-3 所示。

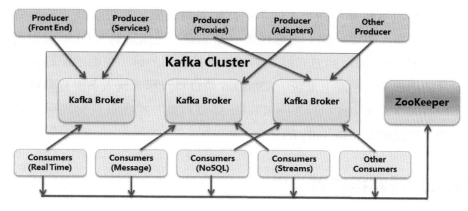

▲ 圖 5-3　Kafka 的系統架構圖

在一個基本架構中，Producer（生產者）發佈訊息到 Kafka 的 Topic（主題）中。Topic 可以看作訊息類別。Topic 是由作為 Kafka Server 的 Broker 建立的。Consumer（消費者）訂閱（一個或多個）Topic 來獲取訊息，其只關注自己需要的 Topic 中的訊息。Consumer 透過與 Kafka 叢集建立長連接的方式，不斷地從叢集中拉取訊息，並對這些訊息進行處理。在這裡，Broker 和 Consumer 之間分別使用 ZooKeeper 記錄狀態資訊和訊息的 offset（偏移量）。

Kafka Streams 是一套用戶端類別庫，其提供了對儲存在 Apache Kafka 內的資料進行流式處理和分析的功能。串流（Stream）是 Kafka Streams 提供的最重要的抽象，它代表一個無限的、不斷更新的資料集。一個串流就是一個有序的、可重放的、支持容錯移轉的、不可變的資料記錄（Data Record）序列，其中每筆資料記錄被定義成一個鍵值對。流式計算就是資料的輸入是持續的，一般先定義目標計算，然後資料到來之後將計算邏輯應用於資料，往往用增量計算代替全量計算。

下面簡單介紹一下 Kafka Streams 中的兩個非常重要的概念 KStream 和 KTable。KStream 是一個資料流程，可以認為所有的記錄都是透過 Insert only 的方式插入這個資料流程中的。KTable 代表一個完整的資料集，可以被了解為資料庫中的表。每筆記錄都是鍵值對，鍵可以被了解為資料庫中的主鍵，是唯一的，而值代表一筆記錄。可以認為 KTable 中的資料是透過 Update only 的方式進入的。如果是相同的鍵，後面的記錄會覆蓋原來的那筆記錄。綜上來說，KStream 是資料流程，輸入多少資料就插入多少資料，是 Insert only 的。KTable 是資料集，相同鍵只允許保留最新記錄，也就是 Update only 的。

## 5.1.3 撰寫程式碼

撰寫程式碼有 3 種方式。第 1 種方式是透過程式 UI 來實現的，在 Quarkus 官網的生成內碼表面中按照指定步驟生成鷹架程式，然後下載檔案，將專案引入 IDE 工具中，最後修改程式原始碼。

第 2 種方式是透過 mvn 來建構程式，透過下面的命令建立 Maven 專案來實現：

```
mvn io.quarkus:quarkus-maven-plugin:1.11.1.Final:create ^
    -DprojectGroupId=com.iiit.quarkus.sample
    -DprojectArtifactId=040-quarkus- sample-kafka ^
    -DclassName=com.iiit.quarkus.sample.reactive.kafka.ProjectResource
    -Dpath=/projects ^
    -Dextensions=resteasy-jsonb, quarkus-kafka-streams
```

第 3 種方式是直接從 GitHub 上獲取程式，可以從 GitHub 上複製預先準備好的範例程式：

```
git clone https://******.com/rengang66/iiit.quarkus.sample.git（見連結 1）
```

該程式位於 "040-quarkus-sample-kafka-streams" 目錄中，是一個 Maven 專案程式。

在 IDE 工具中匯入 Maven 專案程式，在 pom.xml 的 <dependencies> 下有以下內容：

```xml
<dependency>
    <groupId>io.quarkus</groupId>
    <artifactId>quarkus-kafka-streams</artifactId>
</dependency>
```

quarkus-kafka-streams 是 Quarkus 擴充了 Kafka Streams 的實現。

quarkus-sample-kafka-streams 程式的應用架構（如圖 5-4 所示）顯示，外部存取 ProjectResource 資源介面，ProjectResource 呼叫 ProjectService 服務，ProjectService 服務建立 KafkaProducer 物件來向 Kafka 發送訊息串流，ProjectService 服務建立 kafkaConsumer 物件來獲取 Kafka 的訊息串流，KafkaProducer 物件和 kafkaConsumer 物件都歸屬於 Kafka Streams 框架。

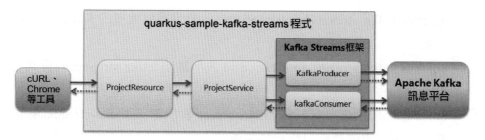

▲ 圖 5-4　quarkus-sample-kafka-streams 程式應用架構圖

quarkus-sample-kafka-streams 程式的設定檔和核心類別如表 5-1 所示。

表 5-1　quarkus-sample-kafka-streams 程式的設定檔和核心類別

| 名　　稱 | 類　　型 | 簡　　介 |
|---|---|---|
| application.properties | 設定檔 | 定義 KafkaStreams 連接和主題等資訊 |
| Startup | 服務後台類別 | KafkaStreams 服務，核心類別 |
| ProjectResource | 資源類別 | 透過 REST 啟動 KafkaStreams 服務，提交生產者資料，核心類別 |
| ProjectService | 服務類別 | 生產和消費 Kafka 管道中的資料並展示，核心類別 |

在該程式中，首先看看設定資訊的 application.properties 檔案：

```
quarkus.kafka-streams.bootstrap-servers=localhost:9092
quarkus.kafka-streams.application-id=streams-wordcount
quarkus.kafka-streams.application-server=localhost:8080
quarkus.kafka-streams.topics=wordcount-input,wordcount-out

# streams options
kafka-streams.cache.max.bytes.buffering=10240
kafka-streams.commit.interval.ms=1000
kafka-streams.metadata.max.age.ms=500
kafka-streams.auto.offset.reset=earliest
kafka-streams.metrics.recording.level=DEBUG
```

在 application.properties 檔案中，設定了與資料庫連接相關的參數。

（1）quarkus.kafka-streams.bootstrap-servers 表示需要連接的 Kafka 平台的位置。

（2）quarkus.kafka-streams.application-id 表示當前 kafka-streams 的程式名稱。

（3）quarkus.kafka-streams.application-server 表示當前 kafka-streams 的伺服器位置，也就是應用程式的位置。

（4）quarkus.kafka-streams.topics 表示 kafka-streams 的 Topic（主題）。

下面講解 quarkus-sample-kafka-streams 程式中的 Startup 類別、Project Resource 資源類別和 ProjectService 服務類別的功能和作用。

## 1. Startup 類別

用 IDE 工具開啟 com.iiit.quarkus.sample.kafka.stream.Startup 類別檔案，其程式如下：

```
@Singleton
public class Startup {

    public static final String INPUT_TOPIC = "wordcount-input";
    public static final String OUTPUT_TOPIC = "wordcount-out";
```

```java
    @Inject
    KafkaStreams stream;

    public void Streams() {
    //public void Streams(@Observes StartupEvent evt) {
        Properties prop = new Properties();
        prop.put(StreamsConfig.APPLICATION_ID_CONFIG,"streams-
wordcount");
        prop.put(StreamsConfig.BOOTSTRAP_SERVERS_
CONFIG,"localhost:9092");
        prop.put(StreamsConfig.COMMIT_INTERVAL_MS_CONFIG,3000);
        prop.put(StreamsConfig.DEFAULT_KEY_SERDE_CLASS_CONFIG, Serdes.
String().getClass());
        prop.put(StreamsConfig.DEFAULT_VALUE_SERDE_CLASS_CONFIG, Serdes.
String().getClass());

        // 建構串流建構元
        StreamsBuilder builder = new StreamsBuilder();
        KTable<String, Long> count = builder.stream(INPUT_TOPIC)
        // 從 Kafka 中一筆一筆地讀取資料
                .flatMapValues( // 傳回壓扁的資料
                        (value) -> { // 對資料進行按空格切割，傳回 list 集合
                            String[] split = value.toString().split(" ");
                            List<String> strings = Arrays.asList(split);
                            return strings;
                        }).map((k, v) -> {
                    return new KeyValue<String, String>(v, String.valueOf
(v.length()));
                }).groupByKey().count();

        // 在主控台上輸出結果
        count.toStream().foreach((k,v)->{ System.out.println("key:"+k+"
count:"+v +"  length:" + k.toString().length()); });

        count.toStream().map((x,y)->{
            return new KeyValue<String,String>(x,y.toString());
        }).to(OUTPUT_TOPIC);
```

```
        stream = new KafkaStreams(builder.build(), prop);
        final CountDownLatch latch=new CountDownLatch(1);
        Runtime.getRuntime().addShutdownHook(new Thread("streams-
wordcount- shutdown-hook")){
            @Override
            public void run() {
                stream.close();
                latch.countDown();
            }
        });
        try {
            // 啟動 stream 服務
            stream.start();
            latch.await();
        } catch (InterruptedException e) {
            e.printStackTrace();
        }
        System.exit(0);
    }
  }
```

程式說明：

① 注入 KafkaStreams 物件，這是一個核心服務類別。

② 該程式首先建立 StreamsBuilder 物件，然後 StreamsBuilder 物件從 Kafka 伺服器的 "wordcount-input" 主題中一筆一筆地讀取資料，接著將這些資料拆分為一個個詞彙，並對出現的詞彙進行統計，最終形成一個詞彙和詞彙出現次數的 KTable 變數。把 KTable 輸出到主控台上，便於外部觀察，同時輸出到 Kafka 伺服器的 "wordcount-out" 主題上。

③ 將 StreamsBuilder 物件綁定 KafkaStreams 物件，最後啟動 KafkaStreams 服務。

這樣，上述過程就會持續不斷地進行下去。

## 2. ProjectResource 資源類別

用 IDE 工具開啟 com.iiit.quarkus.sample.kafka.stream.ProjectResource 類

別檔案，其程式如下：

```java
@Path("/projects")
@ApplicationScoped
@Produces(MediaType.APPLICATION_JSON)
@Consumes(MediaType.APPLICATION_JSON)
public class ProjectResource {
    private static final Logger LOGGER = Logger.getLogger(Project-
Resource. class);

    @Inject
    ProjectService service;

    public ProjectResource(){}

    @GET
    @Path("/commit")
    public String commit() {
        LOGGER.info(" 提交批次資料 ");
        service.commit();
        return "OK";
    }

    @GET
    @Path("/producer/{content}")
    public String producer(@PathParam("content")  String content) {
        LOGGER.info(" 提交單筆生產資料 ");
        service.producer(content);
        return "OK";
    }

    @GET
    @Path("/consumer")
    public String consumer() {
        LOGGER.info(" 消費資料 ");
        service.consumer();
        return "OK";
    }
```

```
@GET
@Path("/hello")
public String hello() {
    return "hello";
}

@GET
@Path("/startup")
public String startup() {
    if ( !ProjectMain.is_startup ){
        service.config();
        ProjectMain.is_startup = true;
    }
    return "OK";
}
}
```

程式說明：

① ProjectResource 類別的功能是與外部互動，主要方法是 REST 的基本操作方法，只包括 GET 方法。透過注入 ProjectService 物件，實現對後端服務的呼叫。

② ProjectResource 類別的 commit 方法，呼叫後台 ProjectService 服務的 commit 方法，其目的是向 Kafka 伺服器生產一批資料。

③ ProjectResource 類別的 producer 方法，呼叫後台 ProjectService 服務的 producer 方法，其目的是向 Kafka 伺服器生產一筆資料。

④ ProjectResource 類別的 consumer 方法，呼叫後台 ProjectService 服務的 consumer 方法，其目的是啟動 Kafka 伺服器的消費者。當然，這會導致進入等候狀態。

⑤ ProjectResource 類別的 startup 方法，呼叫後台 ProjectService 服務的 config 方法，其目的是透過 ProjectService 服務啟動最終的 KafkaStreams 服務。

## 3. ProjectService 服務類別

用 IDE 工具開啟 com.iiit.quarkus.sample.kafka.stream.ProjectService 類別
檔案，其程式如下：

```
@Singleton
public class ProjectService {
    private static final Logger LOGGER = Logger.getLogger(ProjectService.
class);

    @Inject
    Startup startup;

    private boolean is_startup = false;

    public void config() {
        if ( !is_startup ){
            startup.Streams();
            is_startup = true;
        }
    }

    public void producer( String content) {
        LOGGER.info(" 生產資料 ");
        Producer<String, String> producer = new KafkaProducer<String, Str
ing>(getProducerProperties());
        producer.send(new ProducerRecord<String, String>(Startup. INPUT_
TOPIC, content));
        System.out.println("Message sent successfully");
        producer.close();
    }

    public void commit() {
        LOGGER.info(" 提交批次資料 ");
        Producer<String, String> producer = new KafkaProducer<String, Str
ing>(getProducerProperties());
        String tempString = "this is send content;";
        producer.send(new ProducerRecord<String, String>(Startup. INPUT_
TOPIC, tempString));
```

```java
        System.out.println("Message sent successfully");
        producer.close();
    }

    public void consumer() {
        LOGGER.info(" 消費資料 ");
        KafkaConsumer<String, String> kafkaConsumer = new KafkaConsumer
<String, String>(getConsumerProperties());
        kafkaConsumer.subscribe(Arrays.asList(Startup.OUTPUT_TOPIC));
        while (true) {
            ConsumerRecords<String, String> records = kafkaConsumer.
poll(Duration.ofMillis(100));
            for (ConsumerRecord<String, String> record : records) {
            // 列印消費記錄的偏移量、主鍵和鍵值
                System.out.printf("offset = %d, key = %s, value = %s\n",
record.offset(), record.key(), record.value());
            }
        }
    }

    private Properties getProducerProperties(){
        Properties props = new Properties();
        props.put("bootstrap.servers", "localhost:9092");
        props.put("acks", "all");
        props.put("retries", 0);
        props.put("batch.size", 16384);
        props.put("linger.ms", 1);
        props.put("buffer.memory", 33554432);
        props.put("key.serializer","org.apache.kafka.common.
serialization.StringSerializer");
        props.put("value.serializer","org.apache.kafka.common.
serialization.StringSerializer");
        return props;
    }

    private Properties getConsumerProperties(){
        Properties props = new Properties();
        props.put("bootstrap.servers", "localhost:9092");
        props.put("group.id", "test");
```

```
        props.put("enable.auto.commit", "true");
        props.put("auto.commit.interval.ms", "1000");
        props.put("session.timeout.ms", "30000");
        props.put("key.deserializer", "org.apache.kafka.common.
serialization.StringDeserializer");
        //props.put("value.deserializer", "org.apache.kafka.common.
serialization.LongDeserializer");
        props.put("value.deserializer", "org.apache.kafka.common.
serialization.StringDeserializer");

        return props;
    }
}
```

程式説明：

① ProjectService 類別是一個控制 Kafka 伺服器和 KafkaStreams 服務的
管理類別。

② ProjectService 類別的 config 方法可以啟動後台的 KafkaStreams 服務。

③ ProjectService 類別的 producer 方法，建立一個 Kafka 生產者，透過
ProjectResource 傳入資料並向 Kafka 服務發送這筆資料（或訊息）。

④ ProjectService 類別的 commit 方法，建立一個 Kafka 生產者，向
Kafka 服務發送一串資料（或訊息）。

⑤ ProjectService 類別的 consumer 方法，建立一個 Kafka 消費者，以訂
閱模式獲取 Kafka 伺服器主題為 "wordcount-out" 上的訊息，並在主控
台上顯示出來。

該程式動態執行的序列圖（如圖 5-5 所示，遵循 UML 2.0 標準繪製）描
述了外部呼叫者 Actor、ProjectResource、ProjectService 和 Startup 等物
件之間的時間順序互動關係。

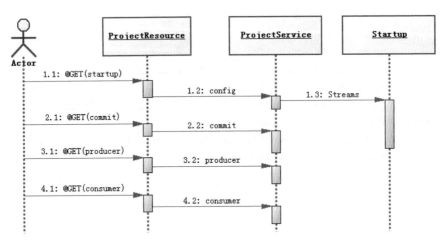

▲ 圖 5-5　quarkus-sample-kafka-streams 程式動態執行的序列圖

該序列圖中總共有 4 個序列，分別介紹如下。

序列 1 活動：① 外部呼叫 ProjectResource 資源物件的 @GET(startup)
方法；② ProjectResource 資源物件的 @GET(startup) 方法呼叫 Project
Service 服務類別的 config 方法；③ ProjectService 服務類別的 config 方
法呼叫 Startup 類別的 Streams 方法。Streams 方法的內容是：首先建
立 StreamsBuilder 物件，然後 StreamsBuilder 物件從 Kafka 伺服器的
"wordcount-input" 主題上一筆一筆地讀取資料，接著將這些資料拆分為一
個個詞彙，並對出現的詞彙進行統計，最終形成一個詞彙和詞彙出現次
數的 KTable 變數。把 KTable 變數輸出到主控台，便於外部觀察，同時
輸出到 Kafka 伺服器的 "wordcount-out" 主題上。

序列 2 活動：① 外部呼叫 ProjectResource 資源物件的 @GET(commit)
方法；② ProjectResource 資源物件的 @GET(commit) 方法呼叫 Project
Service 服務類別的 commit 方法，該 commit 方法建立了一個 Kafka 生產
者，向 Kafka 服務發送一串資料（或訊息）。

序列 3 活動：① 外部呼叫 ProjectResource 資源物件的 @GET(producer)
方法；② ProjectResource 資源物件的 @GET(producer) 方法呼叫 Project

Service 服務類別的 producer 方法，該 producer 方法建立了一個 Kafka 生產者，把 ProjectResource 傳入的資料發送給 Kafka 服務。

序列 4 活動：① 外部呼叫 ProjectResource 資源物件的 @GET(consumer) 方法；② ProjectResource 資源物件的 @GET(consumer) 方法呼叫 ProjectService 服務類別的 consumer 方法，該 consumer 方法建立了一個 Kafka 消費者，以訂閱模式獲取 Kafka 伺服器 "wordcount-out" 主題上的訊息，並在主控台上顯示出來。

## 5.1.4 驗證程式

透過下列幾個步驟（如圖 5-6 所示）來驗證案例程式。

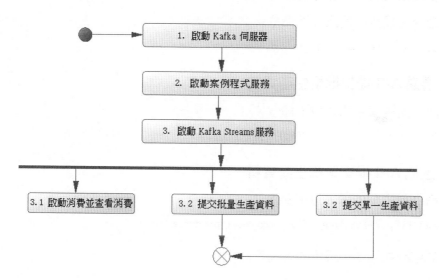

▲ 圖 5-6　quarkus-sample-kafka-streams 程式驗證流程圖

下面對其中相關的關鍵點說明。

### 1. 啟動 Kafka 伺服器

安裝好 Kafka 軟體，先啟動 ZooKeeper 伺服器，然後啟動 Kafka 伺服器。

## 2. 啟動 quarkus-sample-kafka-streams 程式服務

啟動程式有兩種方式，第 1 種是在開發工具（如 Eclipse）中呼叫 Project Main 類別的 run 方法，第 2 種是在程式目錄下直接執行命令 mvnw compile quarkus:dev。

## 3. 透過 API 啟動 Kafka Streams 服務

在命令列視窗中輸入以下命令：

```
curl http://localhost:8080/projects/startup
```

其結果是獲取的訊息資訊，而且還是按照串流模式來依次展現的。

## 4. 啟動消費並查看消費

在命令列視窗中輸入以下命令：

```
curl http://localhost:8080/projects/consumer
```

## 5. 透過 API 提交批量生產資料

在命令列視窗中輸入以下命令：

```
curl http://localhost:8080/projects/commit
```

## 6. 透過 API 提交單筆生產資料

在命令列視窗中輸入以下命令：

```
curl http://localhost:8080/projects/producer/reng
```

可觀察到如圖 5-7 所示的解碼資訊。

```
Message sent successfully
2021-02-05 10:15:22,339 INFO  [org.apa.kaf.cli.pro.KafkaProducer]
key:this count:7  length:4
key:is count:7  length:2
key:send count:7  length:4
key:content; count:7  length:8
key:reng count:9  length:4
offset = 10, key = this, value = 7
offset = 11, key = is, value = 7
offset = 12, key = send, value = 7
offset = 13, key = content;, value = 7
offset = 14, key = reng, value = 9
```

▲ 圖 5-7 開發工具主控台上的解碼資訊

由於筆者已經做過多次測試提交，故主控台結果資訊顯示的是提交的字串 reng，長度為 4，出現次數為 9 次。字串 this is send content 已經被分解成各個單字並統計其出現次數。offset 是 Kafka 的參數，表示 Kafka 分區的偏移量。

# 5.2 建立 JMS 應用實現佇列模式

## 5.2.1 前期準備

由於 JMS 的後台訊息平台採用 ActiveMQ Artemis 工具，需要 ActiveMQ Artemis 訊息佇列。有兩種方式可以獲取 ActiveMQ Artemis 訊息佇列。

### 1. 透過 Docker 容器來安裝、部署

這種方式下還分兩種方式，第 1 種是直接執行以下的 Docker 命令：

```
docker run -it --rm -p 8161:8161 -p 61616:61616 -p 5672:5672 -e ARTEMIS_
USERNAME=mq -e   ^
ARTEMIS_PASSWORD=123456 vromero/activemq-artemis:2.11.0-alpine
```

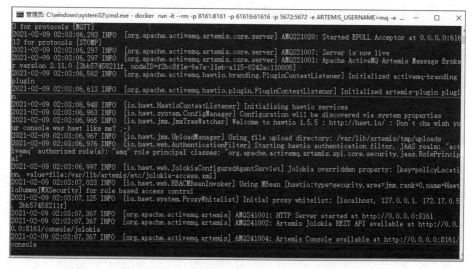

▲ 圖 5-8　透過 Docker 容器啟動 ActiveMQ Artemis 訊息佇列 Artemis

執行命令後出現如圖 5-8 所示的介面，説明已經成功啟動了 ActiveMQ Artemis 訊息佇列。

説明：Artemis 分別啟動了通訊埠 8161、61616 和 5672，內部和外部通訊埠是一致的。Artemis 用戶名稱為 mq，使用者 mq 的密碼為 123456。可從 vromero/activemq-artemis:2.11.0-alpine 容器映像檔中獲取。

第 2 種是建立 docker-compose.yaml 檔案，其中包含以下內容：

```
version: '2'
services:
  artemis:
    image: vromero/activemq-artemis:2.8.0-alpine
    ports:
      - "8161:8161"
      - "61616:61616"
      - "5672:5672"
    environment:
      ARTEMIS_USERNAME: mq
      ARTEMIS_PASSWORD: 123456
```

其參數解釋與第 1 種方式完全相同。

一旦建立了 docker-compose.yaml 檔案，執行命令 docker-compose up。

## 2. 本地直接安裝

在 Window 下安裝 ActiveMQ Artemis 訊息佇列安裝檔案。推薦在本地直接安裝的方式，這樣便於監控和處理差錯。

下面簡單説明安裝步驟。

第 1 步：獲取 ActiveMQ Artemis 工具。
下載最新版本的 ActiveMQ Artemis 工具並將其解壓縮，目錄內容如圖 5-9 所示。

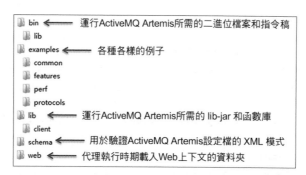

▲ 圖 5-9　ActiveMQ Artemis 工具目錄及其內容描述

圖 5-9 描述了 ActiveMQ Artemis 工具解壓後各個目錄的內容。

第 2 步：建立代理實例檔案目錄。

為了建立訊息伺服器，進入安裝目錄的 bin 目錄，輸入下面的命令：

```
$ ./artemis create artemis_home
```

其中的 artemis_home 目錄就是新建訊息伺服器的 artemis_home 代理實例目錄，如圖 5-10 所示。注意，不要和 ActiveMQ Artemis 程式放在一個資料夾下。

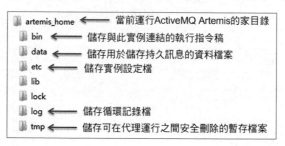

▲ 圖 5-10　artemis_home 代理實例目錄及其內容描述

圖 5-10 描述了 ActiveMQ Artemis 執行生成的 artemis_home 代理實例目錄下各個目錄的內容。

第 3 步：執行 Artemis 安裝命令

開啟命令列視窗（CMD 視窗），進入 ActiveMQ Artemis 安裝目錄下的

bin 目錄，執行以下命令：

```
artemis.cmd create ..\artemis_home --home ...\activemqartemis\apache-
artemis-2.4.0 --nio  --no-mqtt-acceptor --password 123456 --user mq
--verbose --no-hornetq-acceptor --no-amqp-acceptor --autocreate
```

中間會出現提示 Allow anonymous access? (Y/N)，輸入 Y 即可。

第 4 步：執行 Artemis 命令

安裝完成後，可透過命令來啟動 Artemis。進入 artemis_home 代理實例目
錄的 bin 目錄，開啟命令列視窗（CMD 視窗），在其中輸入 .\artemis.cmd
run 並執行。

如果出現 Artemis Console available at http://localhost:8161/console（如圖
5-11 所示），表示服務已經啟動。

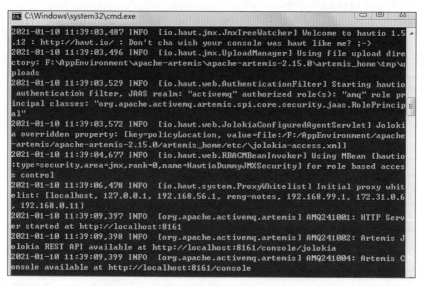

▲ 圖 5-11　ActiveMQ Artemis 啟動成功介面

第 5 步：進入 Artemis 管理介面

可以用瀏覽器開啟 http://localhost:8161/，圖 5-12 是 ActiveMQ Artemis 的
整體管理介面。

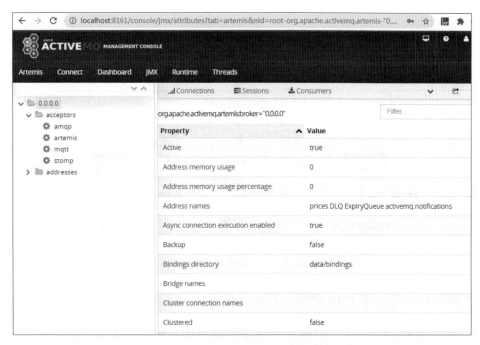

▲ 圖 5-12　ActiveMQ Artemis 的整體管理介面

這樣就建構了一個基本的訊息平台開發環境。

## 5.2.2　案例簡介

本案例介紹以 Quarkus 框架為基礎實現 JMS 的基本功能。該模組以遵循
JMS 標準的 Qpid 為訊息代理，訊息佇列平台採用 ActiveMQ Artemis 訊
息伺服器。透過閱讀和分析在 Qpid 代理和 ActiveMQ Artemis 上執行生成
和消費訊息等操作的案例程式，可以了解和掌握 Quarkus 框架的 JMS、
ActiveMQ Artemis 訊息佇列和 Qpid 訊息代理的使用方法。

**基礎知識**：JMS 標準及其概念。

JMS（Java Message Server，Java 訊息服務）是 Java 平台中針對訊息中介
軟體的 API 標準，用於在兩個應用程式之間或分散式系統中發送訊息，
進行非同步通訊。JMS 標準的模型如圖 5-13 所示。

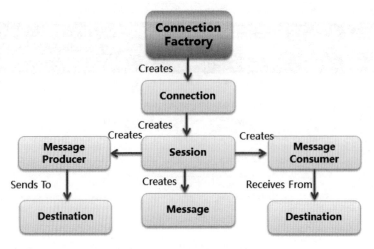

▲ 圖 5-13　JMS 標準的模型

下面簡單介紹一下 JMS 標準的各個元件。

- ConnectionFactory：用於建立連接到訊息中介軟體的連接工廠。
- Connection：代表了應用程式與訊息伺服器之間的通訊鏈路（一個連接可以建立多個階段）。
- Destination：訊息發佈和接收的地點，包括佇列或主題。
- Session：表示一個單執行緒的上下文，用於發送和接收訊息（所有階段都在一個執行緒中）。
- MessageConsumer：由階段建立，用於接收發送到目標的訊息。
- MessageProducer：由階段建立，用於發送訊息到目標。
- Message：由階段建立，是生產者／發行者和消費者／訂閱者之間傳送的物件，包括一個訊息表頭、一組訊息屬性和一個訊息本體。

訊息模式是用戶端之間傳遞訊息的方式，JMS 定義了主題和佇列兩種訊息模式。本案例只包括佇列模式的實現。

JMS 標準佇列模式（其執行圖如圖 5-14 所示）的含義是，用戶端包括生產者和消費者，佇列中的訊息只能被一個消費者消費。消費者可以隨時消費佇列中的訊息。在佇列模式中，消費者的每個連接會依次接收 JMS 佇列中的訊息，每個連接接收到的是不同的訊息。

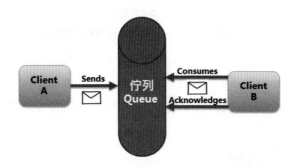

▲ 圖 5-14　JMS 標準佇列模式執行圖

JMS 發送訊息的過程大致可以分為以下幾步：①建立連接工廠（ConnectionFactory）；②連接工廠（ConnectionFactory）獲取一個 JMS 上下文（JMSContext）；③使用連接工廠建立一個連接（Connection）；④使用連接建立一個階段（Session）；⑤獲取一個目的（Destination），此處為佇列（Queue）；⑥使用階段（Session）和目的（Destination）建立訊息生產者（MessageProducer）；⑦建立訊息物件（Message）；⑧訊息生產者（MessageProducer）發送訊息；⑨階段（Session）確定訊息發送完畢後提交。

JMS 接收訊息的過程大致可以分為以下幾步：①建立連接工廠（ConnectionFactory）；②連接工廠（ConnectionFactory）獲取一個 JMS 上下文（JMSContext）；③使用連接工廠（ConnectionFactory）建立一個連接（Connection）；④使用連接建立一個階段（Session）；⑤獲取一個目的（Destination），此處為佇列（Queue）；⑥使用階段（Session）和目的（Destination）建立訊息的消費者（MessageConsumer）；⑦訊息消費者（MessageConsumer）接收訊息物件（Message）。

從 Java EE 1.4 開始，所有的 Java EE 應用伺服器必須包含一個 JMS 實現。以下是一些以 JMS 標準為基礎實現的框架平台或應用伺服器：

Apache ActiveMQ、Apache Qpid、BEA Weblogic 和 Oracle AQ from Oracle、EMS from TIBCO、FFMQ、JBoss Messaging and HornetQ from JBoss、JORAM、Open Message Queue from Sun Microsystems、OpenJMS from The OpenJMS Group、RabbitMQ、Solace JMS from Solace Systems、SonicMQ from Progress Software、StormMQ、SwiftMQ、Tervela、Ultra Messaging from 29 West、webMethods from Software AG、WebSphere Application Server from IBM、WebSphere MQ from IBM 等。

## 5.2.3 撰寫程式碼

撰寫程式碼有 3 種方式。第 1 種方式是透過程式 UI 來實現的,在 Quarkus 官網的生成內碼表面中按照指定步驟生成鷹架程式,然後下載檔案,將專案引入 IDE 工具中,最後修改程式原始碼。

第 2 種方式是透過 mvn 來建構程式,透過下面的命令建立 Maven 專案來實現:

```
mvn io.quarkus:quarkus-maven-plugin: 1.7.1.Final:create ^
    -DprojectGroupId=com.iiit.quarkus.sample
    -DprojectArtifactId=042-quarkus- sample-jms-qpid ^
    -DclassName=com.iiit.quarkus.sample.jms.qpid.ProjectResource
    -Dpath= /projects ^
    -Dextensions=resteasy-jsonb
```

第 3 種方式是直接從 GitHub 上獲取程式,可以從 GitHub 上複製預先準備好的範例程式:

```
git clone https://******.com/rengang66/iiit.quarkus.sample.git (見連結 1)
```

該程式位於 "042-quarkus-sample-jms-qpid" 目錄中,是一個 Maven 專案程式。

在 IDE 工具中匯入 Maven 專案程式,在 pom.xml 的 <dependencies> 下有以下內容:

```
<dependency>
    <groupId>org.amqphub.quarkus</groupId>
    <artifactId>quarkus-qpid-jms</artifactId>
</dependency>
```

quarkus-qpid-jms 是 Quarkus 擴充了 Qpid 的 JMS 實現。注意，quarkus-qpid-jms 擴充是非 Red Hat 官方的擴充實現。

quarkus-sample-jms-qpid 程式的應用架構（如圖 5-15 所示）顯示，ProjectInformProducer 訊息類別遵循 JMS 標準，向 ActiveMQ Artemis 訊息伺服器的訊息佇列 Queue 發送訊息，ProjectInformConsumer 訊息類別遵循 JMS 標準，從 ActiveMQ Artemis 訊息伺服器的訊息佇列 Queue 獲取訊息。外部存取 ProjectResource 資源介面並獲取 ProjectInformConsumer 的訊息。ProjectInformProducer 訊息類別和 ProjectInformConsumer 訊息類別依賴於 quarkus-qpid-jms 擴充。

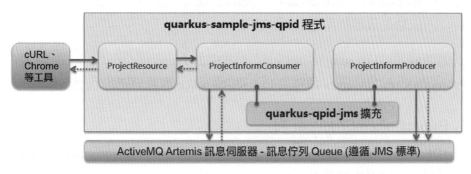

▲ 圖 5-15　quarkus-sample-jms-qpid 程式應用架構圖

quarkus-sample-jms-qpid 程式的設定檔和核心類別如表 5-2 所示。

表 5-2　quarkus-sample-jms-qpid 程式的設定檔和核心類別

| 名　稱 | 類　型 | 簡　介 |
|---|---|---|
| application.properties | 設定檔 | 定義 Artemis 連接和管道、主題等資訊 |
| ProjectInformProducer | 資料生成類別 | 生成資料並將資料發送到 Artemis 的訊息佇列中，核心類別 |

| 名　稱 | 類　型 | 簡　介 |
|---|---|---|
| ProjectInformConsumer | 資料消費類別 | 消費 Artemis 訊息佇列中的資料，核心類別 |
| ProjectResource | 資源類別 | 獲取消費資料並透過 REST 方式來提供，核心類別 |

在該程式中，首先看看設定資訊的 application.properties 檔案：

```
quarkus.qpid-jms.url=amqp://localhost:5672
quarkus.qpid-jms.username=mq
quarkus.qpid-jms.password=123456
```

在 application.properties 檔案中，設定了與訊息中介軟體連接相關的參數。

（1）quarkus.qpid-jms.url 表示連接的訊息伺服器的位置，採用的是 AMQP 協定。

（2）quarkus.qpid-jms.username、quarkus.qpid-jms.password 分別表示登入訊息伺服器的用戶名稱和密碼。

下面講解 quarkus-sample-jms-qpid 程式中的 ProjectInformProducer 類別、ProjectInformConsumer 類別和 ProjectResource 資源類別的功能和作用。

## 1. ProjectInformProducer 類別

用 IDE 工具開啟 com.iiit.quarkus.sample.jms.qpid.ProjectInformProducer 類別檔案，其程式如下：

```
@ApplicationScoped
public class ProjectInformProducer implements Runnable {
    private static final Logger LOGGER = Logger.getLogger
(ProjectInformProducer.class);
    @Inject    ConnectionFactory connectionFactory;

    private final Random random = new Random();
    private final ScheduledExecutorService scheduler = Executors
```

```
            .newSingleThreadScheduledExecutor();

    void onStart(@Observes StartupEvent ev) {
        scheduler.scheduleWithFixedDelay(this, 0L, 5L, TimeUnit.SECONDS);
    }

    void onStop(@Observes ShutdownEvent ev) {
        scheduler.shutdown();
    }

    @Override
    public void run() {
        try (JMSContext context = connectionFactory.createContext
(Session. AUTO_ACKNOWLEDGE)) {
            SimpleDateFormat formatter = new SimpleDateFormat("yyyy-MM-dd
HH:mm:ss");
            String dateString = formatter.format(new Date());
            Queue queue = context.createQueue("ProjectInform");
            JMSProducer producer = context.createProducer();
            String sendContent = "專案處理程序資料: " +  Integer.toString
(random. nextInt(100));
            System.out.println( dateString + " JMSProducer 透過佇列
ProjectInform 發送資料: " + sendContent);
            producer.send(queue, sendContent);
        }
    }
}
```

程式說明：
..............

① ProjectInformProducer 類別是訊息生產者的管理類別。

② Quarkus 服務啟動時，就呼叫了定時任務物件 ScheduledExecutorService
服務。該服務每隔 5 秒執行一次任務。

③ ProjectInformProducer 類別的 run 方法是一個任務本體，執行的任
務是：首先建立一個訊息佇列 queue，然後建立一個訊息生產者
producer，接著訊息生產者 producer 向訊息佇列 queue 發送一個訊息。

## 2. ProjectInformConsumer 類別

用 IDE 工具開啟 com.iiit.quarkus.sample.jms.qpid.ProjectInformConsumer
類別檔案，其程式如下：

```
@ApplicationScoped
public class ProjectInformConsumer implements Runnable {
    private static final Logger LOGGER = Logger.getLogger
(ProjectResource. class);

    public ProjectInformConsumer() {     }

    @Inject
    ConnectionFactory connectionFactory;
    private final ExecutorService scheduler = Executors. newSingle-
ThreadExecutor();
    private volatile String consumeContent;

    public String getConsumeContent() {
        return consumeContent;
    }

    void onStart(@Observes StartupEvent ev) {
        scheduler.submit(this);
    }

    void onStop(@Observes ShutdownEvent ev) {
        scheduler.shutdown();
    }

    @Override
    public void run() {
        try (JMSContext context = connectionFactory.createContext
(Session. AUTO_ACKNOWLEDGE)) {
            JMSConsumer consumer = context.createConsumer(context.
createQueue ("ProjectInform"));
            while (true) {
                Message message = consumer.receive();
                if (message == null) {
                    // 如果 JMSConsumer 已關閉，將傳回 "null"
```

```
                    return;
                }
                consumeContent = message.getBody(String.class);
                SimpleDateFormat formatter = new SimpleDateFormat("yyyy-
    MM-dd HH:mm:ss");
                String dateString = formatter.format(new Date());
                System.out.println( dateString+ " JMSConsumer 透過佇列
    ProjectInform 收到資料: " + consumeContent );
                LOGGER.info(" 消費者成功獲取資料，內容為:"+consumeContent);
            }
        } catch (JMSException e) {
            throw new RuntimeException(e);
        }
    }

}
```

程式說明：

① ProjectInformConsumer 類別是 JMS 訊息消費者的管理類別。

② Quarkus 服務啟動時，就呼叫了定時任務物件 ScheduledExecutorService 服務。該服務每隔 5 秒執行一次任務。

③ ProjectInformConsumer 類別的 run 方法是一個任務本體，執行的任務是：首先建立一個訊息佇列 queue，然後建立一個訊息消費者 consumer，接著訊息消費者 consumer 有在迴圈中從訊息佇列 queue 接收訊息。當沒有收到訊息時，就退出迴圈；當收到訊息時，在主控台上顯示訊息內容，然後又從訊息佇列 queue 接收訊息，直到消費完訊息佇列 queue 中的所有訊息，最後退出迴圈。

## 3. ProjectResource 資源類別

用 IDE 工具開啟 com.iiit.quarkus.sample.jms.qpid.ProjectResource 類別檔案，其程式如下：

```
@Path("/projects")
@ApplicationScoped
@Produces(MediaType.APPLICATION_JSON)
```

```java
@Consumes(MediaType.APPLICATION_JSON)
public class ProjectResource {

    private static final Logger LOGGER = Logger.getLogger
(ProjectResource. class);

    @Inject
    ProjectInformConsumer informs;

    @GET
    @Path("latestdata")
    @Produces(MediaType.TEXT_PLAIN)
    public String latestContent() {
        String content = informs.getConsumeContent();
        LOGGER.info("ProjectResource 獲取的最新資料："+ content);
        return content;
    }
}
```

程式說明：

ProjectResource 類別的主要方法是 REST 的基本操作方法，獲取訊息消費者最新的訊息內容。

該程式執行的通訊圖（如圖 5-16 所示，遵循 UML 2.0 標準繪製）中訊息的處理過程如下。

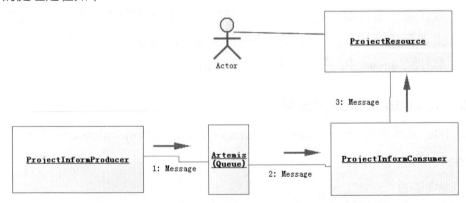

▲ 圖 5-16　quarkus-sample-jms-qpid 程式執行的通訊圖

（1）啟動應用程式，呼叫 ProjectInformGenerator 物件的實例化物件 ScheduledExecutor-Service 的 scheduleWithFixedDelay 方法，而該方法的內容是按照 5 秒一次的頻率呼叫 ProjectInformGenerator 物件的 run 方法。ProjectInformGenerator 的 run 方法主要用於向訊息伺服器的 Project Inform 佇列發送專案訊息。其發送訊息的過程可參見圖 5-14 的 JMS 標準佇列模式執行圖。

（2）啟動應用程式，呼叫 ProjectInformConsumer 物件的實例化物件 ExecutorService 物件的 submit 方法，而該方法的內容是呼叫 Project InformConsumer 物件的 run 方法。ProjectInformConsumer 的 run 方法的核心是從訊息伺服器的 ProjectInform 佇列接收專案訊息。其接收訊息的過程可參見圖 5-14 的 JMS 標準佇列模式執行圖。

（3）外部呼叫 ProjectResource 物件的 latestContent 方法，得到 ProjectInformConsumer 物件的最新專案訊息。

## 5.2.4 驗證程式

透過下列幾個步驟（如圖 5-17 所示）來驗證案例程式。

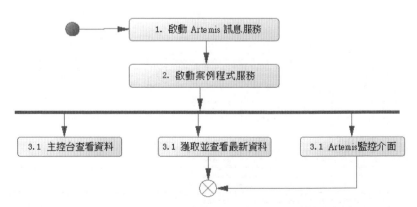

▲ 圖 5-17　quarkus-sample-jms-qpid 程式驗證流程圖

下面對其中相關的關鍵點說明。

## 1. 啟動 Artemis 訊息服務

安裝好 Artemis，初始化資料檔案。然後在資料目錄下執行 artemis run 命令來啟動 Artemis，直到出現 Artemis 訊息服務已經啟動的介面。也可以在瀏覽器中輸入 http://localhost: 8161/console/，登入後可以查看到設定和狀態資訊。

確認在 Artemis 的 artemis_home 代理實例的 etc 目錄的 broker.xml 檔案中有以下設定：

```
<acceptor name="amqp">tcp://0.0.0.0:5672?tcpSendBufferSize=1048576; tc
pReceiveBufferSize=1048576;protocols=AMQP;useEpoll=true;amqpCredits=10
00;amqpLowCredits=300;amqpMinLargeMessageSize=102400;amqpDuplicateDetec
tion=true</acceptor>
```

其中 AMQP 協定中的監聽通訊埠是 5672。

## 2. 啟動 quarkus-sample-jms-qpid 程式服務

啟動程式有兩種方式，第 1 種是在開發工具（如 Eclipse）中呼叫 ProjectMain 類別的 run 方法，第 2 種是在程式目錄下直接執行命令 mvnw compile quarkus:dev。IDE 工具主控台偵錯介面的內容如圖 5-18 所示。

```
--/ __ \/ / / __ | / _ \/ / / / / __/
-/ / / / / / , / / / / \
--\_\_\___/__/_|_/_|_/_\___/___/

2020-12-10 17:49:15,860 WARN  [io.qua.dep.QuarkusAugmentor] (main) Using Java versions older than 11 to build Quarkus appli
2020-12-10 17:49:17,303 WARN  [io.qua.res.com.dep.ResteasyCommonProcessor] (build-15) Quarkus detected the need of REST JSC
2020-12-10 17:49:20,824 INFO  [io.quarkus] (Quarkus Main Thread) Quarkus 1.7.1.Final on JVM started in 5.116s. Listening or
2020-12-10 17:49:20,824 INFO  [io.quarkus] (Quarkus Main Thread) Profile dev activated. Live Coding activated.
2020-12-10 17:49:20,825 INFO  [io.quarkus] (Quarkus Main Thread) Installed features: [artemis-jms, cdi, resteasy]
================= quarkus is running! =================
2020-12-10 17:49:20 JMSProducer通过佇列ProjectInform发送数据: 项目进程数据: 50
2020-12-10 17:49:21 JMSConsumer通过佇列ProjectInform收到数据: 项目进程数据: 50
2020-12-10 17:49:21,127 INFO  [com.iii.qua.sam.jms.art.ProjectResource] (pool-6-thread-1) 消费者或功获取数据. 内容为: 项目进程数据: 50
2020-12-10 17:49:26 JMSProducer通过佇列ProjectInform发送数据: 项目进程数据: 57
2020-12-10 17:49:26 JMSConsumer通过佇列ProjectInform收到数据: 项目进程数据: 57
2020-12-10 17:49:26,293 INFO  [com.iii.qua.sam.jms.art.ProjectResource] (pool-6-thread-1) 消费者或功获取数据. 内容为: 项目进程数据: 57
2020-12-10 17:49:31 JMSProducer通过佇列ProjectInform发送数据: 项目进程数据: 14
2020-12-10 17:49:31 JMSConsumer通过佇列ProjectInform收到数据: 项目进程数据: 14
2020-12-10 17:49:31,356 INFO  [com.iii.qua.sam.jms.art.ProjectResource] (pool-6-thread-1) 消费者或功获取数据. 内容为: 项目进程数据: 14
2020-12-10 17:49:36 JMSProducer通过佇列ProjectInform发送数据: 项目进程数据: 16
2020-12-10 17:49:36 JMSConsumer通过佇列ProjectInform收到数据: 项目进程数据: 16
2020-12-10 17:49:36,412 INFO  [com.iii.qua.sam.jms.art.ProjectResource] (pool-6-thread-1) 消费者或功获取数据. 内容为: 项目进程数据: 16
2020-12-10 17:49:41 JMSProducer通过佇列ProjectInform发送数据: 项目进程数据: 42
2020-12-10 17:49:41 JMSConsumer通过佇列ProjectInform收到数据: 项目进程数据: 42
2020-12-10 17:49:41,507 INFO  [com.iii.qua.sam.jms.art.ProjectResource] (pool-6-thread-1) 消费者或功获取数据. 内容为: 项目进程数据: 42
```

▲ 圖 5-18　IDE 工具主控台偵錯介面的內容

### 3. 透過 API 獲取最新資料

在命令列視窗中輸入以下命令：

```
curl http://localhost:8080/projects/latestdata
```

可以獲得最新資料。

### 4. Apache Artemis 的整體監控介面

Apache Artemis 的整體監控介面內容如圖 5-19 所示。

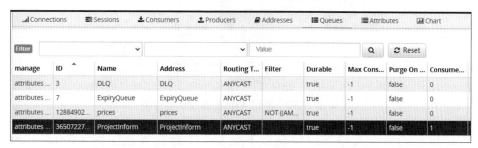

▲ 圖 5-19　Apache Artemis 的整體監控介面內容

# 5.3 建立 JMS 應用實現主題模式

## 5.3.1 前期準備

本案例的後台訊息平台採用 ActiveMQ Artemis 工具，該工具的安裝和設定相關內容可以參考 5.2.1 節。

## 5.3.2 案例簡介

本案例介紹以 Quarkus 框架為基礎實現 JMS 的基本功能。該模組以成熟的 ActiveMQ Artemis 訊息佇列框架作為訊息佇列平台。透過閱讀和了解在 ActiveMQ Artemis 上執行生成和消費訊息等操作的案例程式，可以了解 Quarkus 框架的 JMS 和 ActiveMQ Artemis 的使用方法。

**基礎知識**：JMS 標準主題模式及其概念。

JMS 標準主題模式（其執行圖如圖 5-20 所示）用戶端包括發行者和訂閱者。主題中的訊息被所有訂閱者消費。消費者不能消費訂閱之前就發送到主題中的訊息，每個消費者收到的都是全部的訊息。

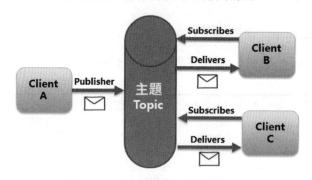

▲ 圖 5-20　JMS 標準主題模式執行圖

發送訊息的過程大致可以分為以下幾步：①建立連接工廠（Connection Factory）；②連接工廠（ConnectionFactory）獲取一個 JMS 上下文（JMSContext）；③使用連接工廠建立一個連接（Connection）；④使用連接建立一個階段（Session）；⑤獲取一個目的（Destination），此處為主題（Topic）；⑥使用階段（Session）和目的（Destination）建立訊息生產者（MessageProducer）；⑦建立訊息物件（Message）；⑧訊息生產者（MessageProducer）發送訊息；⑨階段（Session）確定訊息發送完畢後提交。

接收訊息的過程大致可以分為以下幾步：①建立連接工廠（Connection Factory）；②連接工廠（ConnectionFactory）獲取一個 JMS 上下文（JMSContext）；③使用連接工廠（ConnectionFactory）建立一個連接（Connection）；④使用連接（Connection）建立一個階段（Session）；⑤獲取一個目的（Destination），此處為主題（Topic）；⑥使用階段（Session）和目的（Destination）建立訊息消費者（MessageConsumer）；⑦訊息消費者（MessageConsumer）接收訊息物件（Message）。

## 5.3.3 撰寫程式碼

撰寫程式碼有 3 種方式。第 1 種方式是透過程式 UI 來實現的，在 Quarkus 官網的生成內碼表面中按照指定步驟生成鷹架程式，然後下載檔案，將專案引入 IDE 工具中，最後修改程式原始碼。

第 2 種方式是透過 mvn 來建構程式，透過下面的命令建立 Maven 專案來實現：

```
mvn io.quarkus:quarkus-maven-plugin:1.11.1.Final:create ^
    -DprojectGroupId=com.iiit.quarkus.sample
    -DprojectArtifactId=041-quarkus-sample-jms-artemis ^
    -DclassName=com.iiit.quarkus.sample.jms.artemis.ProjectResource
    -Dpath=/projects ^
    -Dextensions=resteasy-jsonb,quarkus-artemis-jms
```

第 3 種方式是直接從 GitHub 上獲取程式，可以從 GitHub 上複製預先準備好的範例程式：

```
git clone https://******.com/rengang66/iiit.quarkus.sample.git (見連結 1)
```

該程式位於 "041-quarkus-sample-jms-artemis" 目錄中，是一個 Maven 專案程式。

在 IDE 工具中匯入 Maven 專案程式，在 pom.xml 的 <dependencies> 下有以下內容：

```
<dependency>
    <groupId>io.quarkus</groupId>
    <artifactId>quarkus-artemis-jms</artifactId>
</dependency>
```

quarkus-artemis-jms 是 Quarkus 擴充了 Artemis 的 JMS 實現。

quarkus-sample-jms-artemis 程式的應用架構（如圖 5-21 所示）顯示，ProjectInformProducer 訊息類別遵循 JMS 標準，向 ActiveMQ Artemis 訊息伺服器的訊息主題 Topic 發送訊息，ProjectInformConsumer 訊息類別

遵循 JMS 標準，從 ActiveMQ Artemis 訊息伺服器的訊息主題 Topic 獲取訊息。外部存取 ProjectResource 資源介面並獲取 ProjectInformConsumer 的訊息。ProjectInformProducer 訊息類別和 ProjectInformConsumer 訊息類別依賴於 quarkus-artemis-jms 擴充。

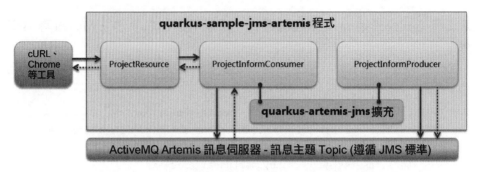

▲ 圖 5-21　quarkus-sample-jms-artemis 程式應用架構圖

quarkus-sample-jms-artemis 程式的設定檔和核心類別如表 5-3 所示。

表 5-3　quarkus-sample-jms-artemis 程式的設定檔和核心類別

| 名　稱 | 類　型 | 簡　介 |
|---|---|---|
| application.properties | 設定檔 | 定義 Artemis 連接和管道、主題等資訊 |
| ProjectInformProducer | 資料生成類別 | 生成資料並將資料發送到 Artemis 的訊息佇列中，核心類別 |
| ProjectInformConsumer | 資料消費類別 | 消費 Artemis 訊息佇列中的資料，核心類別 |
| ProjectResource | 資源類別 | 獲取消費資料並透過 REST 方式來提供，核心類別 |

在該程式中，首先看看設定資訊的 application.properties 檔案：

```
quarkus.artemis.url=tcp://localhost:61616
quarkus.artemis.username=mq
quarkus.artemis.password=123456
```

在 application.properties 檔案中，設定了與 Artemis 訊息平台連接相關的參數。

（1）quarkus.artemis.url 表示連接的訊息伺服器的位置，採用的是 TCP 協定。

（2）quarkus.artemis.username、quarkus.artemis.password 分別表示登入訊息伺服器的用戶名稱和密碼。

下面講解 quarkus-sample-jms-artemis 程式中的 ProjectInformProducer 類別、ProjectInform-Consumer 類別和 ProjectResource 資源類別的功能和作用。

## 1. ProjectInformProducer 類別

用 IDE 工具開啟 com.iiit.quarkus.sample.jms.artemis.ProjectInformProducer 類別檔案，其程式如下：

```
@ApplicationScoped
public class ProjectInformProducer implements Runnable {
    private static final Logger LOGGER = Logger.getLogger
(ProjectInformProducer. class);

    @Inject    ConnectionFactory connectionFactory;

    private final Random random = new Random();
    private final ScheduledExecutorService scheduler = Executors
        .newSingleThreadScheduledExecutor();

    void onStart(@Observes StartupEvent ev) {
        LOGGER.info("ScheduledExecutorService 啟動 ");
        scheduler.scheduleWithFixedDelay(this, 0L, 5L, TimeUnit.SECONDS);
    }

    void onStop(@Observes ShutdownEvent ev) {
        LOGGER.info("ScheduledExecutorService 關閉 ");
        scheduler.shutdown();
    }

    @Override
    public void run()    {
```

```
        //LOGGER.info(" 給主題發送訊息 ");
        try (JMSContext context = connectionFactory.createContext
(Session. AUTO_ACKNOWLEDGE)) {
            Connection connection=connectionFactory.createConnection();
// 透過連接工廠獲取連接
            connection.start(); // 啟動連接
            // 建立階段
            Session session=connection.createSession(Boolean.TRUE,
Session. AUTO_ACKNOWLEDGE);
            Topic topic = session.createTopic("ProjectInform");
            MessageProducer messageProducer= session.
createProducer(topic);
// 建立訊息生產者
            SimpleDateFormat formatter = new SimpleDateFormat("yyyy-MM-dd
HH:mm:ss");
            String dateString = formatter.format(new Date());
            String sendContent = " 專案處理程序資料： " +  Integer.toString
(random.nextInt(100));
            System.out.println(dateString +"JMSProducer 透過主題
ProjectInform 發佈資料:" + sendContent);
            TextMessage message=session.createTextMessage(sendContent);
            messageProducer.send(message);
            session.commit();
        } catch( JMSException e){
            System.out.println("Exception thrown  :" + e);
        }
    }
}
```

程式說明：
..............

① ProjectInformProducer 類別是訊息生產者的管理類別。

② Quarkus 服務啟動時，就呼叫了定時任務物件 ScheduledExecutorService
服務。該服務每隔 5 秒執行一次任務。

③ ProjectInformProducer 類別的 run 方法是一個任務本體，執行的任務是：
首先建立一個訊息主題 topic，然後建立一個訊息生產者 producer，接著
訊息生產者 producer 向訊息主題 topic 發送一個訊息。

## 2. ProjectInformConsumer 類別

用 IDE 工具開啟 com.iiit.quarkus.sample.jms.artemis.ProjectInformConsumer
類別檔案，其程式如下：

```
@ApplicationScoped
public class ProjectInformConsumer implements Runnable {
    private static final Logger LOGGER = Logger.getLogger(ProjectResource.
class);
    public ProjectInformConsumer() {     }

    @Inject    ConnectionFactory connectionFactory;

    @Inject
    Listener listener;

    private final ExecutorService scheduler = Executors.newSingle
ThreadExecutor();
    private volatile String consumeContent;

    public String getConsumeContent() {
        return consumeContent;
    }

    void onStart(@Observes StartupEvent ev) {
        scheduler.submit(this);
    }

    void onStop(@Observes ShutdownEvent ev) {
        scheduler.shutdown();
    }

    @Override
    public void run() {
        try (JMSContext context = connectionFactory.
createContext(Session. AUTO_ACKNOWLEDGE)) {
            LOGGER.info(" 透過監聽訂閱訊息 ");
            Connection connection= connectionFactory.createConnection();
            // 啟動連接
```

```
            connection.start();
            // 建立階段
            Session session=connection.createSession(Boolean.FALSE,
    Session. AUTO_ACKNOWLEDGE);
            // 建立連接的訊息主題
            Topic topic = session.createTopic("ProjectInform");
            // 建立訊息消費者
            MessageConsumer messageConsumer=session.createConsumer(topic);
            // 註冊訊息監聽
            //messageConsumer.setMessageListener(listener);

            while (true) {
                TextMessage message = (TextMessage) messageConsumer.
    receive();
                if (message == null) {      return;        }
                consumeContent = message.getText();
                SimpleDateFormat formatter = new SimpleDateFormat("yyyy-
    MM-dd HH:mm:ss");
                String dateString = formatter.format(new Date());
                System.out.println( dateString+ " JMSConsumer 透過主題
    ProjectInform 訂閱資料: " + consumeContent );
                LOGGER.info(" 消費者成功獲取資料，內容為:"+consumeContent);
            }

        } catch (JMSException e) {
            throw new RuntimeException(e);
        }
    }

}
```

程式說明：
.............

① ProjectInformConsumer 類別是 JMS 訊息消費者的管理類別。

② Quarkus 服務啟動時，就呼叫了定時任務物件 ScheduledExecutorService
服務。該服務每隔 5 秒執行一次任務。

③ ProjectInformConsumer 類別的 run 方法是一個任務本體，執行的
任務是：首先建立一個訊息主題 topic，然後建立一個訊息消費者

consumer，接著訊息消費者 consumer 在迴圈中從訊息主題 topic 處接收訊息。當沒有收到訊息時，退出迴圈；當收到訊息時，在主控台上顯示訊息內容，然後又從訊息主題 topic 處接收訊息，直到消費完訊息主題 topic 中的所有訊息，最後退出迴圈。

quarkus-sample-jms-artemis 程式中的 ProjectResource 資源類別的內容與quarkus-sample-jms-qpid 程式的完全一致，都是以 JMS 標準為基礎來撰寫的程式，故不再贅述。

該程式執行的通訊圖（如圖 5-22 所示，遵循 UML 2.0 標準繪製）中訊息的處理過程如下。

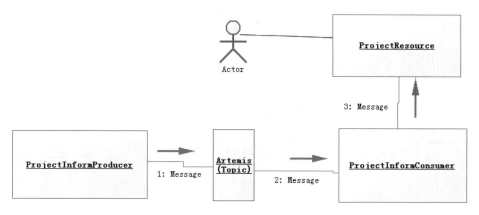

▲ 圖 5-22　quarkus-sample-jms-artemis 程式執行的通訊圖

（1）啟動應用程式，呼叫 ProjectInformGenerator 物件的實例化物件 ScheduledExecutor-Service 的 scheduleWithFixedDelay 方法，而該方法的內容是按照 5 秒一次的頻率呼叫 ProjectInformGenerator 物件的 run 方法。ProjectInformGenerator 的 run 方法主要用於向訊息伺服器的 ProjectInform 主題發送專案訊息。其發送訊息的過程可參見圖 5-20 的 JMS 標準主題模式執行圖。

（2）啟動應用程式，呼叫 ProjectInformConsumer 物件的實例化物件 Executor Service 的 submit 方法，而該方法的內容是呼叫 ProjectInform

Consumer 物件的 run 方法。ProjectInformConsumer 的 run 方法主要用於從訊息伺服器的 ProjectInform 主題訂閱專案訊息。其接收訊息的過程可參見圖 5-20 的 JMS 標準主題模式執行圖。

（3）外部呼叫 ProjectResource 物件的 latestContent 方法，得到 Project InformConsumer 物件的最新專案訊息。

## 5.3.4 驗證程式

透過下列幾個步驟（如圖 5-23 所示）來驗證案例程式。

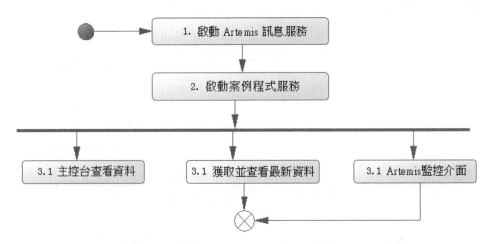

▲ 圖 5-23　quarkus-sample-jms-artemis 程式驗證流程圖

下面對其中相關的關鍵點說明。

### 1. 啟動 Artemis 訊息服務

安裝好 Artemis，初始化資料檔案，然後到資料目錄下執行 artemis run 命令來啟動 Artemis。

確認在 Artemis 的 artemis_home 代理實例下的 etc 目錄的 broker.xml 檔案中有以下設定：

```
<acceptor name="artemis">tcp://0.0.0.0:61616?tcpSendBufferSize=1048576;
tcpReceiveBufferSize=1048576;amqpMinLargeMessageSize=102400;protocols=C
ORE,AMQP,STOMP,HORNETQ,MQTT,OPENWIRE;useEpoll=true;amqpCredits=1000;amqp
LowCredits=300;amqpDuplicateDetection=true</acceptor>
```

其中的主要內容是 TCP 協定中的監聽通訊埠是 61616。

## 2. 啟動 quarkus-sample-jms-artemis 程式服務

啟動程式有兩種方式，第 1 種是在開發工具（如 Eclipse）中呼叫
ProjectMain 類別的 run 命令，第 2 種是在程式目錄下直接執行命令 mvnw
compile quarkus:dev。IDE 工具主控台偵錯介面的內容如圖 5-24 所示。

▲ 圖 5-24　IDE 工具主控台偵錯介面的內容

也可以在 Apache Artemis 的整體監控介面下觀察資料變化。

quarkus-sample-jms-artemis 程式的驗證過程與 quarkus-sample-jms-qpid
程式的完全一致，就不再贅述了。

# 5.4 建立 MQTT 應用

## 5.4.1 前期準備

首先需要一個 MQTT 伺服器。我們選擇的 MQTT 伺服器是 Eclipse Mosquitto。Eclipse Mosquitto 是一個開放原始碼（EPL/EDL 許可）的訊息代理，實現了 MQTT 協定 5.0、3.1.1 和 3.1 版本，其也是一個適用於從低功耗單板電腦到全套伺服器等所有裝置的羽量級訊息代理框架。

下面簡單說明 Eclipse Mosquitto 的安裝步驟。

第 1 步：獲取 Eclipse Mosquitto 工具安裝檔案。安裝檔案可從工具軟體的官網獲取。

第 2 步：安裝 Eclipse Mosquitto 工具。Windows 系統下的安裝過程非常簡單，直接執行安裝檔案即可成功安裝，並且 Mosquitto 會成為 Windows 的系統服務。

## 5.4.2 案例簡介

本案例介紹以 Quarkus 框架為基礎實現 MQTT 的基本功能。該模組以開放原始碼的羽量級 Eclipse Mosquitto 訊息代理框架作為 MQTT 伺服器。透過閱讀和分析在 Eclipse Mosquitto 上以 MQTT 協定為基礎實現生成、發佈、廣播和消費訊息等操作的案例程式，可以了解和掌握 Quarkus 框架的 MQTT 協定和 Eclipse Mosquitto 的使用方法。同時，本案例也示範了如何使用 MicroProfile 響應式訊息傳遞實現 MQTT 之間的互動。

**基礎知識**：MQTT 協定及其概念。

MQTT（Message Queuing Telemetry Transport，訊息佇列遙測傳輸協定），是一種以發佈 / 訂閱（Publish/Subscribe）模式為基礎的羽量級通

訊協定，該協定建構於 TCP/IP 協定上，由 IBM 於 1999 年發佈。MQTT 協定的特點是輕量、簡單、開放和易於實現。MQTT 最大的優點在於，可以以極少的程式和有限的頻寬為連接遠端裝置提供即時、可靠的訊息服務。身為低負擔、低頻寬佔用的即時通訊協定，MQTT 協定在物聯網（IoT）、M2M 通訊、小型裝置、行動應用程式等方面有較廣泛的應用。

實現 MQTT 協定需要用戶端和服務端完成通訊，在通訊過程中，MQTT 協定中有 3 種身份：發行者（Publish）、代理（Broker）（伺服器）、訂閱者（Subscribe）。其中，訊息的發行者和訂閱者都是用戶端，訊息代理是伺服器，發行者可以同時是訂閱者，MQTT 協定的架構圖如圖 5-25 所示。

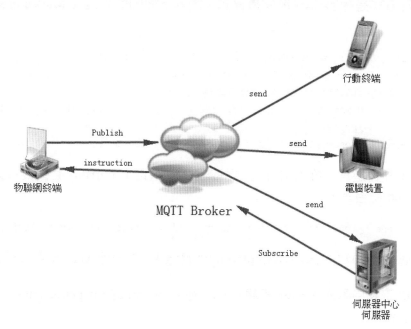

▲ 圖 5-25　MQTT 協定的架構圖

MQTT 協定傳輸的訊息分為主題（Topic）和負載（Payload）兩部分：① 可以了解 Topic 為訊息的類型，訂閱者訂閱（Subscribe）後就會收到該主題的訊息內容（Payload）；② Payload，就是訊息內容，即訂閱者具體要使用的內容。MQTT 協定會建構底層網路傳輸：它將建立用戶端到服務端之間的連接，提供兩者之間的有序的、無損的、以位元組流為基礎的雙向傳輸。當透過 MQTT 網路發送應用資料時，MQTT 會把與之相關的服務品質（QoS）與主題（Topic）相連結。

### 5.4.3 撰寫程式碼

撰寫程式碼有 3 種方式。第 1 種方式是透過程式 UI 來實現的，在 Quarkus 官網的生成內碼表面中按照指定步驟生成鷹架程式，然後下載檔案，將專案引入 IDE 工具中，最後修改程式原始碼。

第 2 種方式是透過 mvn 來建構程式，透過下面的命令建立 Maven 專案來實現：

```
mvn io.quarkus:quarkus-maven-plugin:1.11.1.Final:create ^
    -DprojectGroupId=com.iiit.quarkus.sample
    -DprojectArtifactId=045-quarkus-sample-mqtt ^
    -DclassName=com.iiit.quarkus.sample.mqtt.mosquitto.ProjectResource
    -Dpath=/projects ^
    -Dextensions=resteasy-jsonb,quarkus-smallrye-reactive-messaging-mqtt
```

第 3 種方式是直接從 GitHub 上獲取程式，可以從 GitHub 上複製預先準備好的範例程式：

```
git clone https://******.com/rengang66/iiit.quarkus.sample.git（見連結 1）
```

該程式位於 "045-quarkus-sample-mqtt" 目錄中，是一個 Maven 專案程式。

在 IDE 工具中匯入 Maven 專案程式，在 pom.xml 的 <dependencies> 下有以下內容：

```
<dependency>
    <groupId>io.quarkus</groupId>
    <artifactId>quarkus-resteasy</artifactId>
</dependency>

<dependency>
```

```
    <groupId>io.quarkus</groupId>
    <artifactId>quarkus-smallrye-reactive-messaging-mqtt</artifactId>
</dependency>
```

quarkus-smallrye-reactive-messaging-mqtt 是 Quarkus 擴充了 SmallRye 的 MQTT 實現。

quarkus-sample-mqtt 程式的應用架構（如圖 5-26 所示）顯示，ProjectDataGenerator 類別遵循 MicroProfile Reactive Messaging 標準，透過管道向 Eclipse Mosquitto 訊息伺服器的主題發送訊息串流，ProjectDataConverter 訊息類別遵循 MicroProfile Reactive Messaging 標準，從 Eclipse Mosquitto 訊息伺服器獲取訊息主題的訊息串流，然後 ProjectDataConverter 又透過管道向 Eclipse Mosquitto 訊息伺服器的主題廣播訊息串流。外部存取 ProjectResource 資源介面，ProjectResource 遵循 MicroProfile Reactive Messaging 標準，從 Eclipse Mosquitto 訊息伺服器獲取廣播的訊息串流。ProjectResource、ProjectDataConverter 和 ProjectDataGenerator 都依賴於以 MicroProfile Reactive Messaging 為基礎標準實現的 SmallRye Reactive Messaging 框架。

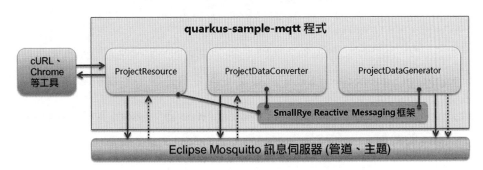

▲ 圖 5-26　quarkus-sample-mqtt 程式應用架構圖

quarkus-sample-mqtt 程式的設定檔和核心類別如表 5-4 所示。

表 5-4　quarkus-sample-mqtt 程式的設定檔和核心類別

| 名　稱 | 類　型 | 簡　介 |
|---|---|---|
| application.properties | 設定檔 | 定義訊息平台連接和管道、主題等資訊 |
| ProjectInformGenerator | 資料生成類別 | 生成資料並將資料發送到訊息平台的管道中，核心類別 |
| ProjectInformConverter | 資料轉換類 | 消費訊息平台管道中的資料並廣播，核心類別 |
| ProjectResource | 資源類別 | 消費訊息平台管道中的資料並透過 REST 方式來提供，核心類別 |

在該程式中，首先看看設定資訊的 application.properties 檔案：

```
# Configure the MQTT sink (we write to it)
mp.messaging.outgoing.generated-data.type=smallrye-mqtt
mp.messaging.outgoing.generated-data.topic=project-data
mp.messaging.outgoing.generated-data.host=localhost
mp.messaging.outgoing.generated-data.port=1883
mp.messaging.outgoing.generated-data.auto-generated-client-id=true

# Configure the MQTT source (we read from it)
mp.messaging.incoming.receive-data.type=smallrye-mqtt
mp.messaging.incoming.receive-data.topic=project-data
mp.messaging.incoming.receive-data.host=localhost
mp.messaging.incoming.receive-data.port=1883
mp.messaging.incoming.receive-data.auto-generated-client-id=true
```

在 application.properties 檔案中，設定了與資料庫連接相關的參數。

（1）mp.messaging.outgoing.generated-data.type 表示輸出管道 generated-data 的類型。

（2）mp.messaging.outgoing.generated-data.topic 表示輸出管道 generated-data 的主題。

（3）mp.messaging.outgoing.generated-data.host 表示輸出管道 generated-data 的位址。

（4）mp.messaging.outgoing.generated-data.por 表示輸出管道 generated-data 的通訊埠。這是 Eclipse Mosquitto 訊息伺服器的 MQTT 通訊埠。

（5）mp.messaging.incoming.receive-data.type 表 示 輸 入 管 道 receive-data 的類型。

（6）mp.messaging.incoming.receive-data.topic 表 示 輸 入 管 道 receive-data 的主題。

（7）mp.messaging.incoming.receive-data.host 表 示 輸 入 管 道 receive-data 的位址。

（8）mp.messaging.incoming.receive-data.port 表 示 輸 入 管 道 receive-data 的通訊埠。這也是 Eclipse Mosquitto 訊息伺服器的 MQTT 通訊埠。

關於這部分內容，在講解響應式系統和 Kafka 時會有詳細介紹。

下 面 講 解 quarkus-sample-mqtt 程 式 中 的 ProjectDataGenerator 類 別、 ProjectDataConverter 類別和 ProjectResource 資源類別的功能和作用。

## 1. ProjectDataGenerator 類別

用 IDE 工具開啟 com.iiit.quarkus.sample.mqtt.mosquitto.ProjectDataGenerator 類別檔案，其程式如下：

```
@ApplicationScoped
public class ProjectDataGenerator{
    private Random random = new Random();

    // 每 5 秒生成一筆資料
    @Outgoing("generated-data")
    public Flowable<String> generate() {
        return Flowable.interval(5, TimeUnit.SECONDS)
            .map(tick -> {
                int data = random.nextInt(100);
                String projectData = " 專案即時資料：" + Integer.toString
(data);
                System.out.println(" 發送專案資料 : " + projectData);
                Date currentTime = new Date();
                SimpleDateFormat formatter = new SimpleDateFormat ("yyyy-
MM-dd HH:mm:ss");
                String dateString = formatter.format(currentTime);
```

```
                return dateString + "-" + projectData;
            });
    }
 }
```

程式說明：

① 輸出管道 generated-data 按照資料流程模式生產資料。

② 按照資料流程模式，每隔 5 秒發送一次資料。

## 2. ProjectDataConverter 類別

用 IDE 工具開啟 com.iiit.quarkus.sample.mqtt.mosquitto.ProjectDataConverter
類別檔案，其程式如下：

```
@ApplicationScoped
public class ProjectDataConverter {
    private static final Logger LOGGER = Logger.getLogger(ProjectResource.
class);

    public ProjectDataConverter() {}

    // 接收一筆資料並廣播出去
    @Incoming("receive-data")
    @Outgoing("data-stream")
    @Broadcast
    @Acknowledgment(Acknowledgment.Strategy.PRE_PROCESSING)
    public String process(byte[] rawData) {
        String data = new String(rawData);
        System.out.println(" 接收到的資料：" + data);
        return data;
    }
 }
```

程式說明：

① 獲取輸入管道 receive-data 的資料。由於輸入管道 receive-data 和輸出
管道 generated-data 有相同的主題，故輸出管道 generated-data 的資料
會被輸入管道 receive-data 所接收。

② 輸出管道 data-stream 按照資料流程模式生產資料，資料以廣播方式發送。

## 3. ProjectResource 資源類別

用 IDE 工 具 開 啟 com.iiit.quarkus.sample.mqtt.mosquitto.ProjectResource 類別檔案，其程式如下：

```
@Path("/projects")
@ApplicationScoped
@Produces(MediaType.APPLICATION_JSON)
@Consumes(MediaType.APPLICATION_JSON)
public class ProjectResource {

    private static final Logger LOGGER = Logger.getLogger
(ProjectResource. class);

    @Inject
    @Channel("data-stream")
    Publisher<String> projectDatas;

    public ProjectResource() {}

    // 按照串流模式接收資料
    @GET
    @Path("/mosquitto")
    @Produces(MediaType.SERVER_SENT_EVENTS)
    public Publisher<String> stream() {
        return projectDatas;
    }
}
```

程式說明：

① ProjectResource 類別的主要方法是 REST 的基本操作方法，按照串流模式獲取訊息的內容。

② 注入了 Publisher<String> 發行者，從管道 data-stream 獲取廣播的訂閱資訊。

用通訊圖（採用 UML 2.0 標準繪製）來表述程式的業務場景，如圖 5-27 所示。

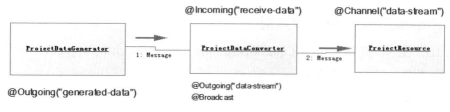

▲ 圖 5-27　quarkus-sample-mqtt 程式通訊圖

下面對其中相關的關鍵點說明。

（1）啟動應用程式，會呼叫 ProjectDataGenerator 物件的 generate 方法，該方法按照 1 秒一次的頻率向輸出管道 receive-data 的 generated-data 主題發送訊息。

（2）ProjectInformConverter 物 件 透 過 輸 入 管 道 receive-data， 獲 取 generated-data 主題的訊息，然後透過輸出管道 data-stream 廣播出去。

（3）ProjectResource 物件透過管道 data-stream 獲取訊息。

## 5.4.4　驗證程式

透過下列幾個步驟（如圖 5-28 所示）來驗證案例程式。

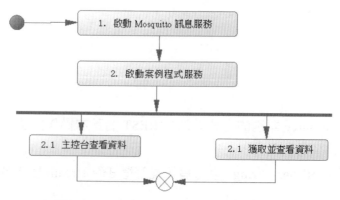

▲ 圖 5-28　quarkus-sample-mqtt 程式驗證流程圖

下面對其中相關的關鍵點說明。

## 1. 啟動 Mosquitto 訊息服務

安裝好 Eclipse Mosquitto，在 Windows 系統服務上啟動 Mosquitto 訊息服務，如圖 5-29 所示。

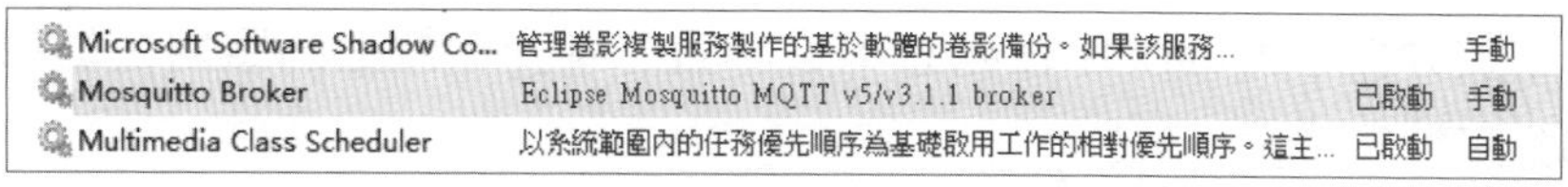

| Microsoft Software Shadow Co... | 管理卷影複製服務製作的基於軟體的卷影備份。如果該服務... | | 手動 |
| Mosquitto Broker | Eclipse Mosquitto MQTT v5/v3.1.1 broker | 已啟動 | 手動 |
| Multimedia Class Scheduler | 以系統範圍內的任務優先順序為基礎啟用工作的相對優先順序。這主... | 已啟動 | 自動 |

▲ 圖 5-29　啟動 Mosquitto 訊息服務

Mosquitto 訊息服務設定在 Mosquitto 程式目錄的 mosquitto.conf 檔案中，其預設監聽通訊埠是 1883。

## 2. 啟動 quarkus-sample-mqtt 程式服務

啟動程式有兩種方式，第 1 種是在開發工具（如 Eclipse）中呼叫 ProjectMain 類別的 run 方法，第 2 種是在程式目錄下直接執行命令 mvnw compile quarkus:dev。

## 3. 查閱資料接收情況

直接執行命令 curl http://localhost:8080/projects/mosquitto，執行命令後的介面如圖 5-30 所示。

```
C:\Users\reng>curl http://localhost:8080/projects/mosquitto

data: 2020-11-26 10:04:35-專案即時資料; 81

data: 2020-11-26 10:04:40-專案即時資料; 99

data: 2020-11-26 10:04:45-專案即時資料; 10

data: 2020-11-26 10:04:50-專案即時資料; 36

data: 2020-11-26 10:04:55-專案即時資料; 35

data: 2020-11-26 10:05:00-專案即時資料; 94

data: 2020-11-26 10:05:05-專案即時資料; 98

data: 2020-11-26 10:05:10-專案即時資料; 46

data: 2020-11-26 10:05:15-專案即時資料; 55

data: 2020-11-26 10:05:20-專案即時資料; 79
```

▲ 圖 5-30　執行命令後的介面

也可以在瀏覽器中輸入位址 http://localhost:8080/projects/mosquitto 來查看資料接收情況。

# 5.5 本章小結

本章主要介紹了 Quarkus 在訊息串流和訊息中介軟體上的應用,從以下 4 個部分來進行講解。

第一: 介紹了在 Quarkus 框架上如何開發 Apache Kafka 訊息串流的應用,包含案例的原始程式、講解和驗證。

第二: 介紹了在 Quarkus 框架上如何開發遵循 JMS 標準佇列模式的應用,包含案例的原始程式、講解和驗證。

第三: 介紹了在 Quarkus 框架上如何開發遵循 JMS 標準主題模式的應用,包含案例的原始程式、講解和驗證。

第四: 介紹了在 Quarkus 框架上如何開發遵循 MQTT 協定的應用,包含案例的原始程式、講解和驗證。

# 建構安全的 **Quarkus** 微服務

## 6.1 微服務 Security 概述

在微服務架構中，一個應用會被拆分成許多個微應用。每個微服務實現原來單體應用中一個模組的業務功能，這樣對每個微服務的存取請求都需要進行服務授權。微服務授權包含認證（Authentication）和授權（Authorization）兩部分。認證解決的是呼叫方身份辨識的問題，授權解決的是是否允許呼叫的問題。

David Borsos 在倫敦的微服務大會上做了相關安全內容的演講，並評估了 4 種針對微服務系統的身份驗證方案，分別是單點登入（SSO）方案、分散式 Session 方案、用戶端權杖方案和用戶端權杖與 API 閘道相結合的方案。

### 1. 單點登入（SSO）方案

單點登入（Single Sign On）方案，簡稱為 SSO 方案。在多個應用系統中，使用者只需要登入一次就可以存取所有相互信任的應用系統。該方案的優點是只用登入一次，使用者登入狀態是不透明的，可防止攻擊者從狀態推斷出任何有用的資訊；缺點是在多個微服務應用中會產生大量非常瑣碎的網路流量和重複工作。

## 2. 分散式 Session 方案

分散式 Session 方案是指在分散式架構下，使用者登入認證成功後，將關於使用者認證的資訊儲存在共用儲存中，並且通常將使用者階段作為鍵來實現簡單的分散式雜湊映射。當使用者存取微服務時，可以從共用儲存中獲取使用者資料。該方案的優點是使用者登入狀態不透明且高可用、高可擴充；缺點是共用儲存需要保護機制，增加了方案的複雜度。

## 3. 用戶端權杖方案

用戶端權杖（Token）方案，即在用戶端生成權杖，由身份驗證服務進行簽名，並且必須包含足夠的資訊，以便可以在所有微服務中建立使用者身份。權杖會附加到每個請求上，為微服務提供使用者身份驗證。這種解決方案的安全性相對較好。該方案的優點是：①服務端無狀態：權杖機制使得在服務端不需要儲存 session 資訊，因為權杖包含了所有使用者的相關資訊；②性能較好，因為在驗證權杖時不用再去存取資料庫或遠端服務來進行許可權驗證，這樣自然可以提升性能；③支持行動裝置；④支援跨程式呼叫，Cookie 是不允許垮域存取的，而權杖則不存在這個問題。但該方案中的身份驗證登出是一個大問題，緩解這一問題的方法是使用短期權杖和頻繁檢查認證服務等。

## 4. 用戶端權杖與 API 閘道結合的方案

用戶端權杖與 API 閘道結合的方案要求外部的所有請求都透過 API 閘道，從而有效地隱藏內部微服務。在請求時，API 閘道將原始使用者權杖轉為內部階段 ID 權杖。這種方案雖然函數庫支援程度比較好，但實現起來比較複雜。

# 6.2 Quarkus Security 架構

Quarkus Security 為開發者提供了多套系統結構、多種身份驗證和授權機制及其他工具，以便 Quarkus 建構的應用獲得良好的品質安全性。

## 6.2.1 Quarkus Security 架構概述

HttpAuthenticationMechanism 是 Quarkus HTTP 安全系統的主要入口。

Quarkus Security Manager 使用 HttpAuthenticationMechanism 從 HTTP 請求中提取身份驗證憑據，並委託給 IdentityProvider 以完成這些憑據到 SecurityIdentity 的轉換。舉例來說，憑證可能隨 HTTP 授權標頭、用戶端 HTTPS 證書或 Cookie 一起提供。

IdentityProvider 驗證身份驗證憑據，並將其映射到 SecurityIdentity，後者包含用戶名稱、角色、原始身份驗證憑據和其他屬性。對於每個經過身份驗證的資源，可以注入一個 SecurityIdentity 實例，以獲取經過身份驗證的身份資訊。在其他一些上下文中，如果有相同的資訊就同時處理。例如用於 JAX-RS 的 SecurityContext 或用於 JWT 的 JsonWebToken。IdentityProvider 將 HttpAuthenticationMechanism 提供的身份驗證憑據轉為 SecurityIdentity。

Quarkus 框架外部有一些安全性擴充，如 OIDC、OAuth 2.0、SmallRye JWT、LDAP 等，由具有特定支援身份驗證串流的內聯 IdentityProvider 實現。舉例來說，Quarkus OIDC 使用自己的 IdentityProvider 將權杖轉為 SecurityIdentity。

如果使用基礎和以表單 HTTP 為基礎的身份驗證機制，則必須增加一個 IdentityProvider，IdentityProvider 可以將用戶名稱和密碼轉為 SecurityIdentity。

## 6.2.2 Quarkus Security 支持的身份認證

Basic and Form HTTP-based Authentication 是 Quarkus 支持身份驗證機制的核心，是基礎和以表單 HTTP 為基礎的身份驗證機制。其 HTTP 基本認證過程如下：①用戶端發送 HTTP 請求給服務端；②因為請求中沒有包含 Authorization Header，所以服務端會傳回一個 401 Unauthorized 給用戶端，並且在 Response 的 Header "WWW-Authenticate" 中增加資訊；③用戶端用 BASE64 加密用戶名稱和密碼後，將其放在 Authorization Header 中發送給伺服器，認證成功；④服務端將 Authorization Header 中的用戶名稱和密碼取出並進行驗證，如果驗證通過，將根據請求發送資源給用戶端。

Quarkus 提供相互 TLS 身份驗證，可以根據使用者的 X.509 證書身份驗證。

quarkus-oidc-extension 提供了一個響應式、可交互操作、支援多租戶的 OpenID 連接介面卡，支援 Bearer 權杖機制和授權程式串流身份驗證機制。Bearer 權杖機制從 HTTP 授權表頭中提取權杖。授權程式串流機制使用 OpenID Connect 授權程式串流。它將使用者重新導向到 IDP 並進行身份驗證，在使用者被重新導向回 Quarkus 後，完成身份驗證過程，方法是：將提供的程式授權轉為 ID、存取和刷新權杖。ID 和 Access JWT 權杖透過可刷新 JWK 金鑰集進行驗證，但 JWT 和不透明（二進位）權杖都可以遠端自省。quarkus-oidc Bearer 和授權程式串流驗證機制都使用 SmallRye JWT 將 JWT 權杖表示為 MicroProfile JWT 的 org.eclipse.microprofile.jwt.Json WebToken。

quarkus-smallrye-jwt 提供了 MicroProfile JWT 1.1.1 實現和更多選項，以驗證簽名和加密的 JWT 權杖，並將其表示為 org.eclipse.microprofile.jwt.JsonWebToken。quarkus-smallrye-jwt 提供了 quarkus-oidc Bearer 權杖身份驗證機制的替代方案。它目前只能使用 PEM 金鑰或可刷新 JWK 金鑰

集驗證 JWT 權杖。此外，quarkus-smallrye-jwt 還提供了 JWT 生成 API 方法，用於輕鬆地建立簽名、內部簽名和 / 或加密的 JWT 權杖。

quarkus-elytron-security-oauth2 提供了 quarkus-oidc Bearer 權杖身份驗證機制的替代方案。它以 Elytron 為基礎，主要用於遠端反思不透明權杖。

Quarkus 支持 LDAP 身份驗證機制。

## 6.2.3 API 權杖方案概述

對於微服務安全認證授權機制這個領域，業界目前雖然有 OAuth 和 OpenID Connect 等標準協定，但是具體做法都不太一樣。

微服務安全認證授權解決方案的實現說明：①採用單點登入模式；②在微服務架構中，以 API 閘道作為對外提供服務的入口，因此在 API 閘道處提供統一的使用者認證，統一實現安全治理；③授權伺服器支援 OAuth 2.0 和 OpenID Connect 標準協定；④權杖用於表示使用者身份，因此需要對其內容進行加密，避免被請求方或第三者篡改，採用 JWT（JSON Web Token）的加密方式。

帶有 JWT 的 API 權杖認證方案架構圖如圖 6-1 所示。

微服務安全認證授權架構解決方案的核心要點有：①使用支援 OAuth 2.0 和 OpenID Connect 標準協定的授權伺服器；②使用 API 閘道作為單一存取入口；③客戶在存取微服務之前，先透過授權伺服器登入獲取 Access Token，然後將 Access Token 和請求一起發送到閘道；④閘道獲取 Access Token，透過授權伺服器驗證權杖，同時對權杖進行轉換，獲取 JWT 權杖；⑤ API 閘道將 JWT 權杖和請求一起轉發給後台微服務；⑥在 JWT 中可以儲存使用者階段資訊，該資訊可以被傳遞給後台的微服務，也可以在微服務之間傳遞，用於認證、授權等用途；⑦每個微服務都包含 JWT 用戶端，能夠解密 JWT 並獲取其中的使用者階段資訊。

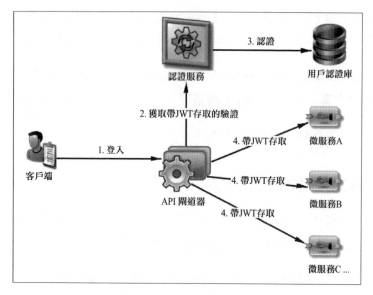

▲ 圖 6-1　帶有 JWT 的 API 權杖認證方案架構圖

在整個方案中，Access Token 是一種引用權杖（Reference Token），不包含使用者資訊，可以直接曝露在公網上；JWT 權杖是一種值權杖（Value Token），可以包含使用者資訊，但不能曝露在公網上。

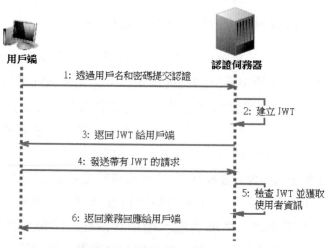

▲ 圖 6-2　採用權杖方式進行使用者認證的基本流程圖

微服務安全認證授權過程主要採用權杖方式。採用權杖方式進行使用者認證的基本流程如圖 6-2 所示。其流程圖說明如下：①使用者輸入用戶名稱、密碼等驗證資訊，向認證伺服器發起登入請求；②認證服務端驗證使用者登入資訊，生成 JWT 權杖；③認證服務端將權杖傳回給用戶端，用戶端將其保存在本地（一般以 Cookie 的方式保存）；④用戶端向認證服務端發送存取請求，請求中攜帶之前頒發的權杖；⑤認證服務端驗證權杖，確認使用者的身份和對資源的存取權限，並進行對應的處理，如拒絕或允許存取等；⑥最後認證服務端把業務回應傳回給用戶端。

# 6.3 以檔案儲存使用者資訊為基礎的安全認證

Quarkus 支援用於開發和測試目的以屬性檔案為基礎的身份驗證。不建議在生產中使用這種驗證方式，因為目前只使用純文字和 MD5 雜湊密碼，並且屬性檔案通常在生產中被限制使用。

## 6.3.1 案例簡介

本案例介紹 Quarkus 框架以檔案儲存安全資訊和 HTTP Basic Authentication 等為基礎實現的安全功能。透過閱讀和分析 Quarkus 應用如何使用檔案來儲存使用者身份等案例程式，可以了解和掌握 Quarkus 框架以檔案儲存使用者身份和 HTTP Basic Authentication 的使用方法為基礎。

## 6.3.2 撰寫程式碼

撰寫程式碼有 3 種方式。第 1 種方式是透過程式 UI 來實現的，在 Quarkus 官網的生成內碼表面中按照指定步驟生成鷹架程式，然後下載檔案，將專案引入 IDE 工具中，最後修改程式原始碼。

第 2 種方式是透過 mvn 來建構程式，透過下面的命令建立 Maven 專案來實現：

```
mvn io.quarkus:quarkus-maven-plugin:1.11.1.Final:create ^
    -DprojectGroupId=com.iiit.quarkus.sample
    -DprojectArtifactId=050-quarkus-sample-security-file ^
    -DclassName=com.iiit.quarkus.sample.jdbc.security.PublicResource
    -Dpath=/projects ^
    -Dextensions=resteasy-jsonb,quarkus-elytron-security-properties-file
```

第 3 種方式是直接從 GitHub 上獲取程式，可以從 GitHub 上複製預先準備好的範例程式：

```
git clone https://******.com/rengang66/iiit.quarkus.sample.git (見連結1)
```

該程式位於 "050-quarkus-sample-security-file" 目錄中，是一個 Maven 專案程式。

在 IDE 工具中匯入 Maven 專案程式，在 pom.xml 的 <dependencies> 下有以下內容：

```
<dependency>
    <groupId>io.quarkus</groupId>
    <artifactId>quarkus-elytron-security-properties-file</artifactId>
</dependency>
```

其中的 quarkus-elytron-security-properties-file 是 Quarkus 擴充了 Security 的 file 實現。

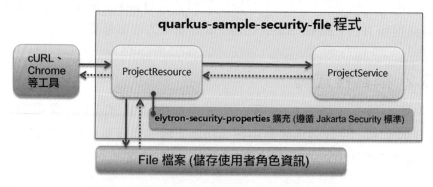

▲ 圖 6-3　quarkus-sample-security-file 程式應用架構圖

quarkus-sample-security-file 程式的應用架構（如圖 6-3 所示）顯示，外部存取 ProjectResource 資源介面，ProjectResource 負責外部的存取安全認證，其安全認證資訊儲存在 File 檔案中，ProjectResource 依賴於 elytron-security-properties 擴充。

quarkus-sample-security-file 程式的設定檔和核心類別如表 6-1 所示。

表 6-1　quarkus-sample-security-file 程式的設定檔和核心類別

| 名　稱 | 類　型 | 簡　介 |
|---|---|---|
| application.properties | 設定檔 | 定義了一些安全設定資訊 |
| roles.properties | 設定檔 | 定義了安全角色的內容 |
| users.properties | 設定檔 | 定義了安全使用者的內容 |
| ProjectResource | 資源類別 | 提供 REST 外部 API 的安全認證介面，核心類別 |
| ProjectService | 服務類別 | 主要提供資料服務，無特殊處理，在本節中將不做介紹 |
| Project | 實體類別 | POJO 物件，無特殊處理，在本節中將不做介紹 |

在該程式中，首先看看設定資訊的 application.properties 檔案：

```
quarkus.http.auth.basic=true
quarkus.security.users.file.enabled=true
quarkus.security.users.file.plain-text=true
quarkus.security.users.file.users=users.properties
quarkus.security.users.file.roles=roles.properties
```

在 application.properties 檔案中，定義了與安全相關的設定參數。

（1）quarkus.http.auth.basic=true 表示啟用 HTTP 的認證功能。

（2）quarkus.security.users.file.enabled=true 表示採用檔案方式儲存使用者和角色資訊。

（3）quarkus.security.users.file.plain-text=true 表示採用檔案方式儲存資訊的格式為文字。

（4）quarkus.security.users.file.users 表示儲存使用者的檔案名稱。

（5）quarkus.security.users.file.roles 表示儲存角色的檔案名稱。

設定資訊的 roles.properties 檔案：

```
admin=admin
reng=user
```

在 roles.properties 檔案中，設定了角色和使用者及其物件關係的參數。建立了使用者和角色的對應關係，admin 使用者歸屬為 admin 角色，reng 使用者歸屬為 user 角色。

設定資訊的 users.properties 檔案：

```
admin=1234
reng=1234
```

在 users.properties 檔案中，設定了使用者及其密碼的參數。定義了兩個使用者，分別是 admin 和 reng，等號後面分別是使用者的登入密碼。

下面講解 quarkus-sample-security-file 程式中的 ProjectResource 資源類別的功能和作用。

用 IDE 工具開啟 com.iiit.quarkus.sample.security.file.ProjectResource 類別檔案，其程式如下：

```
@Path("/projects")
@ApplicationScoped
@Produces(MediaType.APPLICATION_JSON)
@Consumes(MediaType.APPLICATION_JSON)
public class ProjectResource {
    private static final Logger LOGGER = Logger.getLogger(ProjectResource.
class.getName());

    @Inject    ProjectService service;

    public ProjectResource() {}

    @GET
    @Path("/api/public")
    @PermitAll
```

```
public List<Project> publicResource() {
    LOGGER.info("public");
    return service.getAllProject();
}

@GET
@Path("/api/admin")
@RolesAllowed("admin")
public String adminResource() {
    LOGGER.info("admin");
    return service.getProjectInform();
}

@GET
@Path("/api/users/user")
@RolesAllowed("user")
public String userResource(@Context SecurityContext securityContext)
{
    LOGGER.info(securityContext.getUserPrincipal().getName());
    return service.getProjectInform();
}
}
```

程式說明：
............

① ProjectResource 類別的作用與外部進行互動，主要方法是 REST 的 GET 方法。

② ProjectResource 類別對外提供的 REST 介面是有安全認證要求的，只有達到安全等級，才能獲取對應的資料。

③ ProjectResource 類別的 publicResource 方法，無安全認證要求，故所有角色都能獲取資料。

④ ProjectResource 類別的 adminResource 方法，只有 admin 角色才能存取，歸屬 admin 角色的存取使用者才能獲取資料。

⑤ ProjectResource 類別的 userResource 方法，只有 user 角色才能存取，歸屬 user 角色的存取使用者或擁有 user 角色許可權的角色才能獲取資料。

該程式動態執行的序列圖（如圖 6-4 所示，遵循 UML 2.0 標準繪製）描述了外部呼叫者 Actor、ProjectResource 和 ProjectService 等物件之間的時間順序互動關係。

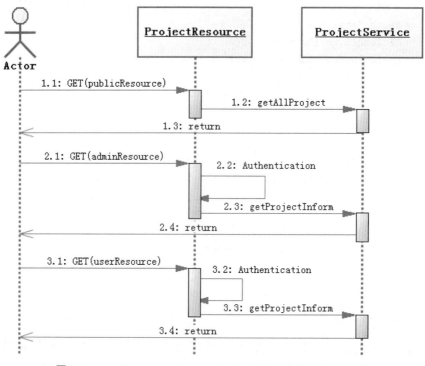

▲ 圖 6-4　quarkus-sample-security-file 程式動態執行的序列圖

該序列圖中總共有 3 個序列，分別介紹如下。

序列 1 活動：①外部呼叫 ProjectResource 資源物件的 GET(publicResource) 方法；② GET (publicResource) 方法呼叫 ProjectService 服務類別的 getAllProject 方法；③返回到 Project 列表中。

序列 2 活動：①外部傳入參數用戶名稱和密碼並呼叫 ProjectResource 資源物件的 GET(adminResource) 方法；② ProjectResource 資源物件對用戶名稱和密碼進行認證；③認證成功後，ProjectResource 資源物件的

GET(adminResource) 方法呼叫 ProjectService 服務物件的 getProjectInform
方法；④傳回 Project 列表中的 Project 資料。

序列 3 活動：①外部傳入參數用戶名稱和密碼並呼叫 ProjectResource 資
源物件的 GET(userResource) 方法；② ProjectResource 資源物件對用
戶名稱和密碼進行認證；③認證成功後，ProjectResource 資源物件的
GET(userResource) 方法呼叫 ProjectService 服務物件的 getProjectInform
方法；④傳回 Project 列表中的 Project 資料。

## 6.3.3 驗證程式

透過下列幾個步驟（如圖 6-5 所示）來驗證案例程式。

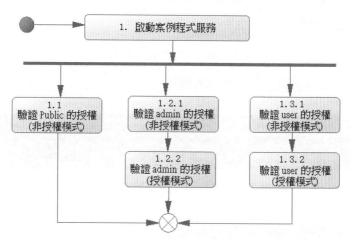

▲ 圖 6-5　quarkus-sample-security-file 程式驗證流程圖

下面對其中相關的關鍵點說明。

### 1. 啟動 quarkus-sample-security-file 程式服務

啟動程式有兩種方式，第 1 種是在開發工具（如 Eclipse）中呼叫
ProjectMain 類別的 run 方法，第 2 種是在程式目錄下直接執行命令 mvnw
compile quarkus:dev。

## 2. 透過 API 驗證 Public 的授權情況

在命令列視窗中輸入以下命令：

```
curl -i -X GET http://localhost:8080/api/public
```

其結果顯示為授權通過。

## 3. 透過 API 驗證 admin 的非授權情況

在命令列視窗中輸入以下命令：

```
curl -i -X GET http://localhost:8080/api/admin
```

其結果顯示為授權不通過。

## 4. 透過 API 驗證 admin 的授權情況

在命令列視窗中輸入以下命令：

```
curl -i -X GET -u admin:1234 http://localhost:8080/api/admin
```

其結果顯示為授權通過，如圖 6-6 所示。

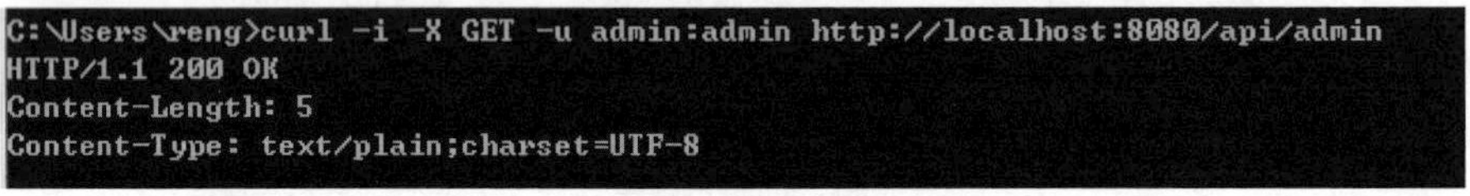

```
C:\Users\reng>curl -i -X GET -u admin:admin http://localhost:8080/api/admin
HTTP/1.1 200 OK
Content-Length: 5
Content-Type: text/plain;charset=UTF-8
```

▲ 圖 6-6　授權通過

## 5. 透過 API 驗證 user 的非授權情況

在沒有帶密碼的情況下，在命令列視窗中輸入以下命令：

```
curl -i -X GET http://localhost:8080/api/users/user
```

其結果顯示為授權不通過，其介面與 admin 授權不通過的介面一樣。

## 6. 透過 API 驗證 user 的授權情況

在命令列視窗中輸入以下命令：

```
curl -i -X GET -u reng:1234 http://localhost:8080/api/users/user
```

其結果顯示為授權通過,其介面與 admin 授權通過的介面一樣。

# 6.4 以資料庫儲存使用者資訊並用 JDBC 獲取為基礎的安全認證

## 6.4.1 案例簡介

本案例介紹 Quarkus 框架以 JBDC 和 HTTP Basic Authentication 等為基礎實現的安全功能。透過閱讀和分析 Quarkus 應用如何使用 JBDC 存取資料庫來儲存使用者身份等案例程式,可以了解和掌握 Quarkus 框架以 JBDC 儲存使用者身份和 HTTP Basic Authentication 為基礎的使用方法。

Quarkus 的安全 elytron-security-jdbc 擴充需要至少一個主體查詢來驗證使用者及其身份,其定義了一個參數化的 SQL 敘述(只有一個參數),該敘述應該傳回使用者的密碼及需要載入的任何附加資訊。elytron-security-jdbc 擴充用密碼欄位和鹽值、雜湊編碼等其他資訊來設定密碼映射器,使用屬性映射將選擇的投影欄位綁定到目標主體的密碼欄位上。

## 6.4.2 撰寫程式碼

撰寫程式碼有 3 種方式。第 1 種方式是透過程式 UI 來實現的,在 Quarkus 官網的生成內碼表面中按照指定步驟生成鷹架程式,然後下載檔案,將專案引入 IDE 工具中,最後修改程式原始碼。

第 2 種方式是透過 mvn 來建構程式,透過下面的命令建立 Maven 專案來實現:

```
mvn io.quarkus:quarkus-maven-plugin:1.11.1.Final:create ^
    -DprojectGroupId=com.iiit.quarkus.sample
```

```
    -DprojectArtifactId=051-quarkus-sample-security-jdbc ^
    -DclassName=com.iiit.quarkus.sample.jdbc.security.PublicResource
    -Dpath= /projects ^
    -Dextensions=resteasy-jsonb,quarkus-elytron-security-jdbc,quarkus-
jdbc-postgresql
```

第 3 種方式是直接從 GitHub 上獲取程式，可以從 GitHub 上複製預先準備好的範例程式：

```
git clone https://******.com/rengang66/iiit.quarkus.sample.git（見連結 1）
```

該程式位於 "051-quarkus-sample-security-jdbc" 目錄中，是一個 Maven 專案程式。

在 IDE 工具中匯入 Maven 專案程式，在 pom.xml 的 <dependencies> 下有以下內容：

```
<dependency>
    <groupId>io.quarkus</groupId>
    <artifactId>quarkus-elytron-security-jdbc</artifactId>
</dependency>

<dependency>
    <groupId>io.quarkus</groupId>
    <artifactId>quarkus-jdbc-postgresql</artifactId>
</dependency>
```

其中的 quarkus-elytron-security-jdbc 是 Quarkus 擴充了 Security 的 JDBC 實現，quarkus-jdbc-postgresql 是 Quarkus 擴充了 PostgreSQL 的 JDBC 介面實現。

quarkus-sample-security-jdbc 程式的應用架構（如圖 6-7 所示）顯示，外部存取 ProjectResource 資源介面，ProjectResource 負責外部的存取安全認證，其安全認證資訊儲存在 PostgreSQL 資料庫中。ProjectResource 透過 JDBC 獲取安全認證資訊。ProjectResource 依賴於 elytron-security-jdbc 擴充。

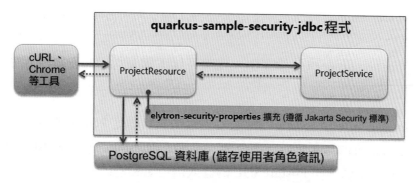

▲ 圖 6-7　quarkus-sample-security-jdbc 程式應用架構圖

quarkus-sample-security-jdbc 程式的設定檔和核心類別如表 6-2 所示。

表 6-2　quarkus-sample-security-jdbc 程式的設定檔和核心類別

| 名　　稱 | 類　型 | 簡　　介 |
|---|---|---|
| application.properties | 設定檔 | 定義一些安全的設定資訊 |
| init.sql | 設定檔 | 初始化資料庫中的安全角色和使用者資訊 |
| ProjectResource | 資源類別 | 提供 REST 外部 API 的安全認證介面，核心類別 |
| ProjectService | 服務類別 | 主要提供資料服務，無特殊處理，在本節中將不做介紹 |
| Project | 實體類別 | POJO 物件，無特殊處理，在本節中將不做介紹 |

在該程式中，首先看看設定資訊的 application.properties 檔案：

```
quarkus.datasource.db-kind=postgresql
quarkus.datasource.username=quarkus_test
quarkus.datasource.password=quarkus_test
quarkus.datasource.jdbc.url=jdbc:postgresql:quarkus_test

quarkus.security.jdbc.enabled=true
quarkus.security.jdbc.principal-query.sql=SELECT u.password, u.role FROM
test_user u WHERE u.username=?
quarkus.security.jdbc.principal-query.clear-password-mapper.enabled=true
quarkus.security.jdbc.principal-query.clear-password-mapper.password-
index=1
```

```
quarkus.security.jdbc.principal-query.attribute-mappings.0.index=2
quarkus.security.jdbc.principal-query.attribute-mappings.0.to=groups
```

在 application.properties 檔案中，定義了以下與資料庫和安全性相關的設定參數。

（1）quarkus.datasource.db-kind 表示連接的資料庫是 PostgreSQL。

（2）quarkus.datasource.username 和 quarkus.datasource.password 是用戶名稱和密碼，即 PostgreSQL 的登入角色名和密碼。

（3）quarkus.security.jdbc.enabled=true 表示要啟動以 JDBC 存取資料庫為基礎的安全性認證。

（4）quarkus.security.jdbc.principal-query.sql 表示獲取的安全資訊，主要與使用者相關。

（5）quarkus.security.jdbc.principal-query.xxx 等表示獲取安全性的一些附加資訊。

由於相關的使用者資訊都儲存在資料庫中，因此要對資料庫進行初始化。資料庫初始設定檔案為 init.sql，下面來了解其內容：

```
DROP TABLE IF EXISTS test_user;

CREATE TABLE test_user (
    id INT,
    username VARCHAR(255),
    password VARCHAR(255),
    role VARCHAR(255)
);

INSERT INTO test_user (id, username, password, role) VALUES (1, 'admin',
'admin', 'admin');
INSERT INTO test_user (id, username, password, role) VALUES (2,
'user','user', 'user');
INSERT INTO test_user (id, username, password, role) VALUES (3,
'reng','1234', 'user');
```

init.sql 主要實現了 test_user 表的資料初始化工作。

對於 quarkus-sample-security-jdbc 程式中 PublicResource 資源類別的內容，其實現程式與 quarkus-sample-security-file 程式的大致相同，就不再贅述了。另外，由於 quarkus-sample-security-jdbc 程式的序列圖與 quarkus-sample-security-file 程式的高度相似，也不再重複列出。

## 6.4.3 驗證程式

透過下列幾個步驟（如圖 6-8 所示）來驗證案例程式。

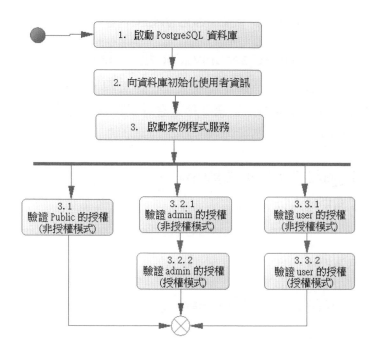

▲ 圖 6-8　quarkus-sample-security-jdbc 程式驗證流程圖

下面對其中相關的關鍵點說明。

### 1. 啟動 PostgreSQL 資料庫，初始化資料

首先啟動 PostgreSQL 資料庫，然後登入到 PostgreSQL 資料庫的圖形管理介面。

## 2. 向資料庫初始化使用者資訊

透過 PostgreSQL 工具，執行 init.sql 檔案的 SQL 敘述。最終 PostgreSQL 資料庫中的資料情況如圖 6-9 所示。

| | id [PK] integer | password character varying(255) | role character varying(255) | username character varying(255) |
|---|---|---|---|---|
| 1 | 1 | 1234 | admin | admin |
| 2 | 2 | user | user | user |
| 3 | 3 | 1234 | user | reng |
| * | | | | |

▲ 圖 6-9 PostgreSQL 資料庫中的資料情況

## 3. 啟動 quarkus-sample-security-jdbc 程式服務

啟動程式有兩種方式，第 1 種是在開發工具（如 Eclipse）中呼叫 ProjectMain 類別的 run 方法，第 2 種是在程式目錄下直接執行命令 mvnw compile quarkus:dev。

## 4. 透過 API 驗證 Public 的授權情況

在命令列視窗中輸入以下命令：

```
curl -i -X GET http://localhost:8080/api/public
```

其結果顯示為授權通過。

## 5. 透過 API 驗證 admin 的非授權情況

在命令列視窗中輸入以下命令：

```
curl -i -X GET http://localhost:8080/api/admin
```

其結果顯示為授權不通過。

## 6. 透過 API 驗證 admin 的授權情況

在命令列視窗輸入以下命令：

```
curl -i -X GET -u admin:admin http://localhost:8080/api/admin
```

其結果顯示為授權通過。

## 7. 透過 API 驗證 user 的非授權情況

在沒有帶密碼的情況下,在命令列視窗中輸入以下命令:

```
curl -i -X GET http://localhost:8080/api/users/user
```

其結果顯示為授權不通過,其介面與 admin 的授權不通過介面是一樣的。

## 8. 透過 API 驗證 user 的授權情況

在命令列視窗中輸入以下命令:

```
curl -i -X GET -u user:user http://localhost:8080/api/users/user
```

其結果顯示為授權通過,其介面與 admin 的授權通過介面是一樣的。

# 6.5 以資料庫儲存使用者資訊並用 JPA 獲取 為基礎的安全認證

## 6.5.1 案例簡介

本案例介紹 Quarkus 框架以 JPA 和 HTTP Basic Authentication 等實現為基礎的安全功能。透過閱讀和分析 Quarkus 應用如何使用 JPA 存取資料庫來儲存使用者身份等案例程式,可以了解和掌握 Quarkus 框架以 JPA 儲存使用者身份和 HTTP Basic Authentication 為基礎的使用方法。

## 6.5.2 撰寫程式碼

撰寫程式碼有 3 種方式。第 1 種方式是透過程式 UI 來實現的,在 Quarkus 官網的生成內碼表面中按照指定步驟生成鷹架程式,然後下載檔案,將專案引入 IDE 工具中,最後修改程式原始碼。

第 2 種方式是透過 mvn 來建構程式，透過下面的命令建立 Maven 專案來實現：

```
mvn io.quarkus:quarkus-maven-plugin:1.11.1.Final:create ^
    -DprojectGroupId=com.iiit.quarkus.sample
    -DprojectArtifactId=052-quarkus-sample-security-jpa ^
    -DclassName=com.iiit.quarkus.sample.jpa.security.PublicResource
    -Dpath=/projects ^
    -Dextensions=resteasy-jsonb,quarkus-hibernate-orm,quarkus-agroal, ^
quarkus-security-jpa,quarkus-jdbc-postgresql
```

第 3 種方式是直接從 GitHub 上獲取程式，可以從 GitHub 上複製預先準備好的範例程式：

```
git clone https://******.com/rengang66/iiit.quarkus.sample.git (見連結 1)
```

該程式位於 "052-quarkus-sample-security-jpa" 目錄中，是一個 Maven 專案程式。

在 IDE 工具中匯入 Maven 專案程式，在 pom.xml 的 <dependencies> 下有以下內容：

```
<dependency>
    <groupId>io.quarkus</groupId>
    <artifactId>quarkus-security-jpa</artifactId>
</dependency>

<dependency>
    <groupId>io.quarkus</groupId>
    <artifactId>quarkus-hibernate-orm-panache</artifactId>
</dependency>

<dependency>
    <groupId>io.quarkus</groupId>
    <artifactId>quarkus-jdbc-postgresql</artifactId>
</dependency>
```

其中的 quarkus-security-jpa 是 Quarkus 擴充了 Security 的 JPA 實現，quarkus-jdbc-postgresql 是 Quarkus 擴充了 PostgreSQL 的 JDBC 介面實現。

quarkus-sample-security-jpa 程式的應用架構（如圖 6-10 所示）顯示，外部存取 ProjectResource 資源介面，ProjectResource 負責外部的存取安全認證，其安全認證資訊儲存在 PostgreSQL 資料庫中。ProjectResource 透過 JPA 獲取安全認證資訊。ProjectResource 依賴於 quarkus-security-jpa 擴充。

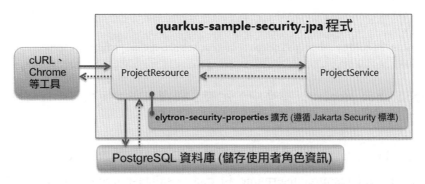

▲ 圖 6-10　quarkus-sample-security-jpa 程式應用架構圖

quarkus-sample-security-jpa 程式的設定檔和核心類別如表 6-3 所示。

表 6-3　quarkus-sample-security-jpa 程式的設定檔和核心類別

| 名　　稱 | 類　　型 | 簡　　介 |
|---|---|---|
| application.properties | 設定檔 | 定義了一些安全設定資訊 |
| import.sql | 設定檔 | 初始化資料庫中的業務資料資訊 |
| Startup | 資料初始類 | 初始化資料庫中的安全角色和使用者資訊 |
| User | 實體類別 | POJO 物件，User 實體類別 |
| ProjectResource | 資源類別 | 提供 REST 外部 API 的安全認證介面，核心類別 |
| ProjectService | 服務類別 | 主要提供資料服務，無特殊處理，在本節中將不做介紹 |
| Project | 實體類別 | POJO 物件，無特殊處理，在本節中將不做介紹 |

在該程式中，首先看看設定資訊的 application.properties 檔案：

```
quarkus.datasource.db-kind=postgresql
quarkus.datasource.username=quarkus_test
```

```
quarkus.datasource.password=quarkus_test
quarkus.datasource.jdbc.url=jdbc:postgresql:quarkus_test

quarkus.security.jdbc.enabled=true
quarkus.security.jdbc.principal-query.sql=SELECT u.password, u.role FROM
test_user u WHERE u.username=?
quarkus.security.jdbc.principal-query.clear-password-mapper.enabled=true
quarkus.security.jdbc.principal-query.clear-password-mapper.password-
index=1
quarkus.security.jdbc.principal-query.attribute-mappings.0.index=2
quarkus.security.jdbc.principal-query.attribute-mappings.0.to=groups
```

在 application.properties 檔案中，定義了與資料庫連接和安全性相關的設定參數。

（1）quarkus.datasource.db-kind 表示連接的資料庫是 PostgreSQL。

（2）quarkus.datasource.username 和 quarkus.datasource.password 是用戶名稱和密碼，即 PostgreSQL 的登入角色名和密碼。

（3）quarkus.security.jdbc.enabled=true 表示要啟動以 JDBC 存取資料庫為基礎的安全性認證。

（4）quarkus.security.jdbc.principal-query.sql 表示獲取的安全資訊，主要與使用者相關。

（5）quarkus.security.jdbc.principal-query.xxx 等表示獲取安全性的一些附加資訊。

下面講解 quarkus-sample-orm-hibernate 程式中的 Startup 類別、Project Resource 資源類別和 User 實體類別的功能和作用。

## 1. Startup 類別

用 IDE 工具開啟 com.iiit.quarkus.sample.security.jpa.Startup 類別檔案，其程式如下：

```
@Singleton
public class Startup {
```

```java
@Inject    EntityManager entityManager;

@Transactional
public void loadUsers(@Observes StartupEvent evt) {
    // 增加 admin 使用者
    User admin = new User(1,"admin", "admin", "admin");
    User entity = entityManager.find(User.class,admin.getId());
    if ( entity != null) {
        entityManager.remove(entity);
    }
    entityManager.persist(admin);

    // 增加 user 使用者
    User user = new User(2,"user", "user", "user");
    entity = entityManager.find(User.class,user.getId());
    if ( entity != null) {
        entityManager.remove(entity);
    }
    entityManager.persist(user);

    // 增加 reng 使用者
    User reng = new User(3,"reng", "1234", "user");
    entity = entityManager.find(User.class,reng.getId());
    if ( entity != null) {
        entityManager.remove(entity);
    }
    entityManager.persist(reng);
    }
}
```

程式說明：

該類別初始化了幾個使用者，包括 admin、user、reng 等。

## 2. ProjectResource 資源類別

用 IDE 工具開啟 com.iiit.quarkus.sample.security.jpa.ProjectResource 類別檔案，其程式如下：

```java
@Path("projects")
@ApplicationScoped
@Produces("application/json")
@Consumes("application/json")
public class ProjectResource {
    private static final Logger LOGGER = Logger.getLogger(ProjectResource.
class.getName());

    @Inject    ProjectService service;

    // 省略部分程式

    @GET
    @Path("/api/public")
    @PermitAll
    public List<Project> publicResource() {return service.get(); }

    @GET
    @RolesAllowed("admin")
    @Path("/api/admin")
    public List<Project> adminResource() {
        return service.get();
    }

    @GET
    @RolesAllowed("user")
    @Path("/api/users/user")
    public List<Project> me(@Context SecurityContext securityContext) {
        System.out.println(securityContext.getUserPrincipal().getName());
        return service.get();
    }

    @GET
    @RolesAllowed("user")
    @Path("/api/users/reng")
    public List<Project> reng(@Context SecurityContext securityContext) {
        System.out.println(securityContext.getUserPrincipal().getName());
        return service.get();
    }
```

```
    @Provider
    public static class ErrorMapper implements ExceptionMapper<Exception>
{
        @Override
        public Response toResponse(Exception exception) {
            LOGGER.error("Failed to handle request", exception);

            int code = 500;
            if (exception instanceof WebApplicationException) {
                code = ((WebApplicationException) exception).
getResponse(). getStatus();
            }

            JsonObjectBuilder entityBuilder = Json.createObjectBuilder()
                    .add("exceptionType", exception.getClass().getName())
                    .add("code", code);

            if (exception.getMessage() != null) {
                entityBuilder.add("error", exception.getMessage());
            }

            return Response.status(code)
                    .entity(entityBuilder.build())
                    .build();
        }
    }
}
```

程式說明：

① ProjectResource 類別的作用是與外部進行互動，主要方法是 REST 的 GET 方法。

② ProjectResource 類別對外提供的 REST 介面是有安全認證要求的，只有達到了安全等級，才能獲取對應的資料。

③ ProjectResource 類別的 publicResource 方法，無安全認證要求，故所有角色都能獲取資料。

④ ProjectResource 類別的 adminResource 方法，只有 admin 角色才能存取，歸屬 admin 角色的存取使用者才能獲取資料。

⑤ ProjectResource 類別的 userResource 方法，只有 user 角色才能存取，歸屬 user 角色的存取使用者或擁有 user 角色許可權的使用者才能獲取資料。

## 3. User 實體類別

用 IDE 工具開啟 com.iiit.quarkus.sample.security.jpa.User 類別檔案，其程式如下：

```
@Entity
@Table(name = "test_user")
@UserDefinition
public class User {
    @Id  private Integer id;

    @Username
    @Column(length = 255)
    private String username;

    @Password
    @Column(length = 255)
    private String password;

    @Roles
    @Column(length = 255)
    private String role;

    public User(Integer id,String username, String password, String role)
    {
        this.id = id;
        this.username = username;
        this.password = BcryptUtil.bcryptHash(password);
        this.role = role;
    }
```

```java
// 省略部分程式

// 對密碼進行了加密處理
public void setPassword(String password) {
    this.password = BcryptUtil.bcryptHash(password);
}

public String getRole() {
    return this.role;
}

public void setRole(String role) {
    this.role = role;
}
}
```

程式說明：
. . . . . . . . . . . .

① @Entity 註釋表示 User 物件是一個遵循 JPA 標準的實體物件。

② @Table(name = " test_user ") 註釋表示 User 物件映射的關聯式資料庫表是 test_user。

③ @UserDefinition，Quarkus Security Manager 定義該物件是一個使用者物件。

④ @Username，Quarkus Security Manager 定義該欄位是用戶名稱。

⑤ @Password，Quarkus Security Manager 定義該欄位是使用者密碼。

由於 quarkus-sample-security-jpa 程式的序列圖與 quarkus-sample-security-file 程式的高度相似，就不再重複列出了。

## 6.5.3 驗證程式

透過下列幾個步驟（如圖 6-11 所示）來驗證案例程式。

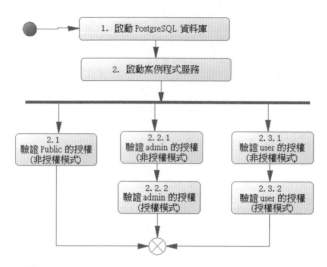

▲ 圖 6-11　quarkus-sample-security-jpa 程式驗證流程圖

下面對其中相關的關鍵點說明。

## 1. 啟動 PostgreSQL 資料庫

首先啟動 PostgreSQL 資料庫。

## 2. 啟動 quarkus-sample-security-jpa 程式服務

啟動程式有兩種方式，第 1 種是在開發工具（如 Eclipse）中呼叫 ProjectMain 類別的 run 方法，第 2 種是在程式目錄下直接執行命令 mvnw compile quarkus:dev。

同時使用 PostgreSQL 資料庫，最終 PostgreSQL 資料庫中的資料情況如圖 6-12 所示。

| | id<br>[PK] integer | password<br>character varying(255) | role<br>character varying(255) | username<br>character varying(255) |
|---|---|---|---|---|
| **1** | 1 | $2a$10$TmFkYR0xNKBPT6sDnzWkwOVkYssT7xz/MIXKrseb3ROtUkRNPAd6G | admin | admin |
| **2** | 2 | $2a$10$hbhorv7KMA42C1c0i5PXkey2/3Vye.TEx.gFaGrZV0axGoTphA62O | user | user |
| **3** | 3 | $2a$10$6P5jjS/PCH5aUU1hKwdcZeWRuq9MXJkH9JkK.wOI1j3dwgldc4rqm | user | reng |
| **\*** | | | | |

▲ 圖 6-12　PostgreSQL 資料庫中的資料情況（使用者密碼已加密）

### 3. 透過 API 驗證 Public 的授權情況

在命令列視窗中輸入以下命令：

```
curl -i -X GET http://localhost:8080/api/public
```

其結果顯示為授權通過。

### 4. 透過 API 驗證 admin 的非授權情況

在命令列視窗中輸入以下命令：

```
curl -i -X GET http://localhost:8080/api/admin
```

其結果顯示為授權不通過。

### 5. 透過 API 驗證 admin 的授權情況

在命令列視窗中輸入以下命令：

```
curl -i -X GET -u  admin:1234 http://localhost:8080/api/admin
```

其結果顯示為授權通過

### 6. 透過 API 驗證 user 的非授權情況

在命令列視窗中輸入以下命令：

```
curl -i -X GET http://localhost:8080/api/users/reng
```

其結果顯示為授權不通過。

### 7. 透過 API 顯示 user 的授權情況

在命令列視窗中輸入以下命令：

```
curl -i -X GET -u user:user http://localhost:8080/api/users/reng
```
或
```
curl -i -X GET -u reng:1234 http://localhost:8080/api/users/reng
```

其結果顯示為授權通過。

# 6.6 以 Keycloak 為基礎實現認證和授權

## 6.6.1 前期準備

首先需要一個 Keycloak 伺服器。Keycloak 是一個由 Red Hat 基金會開發的、開放原始碼的進行身份認證和存取控制的工具。我們可以非常方便地使用 Keycloak 給應用和安全服務增加身份認證。

獲得 Keycloak 伺服器有兩種方式，第 1 種是透過 Docker 容器來安裝、部署 Keycloak 伺服器，第 2 種是直接在本地安裝 Keycloak 伺服器並進行基本設定。

### 1. 透過 Docker 容器來安裝、部署

透過 Docker 容器來安裝、部署 Keycloak 伺服器，命令如下：

```
docker run --name keycloak -e KEYCLOAK_USER=admin -e KEYCLOAK_PASSWORD=
admin ^
-p 8180:8080 -p 8543:8443 jboss/keycloak
```

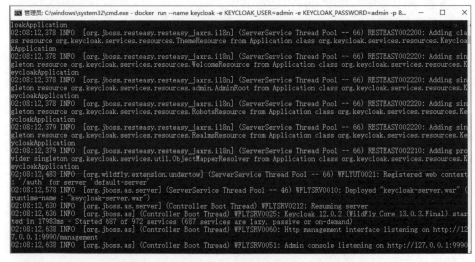

▲ 圖 6-13　透過 Docker 容器啟動 Keycloak 伺服器

執行命令後出現如圖 6-13 所示的介面，說明已經成功啟動 Keycloak 伺服器。

說明：Keycloak 服務在 Docker 中的容器名稱是 keycloak，用戶名稱是 admin，使用者密碼是 admin，可從 jboss/keycloak 容器映像檔中獲取。開啟兩個通訊埠，其中一個為內部通訊埠 8080 和外部通訊埠 8180，另一個為內部通訊埠 8443 和外部通訊埠 8543。

## 2. 本地直接安裝

Keycloak 有很多安裝模式，下面使用最簡單的 standalone 模式，簡單說明一下安裝步驟。

第 1 步：獲得 Keycloak 安裝檔案。
下載最新的 Keycloak 版本並將其解壓縮，解壓目錄和資料夾說明如圖 6-14 所示。

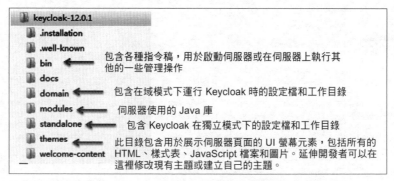

▲ 圖 6-14　Keycloak 解壓目錄和資料夾說明

第 2 步：修改 Keycloak 的參數。
預設情況下，Keycloak 在通訊埠 8080 上公開 API 和 Web 主控台。但是，該通訊埠編號必須不同於 Quarkus 應用程式通訊埠，因此用通訊埠編號 8180 替換 8080，進入檔案 \standalone\configuration\ standalone.xml 並做修改，如圖 6-15 所示。

```
<socket-binding-group name="standard-sockets" default-interface="public" port-offset="${jboss.soc
    <socket-binding name="ajp" port="${jboss.ajp.port:8009}"/>
    <socket-binding name="http" port="${jboss.http.port:8180}"/>
    <socket-binding name="https" port="${jboss.https.port:8443}"/>
    <socket-binding name="management-http" interface="management" port="${jboss.management.http.p
    <socket-binding name="management-https" interface="management" port="${jboss.management.https
    <socket-binding name="txn-recovery-environment" port="4712"/>
    <socket-binding name="txn-status-manager" port="4713"/>
    <outbound-socket-binding name="mail-smtp">
        <remote-destination host="${jboss.mail.server.host:localhost}" port="${jboss.mail.server.
    </outbound-socket-binding>
</socket-binding-group>
```

▲ 圖 6-15　修改 standalone.xml 檔案

第 3 步：啟動 Keycloak 服務。

開啟一個終端階段並執行，啟動 Keycloak 服務，命令為 bin/standalone.
sh。當我們看到如圖 6-16 所示的 Keycloak 日誌介面時，就表示已經啟動
Keycloak 服務了。

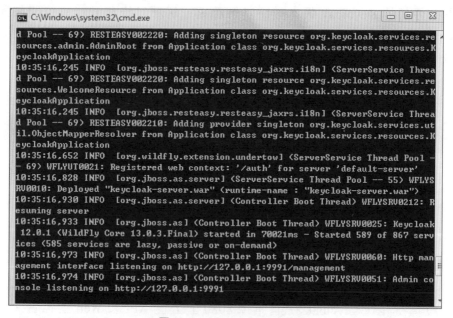

▲ 圖 6-16　Keycloak 日誌介面

第 4 步：啟動 Keycloak 後台管理介面。

在瀏覽器中輸入 http://localhost:8180/auth，需要註冊 admin 帳號。建立完

admin 帳戶後，點擊登入到 admin console，跳躍到 admin console 的登入頁面 http://localhost:8080/auth/admin/。以 admin 身份登入，Keycloak 的後台管理介面如圖 6-17 所示。

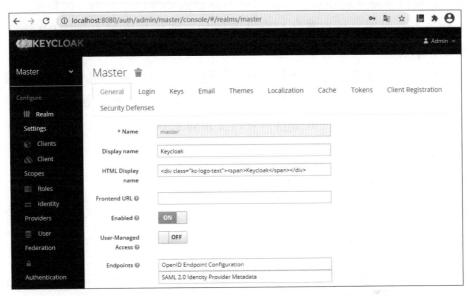

▲ 圖 6-17　以 admin 身份登入 Keycloak 的後台管理介面

後台管理介面提供的功能非常豐富，可以對 Realm、Clients、Roles、Identity Providers、User Federation、Authentication 等進行設定和定義，還可以對 Groups、Users、Sessions、Events 等進行管理。

一旦服務成功啟動，就建構了一個基本的 Keycloak 服務開發環境。

## 6.6.2　案例簡介

本案例介紹 Quarkus 應用如何使用開放原始碼的 Keycloak 認證、授權服務認證、授權伺服器的功能。透過閱讀和分析以 Keycloak 平台為基礎的承載權杖來存取受保護的資源的案例程式，可以了解 Quarkus 框架在 Keycloak 平台上的使用方法。

Quarkus 框架的 quarkus-keycloak-authorization 擴充以 quarkus-oidc 為基礎，並提供了一個策略執行器，該策略執行器根據 Keycloak 管理的許可權強制存取受保護的資源，並且當前只能與 Quarkus OIDC 服務一起使用。它提供了靈活的以資源存取控制為基礎的動態授權能力。換句話說，開發者不需要顯性地以某些特定為基礎的存取控制機制（例如 RBAC）強制存取資源，只需檢查是否允許請求以其名稱、識別符號或 URI 存取資源為基礎。透過從應用外部授權，開發者可以使用不同的存取控制機制來保護應用程式，並避免在每次更改安全需求時重新部署應用，其中 Keycloak 將充當集中授權服務，可以提供資源保護和管理連結資源的許可權。

**基礎知識**：Keycloak 平台及其概念。

針對本案例應用，需要比較熟悉 Keycloak 平台，包括建立 Realm、用戶端、授權、資源、資源許可權、普通使用者等操作。

Realm 的中文含義就是域，可以將 Realm 看作一個隔離的空間，在 Realm 中可以建立 users 和 applications。

Keycloak 平台有兩種 Realm 空間類型，一種是 Master Realm，一種是 Other Realm。

Master Realm 是指使用 admin 使用者登入的 Realm 空間，這種 Realm 用於建立其他 Realm。Other Realm 是由 Master Realm 建立的，admin 可以在 Other Realm 上建立 users 和 applications，而且 applications 是 users 所有的。

點擊 add realm 按鈕，我們進入 add realm 介面，可以匯入 realm 的檔案，接著就建立了 Realm。

在下面的例子中，我們建立了一個叫作 quarkus 的 Realm，如圖 6-18 所示。

▲ 圖 6-18　Keycloak 的 Realm Settings 介面

接下來，我們為 Quarkus 建立新的 admin 使用者，輸入用戶名稱 quarkus，點擊 Save 按鈕。切換到新建立的 admin 使用者的 Credentials 頁面，輸入要建立的密碼，點擊 Set Password 按鈕，這樣新建立使用者的密碼也建立完畢。

然後，我們使用新建立的使用者 admin 來登入 Realm Quarkus，登入 URL 為 http://localhost:8180/ auth/realms/quarkus/account。輸入用戶名稱和密碼，進入使用者管理介面。

由於後續會說明 Keycloak 平台的用戶端、角色、使用者、資源和資源許可等內容，故此處稍微介紹一下 Keycloak 平台。如果已經很熟悉 Keycloak 平台，可以跳過下面的內容。

Keycloak 平台的資源管理整體架構圖如圖 6-19 所示。

Keycloak 支援細粒度授權策略，並且能夠組合不同的存取控制機制，例如以屬性為基礎的存取控制（ABAC）、以角色為基礎的存取控制（RBAC）、以使用者為基礎的存取控制（UBAC）、以上下文為基礎的存取控制（CBAC）等。透過策略提供程式服務介面（SPI）來支援自訂存取控制機制（ACM）Keycloak 以一組管理 UI 和 RESTful API 為基礎，並提供了必要的方法來為受保護的資源和作用域建立許可權，將這些許可權與授權策略相連結，以及在應用和服務中強制執行授權決策。

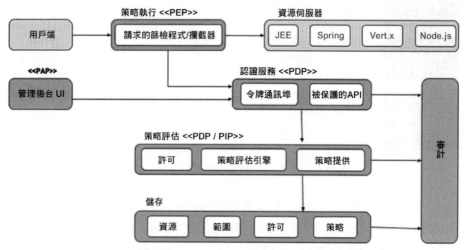

▲ 圖 6-19　Keycloak 平台的資源管理整體架構圖

資源伺服器（為受保護的資源提供服務的應用或服務）通常依賴於某種資訊來決定是否應向受保護的資源授予存取權限。對於以 RESTful 為基礎的資源伺服器，這些資訊通常是從安全權杖中獲得的，通常在每次請求時作為承載權杖發送給伺服器。對於以階段為基礎對使用者進行身份驗證的 Web 應用，該資訊通常儲存在使用者的階段中，並針對每個請求從該階段中獲取。

一般來說資源伺服器只執行以角色存取控制（RBAC）為基礎的授權決策，其中對授予嘗試存取受保護資源的使用者角色與映射到這些相同資源的角色進行比較檢查。雖然角色非常有用並可供應用使用，但它們也有以下限制。

■ 資源和角色是緊密耦合的，對角色的更改（例如增加、刪除或更改存取上下文）會影響多個資源。

- 對安全性需求的更改可能表示需要對應用程式進行適應性修改以便反映這些更改。
- 根據應用程式的大小，角色管理可能會變得困難且容易出錯。
- 這不是最靈活的存取控制機制。角色並不代表你是誰，也缺乏上下文資訊。如果被授予了一個角色，那麼至少有一些存取權限。

由於需要考慮使用者分佈在不同地區、具有不同的本地策略、使用不同裝置及對資訊共用有很高要求的異質環境中，Keycloak 授權服務可以透過以下方式改進應用和服務的授權能力。

- 使用細粒度授權策略和不同的存取控制機制保護資源。
- 集中的資源、許可權和策略管理。
- 集中策略決策點。
- 透過一組以 REST 為基礎的授權服務來提供 REST 安全性。
- 授權工作流和使用者管理的存取權限。
- 該基礎架構有助避免跨專案的程式複製（和重新部署），並快速適應安全需求的變化。

啟用 Keycloak 授權服務的第 1 步是建立要轉為資源伺服器的用戶端應用。要建立用戶端應用及其資源內容，請完成如圖 6-20 所示的步驟。

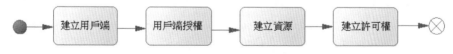

▲ 圖 6-20　Keycloak 資源授權過程圖

## 1. 建立用戶端

首先是建立用戶端，點擊 Clients，出現如圖 6-21 所示的介面。

▲ 圖 6-21　Keycloak 的 Clients 介面

在該介面上，點擊 Create 按鈕。

輸入用戶端的 Client ID 為 backend-service；將 Client Protocol 設定為 openid-connect；輸入應用的 Root URL，這是一個可選項，例如 http://localhost:8080，如圖 6-22 所示。

▲ 圖 6-22　Keycloak 的 Add Client 介面

點擊 Save 按鈕，建立用戶端並開啟 Settings 介面（如圖 6-23 所示），其中顯示了以下內容。

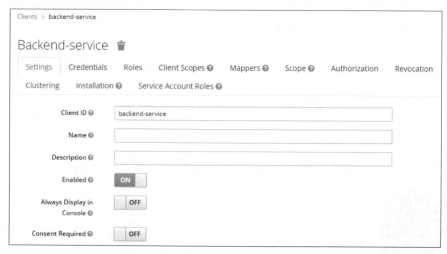

▲ 圖 6-23　Keycloak 的用戶端 Settings 介面

## 2. 用戶端授權

用戶端（Clients）啟用授權服務，要將 OIDC 用戶端應用轉為資源伺服器並啟用細粒度授權，將 Access type 設定為 confidential 並開啟 Authorization Enabled 開關按鈕，然後點擊 Save 按鈕。

接著，為用戶端啟用授權服務，點擊 Authorization，顯示如圖 6-24 所示的介面。

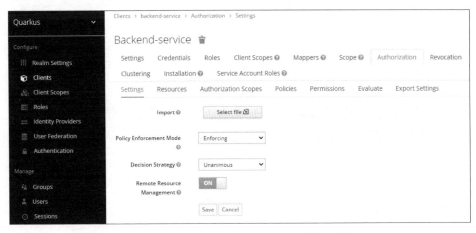

▲ 圖 6-24　Keycloak 的 Authorization 介面

Authorization 介面中還包含其他子標籤，這些子標籤涵蓋了實際保護應用資源必須遵循的不同步驟。下面是對這些步驟的簡要描述：① Settings（設定）：資源伺服器的正常設定；② Resources（資源）：在此可以管理應用的資源；③ Authorization Scopes（授權範圍）：在此可以管理作用域；④ Policies（政策）：在此可以管理授權策略並定義授予許可權必須滿足的條件；⑤ Permissions（許可權）：在此可以透過將受保護的資源和作用域與已經建立的策略連接來管理它們的許可權；⑥ Evaluate（評估）：在此可以模擬授權請求，並查看已定義的許可權和授權策略的評估結果；⑦ Export Settings（匯出設定）：在此可以將授權設定匯出到一個 JSON 檔案中。

## 3. 建立資源

可以建立資源來表示一個或多個資源的集合，而定義它們的方式對於管理許可權非常重要。要建立新資源，請點擊 Resources 資源列表右上角的 Create 按鈕，如圖 6-25 所示。

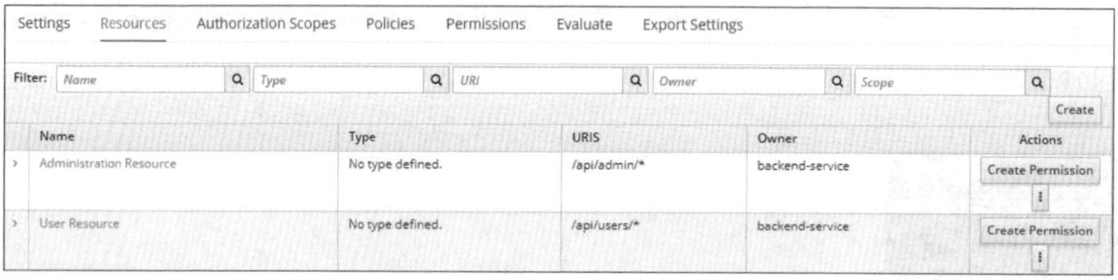

▲ 圖 6-25　Resources（資源）列表

增加資源，Keycloak 的資源列表中展示了不同類型的資源所共有的一些資訊。增加資源時的設定資訊如圖 6-26 所示。

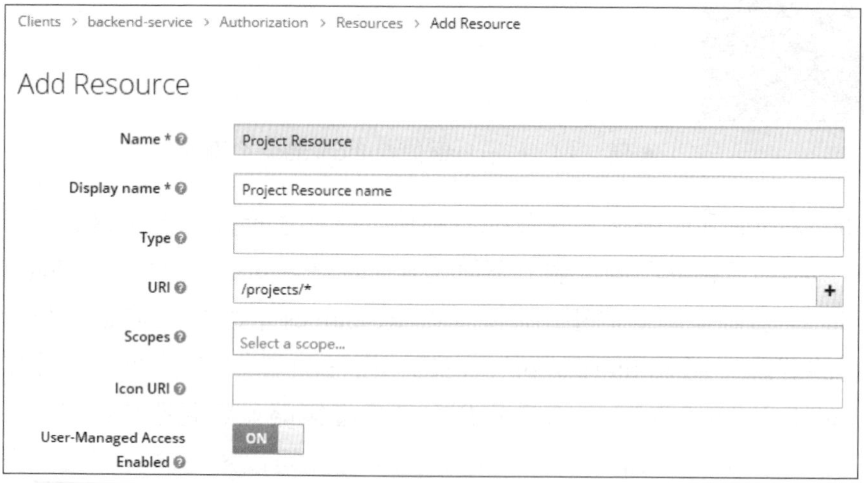

▲ 圖 6-26　建立資源時的設定資訊

資源設定資訊包括以下內容：① Name（名稱）：描述資源的讀取且唯一的字串；② Type（類型）：唯一標識一個或多個資源集類型的字串，類型是用於對不同資源實例進行分組的字串，③ URI：為資源提供位置 / 位址的 URI，對於 HTTP 資源，URI 通常是這些資源的相對路徑；④ Scopes（範圍）：與資源連結的一個或多個作用域。

在圖 6-26 中，建立一個名為 Project Resource 的資源，其 URI 為 /projects/*。

## 4. 建立許可權

許可權將要保護的物件與必須評估以決定是否應授予存取權限的策略相連結。建立要保護的資源和用於保護這些資源的策略後，可以開始管理許可權。要管理許可權，可在編輯資源伺服器時點擊 Permissions 標籤。使用 Permissions 許可權可以保護兩種主要類型的物件：資源和範圍。可以從許可權列表右上角的下拉清單中選擇要建立的許可權類型。

若要建立新的以資源為基礎的許可權，需要在許可權清單右上角的下拉清單中選擇 Resource Based（見圖 6-27）。

▲ 圖 6-27　Permissions 許可權列表及建立 Resource Based 資源

圖 6-28 顯示了增加以資源為基礎的許可權。

資源許可權（Resource Permission）的設定資訊包括以下內容（下面只列出了相關內容）。① Name（名稱）：描述許可權的讀取且唯一的字串；② Apply to Resource Type（應用資源類別型）：指定是否將許可權應用於具有指定類型的所有資源，設定此欄位後，系統將提示你輸入要保護的資源類別型；③ Resources（資源）：定義一組要保護的資源（一個或多個）；④ Apply Policy（應用策略）：定義一組與許可權連結的策略（一個或多個）。要連結策略，可以選擇現有策略，也可以透過選擇策略類型來建立新策略。

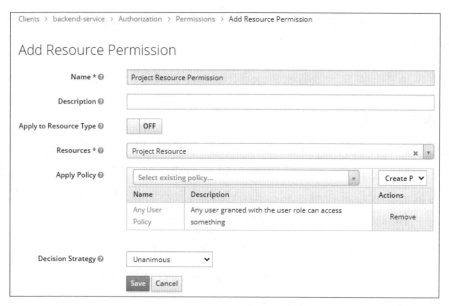

▲ 圖 6-28　資源許可權的設定資訊

在資源許可權的設定資訊中，建立一個 Project Resource Permission 資源許可權，擁有該許可權後可以存取資源。

完成上述步驟後，可以透過以下命令來查看：

```
curl -X GET  http://localhost:8180/auth/realms/quarkus/.well-known/uma2-
configuration
```

或在瀏覽器中輸入網址 http://localhost:8180/auth/realms/quarkus/.well-known/uma2-configuration 來查看。其傳回以下內容：

```
{"issuer":"http://localhost:8180/auth/realms/quarkus",
"authorization_endpoint":"http://localhost:8180/auth/realms/quarkus/
protocol/openid-connect/auth",
"token_endpoint":"http://localhost:8180/auth/realms/quarkus/protocol/
openid-connect/token",
"introspection_endpoint":"http://localhost:8180/auth/realms/quarkus/
protocol/openid-connect/token/introspect",
"userinfo_endpoint":"http://localhost:8180/auth/realms/quarkus/protocol/
openid-connect/userinfo",
```

```
"end_session_endpoint":"http://localhost:8180/auth/realms/quarkus/
protocol/openid-connect/logout",
"jwks_uri":"http://localhost:8180/auth/realms/quarkus/protocol/openid-
connect/certs",
"check_session_iframe":"http://localhost:8180/auth/realms/quarkus/
protocol/openid-connect/login-status-iframe.html",
"grant_types_supported":["authorization_code","implicit","refresh_
token","password","client_credentials"],
"response_types_supported":["code","none","id_token","token","id_token
token","code id_token","code token","code id_token token"],
"subject_types_supported":["public","pairwise"]
```

稍微解釋一下：

① issuer 是生成並簽署斷言的一方，其名稱是 http://localhost:8180/auth/
realms/quarkus。

② authorization_endpoint 是認證的入口，在這裡是 http://localhost:8180/
auth/realms/quarkus/ protocol/openid-connect/auth，即這個網址是登入
口。

③ token_endpoint 表示外部存取獲取權杖的位置，在這裡是 http://
localhost: 8180/auth/realms/quarkus/protocol/openid-connect/token， 即
這個網址是獲取權杖的入口。

④ introspection_endpoint 是驗證權杖的位置，在這裡是 http://localhost:
8180/auth/realms/ quarkus/protocol/openid-connect/token/introspect，即
這個網址可以驗證權杖的有效性。

⑤ grant_types_supported 是 授 權 支 援 類 型， 有 authorization_code、
implicit、refresh_token、password、client_credentials 等 5 種類型，分
別代表授權碼模式、簡化模式、刷新權杖模式、密碼模式、用戶端模
式。

這樣就建構了一個基本的認證和授權開發環境。

## 6.6.3 撰寫程式碼

撰寫程式碼有 3 種方式。第 1 種方式是透過程式 UI 來實現的,在
Quarkus 官網的生成內碼表面中按照指定步驟生成鷹架程式,然後下載檔
案,將專案引入 IDE 工具中,最後修改程式原始碼。

第 2 種方式是透過 mvn 來建構程式,透過下面的命令建立 Maven 專案來
實現:

```
mvn io.quarkus:quarkus-maven-plugin:1.11.1.Final:create ^
    -DprojectGroupId=com.iiit.quarkus.sample
    -DprojectArtifactId=055-quarkus-sample-security-keycloak ^
    -DclassName=com.iiit.sample.security.keycloak.authorization
    -Dpath= /projects ^
    -Dextensions=oidc,keycloak-authorization,resteasy-jackson
```

以上命令生成了一個 Maven 專案,匯入 Keycloak 擴充元件,該元件
用於實現 Quarkus 應用的 Keycloak 介面卡並提供所有必要的功能,與
Keycloak 伺服器整合並執行承載權杖授權。

第 3 種方式可以直接從 GitHub 上獲取程式,可以從 GitHub 上複製預先
準備好的範例程式:

```
git clone https://******.com/rengang66/iiit.quarkus.sample.git (見連結1)
```

該 程 式 位 於 "055-quarkus-sample-security-keycloak" 目 錄 中,是 一 個
Maven 專案程式。

在 IDE 工具中匯入 Maven 專案程式,在 pom.xml 的 <dependencies> 下有
以下內容:

```
<dependency>
    <groupId>io.quarkus</groupId>
    <artifactId>quarkus-keycloak-authorization</artifactId>
</dependency>

<dependency>
```

```
        <groupId>io.quarkus</groupId>
        <artifactId>quarkus-oidc</artifactId>
    </dependency>
```

其中的 quarkus-keycloak-authorization 是 Quarkus 擴充了 Keycloak 的授權實現，quarkus-oidc 是 Quarkus 擴充了 Keycloak 的 OpenID Connect 實現。

quarkus-sample-security-keycloak 程式的應用架構（如圖 6-29 所示）顯示，外部存取 ProjectResource 資源介面，ProjectResource 資源負責外部的存取安全認證，其安全認證資訊儲存在 Keycloak 認證伺服器中。ProjectResource 資源存取 Keycloak 認證伺服器並獲取安全認證資訊。ProjectResource 資 源 依 賴 於 quarkus-keycloak-authorization 和 quarkus-oidc 擴充。

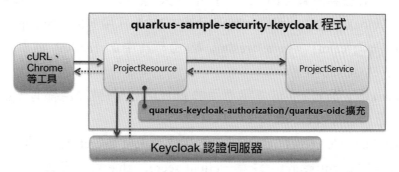

▲ 圖 6-29　quarkus-sample-security-keycloak 程式應用架構圖

quarkus-sample-security-keycloak 程式的設定檔和核心類別如表 6-4 所示。

表 6-4　quarkus-sample-security-keycloak 程式的設定檔和核心類別

| 名　稱 | 類　型 | 簡　介 |
|---|---|---|
| application.properties | 設定檔 | 提供 Keycloak 服務設定資訊 |
| ProjectResource | 資源類別 | 實現 Quarkus 的 Keycloak 服務認證過程，核心類別 |
| ProjectService | 服務類別 | 主要提供資料服務，無特殊處理，在本節中將不做介紹 |
| Project | 實體類別 | POJO 物件，無特殊處理，在本節中將不做介紹 |

在該程式中，首先看看設定資訊的 application.properties 檔案：

```
quarkus.oidc.auth-server-url=http://localhost:8180/auth/realms/quarkus
quarkus.oidc.client-id=backend-service
quarkus.oidc.credentials.secret=secret
quarkus.http.cors=true

quarkus.keycloak.policy-enforcer.enable=true
```

在 application.properties 檔案中，設定了 quarkus.oidc 的相關參數。

（1）quarkus.oidc.auth-server-url 表示 OIDC 認證授權伺服器的位置，
OpenID 連接（OIDC）伺服器的基本 URL，例如 https://host:port/
auth。在預設的情況下，透過將 well-known/openid-configuration
路徑附加到這個 URL 上來呼叫 OIDC 發現端點。注意，如果使用
Keycloak OIDC 伺服器，請確保基本 URL 採用 https://host:port/auth/
realms/{realm}' where '{realm}' 格式，其中的 {realm} 必須替換為
Keycloak 域的名稱。

（2）quarkus.oidc.client-id 表示應用的 client-id。每個應用都有一個用於
標識自己的 client-id。

（3）quarkus.oidc.credentials.secret 是用於 client_secret_basic 身份驗證
方法的 client secret。注意，client-secret.value 可以定義為使用，但
quarkus.oidc.credentials.secret 和 client-secret.value 屬性是互斥的。

（4）quarkus.http.cors=true 表示授權可以跨域存取。

（5）quarkus.keycloak.policy-enforcer.enable=true 表示 Keycloak 認證策略
全程啟用。

下面講解 quarkus-sample-security-keycloak 程式中的 ProjectResource 資源
類別的功能和作用。

用 IDE 工具開啟 com.iiit.sample.security.keycloak.authorization.ProjectResource
類別檔案，程式如下：

```java
@Path("/projects")
public class ProjectResource {
    private static final Logger LOGGER = Logger.getLogger
(ProjectResource. class);

    @Inject    SecurityIdentity keycloakSecurityContext;

    @Inject    ProjectService service;

    @GET
    @Path("/api/public")
    @Produces(MediaType.APPLICATION_JSON)
    @PermitAll
    public String serveResource() {
        LOGGER.info("/api/public");
        return service.getProjectInform();
    }

    @GET
    @Path("/api/admin")
    @Produces(MediaType.APPLICATION_JSON)
    public String manageResource() {
        LOGGER.info("granted");
        return service.getProjectInform();
    }

    @GET
    @Path("/api/users/user")
    @Produces(MediaType.APPLICATION_JSON)
    public User getUserResource() {
        return new User(keycloakSecurityContext);
    }

    public static class User {
        private final String userName;
        User(SecurityIdentity securityContext) {
            this.userName = securityContext.getPrincipal().getName();
        }

        public String getUserName() { return userName; }
    }
}
```

程式說明：

① ProjectResource 類別的作用是與外部進行互動，主要方法是 REST 的 GET 方法。以上程式中包括 3 個 GET 方法。

② ProjectResource 類別的 serveResource 方法為授權方法，外部需要在獲得 access_token 後才能呼叫該方法獲取 Project 資料。授權方式為用戶端模式（Client Credentials）。

③ ProjectResource 類別的 manageResource 方法為授權方法，外部需要在獲得 access_token 後才能呼叫該方法獲取 Project 資料。授權方式為用戶端模式（Client Credentials）。

④ ProjectResource 類別的 getUserResource 方法為授權方法，外部需要在獲得 access_token 後才能呼叫該方法獲取 User 物件資料。授權方式為用戶端模式（Client Credentials）。

該程式動態執行的序列圖（如圖 6-30 所示，遵循 UML 2.0 標準繪製）描述了外部呼叫者 Actor、ProjectResource、ProjectService 和 Keycloak 等物件之間的時間順序互動關係。

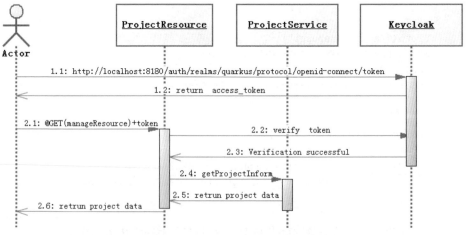

▲ 圖 6-30　quarkus-sample-security-keycloak 程式動態執行的序列圖

該序列圖中總共有兩個序列，分別介紹如下。

序列 1 活動：① 外部 Actor 向 Keycloak 伺服器呼叫獲取權杖的方法；② Keycloak 伺服器傳回與權杖相關的全部資訊（包括 access_token）。

序列 2 活動：① 外部 Actor 傳入參數 access_token 並呼叫 ProjectResource 資源物件的 @GET(manageResource) 方法；② ProjectResource 資源物件向 Keycloak 伺服器呼叫驗證權杖的方法；③ 驗證成功，傳回成功資訊；④ ProjectResource 資源物件呼叫 ProjectService 服務物件的 getProjectInform 方法；⑤ ProjectService 服務物件的 getProjectInform 方法傳回 Project 資料給 ProjectResource 資源；⑥ ProjectResource 資源物件傳回 Project 資料給外部 Actor。

其他透過權杖獲取資源的存取方法與序列 2 大致相同，在此就不再贅述。

## 6.6.4 驗證程式

透過下列幾個步驟（如圖 6-31 所示）來驗證案例程式。

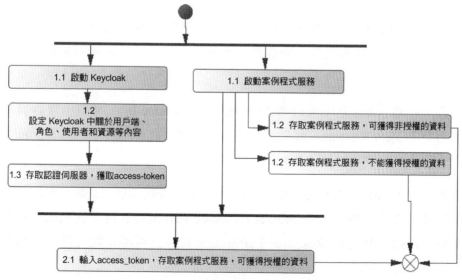

▲ 圖 6-31　quarkus-sample-security-keycloak 程式驗證流程圖

下面對其中相關的關鍵點說明。

## 1. 啟動 Keycloak 伺服器

在 Windows 作業系統下，在命令列視窗中執行 > ...\bin\standalone.bat，
即可啟動 Keycloak 伺服器。

## 2. 設定 Keycloak 伺服器

Keycloak 伺服器設定如下。

第一，將 Realms 切換到 Quarkus 中。程式內部有一個 config 目錄，該目
錄下有一個 quarkus-realm.json 檔案，建立 Realms 時可以匯入該檔案生
成 Realms 的相關屬性。

第二，在 Quarkus 的 Client 模組中，確認是否有名為 backend-service 的
client-id，如果沒有，則新增一個 backend-service 用戶端。

第三，在 Quarkus 的 Roles 模組中，查看其中的角色，確認是否有 admin
角色，如果沒有，則建立 admin 角色並獲得其所有權限。

第四，在 Quarkus 的 User 模組中，查看其中的使用者，確認是否有
admin 使用者，如果沒有，則建立 admin 使用者並將其映射到 admin 角色
上。

第五，在 Quarkus 的 Client 模組的 backend-service 用戶端中，查看其中
是否有 Project Resource 資源，如果沒有，則建立資源 Project Resource
並設定其 URI 為 /projects/*。

第六，在 Quarkus 的 Client 模組的 backend-service 用戶端中，參看資源
許可權，查看其中是否有 Project Resource Permission 資源許可權，如果
沒有，則建立 Project Resource Permission 資源許可權並設定其許可權為
可以存取任何資源。

## 3. 獲取存取用戶端的權杖

在命令列視窗中輸入以下命令：

```
curl -X POST http://localhost:8180/auth/realms/quarkus/protocol/openid-
connect/token ^
    --user backend-service:secret ^
    -H "content-type: application/x-www-form-urlencoded" ^
    -d "username=admin&password=admin&grant_type=password"
```

執行命令後的結果介面如圖 6-32 所示，獲取了權杖內容。

▲ 圖 6-32　獲取了權杖內容

在圖 6-32 中，access_token 和 expires_in 之間的內容就是權杖內容。這裡的權杖內容看上去比較多，處理起來也比較繁瑣。注意，這些字元之間不能有空格。

## 4. 啟動 quarkus-sample-security-keycloak 程式服務

啟動程式有兩種方式，第 1 種是在開發工具（如 Eclipse）中呼叫 ProjectMain 類別的 run 命令，第 2 種是在程式目錄下直接執行命令 mvnw compile quarkus:dev。

## 5. 透過 API 顯示 Public 的授權情況

直接執行命令 curl -i -X GET http://localhost:8080/api/public，其結果顯示為授權不通過，因為我們設定檔的設定是 quarkus.oidc.credentials.secret=secret，表示所有的請求都需要進行授權驗證。

## 6. 透過 access_token 存取授權服務

在命令列視窗中輸入以下命令，其中的 $access_token 是在之前的步驟中獲得的 access_token：

```
curl -v -X GET  http://localhost:8080/api/users/me ^
    -H "Authorization: Bearer "$access_token
```

為了方便操作和便於觀察，採用 Postman 來驗證和查看。

在 Postman 上輸入 http://localhost:8080/projects/api/admin，在 TYPE 中選擇 Bearer Token，然後把獲取的權杖資訊複製到 Token 中，接著點擊 Send 按鈕，結果介面如圖 6-33 所示。

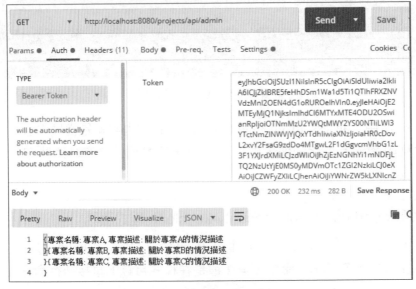

▲ 圖 6-33 透過權杖獲取授權資料

圖 6-33 顯示了 Bearer Token 授權模式，輸入了權杖並獲得了授權資料。
/api/admin 端點受以角色為基礎的存取控制（RBAC）保護，只有 admin
角色的使用者才能存取該端點。在這個端點上，使用 @RolesAllowed 註
釋強制宣告了存取約束。

在 Postman 上輸入 http://localhost:8080/projects/api/users/user，在 TYPE
中選擇 Bearer Token，然後把獲取的權杖資訊複製到 Token 中，接著點擊
Send 按鈕，結果介面如圖 6-34 所示。

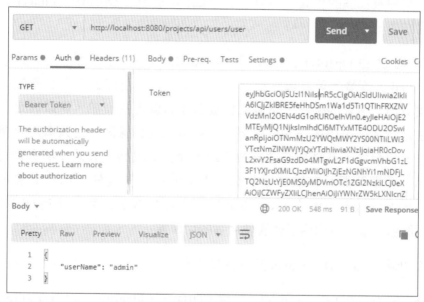

▲ 圖 6-34　透過權杖獲取有關使用者資料

圖 6-34 顯示了 Bearer Token 授權模式，輸入了權杖並獲得了授權資料。
任何擁有有效權杖的使用者都可以存取 /api/users/me 端點，而該端點會
傳回一個 JSON 文件作為回應，其中包含有關使用者的詳細資訊，這些詳
細資訊是從權杖攜帶的資訊中獲得的。

# 6.7 使用 OpenID Connect 實現安全的 JAX-RS 服務

## 6.7.1 案例簡介

本案例介紹如何使用 Quarkus OpenID Connect 擴充元件來保護使用承載權杖授權的 JAX-RS 應用。透過閱讀和分析以 OpenID Connect 權杖存取、授權為基礎的程式，可以了解 Quarkus 框架在 OpenID Connect 上的使用方法。

承載權杖由 OpenID Connect 和 OAuth 2.0 相容的授權伺服器（如 Keycloak）頒發。承載權杖授權是以承載權杖為基礎的存在和有效性來授權 HTTP 請求的過程，承載權杖提供了有價值的資訊，可以確定呼叫的主題及是否可以造訪 http 資源。這些端點受到保護，且只有用戶端隨請求一起發送承載權杖時才能被存取，而且權杖必須有效（舉例來説，簽名、過期時間和存取群眾都有效）並受微服務信任。承載權杖是由 Keycloak 伺服器發出的，Keycloak 表示發出權杖的主體。作為 OIDC 授權伺服器，權杖還引用了代表使用者的用戶端。

**基礎知識**：OpenID Connect 及一些基本概念。

OIDC 是 OpenID Connect 的簡稱，OIDC=（Identity, Authentication）+ OAuth 2.0，是整合 OAuth 2.0 + OpenID 的新的認證授權協定。OAuth 2.0 是一個授權（Authorization）協定，但無法提供完整的身份認證功能，而 OpenID 是一個認證（Authentication）協定。兩者相結合，使 OIDC 實現了認證和授權功能。

已經有很多企業在使用 OIDC 了，比如 Google 的帳號認證授權系統和 Microsoft 的帳號系統，OIDC 的應用場景如圖 6-35 所示。

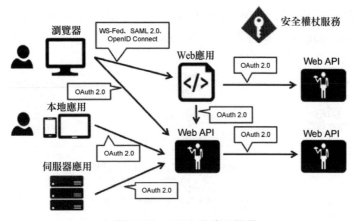

▲ 圖 6-35　OIDC 的應用場景

OIDC 由多個標準組成，其中包含一個核心標準和多個可選標準來提供擴充支援，其架構如圖 6-36 所示。

```
OpenID Connect 協定層

┌────────────────────────────────────────────────────┐
│  ┌──────────────────┐                                │
│  │   ┌──────────┐   │  ┌──────────┐  ┌─────────────┐ │
│  │   │   Core   │   │  │ Discovery│  │   Dynamic   │ │
│  │   └──────────┘   │  └──────────┘  │   Client    │ │
│  │       Minimal    │                │ Registration│ │
│  └──────────────────┘                └─────────────┘ │
│                                            Dynamic    │
│     ┌──────────┐        ┌──────────────┐             │
│     │ Session  │        │  Form Post   │             │
│     │Management│        │Response Mode │             │
│     └──────────┘        └──────────────┘             │
│ Complete                                              │
└────────────────────────────────────────────────────┘

Underpinnings
┌────────────────────────────────────────────────────┐
│┌────────┐┌────────┐┌──────────┐┌──────────┐┌───────┐│
││OAuth 2.0││OAuth 2.0││ OAuth 2.0 ││ OAuth 2.0 ││OAuth 2.0││
││  Core  ││ Bearer ││Assertions││JWT Profile││Responses││
│└────────┘└────────┘└──────────┘└──────────┘└───────┘│
│┌───────┐┌───────┐┌───────┐┌───────┐┌───────┐┌───────────┐│
││  JWT  ││  JWS  ││  JWE  ││  JWK  ││  JWA  ││ WebFinger ││
│└───────┘└───────┘└───────┘└───────┘└───────┘└───────────┘│
└────────────────────────────────────────────────────┘
```

▲ 圖 6-36　OIDC 協定架構圖（來自 OpenID 官網）

從抽象角度來看，OIDC 工作流程由以下 5 個步驟組成，如圖 6-37 所示。

OIDC 工作流程各個步驟說明：① RP 發送一個認證請求給 OP；② OP 對 EU 進行身份認證，然後提供授權；③ OP 把 ID Token 和 Access Token

傳回給 RP；④ RP 使用 Access Token 發送一個請求 UserInfo EndPoint；
⑤ UserInfo EndPoint 傳回 EU 的 Claims。

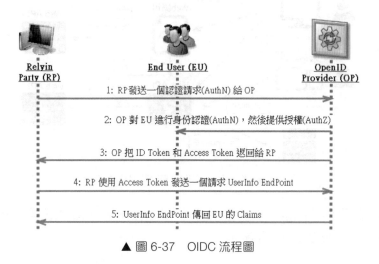

▲ 圖 6-37　OIDC 流程圖

圖 6-36 來自 OIDC 核心標準文件，其中 AuthN=Authentication，表示認
證；AuthZ=Authorization，代表授權。注意，RP 在這裡發往 OP 的請
求，屬於 Authentication 類型的請求，雖然 OIDC 中重複使用了 OAuth
2.0 的 Authorization 請求通道，但是用途是不一樣的，並且 OIDC 的
AuthN 請求中的 scope 參數需要有一個值為 openid 的參數，用於明確這
是一個 OIDC 的 Authentication 請求，而非 OAuth 2.0 的 Authorization 請
求。

## 6.7.2　撰寫程式碼

撰寫程式碼有 3 種方式。第 1 種方式是透過程式 UI 來實現的，在
Quarkus 官網的生成內碼表面中按照指定步驟生成鷹架程式，然後下載檔
案，將專案引入 IDE 工具中，最後修改程式原始碼。

第 2 種方式是透過 mvn 來建構程式，透過下面的命令建立 Maven 專案來
實現：

```
mvn io.quarkus:quarkus-maven-plugin:1.11.1.Final:create ^
    -DprojectGroupId=com.iiit.quarkus.sample  ^
    -DprojectArtifactId=057-quarkus-sample-security-openid-connect-
service ^
    -DclassName=com.iiit.sample.security.openidconnect.service
    -Dpath=/projects ^
    -Dextensions=resteasy,oidc,resteasy-jackson
```

第 3 種方式是直接從 GitHub 上獲取程式，可以從 GitHub 上複製預先準備好的範例程式：

```
git clone https://******.com/rengang66/iiit.quarkus.sample.git (見連結 1)
```

該程式位於 "057-quarkus-sample-security-openid-connect-service" 目錄中，是一個 Maven 專案程式。

該程式引入了 Quarkus 的兩個擴充依賴項，在 pom.xml 的 <dependencies> 下有以下內容：

```
<dependency>
    <groupId>io.quarkus</groupId>
    <artifactId>quarkus-oidc</artifactId>
</dependency>
```

其中的 quarkus-oidc 是 Quarkus 擴充的 OIDC 實現。

quarkus-sample-security-openid-connect-service 程式的應用架構如圖 6-38 所示。

quarkus-sample-security-openid-connect-service 程式的應用架構（如圖 6-38 所示）顯示，外部存取 ProjectResource 資源介面，ProjectResource 資源負責外部的存取安全認證，其安全認證資訊儲存在 Keycloak 認證伺服器中。ProjectResource 資源存取 Keycloak 認證伺服器並獲取安全認證資訊。ProjectResource 資源依賴於 quarkus-oidc 擴充。

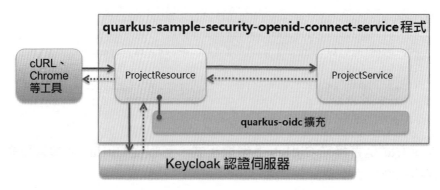

▲ 圖 6-38　quarkus-sample-security-openid-connect-service 程式應用架構圖

quarkus-sample-security-openid-connect-service 程式的設定檔和核心類別
如表 6-5 所示。

表 6-5 quarkus-sample-security-openid-connect-service 程式的設定檔和核心類別

| 名　　稱 | 類　型 | 簡　　介 |
|---|---|---|
| application.properties | 設定檔 | 提供 Quarkus 的 openid-connect 認證的設定資訊 |
| ProjectResource | 資源類別 | 實現 Quarkus 的 openid-connect 認證過程，核心類別 |
| ProjectService | 服務類別 | 主要提供資料服務，無特殊處理，在本節中將不做介紹 |
| Project | 實體類別 | POJO 物件，無特殊處理，在本節中將不做介紹 |

在該程式中，首先看看設定資訊的 application.properties 檔案：

```
quarkus.oidc.auth-server-url=http://localhost:8180/auth/realms/quarkus
quarkus.oidc.client-id=backend-service
quarkus.oidc.credentials.secret=secret
```

在 application.properties 檔案中，設定了 quarkus.oidc 的相關參數。

（1）quarkus.oidc.auth-server-url 表示 OIDC 認證授權伺服器的位置。

（2）quarkus.oidc.client-id 和 quarkus.oidc.credentials.secret 是 OIDC 認 證
的用戶名稱和密碼。

下面講解 quarkus-sample-security-openid-connect-service 程式中的 Project Resource 資源類別的功能和作用。

用 IDE 工具開啟 com.iiit.sample.security.openidconnect.service.ProjectResource 類別檔案,其程式如下:

```
@Path("/projects")
public class ProjectResource {
    private static final Logger LOGGER = Logger.getLogger
(ProjectResource. class);

    @Inject   SecurityIdentity identity;

    @Inject   ProjectService service;

    @GET
    @Path("/api/public")
    @Produces(MediaType.APPLICATION_JSON)
    @PermitAll
    public String serveResource() {
        LOGGER.info("/api/public");
        return service.getProjectInform();
    }

    @GET
    @Path("/api/admin")
    @Produces(MediaType.TEXT_PLAIN)
    @RolesAllowed("admin")
    public String adminResource() {
        LOGGER.info("granted");
        return service.getProjectInform();
    }

    @GET
    @Path("/api/users/user")
    @Produces(MediaType.APPLICATION_JSON)
    @RolesAllowed("user")
    @NoCache
```

```
public User userResource() {
    return new User(identity);
}

public static class User {
    private final String userName;
    User(SecurityIdentity identity) {
        this.userName = identity.getPrincipal().getName();
    }
    public String getUserName() {
        return userName;
    }
}
}
```

程式説明：

① ProjectResource 類別的作用是與外部進行互動，主要方法是 REST 的 GET 方法。以上程式包括 3 個 GET 方法。

② ProjectResource 類別的 serveResource 方法為非授權方法，外部呼叫 該方法可直接獲取 Project 資料。

③ ProjectResource 類別的 adminResource 方法為授權方法，外部需要在 獲得 access_token 後才能呼叫該方法獲取 Project 資料。授權方式為用 戶端模式（Client Credentials）。

④ ProjectResource 類別的 userResource 方法為授權方法，外部需要在獲 得 access_token 後才能呼叫該方法獲取 User 物件資料。授權方式為用 戶端模式（Client Credentials）。

該程式動態執行的序列圖（如圖 6-39 所示，遵循 UML 2.0 標準繪製）描 述了外部呼叫者 Actor、ProjectResource、ProjectService 和 Keycloak 等 物件之間的時間順序互動關係。

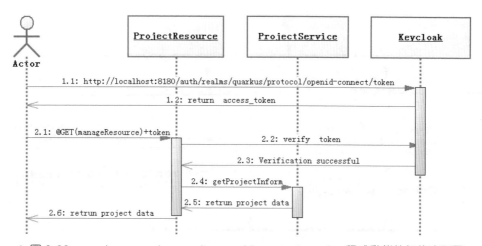

▲ 圖 6-39　quarkus-sample-security-openid-connect-service 程式動態執行的序列圖

該序列圖中總共有兩個序列，分別介紹如下。

序列 1 活動：① 外部 Actor 向 Keycloak 伺服器呼叫獲取權杖的方法；② Keycloak 伺服器傳回與權杖相關的全部資訊（包括 access_token）。

序列 2 活動：① 外部 Actor 傳入參數 access_token 並呼叫 ProjectResource 資源物件的 @GET(manageResource) 方法；② ProjectResource 資源物件向 Keycloak 伺服器呼叫獲取權杖的方法；③當驗證成功時，傳回成功資訊；④ ProjectResource 資源類別呼叫 ProjectService 服務類別的 getProjectInform 方法；⑤ ProjectService 服務物件的 getProjectInform 方法傳回 Project 資料給 ProjectResource 資源；⑥ ProjectResource 資源物件傳回 Project 資料給外部 Actor。

其他透過權杖獲取資源的存取方法與序列 2 大致相同，就不再贅述了。

## 6.7.3 驗證程式

透過下列幾個步驟（如圖 6-40 所示）來驗證案例程式。

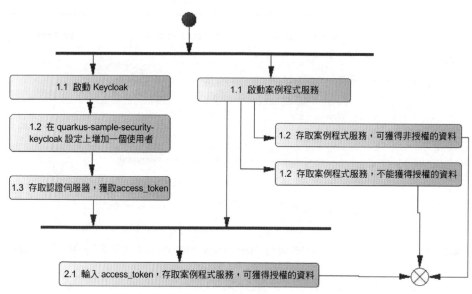

▲ 圖 6-40　quarkus-sample-security-openid-connect-service 程式驗證流程圖

下面對其中相關的關鍵點説明。

## 1. 啟動 Keycloak 伺服器

在 Windows 作業系統下，在命令列視窗中執行 > ...\bin\standalone.bat，即可啟動 Keycloak 伺服器。

## 2. 設定 Keycloak 伺服器

首先將 Realms 切換到 Quarkus 中，其確認過程與 quarkus-sample-security-keycloak 程式類似，在此就不贅述了。

將 Realms 切換到 Quarkus 的 Users 模組，建立一個使用者 rengang，密碼為 123456，如圖 6-41 所示。

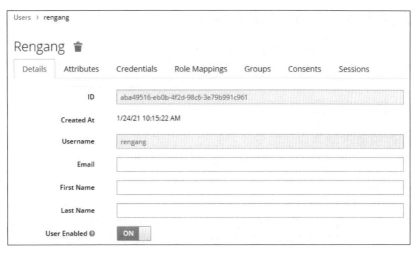

▲ 圖 6-41　建立使用者的詳細資訊

為使用者映射角色，把 admin 和 user 角色都指定給使用者，如圖 6-42 所示。

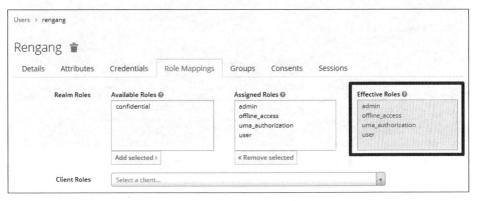

▲ 圖 6-42　為使用者映射角色

## 3. 啟動 quarkus-sample-security-openid-connect-service 程式服務

啟動程式有兩種方式，第 1 種是在開發工具（如 Eclipse）中呼叫 Project Main 類別的 run 命令，第 2 種是在程式目錄下直接執行命令 mvnw compile quarkus:dev。

## 4. 透過 API 顯示 Public 的授權情況

輸入命令 curl -i -X GET http://localhost:8080/api/public，其結果顯示為授權通過。這是因為該方法的授權是 @PermitAll。

## 5. 獲取 access_token

在命令列視窗中輸入以下命令：

```
curl -X POST http://localhost:8180/auth/realms/quarkus/protocol/openid-
connect/token ^
    --user backend-service:secret ^
    -H "content-type: application/x-www-form-urlencoded" ^
    -d "username=rengang&password=123456&grant_type=password"
```

獲取的 access_token 如圖 6-43 所示。

{"access_token":"eyJhbGciOiJSUzI1NiIsInR5cCIgOiAiSldUIiwia2lkIiA6ICJjZklBRE5feHhDSm1Wa1d5Ti1QT1hFRXZNUUdzMnI2OEN4dG1oRUROelhVIn0.eyJleHAiOjE2MTEyMjYyMjIsImlhdCI6MTYxMTE5MDIyMiwianRpIjoiNDY1Y2I4MGQtZTJhMC00ODJjg5LT1kN2ItMDk0MGYzNjUiZGFjIiwiaXNzIjoiaHR0cDovL2xvY2FsaG9zdDo4MTgwL2F1dGgvcmVhbG1zL3F1YXJrdXMiLCJhdWQiOiJhY2NvdW50Iiwic3ViIjoiM2Q2ZDNkY2UtN2IxYS00NWMyLWE4ZTEtMTg4NDNMcZTUyNWZmIiwidHlwIjoiQmVhcmVyIiwiYXpwIjoiYmFja2VuZC1zZXJ2aWNlIiwic2Vzc2lvbl9zdGF0ZSI6IjIzZGM4ODc1LTY4ZGI1Yzkt5ZjC1LTlk1YWYzNWViMiOlsiYWRtaW4iLCJ1c2VyIl19LCJyZXNvdXJjZV9hY2Nlc3MiOnsiYmFja2VuZC1zZXJ2aWNlIjp7InJvbGVzIjpbInVtYV9wcm90ZWN0aW9uIl19LCJhY2NvdW50Ijp7InJvbGVzIjpbIm1hbmFnZS1hY2NvdW50IiwibWFuYWdlLWFjY291bnQtbGlua3MiLCJ2aWV3LXByb2ZpbGUiXX19LCJzY29wZSI6ImVtYWlsIHByb2ZpbGUiLCJlbWFpbF92ZXJpZmllZCI6ZmFsc2UsInByZWZlcnJlZF91c2VybmFtZSI6InJlbmdhbmcifQ.JGUKBmf0HU_09612qnKccIPUa4CUa0qAlp-vDtZEEFNg03wvM3o9v6ELvKRZihH69uTOsQpfA5JGz6QGuAsJ ibrz93jjst_Wzz0oz3nFWS_-1qYMaf0UQxblNlNtoLznuDiRSaJX4KZ61yjyK9HriVSEUgo3MH868gN3B-qs_ves1EsdR2fzSfrWoi_S6bfoGgwqrIpwp0CpJeFrI0QQlhSIC3iBCjnULX4XGvicPk9vL-bzSGUm PzpotzRzPLvJBAWJktjLU1MfvGb6AvrziPCd6QZed1CZjUtrpQclMDsXak7SvZGf5-bBr10garbl-2JU mIQ4BvzMngypeRuKCg","expires_in":36000,"refresh_expires_in":1800,"refresh_token":

▲ 圖 6-43　使用者 rengang 獲取的權杖資訊

## 6. 透過 access_token 存取服務

圖 6-43 中的 access_token 是透過使用者 rengang 獲取的。

在 Postman 上輸入 http://localhost:8080/projects/api/admin，在 TYPE 中選擇 Bearer Token，然後把獲取的權杖資訊複製到 Token 中，接著點擊 Send 按鈕，結果介面如圖 6-44 所示。

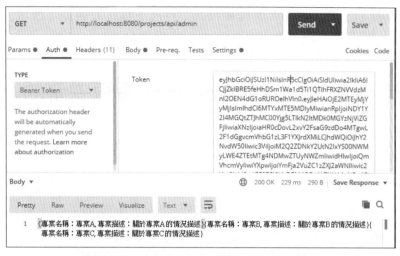

▲ 圖 6-44　使用者 rengang 透過權杖獲取授權資料

圖 6-44 顯示了 Bearer Token 授權模式，輸入了權杖並獲得了授權資料。

在 Postman 上輸入 http://localhost:8080/projects/api/users/user，在 TYPE 中選擇 Bearer Token，然後把獲取的權杖資訊複製到 Token 中，接著點擊 Send 按鈕，結果介面如圖 6-45 所示。

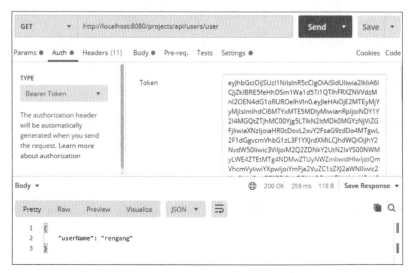

▲ 圖 6-45　使用者 rengang 透過權杖獲取授權使用者資料

圖 6-45 顯示了 Bearer Token 授權模式，輸入了權杖並獲得了授權使用者資料。

# 6.8 使用 OpenID Connect 實現安全的 Web 應用

## 6.8.1 案例簡介

本案例介紹如何透過 Quarkus OpenID Connect 擴充元件來使用 OpenID Connect 授權程式保護 Quarkus HTTP 端點。透過閱讀和分析使用 OpenID Connect 對 Quarkus HTTP 端點的安全存取進行授權等案例程式，可以了解 Quarkus 框架的 OpenID Connect 授權的使用方法。

OpenID Connect 授權程式符合 OpenID Connect 標準，由授權伺服器（如 Keycloak）支持。透過將 Web 應用的使用者重新導向到 OpenID Connect 提供的程式（例如 Keycloak）來進行登入，並且在驗證完成後，傳回確認驗證成功的程式。該擴充元件允許輕鬆地對 Web 應用的使用者進行驗證。擴充元件將使用授權程式來向 OpenID Connect 提供程式請求 ID 和 Access Token，並驗證這些權杖，以便對應用的存取進行授權。

## 6.8.2 撰寫程式碼

撰寫程式碼有 3 種方式。第 1 種方式是透過程式 UI 來實現的，在 Quarkus 官網的生成內碼表面中按照指定步驟生成鷹架程式，然後下載檔案，將專案引入 IDE 工具中，最後修改程式原始碼。

第 2 種方式是透過 mvn 來建構程式，透過下面的命令建立 Maven 專案來實現：

```
mvn io.quarkus:quarkus-maven-plugin:1.11.1.Final:create ^
    -DprojectGroupId=com.iiit.quarkus.sample  ^
```

```
-DprojectArtifactId=056-quarkus-sample-security-openid-connect-web  ^
-DclassName=com.iiit.sample.security.openidconnect.web
-Dpath=/projects/ tokens ^
-Dextensions=resteasy,oidc
```

第 3 種方式是直接從 GitHub 上獲取程式，可以從 GitHub 上複製預先準備好的範例程式：

```
git clone https://******.com/rengang66/iiit.quarkus.sample.git（見連結 1）
```

該程式位於 "056-quarkus-sample-security-openid-connect-web" 目錄中，是一個 Maven 專案程式。

在 IDE 工具中匯入 Maven 專案程式，在 pom.xml 的 <dependencies> 下有以下內容：

```
<dependency>
    <groupId>io.quarkus</groupId>
    <artifactId>quarkus-oidc</artifactId>
</dependency>
```

其中的 quarkus-oidc 是 Quarkus 擴充的 OIDC 實現。

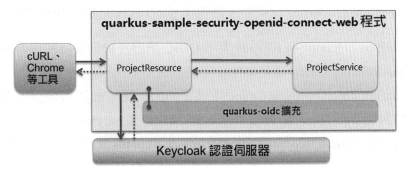

▲ 圖 6-46　quarkus-sample-security-openid-connect-web 程式應用架構圖

quarkus-sample-security-openid-connect-web 程式的應用架構（如圖 6-46 所示）顯示，外部存取 ProjectResource 資源介面，ProjectResource 資源負責外部的存取安全認證，其安全認證資訊儲存在 Keycloak 認證伺服器中。ProjectResource 資源存取 Keycloak 認證伺服器獲取安全認證資訊。ProjectResource 資源依賴於 quarkus-oidc 擴充。

quarkus-sample-security-openid-connect-web 程式的設定檔和核心類別如表 6-6 所示。

表 6-6　quarkus-sample-security-openid-connect-web 程式的設定檔和核心類別

| 名　稱 | 類　型 | 簡　介 |
|---|---|---|
| application.properties | 設定檔 | 提供 Quarkus 的 openid-connect 認證的設定資訊 |
| ProjectResource | 資源類別 | 實現 Quarkus 的 openid-connect 認證過程，核心類別 |

在該程式中，首先看看設定資訊的 application.properties 檔案：

```
quarkus.oidc.auth-server-url=http://localhost:8180/auth/realms/quarkus
quarkus.oidc.client-id=frontend
quarkus.oidc.application-type=web-app
quarkus.http.auth.permission.authenticated.paths=/*
quarkus.http.auth.permission.authenticated.policy=authenticated
quarkus.log.category."com.gargoylesoftware.htmlunit.DefaultCssErrorHandl-
er".level=ERROR
```

在 application.properties 檔案中，設定了 quarkus.oidc 的相關參數。

（1）quarkus.oidc.auth-server-url 表示 OIDC 認證授權伺服器的位置。

（2）quarkus.oidc.client-id 是 OIDC 認證的使用者。

（3）quarkus.oidc.application-type 定義了 OIDC 認證的應用類型，應用類型包括 web-app、service、hybrid，預設值是 service。

（4）quarkus.http.auth.permission.authenticated.paths 定義了 OIDC 認證的目錄。

（5）quarkus.http.auth.permission.authenticated.policy 定義了 OIDC 認證的策略。

下面講解 quarkus-sample-security-openid-connect-web 程式中的 TokenResource 資源類別的功能和作用。

用 IDE 工具開啟 com.iiit.sample.security.openidconnect.web.TokenResource
類別檔案，其程式如下：

```
@Path("/projects/tokens")
public class TokenResource {

    // 由 OpenID Connect Provider 提供程式 ID 權杖的注入點
    @Inject
    @IdToken
    JsonWebToken idToken;

    // 由 OpenID Connect Provider 提供程式存取權杖的注入點
    @Inject    JsonWebToken accessToken;

    // 由 OpenID Connect Provider 提供程式刷新權杖的注入點
    @Inject    RefreshToken refreshToken;

    // 傳回一個 map，包含了該程式的權杖資訊
    @GET
    public String getTokens() {
        StringBuilder response = new StringBuilder().append("<html>")
                .append("<body>")
                .append("<ul>");

        Object userName = this.idToken.getClaim("preferred_username");
        if (userName != null) {
            response.append("<li>username: ").append(userName.
toString()). append("</li>");
        }

        Object access_token = this.accessToken.getRawToken();
        if (access_token != null) {
            response.append("<li>access_token: ").append(access_token).
append("</li>");
        }

        Object scopes = this.accessToken.getClaim("scope");
        if (scopes != null) {
            response.append("<li>scopes: ").append(scopes.toString()).
```

```
append ("</li>");
        }
        response.append("<li>refresh_token: ").append(refreshToken.
getToken()!= null).append("</li>");
        response.append("<li>refresh_token: ").append(refreshToken.
getToken()). append("</li>");
        return response.append("</ul>").append("</body>").append("</
html>"). toString();
    }
}
```

程式説明：

① TokenResource 類別的作用是與外部進行互動，主要方法是 REST 的 GET 方法。

② TokenResource 類別的 getTokens 方法可以獲取應用的有效權杖，這裡僅用於示範目的，不應在實際應用中公開這些權杖。

該程式動態執行的序列圖（如圖 6-47 所示，遵循 UML 2.0 標準繪製）描述了外部呼叫者 Actor、ProjectResource 和 Keycloak 等物件之間的時間順序互動關係。

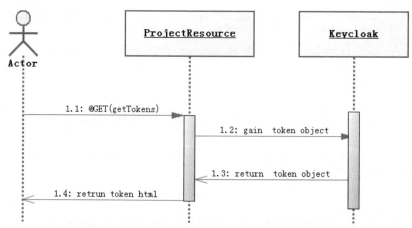

▲ 圖 6-47　quarkus-sample-security-openid-connect-web 程式動態執行的序列圖

該序列圖中只有一個序列，介紹如下。

序列 1 活動：① 外部 Actor 呼叫 ProjectResource 資源物件的 @GET (manageResource) 方法；② ProjectResource 資源物件向 Keycloak 伺服器呼叫獲取權杖物件的方法；③ Keycloak 伺服器傳回權杖物件資訊；④ ProjectResource 資源物件對權杖物件進行處理後傳回頁面資料給外部 Actor。

## 6.8.3 驗證程式

透過下列幾個步驟（如圖 6-48 所示）來驗證案例程式。

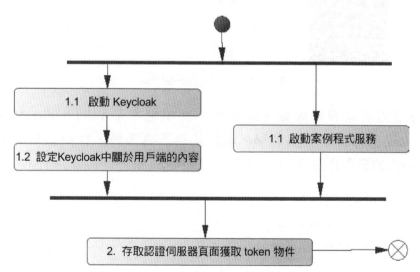

▲ 圖 6-48　quarkus-sample-security-openid-connect-web 程式驗證流程圖

下面詳細説明各個步驟。

### 1. 啟動 Keycloak 認證和授權伺服器

在 Windows 作業系統下，在命令列視窗中執行 > ...\bin\standalone.bat，即可啟動 Keycloak 伺服器。

## 2. 初始化設定資訊

設定資訊就是匯入檔案,其實質是建立一個名為 frontend 的用戶端,如圖 6-49 所示。

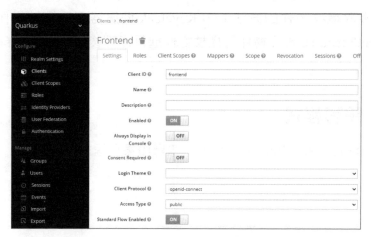

▲ 圖 6-49　建立用戶端資訊

frontend 的其他資訊如圖 6-50 所示,其中增加了 Valid Redirect URLs 內容,表示有重新導向轉移。當外部存取資源時,會被重新導向到 Keycloak 的登入介面並進行身份驗證。

▲ 圖 6-50　用戶端 frontend 的 Valid Redirect URLs 資訊

在我們輸入 Keycloak 的用戶名稱和密碼，成功透過認證後，會重新導向到應用。

### 3. 啟動 quarkus-sample-security-openid-connect-web 程式

啟動程式有兩種方式，第 1 種是在開發工具（如 Eclipse）中呼叫 ProjectMain 類別的 run 命令，第 2 種是在程式目錄下直接執行命令 mvnw compile quarkus:dev。

### 4. 獲取 access_token 物件資訊

在瀏覽器中輸入網址 http://localhost:8080/projects/tokens，會轉到 Keycloak 登入介面，輸入用戶名稱 admin 和密碼 admin，即可重定位到對應的位址，這時出現如圖 6-51 所示的介面。

← → C  ⓘ localhost:8080/projects/tokens

* username: admin
* access_token:
  eyJhbGciOiJSUzI1NiIsInR5cCIgOiAiSldUIiwia2lkIiA6ICJjZklBRE5feHhDSm1Wa1d5Ti1QTlhFRXNVVdzMnI2OEN4dG1oRUROOelhVIn0.eyJ
  slkyjzZ_Z_J29WXFCL89tNx1EVR2fUezv5qAdzio4UaRChWo6a3zzyjHZ3uSN3xoMs8Pgd4l6nMJNR0xy_2eAIkGWd5JMKKozDItBd_qY-XNI
  6_FMzlpYtVGFXh5S9e6s4Fu3RhGu4nnZ5TlvT0w
* scopes: openid email profile
* refresh_token: true
* refresh_token:
  eyJhbGciOiJIUzI1NiIsInR5cCIgOiAiSldUIiwia2lkIiA6ICI5NmFmZDAwZS04NWNmLTRkMzUtYjE4ZS0wNjFkMzgxM2Q4YjIifQ.eyJleHAiOjE

▲ 圖 6-51　獲取權杖相關資訊的介面

在這裡，可以看到登入用戶名稱，獲取的 access_token、scopes 和 refresh_token 等資訊。

# 6.9 使用 JWT 加密權杖

## 6.9.1 案例簡介

本案例介紹以 Quarkus 框架為基礎幫助應用透過 MicroProfile JWT（MP JWT）驗證 JSON Web 權杖，並將其表示為 MP JWT 的 org.eclipse.

microprofile.jwt.JsonWebToken，使用承載權杖授權和以角色為基礎的存取控制來提供對 Quarkus HTTP 端點的安全存取。本案例遵循 JWT 標準，透過閱讀和分析使用承載權杖 JWT 並提供對資源的安全存取的案例程式，可以了解和掌握 Quarkus 框架驗證 JSON Web 權杖（JWT）的使用方法。

**基礎知識**：JWT 及一些基本概念。

JWT（JSON Web Token）是為在網路應用環境間傳遞宣告而執行的一種以 JSON 為基礎的開放標準（RFC 7519）。JWT 提供了一種緊湊的 URL 安全方式，表示要在雙方之間傳輸的宣告。

JWT 一般用來在身份提供者和服務提供者間傳遞被認證的使用者身份資訊，以便從資源伺服器獲取資源，也可以在其中增加一些額外的其他業務邏輯所需的宣告資訊。該權杖可直接用於認證，也可被加密。JWT 的優點：①跨語言，JSON 格式保證了對跨語言的支援；②以權杖為基礎，無狀態；③佔用位元組少，便於傳輸。

## 6.9.2 撰寫程式碼

撰寫程式碼有 3 種方式。第 1 種方式是透過程式 UI 來實現的，在 Quarkus 官網的生成內碼表面中按照指定步驟生成鷹架程式，然後下載檔案，將專案引入 IDE 工具中，最後修改程式原始碼。

第 2 種方式是透過 mvn 來建構程式，透過下面的命令建立 Maven 專案來實現：

```
mvn io.quarkus:quarkus-maven-plugin:1.11.1.Final:create ^
    -DprojectGroupId=com.iiit.quarkus.sample
    -DprojectArtifactId=053-quarkus-sample-security-jwt ^
    -DclassName=com.iiit.sample.security.jwt.ProjectResource
    -Dpath=/projects ^
    -Dextensions=resteasy-jsonb,quarkus-smallrye-jwt
```

第 3 種方式是直接從 GitHub 上獲取程式，可以從 GitHub 上複製預先準備好的範例程式：

```
git clone https://******.com/rengang66/iiit.quarkus.sample.git（見連結 1）
```

該程式位於 "053-quarkus-sample-security-jwt" 目錄中，是一個 Maven 專案程式。

在 IDE 工具中匯入 Maven 專案程式，在 pom.xml 的 <dependencies> 下有以下內容：

```xml
<dependency>
    <groupId>io.quarkus</groupId>
    <artifactId>quarkus-smallrye-jwt</artifactId>
</dependency>
```

其中的 quarkus-smallrye-jwt 是 Quarkus 擴充了 SmallRye 的 JWT 服務實現。

quarkus-sample-security-jwt 程式的應用架構（如圖 6-52 所示）顯示，外部存取 ProjectResource 資源介面，ProjectResource 資源負責外部的存取安全認證，透過 ProjectResource 資源的安全認證需要 JWT 加密的權杖。ProjectResource 資源依賴於 quarkus-smallrye-jwt 擴充。

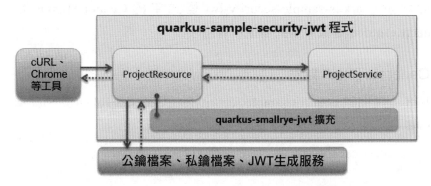

▲ 圖 6-52　quarkus-sample-security-jwt 程式應用架構圖

quarkus-sample-security-jwt 程式的核心類別如表 6-7 所示。

表 6-7　quarkus-sample-security-jwt 程式的核心類別

| 名　稱 | 類　型 | 簡　介 |
|---|---|---|
| GenerateToken | 生成權杖類別 | 提供生成權杖的功能 |
| ProjectResource | 資源類別 | 提供 REST 外部 API，無特殊處理，在本節中將不做介紹 |
| ProjectService | 服務類別 | 主要提供資料服務，無特殊處理，在本節中將不做介紹 |
| Project | 實體類別 | POJO 物件，無特殊處理，在本節中將不做介紹 |

在該程式中，首先看看設定資訊的 application.properties 檔案：

```
mp.jwt.verify.publickey.location=META-INF/resources/publicKey.pem
mp.jwt.verify.issuer=https://www.****.com (見連結 2)
smallrye.jwt.sign.key-location=privateKey.pem
```

在 application.properties 檔案中，設定了與 JWT 相關的參數。

（1）mp.jwt.verify.publickey.location 表示公開金鑰檔案的存放位置。

（2）mp.jwt.verify.issuer 表示驗證的 issuer。

（3）smallrye.jwt.sign.key-location 表示私密金鑰檔案的存放位置。

下面講解 quarkus-sample-security-jwt 程式中的 GenerateToken 類別和 ProjectResource 資源類別的功能和作用。

## 1. GenerateToken 類別

用 IDE 工具開啟 com.iiit.sample.security.jwt.GenerateToken 類別檔案，其程式如下：

```
public class GenerateToken {
    /**
     * Generate JWT token
     */
    public static void main(String[] args) {
```

```
        String token = Jwt.issuer("https://www.****.com") (見連結 2)
        .upn("rengang66@sina.com")
        .groups(new HashSet<>(Arrays.asList("User", "Admin")))
        .claim(Claims.birthdate.name(), "1971-05-06")
        .sign();
        System.out.println(token);
    }
}
```

程式説明：

該類別的 main 方法可以根據 Jwt.issuer 生成一個使用 JWT 加密的權杖。

RSA Public Key PEM（公開金鑰檔案）的位置在 META-INF/resources/ publicKey.pem，其內容如下：

```
-----BEGIN PUBLIC KEY-----
MIIBIjANBgkqhkiG9w0BAQEFAAOCAQ8AMIIBCgKCAQEAlivFI8qB4D0y2jyOCfEq
...
nQIDAQAB
-----END PUBLIC KEY-----
```

RSA Private Key PEM（私密金鑰檔案）的位置在 test/resources/ privateKey.pem，其內容如下：

```
-----BEGIN PRIVATE KEY-----
MIIEvQIBADANBgkqhkiG9w0BAQEFAASCBKcwggSjAgEAAoIBAQCWK8UjyoHgPTLa
...
-----END PRIVATE KEY-----
```

## 2. ProjectResource 資源類別

用 IDE 工具開啟 com.iiit.sample.security.jwt.ProjectResource 類別檔案， 其程式如下：

```
@Path("/projects")
@RequestScoped
public class ProjectResource {
    private static final Logger LOGGER = Logger.getLogger
(ProjectResource. class);
```

```java
@Inject   JsonWebToken jwt;

@Inject
@Claim(standard = Claims.birthdate)
String birthdate;

@Inject   ProjectService service;

@GET
@Path("permit-all")
@PermitAll
@Produces(MediaType.TEXT_PLAIN)
public String serveResource(@Context SecurityContext ctx) {
    LOGGER.info(getResponseString(ctx));
    return service.getProjectInform();
}

@GET
@Path("roles-allowed")
@RolesAllowed({ "User", "Admin" })
@Produces(MediaType.TEXT_PLAIN)
public String rolesAllowedResource(@Context SecurityContext ctx) {
    LOGGER.info(getResponseString(ctx));
    LOGGER.info(getResponseString(ctx) + ", birthdate: " + jwt.
getClaim ("birthdate").toString());
    return service.getProjectInform();
}

@GET
@Path("roles-allowed-admin")
@RolesAllowed("Admin")
@Produces(MediaType.TEXT_PLAIN)
public String rolesAllowedAdminResource(@Context SecurityContext ctx)
{
    LOGGER.info(getResponseString(ctx));
    LOGGER.info( getResponseString(ctx) + ", birthdate: " +
birthdate);
    return service.getProjectInform();
}
```

```
@GET
@Path("deny-all")
@DenyAll
@Produces(MediaType.TEXT_PLAIN)
public String denyResource(@Context SecurityContext ctx) {
    throw new InternalServerErrorException("This method must not be
invoked");
}

private String getResponseString(SecurityContext ctx) {
    String name;
    if (ctx.getUserPrincipal() == null) {
        name = "anonymous";
    } else if (!ctx.getUserPrincipal().getName().equals(jwt.
getName())) {
        throw new InternalServerErrorException("Principal and
JsonWebToken names do not match");
    } else {
        name = ctx.getUserPrincipal().getName();
    }
    return String.format("hello + %s,"+ " isHttps: %s,"    + "
authScheme: %s," + " hasJWT: %s",name, ctx.isSecure(),
            ctx.getAuthenticationScheme(), hasJwt());
}
private boolean hasJwt() {return jwt.getClaimNames() != null;}
}
```

程式說明：
..............

① ProjectResource 類別的作用是與外部進行互動，主要方法是 REST 的
  GET 方法。以上程式包括 3 個 GET 方法。

② ProjectResource 類別的 serveResource 方法為非授權方法，外部呼叫
  該方法直接獲取 Project 資料。

③ ProjectResource 類別的 rolesAllowedResource 方法為授權方法，user
  和 admin 角色都有許可權，外部需要在獲得 access_token 後才能呼叫
  該方法獲取 Project 資料。

④ ProjectResource 類別的 rolesAllowedAdminResource 方法為授權方法，只有 admin 角色有許可權，外部需要在獲得 access_token 後才能呼叫該方法獲取 Project 資料。

⑤ ProjectResource 類別的 denyResource 方法為非授權方法，任何角色都無許可權，不能獲取 Project 資料。

該程式動態執行的序列圖（如圖 6-53 所示，遵循 UML 2.0 標準繪製）描述了外部呼叫者 Actor、ProjectResource、ProjectService 和 GenerateToken 等物件之間的時間順序互動關係。

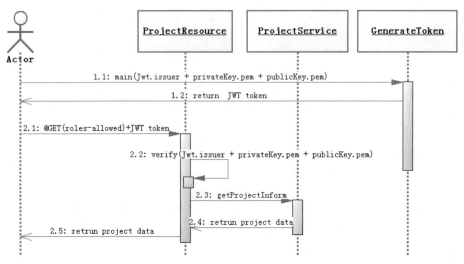

▲ 圖 6-53　quarkus-sample-security-jwt 程式動態執行的序列圖

該序列圖總共有兩個序列，分別介紹如下。

序列 1 活動：① 外部 Actor 向 GenerateToken 類別呼叫獲取 JWT 權杖的 maim 方法；② GenerateToken 類別傳回與權杖相關的全部 JWT 資訊（包括 access_token）。

序列 2 活動：① 外部 Actor 傳入參數 JWT token 並呼叫 ProjectResource 資源物件的 @GET(roles-allowed) 方法；② ProjectResource 資源物件驗

證 JWT token 的有效性；③ 驗證成功，ProjectResource 資源物件呼叫 ProjectService 服務物件的 getProjectInform 方法；④ ProjectService 服務物件的 getProjectInform 方法傳回 Project 資料給 ProjectResource 資源；⑤ ProjectResource 資源物件傳回 Project 資料給外部 Actor。

其他透過權杖來獲取資源的存取方法與序列 2 大致相同，就不再贅述了。

## 6.9.3 驗證程式

透過下列幾個步驟（如圖 6-54 所示）來驗證案例程式。

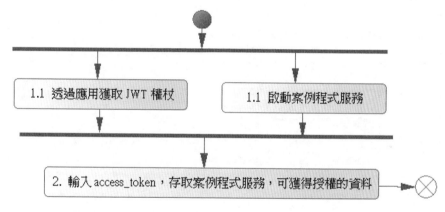

▲ 圖 6-54　quarkus-sample-security-jwt 程式驗證流程圖

下面對其中相關的關鍵點說明。

### 1. 獲取 JWT 權杖

透過下面的命令來獲取進行過 JWT 處理的權杖：

```
mvn exec:java -Dexec.mainClass=com.iiit.sample.security.jwt.GenerateToken
        -Dexec.classpathScope=test
        -Dsmallrye.jwt.sign.key-location=privateKey.pem
```

可以獲得加密資訊，如圖 6-55 所示。

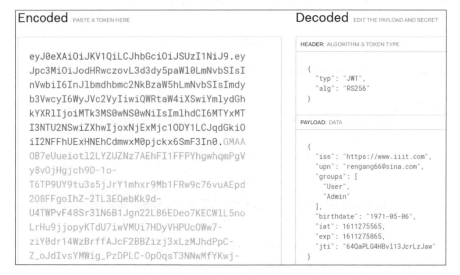

▲ 圖 6-55　獲取經過 JWT 加密的權杖資訊

可以透過 JWT 官網解析加密資訊，如圖 6-56 所示。

▲ 圖 6-56　JWT 加密資訊解析

圖 6-56 的左邊是加密資訊，右邊是對應的解密資訊。解密資訊表示 issuer
是 https://www.****.com（見連結 2），歸屬的角色是 user、admin 等。

## 2. 啟動 quarkus-sample-security-jwt 程式服務

啟動程式有兩種方式，第 1 種是在開發工具（如 Eclipse）中呼叫 Project
Main 類別的 run 命令，第 2 種是在程式目錄下直接執行命令 mvnw compile
quarkus:dev。

## 3. 透過 API 顯示 Public 的授權情況

直接執行命令 curl -v http://localhost:8080/projects/permit-all，其結果顯示為授權通過。

## 4. 透過 API 顯示角色的授權情況

透過工具 Postman 來驗證，這樣輸入和觀察比較方便。

在 Postman 上輸入 http://127.0.0.1:8080/projects/roles-allowed，結果介面如圖 6-57 所示。

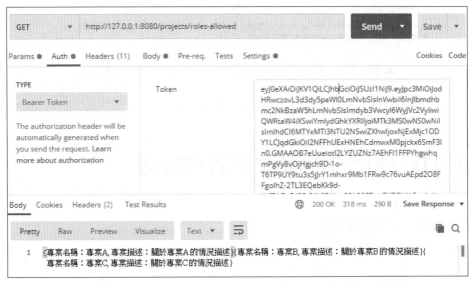

▲ 圖 6-57　透過 JWT 權杖獲取 admin 和 user 使用者的授權資料

在 Postman 上輸入 http://localhost:8080/projects/roles-allowed-admin，結果介面如圖 6-58 所示。

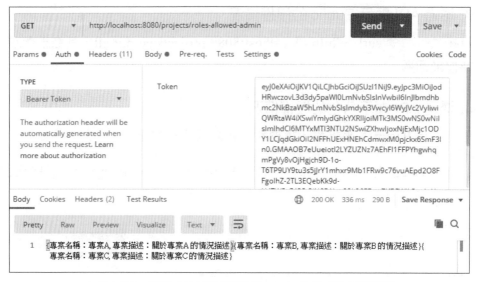

▲ 圖 6-58　透過 JWT 權杖獲取僅 admin 使用者的授權資料

由於是 admin 管理員，所以還是正常回饋資訊。

# 6.10 使用 OAuth 2.0 實現認證

## 6.10.1 前期準備

需要安裝和設定 Keycloak 認證和授權伺服器。Keycloak 伺服器的安裝和設定相關內容可以參考 6.6.1 節。

## 6.10.2 案例簡介

本案例介紹以 Quarkus 框架為基礎實現 OAuth 2.0 模組的基本功能。該模組遵循 OAuth 2.0 標準。透過閱讀和分析使用 OAuth 2.0 授權和以角色為基礎的存取控制提供對 Quarkus HTTP 端點的安全存取等案例程式，可以了解 Quarkus 框架的 OAuth 2.0 模組的使用方法。

**基礎知識**：OAuth 2.0 協定。

OAuth 是一種開放協定，為桌面程式或以 B/S 為基礎的 Web 應用提供了一種簡單的標準方式去存取需要使用者授權的 API 服務。OAuth 認證授權具有簡單、安全和開放等特點。OAuth 2.0 是 OAuth 1.0 協定的下一個版本，但不相容 OAuth 1.0。OAuth 2.0 關注用戶端開發的簡易性，不是透過資源擁有者和 HTTP 服務提供者之間的被批准的互動動作代表使用者，就是允許第三方應用代表使用者獲得存取權限。2012 年 10 月，OAuth 2.0 協定正式以 RFC 6749 發佈。

OAuth 2.0 授權主要在 4 個角色中進行，如表 6-8 所示。

表 6-8　OAuth 2.0 授權角色表

| 角色名稱 | 功能描述 |
|---|---|
| 用戶端 | 用戶端是代表資源擁有者對資源伺服器發出存取受保護資源請求的應用 |
| 資源擁有者 | 資源擁有者是對資源具有授權能力的人 |
| 資源伺服器 | 資源所在的伺服器 |
| 授權伺服器 | 為用戶端應用提供不同的權杖，可以和資源伺服器在同一伺服器上，也可以獨立出去 |

OAuth 2.0 的授權流程如圖 6-59 所示，下面進行詳細介紹：①使用者開啟用戶端以後，用戶端要求使用者給予授權；②使用者同意給予用戶端授權；③用戶端使用上一步獲得的授權，向認證伺服器申請權杖；④認證伺服器對用戶端進行認證以後，確認無誤，同意發放權杖；⑤用戶端使用權杖，向資源伺服器申請獲取資源；⑥資源伺服器確認權杖無誤，同意向用戶端開放資源。

以 OAuth 2.0 權杖認證為基礎的好處：①服務端無狀態；②性能較好，無須進行許可權驗證；③ OAuth 2.0 權杖機制支援 Web 端和行動端。

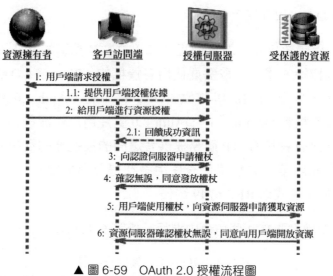

▲ 圖 6-59　OAuth 2.0 授權流程圖

在 OAuth 2.0 權杖認證的用戶端授權模式下，用戶端必須得到使用者的授權（Authorization Grant）才能獲得權杖（access-token）。OAuth 2.0 定義了 4 種授權方式：授權碼模式、簡化模式、密碼模式和用戶端模式。

（1）授權碼模式（Authorization Code）──功能最完整、流程最嚴密的授權模式。它的特點是透過用戶端的後台伺服器與服務提供者的認證伺服器進行互動。

（2）簡化模式（Implicit）──不通過第三方應用的伺服器，直接在瀏覽器中向認證伺服器申請權杖。所有步驟在瀏覽器中完成，權杖對存取者是可見的，且用戶端不需要認證。

（3）密碼模式（Resource Owner Password Credentials）──使用者向用戶端提供自己的用戶名稱和密碼。用戶端使用這些資訊，向服務提供者申請授權。在這一模式下，使用者必須把自己的密碼發給用戶端，但是用戶端不得儲存密碼。這一模式通常用在使用者對用戶端高度信任的情況下。而認證伺服器只有在其他授權模式無法執行的情況下，才考慮使用這一模式。

（4）用戶端模式（Client Credentials）──用戶端以自己的名義，而非以使用者的名義，向服務提供者進行認證。嚴格地説，用戶端模式並不屬於 OAuth 框架要解決的問題。

## 6.10.3　撰寫程式碼

撰寫程式碼有 3 種方式。第 1 種方式是透過程式 UI 來實現的，在 Quarkus 官網的生成內碼表面中按照指定步驟生成鷹架程式，然後下載檔案，將專案引入 IDE 工具中，最後修改程式原始碼。

第 2 種方式是透過 mvn 來建構程式，透過下面的命令建立 Maven 專案來實現：

```
mvn io.quarkus:quarkus-maven-plugin:1.11.1.Final:create ^
    -DprojectGroupId=com.iiit.quarkus.sample
    -DprojectArtifactId=054-quarkus-sample-security-oauth2 ^
    -DclassName=com.iiit.sample.security.oauth2.ProjectResource
    -Dpath=/projects ^
    -Dextensions=resteasy-jsonb,quarkus-elytron-security-oauth2
```

第 3 種方式是直接從 GitHub 上獲取程式，可以從 GitHub 上複製預先準備好的範例程式：

```
git clone https://******.com/rengang66/iiit.quarkus.sample.git （見連結 1）
```

該程式位於 "054-quarkus-sample-security-oauth2" 目錄中，是一個 Maven 專案程式。

在 IDE 工具中匯入 Maven 專案程式，在 pom.xml 的 <dependencies> 下有以下內容：

```
<dependency>
    <groupId>io.quarkus</groupId>
    <artifactId>quarkus-elytron-security-oauth2</artifactId>
</dependency>
```

其中的 quarkus-elytron-security-oauth2 是 Quarkus 擴充了 Elytron 的 OAuth 2.0 實現。

quarkus-sample-security-oauth2 程式的應用架構（如圖 6-60 所示）顯示，外部存取 ProjectResource 資源介面，ProjectResource 資源負責外部的存取安全認證，其安全認證資訊儲存在 Keycloak 認證伺服器中。透過 ProjectResource 資源的安全認證需要支援 OAuth 2.0 的權杖。ProjectResource 資源依賴於 elytron-security-oauth2 擴充。

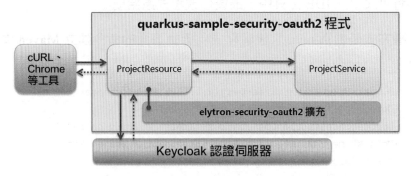

▲ 圖 6-60　quarkus-sample-security-oauth2 程式應用架構圖

quarkus-sample-security-oauth2 程式的設定檔和核心類別如表 6-9 所示。

表 6-9　quarkus-sample-security-oauth2 程式的設定檔和核心類別

| 名　稱 | 類　型 | 簡　介 |
|---|---|---|
| application.properties | 設定檔 | 提供 Quarkus 的 OAuth 2.0 認證的設定資訊 |
| ProjectResource | 資源類別 | 實現 Quarkus 的 OAuth 2.0 認證過程，核心類別 |
| ProjectService | 服務類別 | 主要提供資料服務，無特殊處理，在本節中將不做介紹 |
| Project | 實體類別 | POJO 物件，無特殊處理，在本節中將不做介紹 |

在該程式中，首先看看設定資訊的 application.properties 檔案：

```
quarkus.oauth2.client-id=oauth2_client_id
quarkus.oauth2.client-secret=oauth2_secret
```

```
quarkus.oauth2.role-claim=WEB
quarkus.oauth2.introspection-url=http://localhost:8900/auth/oauth/
token?grant_type=client_credentials
```

在 application.properties 檔案中，設定了 quarkus.oauth2 的相關參數，分別介紹如下。

（1）quarkus.oauth2.client-id 表示 OAuth 2.0 的用戶端名稱。

（2）quarkus.oauth2.client-secret 表示 OAuth 2.0 的用戶端密碼。

（3）quarkus.oauth2.role-claim 表示範圍。

（4）quarkus.oauth2.introspection-url 定義獲取權杖的驗證資訊。

下面講解 quarkus-sample-security-oauth2 程式中的 ProjectResource 資源類別的功能和作用。

用 IDE 工具開啟 com.iiit.sample.security.oauth2.ProjectResource 類別檔案，其程式如下：

```
@Path("/projects")
public class ProjectResource {
    private static final Logger LOGGER = Logger.getLogger
(ProjectResource. class);

    @Inject   ProjectService service;

    @GET
    @Path("permit-all")
    @Produces(MediaType.TEXT_PLAIN)
    @PermitAll
    public String serveResource(@Context SecurityContext ctx) {
        Principal caller = ctx.getUserPrincipal();
        String name = caller == null ? "anonymous" : caller.getName();
        String helloReply = String.format("hello + %s, isSecure: %s,
authScheme: %s", name, ctx.isSecure(),ctx.getAuthenticationScheme());
        System.out.println( helloReply);
```

```
        LOGGER.info(helloReply);
        return service.getProjectInform();
    }


    @GET
    @Path("roles-allowed")
    @RolesAllowed({ "admin" })
    @Produces(MediaType.TEXT_PLAIN)
    public String rolesAllowedResource(@Context SecurityContext ctx) {
        Principal caller = ctx.getUserPrincipal();
        String name = caller == null ? "anonymous" : caller.getName();
        String helloReply = String.format("hello + %s, isSecure: %s,
authScheme: %s", name, ctx.isSecure(),ctx.getAuthenticationScheme());
        System.out.println( helloReply);
        LOGGER.info(helloReply);
        return service.getProjectInform();
    }
}
```

程式說明：
. . . . . . . . . . . .

① ProjectResource 類別的作用是與外部進行互動，主要方法是 REST 的
   GET 方法。以上程式包括 3 個 GET 方法。

② ProjectResource 類別的 serveResource 方法為非授權方法，外部呼叫
   該方法可直接獲取 Project 資料。

③ ProjectResource 類別的 rolesAllowedResource 方法為授權方法，user
   和 admin 角色都有許可權，外部需要在獲得 access_token 後才能呼叫
   該方法獲取 Project 資料。可以獲取資料，授權方式為密碼模式。

該程式動態執行的序列圖（如圖 6-61 所示，遵循 UML 2.0 標準繪製）描
述了外部呼叫者 Actor、ProjectResource、ProjectService 和 Keycloak 等
物件之間的時間順序互動關係。

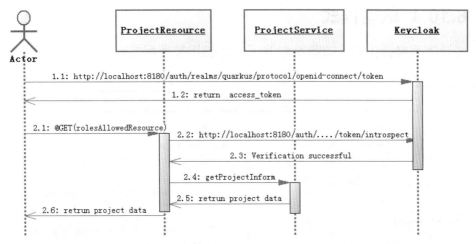

▲ 圖 6-61　quarkus-sample-security-oauth2 程式動態執行的序列圖

該序列圖中總共有兩個序列，分別介紹如下。

序列 1 活動：① 外部 Actor 向 Keycloak 伺服器呼叫獲取權杖的方法；② Keycloak 伺服器傳回與權杖相關的全部資訊（包括 access_token）。

序列 2 活動：① 外部 Actor 傳入參數 access_token 並呼叫 ProjectResource 資源物件的 @GET(manageResource) 方法；② ProjectResource 資源物件向 Keycloak 伺服器呼叫驗證權杖的方法；③ 驗證成功，傳回成功資訊；④ ProjectResource 資源物件呼叫 ProjectService 服務物件的 getProjectInform 方法；⑤ ProjectService 服務物件的 getProjectInform 方法傳回 Project 資料給 ProjectResource 資源；⑥ ProjectResource 資源物件傳回 Project 資料給外部 Actor。

其他透過權杖獲取資源的存取方法與序列 2 大致相同，就不再贅述了。

## 6.10.4 驗證程式

透過下列幾個步驟（如圖 6-62 所示）來驗證案例程式。

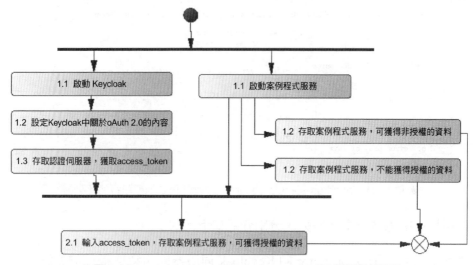

▲ 圖 6-62　quarkus-sample-security-oauth2 程式驗證流程圖

下面對其中相關的關鍵點說明。

### 1. 啟動 Keycloak 認證和授權伺服器

在 Windows 作業系統下，在命令列視窗中執行 > ...\bin\standalone.bat，即可啟動 Keycloak 伺服器。

### 2. 初始化設定

Keycloak 設定如下。

第一，將 Realms 切換到 Quarkus 下，然後進入 Quarkus 的用戶端。

第二，需要建立一個具有指定名稱的 client-id。假設這個名稱是 oauth2_client_id，在授權過程中使用用戶端憑據。在 Access Type 中選擇 confidential 並啟用 Direct Access Grants，這個選項非常重要，如圖 6-63 所示。

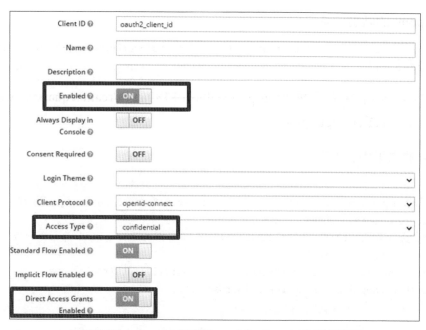

▲ 圖 6-63　client-id 名字是 oauth2_client_id 的詳細資訊

第三，切換到 Credentials 標籤，如圖 6-64 所示，並複製 client-secret。

▲ 圖 6-64　oauth2_client_id 的 client-secret 資訊

在接下來的步驟中將設定 Quarkus OAuth 2.0 到 Keycloak 的連接，使用 keydrope 公開的兩個 HTTP 端點 token_endpoint 和 introspection_ endpoint。可以透過下面的命令來查閱 token_endpoint 和 introspection_ endpoint 的映射位址：

```
curl -X GET  http://localhost:8180/auth/realms/quarkus/.well-known/uma2-
configuration
```

或 在 瀏 覽 器 中 輸 入 網 址 http://localhost:8180/auth/realms/quarkus/.well-known/uma2-configuration。

得到的結果內容如下：

```
{"issuer":"http://localhost:8180/auth/realms/quarkus",
"authorization_endpoint":"http://localhost:8180/auth/realms/quarkus/
protocol/openid-connect/auth",
"token_endpoint":"http://localhost:8180/auth/realms/quarkus/protocol/
openid-connect/token",
"introspection_endpoint":"http://localhost:8180/auth/realms/quarkus/
protocol/openid-connect/token/introspect",
...
```

token_endpoint 的 映 射 位 置 是 http://localhost:8180/auth/realms/quarkus/protocol/openid-connect/ token，存取其能生成新的存取權杖。

introspection_endpoint 的 映 射 位 置 是 http://localhost:8180/auth/realms/quarkus/protocol/openid-connect/token/introspect，用於檢索權杖的活動狀態。換句話説，可以使用它來驗證存取或刷新權杖。

Quarkus OAuth 2.0 模 組 需 要 3 個 設 定 屬 性，分 別 是 client-id、client-secret 和 introspection-url。其中有一個屬性 quarkus.oauth2.role-claim，負責設定用於載入角色的宣告的名稱。角色列表是內省端點（introspection_endpoint）傳回的回應的一部分。下面讓我們看一看 keydrope 本地實例整合的設定屬性的最終清單，設定檔的資訊要與之保持一致：

```
quarkus.oauth2.client-id=oauth2_client_id
quarkus.oauth2.client-secret=0b41ce9c-255c-4215-b895-c09c52295ec5
quarkus.oauth2.introspection-url=http://localhost:8180/auth/realms/
quarkus/ protocol/openidconnect/token/introspect
quarkus.oauth2.role-claim=realm_access.roles
```

下面在 keybeat 上建立使用者和角色。

我們將在 Keycloak 上建立一個測試使用者，用戶名稱是 admin，密碼也是 admin。驗證案例中只使用這麼一個使用者，如圖 6-65 所示。

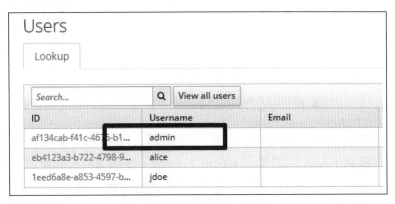

▲ 圖 6-65　admin 使用者列表

當然，我們還需要定義角色。在圖 6-66 中，強調了應用使用的角色。在後面的驗證程式中，我們採用的是 admin 角色。

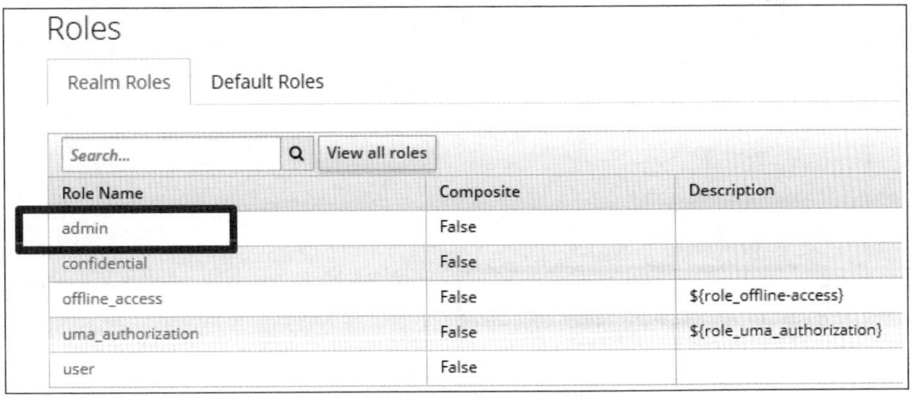

▲ 圖 6-66　admin 角色列表

把使用者 admin 歸屬給角色 admin，在 admin 屬性頁中可找到 Role Mappings 標籤，可以在其中建立這種關係，如圖 6-67 所示。

▲ 圖 6-67　把使用者 admin 歸屬給角色 admin

在進行測試之前，還需要做一件事，那就是必須編輯負責顯示角色清單的用戶端範圍。為此，請轉到 Client Scopes，找到 Roles 作用域。編輯之後，應該切換到 Mappers 標籤。最後，需要找到並編輯 Realm Roles。欄位 Token Claim Name 的值應與 quarkus.oauth2.role-claim 屬性值一致，如圖 6-68 所示。

**Realm Roles** 🗑

| | |
|---|---|
| Protocol ❔ | openid-connect |
| ID | cd8e589e-5fa7-4dae-bf6e-e8f6a3fd3cff |
| Name ❔ | realm roles |
| Mapper Type ❔ | User Realm Role |
| Realm Role prefix ❔ | |
| Multivalued ❔ | ON |
| Token Claim Name ❔ | realm_access.roles |
| Claim JSON Type ❔ | String |
| Add to ID token ❔ | OFF |
| Add to access token ❔ | ON |
| Add to userinfo ❔ | OFF |

▲ 圖 6-68　Realm Roles 詳細資訊

## 3. 啟動 quarkus-sample-security-oauth2 程式服務

啟動程式有兩種方式，第 1 種是在開發工具（如 Eclipse）中呼叫 ProjectMain 類別的 run 命令，第 2 種是在程式目錄下直接執行命令 mvnw compile quarkus:dev。

## 4. 透過 API 顯示 Public 的授權情況

執行命令 curl -i -X GET http://localhost:8080/api/public，其結果顯示為授權通過。

## 5. 獲取 access_token

在命令列視窗中輸入以下命令：

```
curl -X POST http://localhost:8180/auth/realms/quarkus/protocol/openid-
connect/token ^
    --user oauth2_client_id:0b41ce9c-255c-4215-b895-c09c52295ec5 ^
    -H "content-type: application/x-www-form-urlencoded" ^
    -d "username=admin&password=admin&grant_type=password"
```

獲取的 access_token 如圖 6-69 所示。

```
{"access_token":"eyJhbGciOiJSUzI1NiIsInR5cCIgOiAiSldUIiwia2lkIiA6ICJjZklBRE5feHh
DSmiWa1d5Ti1QTlhFRXZNVUdzMnI2OEN4dG1oRUROelhVUIn0.eyJleHAiOjE2MTEyMTY0MzEsImlhdCI
6MTYxMTIxNjEzMSwianRpIjoiNDRmOWI2NDAtMGRlYi00YTFhLWJmNjUtMThkYmY5NzhhMzVmIiwiaXN
zIjoiaHR0cDovL2xvY2FsaG9zdDo4MTgwL2F1dGgvcmVhbGzL3F1YXJrdXMiLCJzdWIiOiJhZjEzNGN
hYiimNDFjLTQ2NzUtYjE0MS0yMDVmOTc1ZGI2NzkiLCJ0eXAiOiJCZWFyZXIiLCJhenAiOiJvYXV0aDJ
fY2xpZW50X2lkIiwic2Vzc2lvbl9zdGGFQZSI6ImNjZjc0NDAwLWYyZGEtNGG3NS04MDcyLTc3NjY0Zjd
lZGQ3NyIsImFjciI6IjEiLCJyZWFsbV9hY2Nlc3MiOnsicm9sZXMiOlsiYWRtaW4iLCJic2VyIl19LCJ
zY29wZSI6ImUtYWlsIHByb2ZpbGUiLCJlbWFpbF92ZXJpZmllZCI6ZmFsc2UsInByZWZlcnJlZF91
ybmFtZSI6ImFkbWluIn0.HyYR7VaWutc3oS5ZvCfQ-pjnOgtLWaPYC3SNOsjbZuZ6FiN3OYJ9GgjH85j
iistYv3yN-K6DyJRj72rSJZxNVodt7r4CpWQ2GA9kUSIrvaYooOkf5wFKDHwvfes411Lu80XKprd_4r
uFt9PchGIYLSza7G1hnS79quxgiJnF2PZOmFLG5417ZsZ9SDHtWXOU0uoI5U6531Her0cYOx8N79fPPA
CcuB6rNfAfzdt3Ts5GpgGQFU2Ph7HswkeIjbUaQsPkaw_jt006230Wf08TDJ3q7IwzPe0eKZOLU_iuwn
FNP_8QvZoahkN-xUpkIXnCJtSxBU4rdoMnK-Gjdflyg","expires_in":300,"refresh_expires_i
n":1800,"refresh_token":"eyJhbGciOiJIUzI1NiIsInR5cCIgOiAiSldUIiwia2lkIiA6ICI5NmF
```

▲ 圖 6-69　獲取的權杖資訊

## 6. 透過 access_token 存取服務

在命令列視窗中輸入以下命令：

```
curl -v -X GET  http://localhost:8080/projects/roles-allowed ^
    -H "Authorization: Bearer "$access_token
```

其中的 access_token 是上面步驟中獲得的 access_token，透過使用者 admin 獲取的。

也 可 以 在 Postman 中 驗 證。 在 Postman 上 輸 入 http://localhost:8080/projects/roles-allowed，在 TYPE 中選擇 Bearer Token，然後把獲取的權杖資訊複製到 Token 中，接著點擊 Send 按鈕，結果介面如圖 6-70 所示。

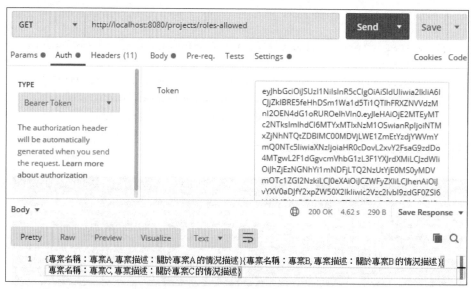

▲ 圖 6-70　透過權杖獲取使用者授權資料

圖 6-70 中的結果表示已經授權並獲得了資料。

# 6.11 本章小結

本章主要介紹 Quarkus 在安全方面的應用程式開發,從以下 10 個部分進行講解。

第一: 介紹微服務 Security。

第二: 介紹 Quarkus 框架的 Security 架構。

第三: 介紹在 Quarkus 框架中如何開發透過檔案儲存使用者資訊的安全認證應用,包含案例的原始程式、講解和驗證。

第四: 介紹在 Quarkus 框架中如何開發透過資料庫儲存使用者資訊並採用 JDBC 獲取資料的安全認證應用,包含案例的原始程式、講解和驗證。

第五: 介紹在 Quarkus 框架中如何開發透過資料庫儲存使用者資訊並採用 JPA 獲取資料的安全認證應用,包含案例的原始程式、講解和驗證。

第六: 介紹在 Quarkus 框架中如何開發採用 Keycloak 實現認證和授權的應用,包含案例的原始程式、講解和驗證。

第七: 介紹在 Quarkus 框架中如何開發透過 OpenID Connect 實現安全的 JAX-RS 服務,包含案例的原始程式、講解和驗證。

第八: 介紹在 Quarkus 框架中如何開發透過 OpenID Connect 實現安全的 Web 應用,包含案例的原始程式、講解和驗證。

第九: 介紹在 Quarkus 框架中如何開發使用 JWT RBAC 的應用,包含案例的原始程式、講解和驗證。

第十: 介紹在 Quarkus 框架中如何開發使用 OAuth 2.0 的應用,包含案例的原始程式、講解和驗證。

# 建構響應式系統應用

## 7.1 響應式系統簡介

許多以微服務為基礎的應用都是採用流行的 RESTful 開發的,這些微服務通常被稱為命令式微服務。但是,隨著高併發服務端開發場景的日益增多,很多開發者正在改造其應用,從先前使用的命令式邏輯轉向非同步的非阻塞功能邏輯,也就是現在經常能聽到的響應式系統。

為何要採用響應式系統?下面簡單説明一下原因。

下面的示範應用包含兩個微服務:Service-A 和 Service-B。最初,兩個微服務透過 RESTful 呼叫連接在一起,將一個 Service-A 端點公開給應用的用戶端,如圖 7-1 所示。

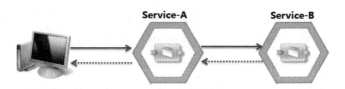

▲ 圖 7-1　透過 RESTful 呼叫連接的兩個微服務

在正常的情況下這樣做沒有問題,但是有一天,Service-B 停止回應,阻塞了 Service-A,這就導致整個應用被阻塞、無反應。為了解決這個問題,可以將 Service-A 和 Service-B 之間的呼叫從同步方式更改為非同步方式，從而允許 Service-A 在等待 Service-B 重新連線的過程中還可以執行其他任務。

然而，一旦進入非同步世界，就會出現新的問題。舉例來說，需要管理 Java EE 上下文，即要求外部呼叫生成的上下文必須與其呼叫其他服務的上下文是一致的。執行緒池中的任何新執行緒都不會從其父級繼承任何上下文。這是一個問題，因為安全上下文、JNDI（Java 命名和目錄介面）和 CDI（上下文和依賴注入）通常需要與分配給外部方法呼叫的任何新執行緒相連結。

可以採用一些方法來解決這個一致性問題，如 MicroProfile Context Propagation 等。MicroProfile Context Propagation 引入了 ManagedExecutor 和 ThreadContext API，用於管理由執行緒池排程並由應用執行時期管理的執行緒上下文。MicroProfile Context Propagation 的託管執行程式可以處理執行緒上下文的管理和控制，其中各階段在可預測的執行緒上下文中執行，而不管操作最終在哪個執行緒上執行。那麼在 Service-A 上可以使用 MicroProfile Context Propagation，使得執行緒上下文是完全確定的，因為始終從建立完成階段的執行緒中捕捉上下文，並在執行操作時應用該上下文。第一個問題解決了。

但是，只有在後端可靠的情況下，將應用轉為僅使用非同步呼叫時才有用。如果後端不可靠，並且後端微服務經常失敗，那麼非同步執行緒將變得無反應，保持暫停狀態，並等待後端執行成功。為了確保應用通訊的非同步性有效，就需要改善所涉及微服務的災備能力。為此，可以利用微服務的容錯處理能力，如提供一些功能來幫助確保微服務具有災備能力，如 @Retry 用於處理臨時網路故障，@CircuitBreaker 用於使可重複的失敗快速失敗，@Bulkhead 用於防止一個微服務使整個系統癱瘓，@Timeout 用於為業務關鍵型任務設定時間限制，@Fallback 用於提供備份計畫等。當然，採用這些容錯策略可以保證外部呼叫的穩定性。第二個問題似乎也解決了。

很多開發者認為,透過實現非同步程式設計並具備容錯功能,他們的應用應該具備了非阻塞特徵。但不幸的是,大多數情況都沒這麼簡單。單憑非同步程式設計並不能解決阻塞執行緒的問題,原因有二。

(1)如果應用中的微服務需要很長時間才能回應,則正在執行該處理程序的執行緒將被阻塞,並等待響應。被阻塞的執行緒越多,應用的回應能力就越差。嘗試解決該問題的一種方法是分配更多的執行緒,以便能夠處理更多的處理程序,但是不能無限制地分配執行緒。當所有可用執行緒都用完時,結果會如何?這時應用會停止執行,並且不會對使用者做出任何反應。

(2)隨著開放原始碼的興起,許多應用還利用了第三方程式,而應用程式開發者可能並不熟悉這些第三方程式,或不知道這些程式是否是非阻塞的。這也可能導致應用處理程序串流中出現潛在的阻塞。

因此,應用要穩定,必須是非同步 + 非阻塞模式,這就是響應式系統的基礎。

「響應式」一詞已成為一個廣泛使用但又時常令人困惑的術語,其包含了響應式程式設計、響應式擴充、響應式串流、響應式訊息傳遞或響應式系統等,概念都不是很明確。響應式是一個不斷發展的領域,而且由於其中的許多術語都與概念或標準有關,因此人們可能會各持己見。

## 1. 響應式的幾個基本概念

首先說說響應式程式設計,從技術術語來說,響應式程式設計是一種範式,在這一範式中發佈宣告式程式來構造非同步處理管線。換句話說,響應式程式設計使用非同步資料流程進行程式設計,在資料可用時將其發送給使用者,這使得開發者能夠撰寫可以快速、非同步回應狀態變化的程式。

串流是按時間順序排列的一系列進行中的事件(狀態變化)。串流可以發出 3 種不同的物件:值(某種類型)、錯誤或「已完成」訊號。定義將要發出值時執行的函數、發出錯誤時執行的函數及發出「已完成」訊號時執行的函數，並以非同步方式捕捉這 3 種事件或函數。服務對流的監聽被稱為訂閱，我們把這種服務定義為觀察者。串流是正在被觀察的主題（也被稱為可觀察物件）。

## 2. 響應式程式設計中的資料流程

透過使用響應式程式設計，可以為任何物件建立資料流程，包括變數、使用者輸入、屬性、快取、資料結構等。接著可以觀測到這些串流，並執行對應的操作。響應式程式設計還提供了一個奇妙的功能工具箱，用於組合、建立和過濾其中的任何串流，比如：

- 可以將一個或多個串流用作另一個串流的輸入。
- 可以合併兩個串流。
- 可以過濾串流，以獲取另一個僅包含感興趣事件的串流。
- 可以將資料值從一個串流映射到另一個新的串流。

另外，還可以使用模式和工具，以在微服務中啟用響應式程式設計，有以下這些模式和工具。

- Futures，這是一個承諾（Promise），用於在操作完成後保存某些操作的結果。
- Observables，這是一種軟體設計模式，在這種模式中，物件（稱為主題）維護其依賴項（稱為觀察者）的列表，並自動通知觀察者關於主題的任何事件（狀態變化），這通常是透過呼叫某種方法來完成的。
- 發佈和訂閱。
- 響應式串流，用來以非阻塞的方式處理非同步資料流程，同時向串流發行者提供背壓。
- 響應式程式設計函數庫，用於撰寫以事件為基礎的非同步程式（比如 RxJava、Reactor 和 SmallRye Mutiny 等）。

響應式程式設計是一種有用的實現方法，透過非同步和非阻塞執行，可以在諸如微服務之間、微服務內部元件之間進行邏輯處理和資料流程轉換。

## 3. 響應式擴充

響應式程式設計可處理資料流程，並透過資料流程自動傳播更改。這種範式是由響應式擴充實現的。

響應式擴充促使命令式程式語言透過使用可觀察的序列建構以事件為基礎的非同步程式。換句話說，這些程式可以建立和訂閱名為 observable 的資料流程。響應式擴充結合了觀察者和迭代器模式，以及功能的習慣用語或習慣用法，為開發者提供了工具箱，支援應用的建立、組合、合併、過濾和轉換資料流程。

Java 有一些流行的響應式擴充，例如 ReactiveX（包括 RxJava、RxKotlin、Rx.NET 等）和 BaconJS。由於有很多種函數庫可供選擇，而且函數庫之間缺乏互通性，因此很難選擇要使用的函數庫。正是為了解決這一問題，才發起了響應式串流倡議。

## 4. 響應式串流

響應式串流是為統一響應式擴充並處理具有非阻塞背壓的非同步串流處理的標準化而提出的方案，其中包括針對執行時期環境及網路通訊協定開展的工作。為了讓 Java 開發者在 JDK 中標準地呼叫響應式串流 API，JDK 9 在 java.util.concurrent.Flow 下提供了響應式串流介面，其中包含 4 個介面：Publisher、Subscriber、Subscription 和 Processor。RxJava、Reactor 和 Akka Streams 都在 Flow 下實現了這些介面：

```
public interface Publisher<T> {
    public void subscribe(Subscriber<? super T> s);
}
public interface Subscriber<T> {
    public void onSubscribe(Subscription s);
    public void onNext(T t);
```

```
    public void onError(Throwable t);
    public void onComplete();
}
public interface Subscription {
    public void request(long n);
    public void cancel();
}
public interface Processor<T,R> extends Subscriber<T>, Publisher<R> {
}
```

Publisher（發行者）介面和 Subscriber（訂閱者）介面之間的典型互動順序如圖 7-2 所示。

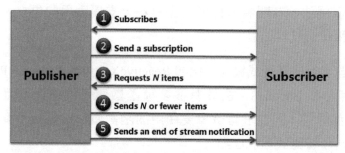

▲ 圖 7-2　Publisher 介面和 Subscriber 介面之間的典型互動順序

響應式串流介面之間的互動順序說明如下。

（1）Subscriber 介面和 Publisher 介面上場。Subscriber 介面是串流訂閱者，透過 Publisher.subscribe 方法訂閱 Publisher 介面。

（2）Publisher 介面呼叫 Subscriber.onSubscribe 方法傳遞 Subscription，以便 Subscriber 介面呼叫 subscription.request 方法來處理背壓或執行 subscription.cancel 方法。

（3）如果 Subscriber 介面只能處理 N 個專案，則將透過 Subscription.request(N) 方法傳遞該資訊。

（4）除非 Subscriber 介面請求更多的專案，否則 Publisher 介面不會發送 N+1 個專案。發佈一個專案時，Publisher 介面會呼叫 onNext 方法。

（5）如果不發佈任何專案，Publisher 介面則呼叫 onComplete 方法。

下面介紹 Processor（處理者）介面。Processor 介面是 Publisher 介面和
Subscriber 介面之間的仲介。Processor 介面繼承了 Publisher 和 Subscriber
介面。Processor 介面會訂閱 Publisher 介面，然後 Subscriber 介面訂閱
Processor 介面，這 3 個介面之間的互動關係如圖 7-3 所示。

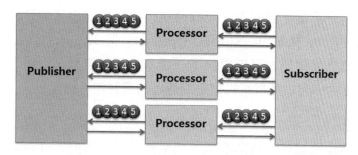

▲ 圖 7-3　Processor、Publisher 和 Subscriber 介面之間的互動關係

Processor 介面是 Publisher 和 Subscriber 介面的處理階段。它用於轉換
Publisher—Subscriber 管道中的元素。Processor<T,R> 訂閱類型 T 的資料
元素，接收元素後將其轉為類型 R 的資料元素，接著發佈轉換後的資料
元素。圖 7-3 顯示 Processor 介面在 Publisher—Subscriber 管道中起轉換
器作用，其中可以擁有多個 Processor 介面。

如上所述，響應式串流引入了發佈、訂閱的概念，以及將它們結合在一
起的方法。但是，這些流通常需要透過 map、filter、flatMap 等操作（類
似於非響應式串流的 java.util.stream）。一般開發者不會打算直接實現響
應式串流 API，因為這很複雜，不僅很難做到，而且就算實現了也很難透
過響應式串流的 TCK 驗證。因此，響應式串流的實現必須由第三方函數
庫提供，這些第三方函數庫有 Akka Streams、RxJava 或 Reactor。一般開
發者學會呼叫第三方函數庫提供的功能後就可以撰寫出響應式流程式了。

可是許多 MicroProfile 企業應用程式開發者並不希望或不能使用第三方函
數庫，而是希望能夠直接操縱響應式串流。因此，為了標準化串流操作，
有識之士建立了 MicroProfile Reactive Streams Operators，提供了與 java.

util.stream 等效的功能。Reactive Streams 標準和 MicroProfile Reactive Streams Operators 標準為 MicroProfile Reactive Messaging 標準奠定了基礎。

如上所述,響應式串流是在背壓下進行非同步串流處理的標準。響應式串流定義了一組最小的介面,允許將執行此類串流處理的元件連接在一起。MicroProfile Reactive Streams Operators 是 Eclipse MicroProfile 標準,其以響應式串流為基礎提供了一組基本運算符號,以將不同的響應式元件連接在一起,並對在它們之間傳遞的資料進行處理。

MicroProfile Reactive Messaging 標準允許應用元件之間進行非同步通訊,從而實現微服務的時間解耦。如果通訊中相關的元件何時執行都能實現通訊(不論這些元件是已載入還是超載,是已成功處理訊息還是失敗),則必須執行這種時間解耦。MicroProfile Reactive Messaging 標準提高了微服務之間的災備能力,而這正是響應式系統的關鍵特徵。

MicroProfile Reactive Messaging 旨在為訊息傳遞提供羽量級的響應式解決方案,確保使用 MicroProfile 撰寫的微服務能夠滿足響應式架構的需求,從而提供一種將事件驅動的微服務連接在一起的方法。在應用的 Bean 上使用帶註釋的方法(@Incoming 和 @Outgoing),並透過具名管線(表示要使用訊息的來源或目標的字串 / 名稱)將它們連接起來。

## 5. 響應式系統

響應式程式設計、響應式串流和響應式訊息傳遞都是設計和建構響應式系統的得力工具。響應式系統就是在系統等級描述用於發表響應式串流、響應式訊息和響應式應用的架構樣式。它旨在支援將包含多個微服務的應用作為一個單元協作工作,以更進一步地對其周圍環境和其他應用做出反應,從而在處理不斷變化的工作負載需求時表現出更大的彈性,並在元件發生故障時表現出更強大的災備能力。由此還提出了響應式宣言(如圖 7-4 所示)。

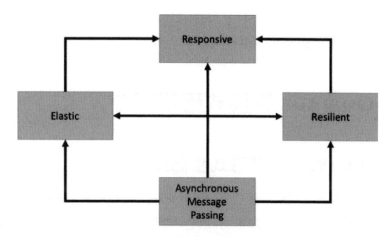

▲ 圖 7-4　響應式宣言的內容

響應式宣言列出了響應式系統的 4 個關鍵進階特徵，分別介紹如下。

- 響應式（Responsive）：響應式系統需要在合理的時間內處理請求。
- 災備（Resilient）：響應式系統必須在遇到故障（錯誤、崩潰、逾時等）時積極地做出回應，因此必須將其設計為能夠妥善處理故障。
- 彈性（Elastic）：響應式系統必須在各種負載下保持回應能力，即能夠自如縮放。
- 非同步訊息驅動（Asynchronous Message Passing）：響應式系統中的元件使用非同步訊息傳遞進行互動，實現了鬆散耦合、隔離和位置透明。

響應式系統的核心是非同步訊息驅動的系統。雖然響應式系統的基本原理看似簡單，但要建構這些系統卻很棘手。一般來說每個節點都需要包含一個非同步非阻塞開發模型（這是一個以任務為基礎的併發模型），以及使用非阻塞 I/O。因此，在設計和建構響應式系統時，必須認真考慮這幾點。但是，使用響應式程式設計和響應式擴充有助提供開發模型來解決這些非同步難題。它們可以幫助開發者的程式保持可讀性和可了解性。

現在已經有一些開放原始碼響應式框架或工具套件可以派上用場，它們包括 Vert.x、Akka、SmallRye Mutiny 和 Reactor 等。這些框架或工具套件提供的 API 實現可以給其他響應式工具和模式（包括響應式串流標準、RxJava 等）帶來更多的價值。

# 7.2 Quarkus 響應式應用簡介

## 7.2.1 Quarkus 的響應式整體架構

Quarkus 框架也是一個響應式框架。Quarkus 框架底層有響應式引擎 Eclipse Vert.x，每個 I/O 互動都必須使用非阻塞和響應式的 Vert.x 引擎。

Quarkus 框架非響應式和響應式程式實現原理如下：假設傳入一個 HTTP 請求，Eclipse Vert.x 的 HTTP 伺服器接收該請求，然後將其路由到應用。如果這個 HTTP 請求是一個阻塞請求，那麼就將其路由到阻塞應用（3.1.4 節中所實現的程式）。如果這個 HTTP 請求的目標是一個響應式（非阻塞）路由，那麼路由層將呼叫 I/O 執行緒上的路由。響應式帶來了很多好處，例如更高的併發性和性能。Quarkus 框架的響應式路由過程及實現回應路徑如圖 7-5 所示。

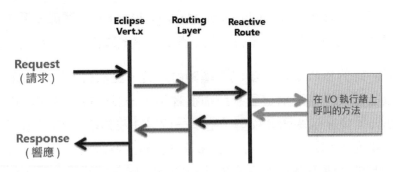

▲ 圖 7-5　Quarkus 框架的響應式路由過程及實現回應路徑

因此，許多 Quarkus 元件在設計時就考慮到了響應式，例如資料庫存取元件（PostgreSQL、MySQL、MongoDB 等）、JPA 呼叫元件（如 Hibernate

等）、快取處理元件（如 Redis 等）、訊息傳遞元件（如 Kafka、AMQP 等）、應用服務元件（如郵件、範本引擎等）等。

## 7.2.2 Quarkus 中整合的響應式框架和標準

Quarkus 中整合的響應式框架有 Eclipse Vert.x 框架、SmallRye Mutiny 框架、Eclipse MicroProfile 框架等，下面會分別介紹。

### 1. Eclipse Vert.x 框架簡介

Eclipse Vert.x 是一個以 JVM 為基礎的、羽量級的、高性能的響應式開發基礎平台，適用於最新的行動端後台、網際網路、企業應用架構。Eclipse Vert.x 框架以事件為基礎，依靠於全非同步 Java 伺服器 Netty，擴充了很多特性，以輕量、高性能、支援多語言開發而備受開發者青睞。官網對 Eclipse Vert.x 的介紹中有這麼一句話：Vert.x is a tool-kit for building reactive applications on the JVM.，其基本含義是，Vert.x 是一個以 JVM 為基礎的用於開發響應式應用的工具。

Eclipse Vert.x 框架的特性有以下 5 個。①同時支援多種程式語言——目前已經實現支援 Java、Scala、JavaScript、Ruby、Python、Groovy、Clojure、Ceylon 等程式語言。②非同步無鎖程式設計——經典的多執行緒程式設計模型能滿足很多 Web 開發場景，但隨著行動網際網路併發連接數的暴增，多執行緒併發控制模型的性能難以擴充，同時控制併發鎖需要較高的技巧，而 Vert.x 就是這種非同步模型程式設計的首選。③對各種 I/O 的豐富支持——目前 Vert.x 的非同步模型已支援 TCP、UDP、FileSystem、DNS、EventBus、SockJS 等。④極好的分散式開發支援——Vert.x 透過 EventBus 事件匯流排可以輕鬆撰寫分散式解耦程式，具有很好的擴充性。⑤生態系統日趨成熟——Vert.x 非同步驅動已經支援 PostgreSQL、MySQL、MongoDB、Redis 等常用元件，並且 Vert.x 提供了許多生產環境中的應用案例。

## 2. SmallRye Mutiny 框架簡介

SmallRye Mutiny 框架（架構如圖 7-6 所示）是一個不同於其他著名響應式程式庫的新響應式程式庫。首先，Mutiny 框架的操作方法集中在最常用的操作方法上。然後，Mutiny 提供了更具指導性的 API，避免了包含數百個方法的類別。最後，Mutiny 擁有內建轉換器，可以在其他響應式程式庫之間來回轉換，所以可以隨時調整不同響應式程式庫之間的轉換器。

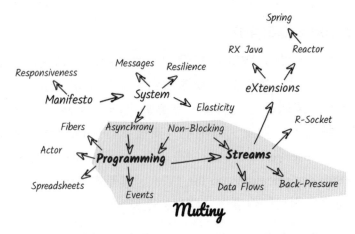

▲ 圖 7-6　SmallRye Mutiny 框架的架構圖

SmallRye Mutiny 框架提供了一個簡單但功能強大的非同步開發模型，可以建構響應式應用程式。SmallRye Mutiny 框架可以應用在任何非同步的 Java 應用中，非常適合響應式微服務、資料流程、事件處理、API 閘道和網路應用程式等。

## 3. MicroProfile Reactive Messaging 標準簡介

如響應式宣言所述，回應迅速、安全永續的彈性應用由訊息驅動的非同步主應用提供支援。MicroProfile Reactive Messaging 標準可以在應用元件之間實現以訊息為基礎的非同步通訊，從而提供了一種建立響應式微服務的簡便方法。該標準讓微服務能夠非同步發送和處理作為連續事件串流接收的訊息。

MicroProfile Reactive Messaging 標準（架構如圖 7-7 所示）定義了一個開發模型，用於宣告 CDI Bean 的生成、使用和處理訊息。這些元件之間的通訊使用回應串流。遵循 MicroProfile Reactive Messaging 標準的傳遞響應式訊息的應用由消費、生成和處理訊息的 CDI Bean 組成。

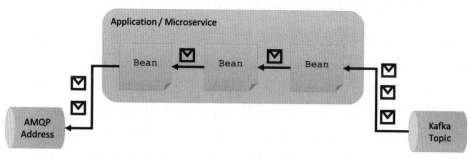

▲ 圖 7-7　MicroProfile Reactive Messaging 標準整體架構圖

這些訊息（Message）可以完全處於應用內部，也可以透過不同的訊息代理發送和接收。

應用的 Bean 包含帶有 @Incoming 和 @Outgoing 註釋的方法。帶有 @Incoming 註釋的方法使用來自管道（Channel）的訊息。帶有 @Outgoing 註釋的方法將訊息發佈到管道。同時帶有 @Incoming 和 @Outgoing 註釋的方法是一個訊息處理器，它使用來自一個管道的訊息並對訊息執行一些轉換操作，並將訊息發佈給另一個管道。

這裡包括了幾個概念，分別是管道（Channel）、訊息（Message）和連接器（Connector）。

管道是一個指示使用的是訊息的來源或目標的名稱。管道是不透明的「字串」，其有兩種類型：應用內部管道和本地管道。這兩種類型都允許實現多步處理，其中來自同一應用的多個 Bean 形成一個處理鏈。管道可以連接到遠端代理或各種訊息傳輸層，如 Apache Kafka 或 AMQP 代理。這些管道由連接器（Connector）管理。

訊息是響應式訊息傳遞標準的核心概念。可以認為訊息是包裹有效酬載的信封。一個訊息被發送到一個特定的管道,當接收和處理成功時,被確認。響應式訊息傳遞應用元件是可定址的接收者,它們等待訊息到達管道並對訊息做出回應,否則其處於休眠狀態。訊息由 org.eclipse. microprofile. reactive.messaging.Message 類別來進行表達。

連接器是管理與特定傳輸技術通訊的擴充元件。它們負責將特定的通道映射到遠端接收器或訊息來源。這些映射會在應用設定中定義。舉例來說,應用可以連接到 Kafka 叢集、AMQP 代理或 MQTT 伺服器。可以使用各種方式來設定映射,但是必須支援 MicroProfile Config 作為設定來源。連接器實現與對應於訊息傳遞傳輸的軟體名稱相連結,例如 Apache Kafka、Amazon Kinesis、RabbitMQ 或 Apache ActiveMQ 等。

MicroProfile Reactive Messaging 還使用另兩個標準:① Reactive Streams(響應式串流)標準,它用於透過背壓進行非同步串流處理,Reactive Streams 定義了一組最小的介面,允許將執行這類串流處理的元件連接在一起;② MicroProfile Reactive Streams Operators(MicroProfile 響應式串流操作)標準,它以響應式串流為基礎提供了一組基本運算符號,以將不同的響應式元件連接在一起,並對在它們之間傳遞的資料進行處理。

## 7.2.3 使用 Quarkus 實現響應式 API

### 1. 使用 Quarkus 實現響應式 JAX-RS 應用

Quarkus 主要是透過 SmallRye Mutiny 框架來實現響應式 JAX-RS 應用的。

這裡用 SmallRye Mutiny 框架建立了一個非常簡單的響應式應用,其 REST 端點是向 "/hello" 發送請求並傳回 "hello"。現在,讓我們建立一個包含以下內容的 ReactiveGreetingService 類別:

```
package org.acme.getting.started;

import io.smallrye.mutiny.Multi;
```

```
import io.smallrye.mutiny.Uni;

import javax.enterprise.context.ApplicationScoped;
import java.time.Duration;

@ApplicationScoped
public class ReactiveGreetingService {
    public Uni<String> greeting(String name) {
        return Uni.createFrom().item(name)
                .onItem().transform(n -> String.format("hello %s", name));
    }
}
```

然後，編輯 ReactiveGreetingResource 類別，以符合以下內容：

```
package org.acme.getting.started;

import javax.inject.Inject;
import javax.ws.rs.core.MediaType;

import io.smallrye.mutiny.Multi;
import io.smallrye.mutiny.Uni;
import org.jboss.resteasy.annotations.SseElementType;
import org.jboss.resteasy.annotations.jaxrs.PathParam;
import org.reactivestreams.Publisher;

@Path("/hello")
public class ReactiveGreetingResource {
    @Inject    ReactiveGreetingService service;

    @GET
    @Produces(MediaType.TEXT_PLAIN)
    @Path("/greeting/{name}")
    public Uni<String> greeting(@PathParam String name) {
        return service.greeting(name);
    }
}
```

ReactiveGreetingService 類別包含一個生成 Uni 的直接方法。

為了使 SmallRye Mutiny 框架能夠正確地使用 JAX-RS 資源，請確保 SmallRye Mutiny 支 持 的 RESTEasy 擴 充 io.quarkus:quarkus-resteasy-mutiny 存在，否則透過執行以下命令增加擴充：

```
mvn io.quarkus:quarkus-maven-plugin:1.8.1.Final:add-extensions  ^
    -Dextensions="io.quarkus:quarkus-resteasy-mutiny"
```

或手動將 quarkus-resteasy-mutiny 增加到 pom.xml 的依賴項中：

```
<dependency>
    <groupId>io.quarkus</groupId>
    <artifactId>quarkus-resteasy-mutiny</artifactId>
</dependency>
```

## 2. 使用 Quarkus 實現響應式 SQL Client API

Quarkus 使用 SmallRye Mutiny 框架提供了許多響應式 API，其中包括使用響應式 PostgreSQL 驅動程式以非阻塞和被動的方式與資料庫互動。

## 3. 使用 Quarkus 實現響應式 Hibernate API

Quarkus 使用 SmallRye Mutiny 框架提供了使用響應式 Hibernate 驅動程式以非阻塞和被動的方式與資料庫互動。

## 4. 使用 Vert.x 用戶端

前面的範例使用了 Quarkus 提供的服務。此外，還可以直接使用 Vert.x 用戶端。

首先，確保 quarkus-vertx-extension 擴充存在。如果該擴充不存在，請透過執行以下命令增加 quarkus-vertx-extension 擴充：

```
mvn io.quarkus:quarkus-maven-plugin:1.8.1.Final:add-extensions
    -Dextensions= vertx
```

或手動將 quarkus vertx 增加到依賴項中：

```
<dependency>
```

```
    <groupId>io.quarkus</groupId>
    <artifactId>quarkus-vertx</artifactId>
</dependency>
```

Vert.x API 有一個 SmallRye Mutiny 版本。該 API 有幾個元件，可以獨立匯入。

## 5. 使用 RxJava 或 Reactor 的 API

SmallRye Mutiny 提供了將 RxJava 2 和 Reactor 類型轉為 Uni 和 Multi 的應用程式。

RxJava 2 轉換器具有以下依賴項：

```
<dependency>
    <groupId>io.smallrye.reactive</groupId>
    <artifactId>mutiny-rxjava</artifactId>
</dependency>
```

因此，如果有一個 API 傳回了 RxJava 2 類型（Completable、Single、Maybe、Observable、Flowable），那麼可以將其轉為 Uni 和 Multi 物件，程式如下：

```
import io.smallrye.mutiny.converters.multi.MultiRxConverters;
import io.smallrye.mutiny.converters.uni.UniRxConverters;
//...
Uni<Void> uniFromCompletable = Uni.createFrom().converter(UniRxConverters.
fromCompletable(), completable);
Uni<String> uniFromSingle = Uni.createFrom().converter(UniRxConverters.
fromSingle(), single);
Uni<String> uniFromMaybe = Uni.createFrom().converter(UniRxConverters.
fromMaybe(), maybe);
Uni<String> uniFromEmptyMaybe = Uni.createFrom().
converter(UniRxConverters. fromMaybe(), emptyMaybe);
Uni<String> uniFromObservable = Uni.createFrom().
converter(UniRxConverters. fromObservable(), observable);
Uni<String> uniFromFlowable = Uni.createFrom().converter(UniRxConverters.
fromFlowable(), flowable);
```

```
Multi<Void> multiFromCompletable = Multi.createFrom().converter
(MultiRxConverters.fromCompletable(), completable);
Multi<String> multiFromSingle = Multi.createFrom().
converter(MultiRxConverters. fromSingle(), single);
Multi<String> multiFromMaybe = Multi.createFrom().
converter(MultiRxConverters. fromMaybe(), maybe);
Multi<String> multiFromEmptyMaybe = Multi.createFrom().converter
(MultiRxConverters.fromMaybe(), emptyMaybe);
Multi<String> multiFromObservable = Multi.createFrom().
converter(MultiRxConverters. fromObservable(), observable);
Multi<String> multiFromFlowable = Multi.createFrom().
converter(MultiRxConverters. fromFlowable(), flowable);
```

## 還可以將 Uni 和 Multi 物件轉為 RxJava 類型，程式如下：

```
Completable completable = uni.convert().with(UniRxConverters.
toCompletable());
Single<Optional<String>> single = uni.convert().with(UniRxConverters.
toSingle());
Single<String> single2 = uni.convert().with(UniRxConverters.toSingle().
failOnNull());
Maybe<String> maybe = uni.convert().with(UniRxConverters.toMaybe());
Observable<String> observable = uni.convert().with(UniRxConverters.
toObservable());
Flowable<String> flowable = uni.convert().with(UniRxConverters.
toFlowable());
//...
Completable completable = multi.convert().with(MultiRxConverters.
toCompletable());
Single<Optional<String>> single = multi.convert().with(MultiRxConverters.
toSingle());
Single<String> single2 = multi.convert().with(MultiRxConverters
        .toSingle().onEmptyThrow(() -> new Exception("D'oh!")));
Maybe<String> maybe = multi.convert().with(MultiRxConverters.toMaybe());
Observable<String> observable = multi.convert().with(MultiRxConverters.
toObservable());
Flowable<String> flowable = multi.convert().with(MultiRxConverters.
toFlowable());
```

Reactor 轉換器具有以下依賴項：

```
<dependency>
    <groupId>io.smallrye.reactive</groupId>
    <artifactId>mutiny-reactor</artifactId>
</dependency>
```

因此，如果有一個 API 傳回了 Reactor 類型（Mono、Fluss），那麼可以將其轉為 Uni 和 Multi 物件，程式如下：

```
import io.smallrye.mutiny.converters.multi.MultiReactorConverters;
import io.smallrye.mutiny.converters.uni.UniReactorConverters;
//...
Uni<String> uniFromMono = Uni.createFrom().converter(UniReactorConverters.
fromMono(), mono);
Uni<String> uniFromFlux = Uni.createFrom().converter(UniReactorConverters.
fromFlux(), flux);

Multi<String> multiFromMono = Multi.createFrom().converter(MultiReactorCo
nverters. fromMono(), mono);
Multi<String> multiFromFlux = Multi.createFrom().converter(MultiReactorCo
nverters. fromFlux(), flux);
```

還可以將 Uni 和 Multi 物件轉為 Reactor 類型（Mono、Fluss），程式如下：

```
Mono<String> mono = uni.convert().with(UniReactorConverters.toMono());
Flux<String> flux = uni.convert().with(UniReactorConverters.toFlux());

Mono<String> mono2 = multi.convert().with(MultiReactorConverters.
toMono());
Flux<String> flux2 = multi.convert().with(MultiReactorConverters.
toFlux());
```

## 6. 使用 CompletionStages、CompletableFuture 或 Publisher 的 API

如果使用的是 CompletionStage、CompletableFuture 或 Publisher 的 API，則可以來回轉換。首先，可以從 CompletionStage 或 Supplier<CompletionStage> 生成 Uni 和 Multi 物件，程式如下：

```
CompletableFuture<String> future = Uni
    // 從一個 CompletionStage 上建立
    .createFrom().completionStage(CompletableFuture.supplyAsync(() ->
"hello"));
```

在 Uni 上，還 可 以 使 用 subscribeAsCompletionStage 方 法 生 成 一 個 CompletionStage，該 CompletionStage 可獲取 Uni 發出的 item。

還可以使用 createFrom().publisher(Publisher) 從 Publisher 實例建立 Uni 和 Multi 物件，也可以使用 toMulti 將 Uni 轉為 Publisher。實際上，Multi 實現了 Publisher。

# 7.3 建立響應式 JAX-RS 應用

## 7.3.1 案例簡介

本案例介紹以 Quarkus 框架實現以響應式為基礎的 REST 基本功能。 Quarkus 整合的響應式框架為 SmallRye Mutiny 框架。透過閱讀和分析在 Web 上實現響應式資料查詢、新增、刪除、修改等操作的案例程式，可 以了解和掌握使用 Quarkus 框架建立響應式 JAX-RS 應用的方法。

**基礎知識**：SmallRye Mutiny 響應式框架。

SmallRye Mutiny 是一個響應式程式設計函數庫，允許表達和組合非同步 作業。其提供了以下兩種實現類型。

■ io.smallrye.mutiny.Uni──用於提供 0 或 1 結果的非同步作業。
■ io.smallrye.mutiny.Multi──用於多專案（具有背壓機制）串流非同步 作業。

這兩種類型都是惰性載入模式的，並且遵循訂閱模式，只有在實際需要 時才會啟動，範例程式如下：

```
uni.subscribe().with(
    result -> System.out.println("result is " + result),
    failure -> failure.printStackTrace()
);

multi.subscribe().with(
    item -> System.out.println("Got " + item),
    failure -> failure.printStackTrace()
);
```

Uni 和 Multi 都曝露了事件驅動 API：可以表達針對指定事件（成功、失敗等）執行的操作。這些 API 被分成組（操作類型），這樣可以使其更具表現力，並避免了單一類包含 100 個方法。這些方法主要的操作類型是對失敗做出反應、完成、操作、提取或收集。以下面的程式所示，SmallRye Mutiny 透過一個可導覽的 API 提供了流暢的編碼體驗，並且不需要太多響應式的知識。

```
httpCall.onFailure().recoverWithItem("my fallback");
```

SmallRye Mutiny 框架也實現了 Reactive Streams 的 Publisher，因此實現了 Reactive Streams 背壓機制。Uni 沒有實現 Publisher，因為對 Uni 而言，其功能完全可以滿足訂閱功能。

Uni 和 Multi 包含了來自 Quarkus 的響應式和命令式支援的統一，為命令結構提供了橋樑。舉例來說，可以將 Multi 轉為 Iterable 或等待 Uni 生成的 item。範例程式如下：

```
// 進入阻塞，直到結果可用
String result = uni.await().indefinitely();

// 將一個非同步流轉換成一個阻塞的迭代串流
stream.subscribe().asIterable().forEach(s -> System.out.println("Item is " + s));
```

RxJava 或 Reactor 使用者希望了解如何將 SmallRye Mutiny 的類型 Uni 和 Multi 轉為 RxJava 和 Reactor 類型，如 Flowable、Single、Flux、Mon 等：

```
Maybe<String> maybe = uni.convert().with(UniRxConverters.toMaybe());
Flux<String> flux = multi.convert().with(MultiReactorConverters.
toFlux());
```

Vert.x API 也可以使用 SmallRye Mutiny 類型。以下程式顯示了 Vert.x
Web 用戶端的用法：

```
// 使用 io.vertx.mutiny.ext.web.client.WebClient 物件
client = WebClient.create(vertx, new WebClientOptions().setDefaultHost
("fruityvice.com").setDefaultPort(443).setSsl(true)
            .setTrustAll(true));
//...
Uni<JsonObject> uni =
    client.get("/api/fruit/" + name)
        .send()
        .onItem().transform(resp -> {
            if (resp.statusCode() == 200) {
                return resp.bodyAsJsonObject();
            } else {
                return new JsonObject()
                        .put("code", resp.statusCode())
                        .put("message", resp.bodyAsString());
            }
        });
```

SmallRye Mutiny 內建了與 MicroProfile Context Propagation 的整合，因
此可以在回應管道中傳播交易、追蹤資料等。

## 7.3.2 撰寫程式碼

撰寫程式碼有 3 種方式。第 1 種方式是透過程式 UI 來實現的，在
Quarkus 官網的生成內碼表面中按照指定步驟生成鷹架程式，然後下載檔
案，將專案引入 IDE 工具中，最後修改程式原始碼。

第 2 種方式是透過 mvn 來建構程式，透過下面的命令建立 Maven 專案來
實現：

```
mvn io.quarkus:quarkus-maven-plugin:1.11.1.Final:create ^
    -DprojectGroupId=com.iiit.quarkus.sample
    -DprojectArtifactId=060-quarkus- sample-reactive-mutiny ^
    -DclassName=com.iiit.quarkus.sample.reactive.mutiny.ProjectResource
    -Dpath=/projects ^
    -Dextensions=resteasy-jsonb,quarkus-resteasy-mutiny
```

第 3 種方式是直接從 GitHub 上獲取程式，可以從 GitHub 上複製預先準
備好的範例程式：

```
git clone https://******.com/rengang66/iiit.quarkus.sample.git（見連結 1）
```

該程式位於 "060-quarkus-sample-reactive-mutiny" 目錄中，是一個 Maven
專案程式。

在 IDE 工具中匯入 Maven 專案程式，在 pom.xml 的 <dependencies> 下有
以下內容：

```
<dependency>
    <groupId>io.quarkus</groupId>
    <artifactId>quarkus-resteasy</artifactId>
</dependency>

<dependency>
    <groupId>io.quarkus</groupId>
    <artifactId>quarkus-resteasy-mutiny</artifactId>
</dependency>

<dependency>
    <groupId>io.quarkus</groupId>
    <artifactId>quarkus-resteasy-jsonb</artifactId>
</dependency>
```

其中的 quarkus-resteasy-mutiny 是 Quarkus 整合了 RESTEasy 中的 REST
服務的響應式實現。

quarkus-sample-reactive-mutiny 程式的應用架構（如圖 7-8 所示）顯示，
外部存取 ProjectResource 資源介面，ProjectResource 呼叫 ProjectService

服務，ProjectService 服務和 ProjectResource 資源都傳回響應式資料或資訊流。ProjectResource 資源依賴於 SmallRye Mutiny 框架。

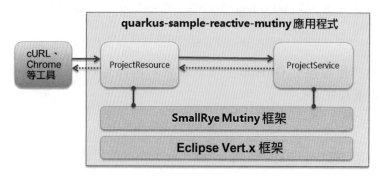

▲ 圖 7-8　quarkus-sample-reactive-mutiny 程式應用架構圖

quarkus-sample-reactive-mutiny 程式的核心類別如表 7-1 所示。

表 7-1　quarkus-sample-reactive-mutiny 程式的核心類別

| 名　稱 | 類　型 | 簡　介 |
|---|---|---|
| ProjectResource | 資源類別 | 提供 REST 外部響應式 API，簡單介紹 |
| ProjectService | 服務類別 | 主要提供資料服務，實現響應式服務，核心類別 |
| Project | 實體類別 | POJO 物件，無特殊處理，在本節中將不做介紹 |

下面講解 quarkus-sample-reactive-mutiny 程式中的 ProjectResource 資源類別和 ProjectService 服務類別的功能和作用。

## 1. ProjectResource 資源類別

用 IDE 工 具 開 啟 com.iiit.quarkus.sample.reactive.mutiny.ProjectResource 類別檔案，程式如下：

```
@Path("/projects")
@ApplicationScoped
@Produces(MediaType.APPLICATION_JSON)
@Consumes(MediaType.APPLICATION_JSON)
public class ProjectResource {
```

```java
    private static final Logger LOGGER = Logger.getLogger
(ProjectResource. class);

    // 注入 ProjectService 物件
    @Inject
    ProjectService reativeService;

    public ProjectResource() {}

    // 獲取所有專案的列表
    @GET
    public Multi<List<Project>> listReative() {
        return reativeService.getProjectList();
    }

    // 獲取單一專案的資訊
    @GET
    @Path("/{id}")
    public Uni<Project> getReativeProject(@PathParam("id")  int id) {
        return reativeService.getProjectById(id);
    }

    // 獲取單一專案的格式化資訊
    @GET
    @Path("/name/{id}")
    public Uni<String> getReative(@PathParam("id")  int id) {
        return reativeService.getProjectNameById(id);
    }

    // 獲取單一專案的重複資訊輸出
    @GET
    @Produces(MediaType.APPLICATION_JSON)
    @Path("/{count}/{id}")
    public Multi<String> getProjectName(@PathParam("count") int count,
@PathParam("id")  int id) {
        return reativeService.getProjectNameCountById(count,  id);
    }
```

```
// 按照串流模式獲取單一專案的格式化資訊
@GET
@Produces(MediaType.SERVER_SENT_EVENTS)
@SseElementType(MediaType.TEXT_PLAIN)
@Path("/stream/{count}/{id}")
public Multi<String> getProjectNameAsStream(@PathParam("count") int
count, @PathParam("id")  int id) {
    return reativeService.getProjectNameCountById(count,  id);
}

// 獲取一個 Project 物件並提交給 Service 服務物件實現增加功能
@POST
public Multi<List<Project>> add(Project project) {
    return reativeService.add(project);
}

// 獲取一個 Project 物件並提交給 Service 服務物件實現修改功能
@PUT
public Multi<List<Project>> update(Project project) {
    return reativeService.update(project);
}

// 獲取一個 Project 物件並提交給 Service 服務物件實現刪除功能
@DELETE
public Multi<List<Project>> delete(Project project) {
    return reativeService.delete(project);
}
}
```

程式說明：
...........

① ProjectResource 類別的主要方法是 REST 的基本操作方法，包括
GET、POST、PUT 和 DELETE。

② ProjectResource 類別服務的處理採用響應式模式，對外傳回的是
Multi 物件或 Uni 物件。

## 2. ProjectService 服務類別

用 IDE 工具開啟 com.iiit.quarkus.sample.reactive.mutiny.ProjectService 類別檔案，程式如下：

```java
@ApplicationScoped
public class ProjectService {

    private static final Logger LOGGER = Logger.getLogger(ProjectService.class);
    private Map<Integer, Project> projectMap = new HashMap<>();

    public ProjectService() {
        projectMap.put(1, new Project(1, "專案A", "關於專案A的情況描述"));
        projectMap.put(2, new Project(2, "專案B", "關於專案B的情況描述"));
        //projectMap.put(3, new Project(3, "專案C", "關於專案C的情況描述"));
    }

    //Multi 形成 List 列表
    public Multi<List<Project>> getProjectList() {
        return Multi.createFrom().items(new ArrayList<>(projectMap.values()));
    }

    //Uni 形成 Project 物件
    public Uni<Project> getProjectById(Integer id) {
        Project project = projectMap.get(id);
        return Uni.createFrom().item(project);
    }

    //Uni 形成 Project 的格式化字元
    public Uni<String> getProjectNameById(Integer id) {
        Project project = projectMap.get(id);
        return Uni.createFrom().item(project)
            .onItem().transform(n -> String.format
            ("專案名稱：%s",project.name+", 專案描述："+ project.description ));
    }
```

```
//Uni 獲得 Project 的 name 字元
public Uni<String> getNameById(Integer id) {
    Project project = projectMap.get(id);
    return Uni.createFrom().item(project)
            .onItem().transform(n -> {
                String name = project.name;
                return name;
                });
}

//Multi 形成 Project 物件的回應次數
public Multi<String> getProjectNameCountById(int count, Integer id) {
    Project project = projectMap.get(id);
    return Multi.createFrom().ticks().every(Duration.ofSeconds(1))
            .onItem().transform(n -> String.format(" 專案名稱： %s -
%d",project.name, n))
            .transform().byTakingFirstItems(count);
}

public Multi<List<Project>> add( Project project) {
    projectMap.put(projectMap.size()+1,project);
    return Multi.createFrom().items(new ArrayList<>(projectMap.
values()));
}

public Multi<List<Project>> update(Project project) {
    if (projectMap.containsKey(project.id))     {
        projectMap.replace(project.id, project);
    }
    return Multi.createFrom().items(new ArrayList<>(projectMap.
values()));
}

public Multi<List<Project>> delete(Project project) {
    if (projectMap.containsKey(project.id))     {
        projectMap.remove(project.id);
    }
    return Multi.createFrom().items(new ArrayList<>(projectMap.
values()));
```

```
    }
  }
```

程式說明：

① ProjectService 類別內部有一個 Map 變數物件 projectMap，用來儲存所有的 Project 物件實例。ProjectService 服務實現了對 Map 變數物件 projectMap 的全列、查詢、新增、修改和刪除操作。

② ProjectService 類別服務的處理採用響應式模式，把物件清單轉為 Multi 物件或 Uni 物件。

由 於 quarkus-sample-reactive-mutiny 程 式 的 序 列 圖 與 quarkus-sample-rest-json 程式的序列圖高度相似，就不再重複列出了。下面用 quarkus-sample-reactive-mutiny 程式執行的服務呼叫過程圖（如圖 7-9 所示）來描述。

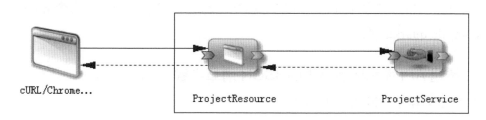

▲ 圖 7-9 　quarkus-sample-reactive-mutiny 程式執行的服務呼叫過程圖

圖 7-9 中方框內為程式的兩個服務：資源類別服務和業務類別服務，實線表示呼叫（存取）方向，虛線表示傳回資訊。

## 7.3.3 驗證程式

透過下列幾個步驟（如圖 7-10 所示）來驗證案例程式。

下面對其中相關的關鍵點說明。

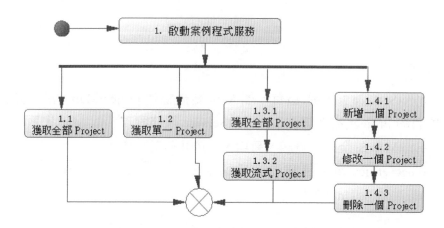

▲ 圖 7-10　quarkus-sample-reactive-mutiny 程式驗證流程圖

## 1. 啟動 quarkus-sample-reactive-mutiny 程式服務

啟動程式有兩種方式，第 1 種是在開發工具（如 Eclipse）中呼叫 ProjectMain 類別的 run 命令，第 2 種是在程式目錄下直接執行命令 mvnw compile quarkus:dev。

## 2. 透過 API 顯示所有專案的 JSON 清單內容

在命令列視窗中輸入以下命令：

```
curl http://localhost:8080/projects/
```

輸出結果是所有 Project 的 JSON 列表。也可以透過瀏覽器地址 http://localhost:8080/ projects/ 來存取，其輸出結果為所有 Project 列表。

## 3. 透過 API 顯示單一專案的 JSON 清單內容

在命令列視窗中輸入以下命令：

```
curl http://localhost:8080/projects/1
```

輸出結果為專案 id 為 1 的 JSON 列表，是 JSON 格式的。也可以透過瀏覽器地址 http://localhost:8080/projects/project/1/ 來存取。

## 4. 透過 API 顯示單一專案的多次輸出內容

處理單一專案後可以多次輸出，在命令列視窗中輸入以下命令：

```
curl http://localhost:8080/projects/5/2
```

在上面的參數中，5 表示次數，2 表示 ProjectID=2，輸出結果是已經格式化的專案資訊和專案描述內容。也可以透過瀏覽器地址 http://localhost:8080/projects/5/2 來存取。

## 5. 透過 API 顯示單一專案的多次資料流程輸出內容

處理單一專案後可以多次輸出，在命令列視窗中輸入以下命令：

```
curl http://localhost:8080/projects/reactive/stream/5/2
```

在上面的參數中，5 表示次數，2 表示 ProjectID=2，輸出結果是已經格式化的專案資訊和專案描述內容。也可以透過瀏覽器地址 http://localhost:8080/projects/reactive/stream/5/2 來存取。

## 6. 透過 API 增加一筆 Project 資料

按照 JSON 格式增加一筆 Project 資料，在命令列視窗中輸入以下命令：

```
curl -X POST -H "Content-type: application/json" -d {\"id\":3,\"name\":
\" 專案 C\",\"description\":\" 關於專案 C 的描述 \"} http://localhost:8080/
projects
```

注意，這裡採用的是 Windows 格式，而如果採用的是 Linux 格式，則命令如下：

```
curl -X POST -H "Content-type: application/json" -d {"id":3,"name":" 專案
C","description":" 關於專案 C 的描述 "}
```

## 7. 透過 API 修改一筆 Project 資料

按照 JSON 格式修改一筆 Project 資料，在命令列視窗中輸入以下命令：

```
curl -X PUT -H "Content-type: application/json" -d {\"id\":3,\"name\":\"
專案 C\",\"description\":\" 專案 C 描述修改內容 \"} http://localhost:8080/
projects
```

根據輸出結果，可以看到已經對專案 C 的描述進行了修改。

### 8. 透過 API 刪除一筆 Project 資料

按照 JSON 格式刪除一筆 Project 資料，在命令列視窗中輸入以下命令：

```
curl -X DELETE  -H "Content-type: application/json" -d {\"id\":3,
\"name\":\" 專案 C\",\"description\":\" 關於專案 C 的描述 \"} http://
localhost: 8080/projects
```

根據輸出結果，可以看到已經刪除了專案 C 的內容。

# 7.4 建立響應式 SQL Client 應用

## 7.4.1 前期準備

需要安裝 PostgreSQL 資料庫並進行基本設定，安裝和設定相關內容可參考 4.1.1 節。

## 7.4.2 案例簡介

本案例介紹以 Quarkus 框架實現響應式為基礎的 SQL Client 的基本功能。透過閱讀和分析在 SQL Client 上實現響應式地查詢、新增、刪除、修改資料等操作的案例程式，可以了解和掌握 Quarkus 框架的響應式 SQL Client 基本功能的使用方法。

**基礎知識**：Eclipse Vert.x 框架的 SQL Client。

Eclipse Vert.x 框架的 SQL Client 可以實現響應式的低可伸縮性。目前，Quarkus 透過以 Vert.x 響應式驅動程式支援 4 種資料庫為基礎，分別是 DB2、PostgreSQL、MariaDB 和 MySQL 等。Quarkus 對響應式資料庫伺服器的設定可以進行統一、靈活的設定。為正在使用的資料庫增加正確的響應式擴充，可以使用 reactive-pg-client、reactive-mysql-client 或 reactive-db2-client 等。下面的清單是響應式 PostgreSQL 資料來源的設定清單：

```
quarkus.datasource.db-kind=postgresql
quarkus.datasource.username=<your username>
quarkus.datasource.password=<your password>
quarkus.datasource.reactive.url=postgresql:///your_database
quarkus.datasource.reactive.max-size=20
```

## 7.4.3 撰寫程式碼

撰寫程式碼有 3 種方式。第 1 種方式是透過程式 UI 來實現的，在 Quarkus 官網的生成內碼表面中按照指定步驟生成鷹架程式，然後下載檔案，將專案引入 IDE 工具中，最後修改程式原始碼。

第 2 種方式是透過 mvn 來建構程式，透過下面的命令建立 Maven 專案來實現：

```
mvn io.quarkus:quarkus-maven-plugin:1.11.1.Final:create ^
    -DprojectGroupId=com.iiit.quarkus.sample
    -DprojectArtifactId=061-quarkus- sample-reactive-sqlclient ^
    -DclassName=com.iiit.quarkus.sample.reactive.sqlclient.ProjectResource
    -Dpath=/projects ^
    -Dextensions=resteasy-jsonb,quarkus-resteasy-mutiny,quarkus-reactive-
pg-client
```

第 3 種方式是直接從 GitHub 上獲取程式，可以從 GitHub 上複製預先準備好的範例程式：

```
git clone https://******.com/rengang66/iiit.quarkus.sample.git（見連結 1）
```

該 程 式 位 於 "061-quarkus-sample-reactive-sqlclient" 目 錄 中，是 一 個 Maven 專案程式。

在 IDE 工具中匯入 Maven 專案程式，在 pom.xml 的 <dependencies> 下有

以下內容：

```
<dependency>
    <groupId>io.quarkus</groupId>
    <artifactId>quarkus-reactive-pg-client</artifactId>
</dependency>
```

其中的 quarkus-reactive-pg-client 是 Quarkus 整合了 PostgreSQL 資料庫的響應式實現。

quarkus-sample-reactive-sqlclient 程式的應用架構（如圖 7-11 所示）顯示，外部存取 ProjectResource 資源介面，ProjectResource 呼叫 ProjectService 服務，ProjectService 服務呼叫注入的 PgPool 物件來對 PostgreSQL 資料庫執行 CRUD 操作。ProjectResource 和 ProjectService 資源依賴於 SmallRye Mutiny 框架。PgPool 物件依賴於 Eclipse Vert.x 框架。

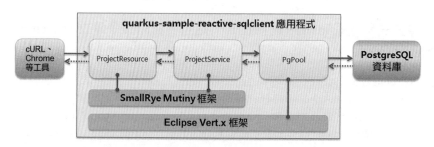

▲ 圖 7-11　quarkus-sample-reactive-sqlclient 程式應用架構圖

quarkus-sample-reactive-sqlclient 程式的設定檔和核心類別如表 7-2 所示。

表 7-2　quarkus-sample-reactive-sqlclient 程式的設定檔和核心類別

| 名　稱 | 類　型 | 簡　介 |
|---|---|---|
| application.properties | 設定檔 | 定義資料庫設定參數 |
| ProjectResource | 資源類別 | 提供 REST 外部響應式 API，簡單介紹 |
| ProjectService | 服務類別 | 主要提供資料服務，實現響應式服務，核心類別 |
| Project | 實體類別 | POJO 物件，無特殊處理，在本節中將不做介紹 |

在該程式中，首先看看設定資訊的 application.properties 檔案：

```
quarkus.datasource.db-kind=postgresql
quarkus.datasource.username=quarkus_test
quarkus.datasource.password=quarkus_test
quarkus.datasource.reactive.url=postgresql://localhost:5432/quarkus_test
myapp.schema.create=true
```

在 application.properties 檔案中，只有資料庫連接採用響應式設定，其他
與設定案例 quarkus-sample-orm-hibernate 的設定參數都是一樣的。其中
quarkus.datasource.reactive.url 表示連接資料庫的方式是響應式驅動的。

下面講解 quarkus-sample-reactive-sqlclient 程式中的 ProjectResource 資源
類別和 ProjectService 服務類別的功能和作用。

## 1. ProjectResource 資源類別

用 IDE 工具開啟 com.iiit.quarkus.sample.reactive.sqlclient.ProjectResource
類別檔案，其程式如下：

```
@Path("/projects")
@ApplicationScoped
@Produces(MediaType.APPLICATION_JSON)
@Consumes(MediaType.APPLICATION_JSON)
public class ProjectResource {
    private static final Logger LOGGER = Logger.getLogger
(ProjectResource. class);
    // 注入 ReactiveProjectService 物件
    @Inject    ReactiveProjectService reativeService;

    public ProjectResource() {}

    // 獲取所有的 Project 物件，形成列表傳回
    @GET
    @Path("/reactive")
    public Multi<Project> listReative() {return reativeService.
findAll();     }
```

```
// 獲取過濾出來的 Project 物件並傳回該 Project 物件
@GET
@Path("/reactive/{id}")
public Uni<Project> getReativeProject(@PathParam("id")  long id) {
    return reativeService.findById(id);
}

// 提交新增一個 Project 物件
@POST
@Path("/reactive/save")
public Uni<Long> save(Project project){return reativeService.save
(project);}

// 提交修改一個 Project 物件
@PUT
@Path("/reactive/update")
public Uni<Boolean> update(Project project){return reativeService.
update(project);     }

// 根據 Project 物件的主鍵,提交刪除該 Project 物件
@DELETE
@Path("/reactive/delete/{id}")
public Uni<Boolean> delete(@PathParam("id") Long id){return
reativeService.delete(id);}
}
```

程式說明:

① ProjectResource 類別的主要方法是 REST 的基本操作方法,包括 GET、POST、PUT 和 DELETE 方法。

② ProjectResource 類別服務的處理採用響應式模式,對外傳回的是 Multi 物件或 Uni 物件。

## 2. ProjectService 服務類別

用 IDE 工 具 開 啟 com.iiit.quarkus.sample.reactive.sqlclient.ProjectService 類別檔案,程式如下:

```java
@ApplicationScoped
public class ReactiveProjectService {

    private static final Logger LOGGER = Logger.getLogger
(ReactiveProject Service.class);

    @Inject
    @ConfigProperty(name = "myapp.schema.create", defaultValue = "true")
    boolean schemaCreate;

    @Inject
    PgPool client;

    @PostConstruct
    void config() {
        if (schemaCreate) {
            initdb();
        }
    }

    // 初始化資料
    private void initdb() {
        client.query("DROP TABLE IF EXISTS iiit_projects").execute()
                .flatMap(r -> client.query("CREATE TABLE iiit_projects
(id SERIAL PRIMARY KEY, name TEXT NOT NULL)").execute())
                .flatMap(r -> client.query("INSERT INTO iiit_projects
(name) VALUES (' 專案 A')").execute())
                .flatMap(r -> client.query("INSERT INTO iiit_projects
(name) VALUES (' 專案 B')").execute())
                .flatMap(r -> client.query("INSERT INTO iiit_projects
(name) VALUES (' 專案 C')").execute())
                .flatMap(r -> client.query("INSERT INTO iiit_projects
(name) VALUES (' 專案 D')").execute())
                .await().indefinitely();
    }

    // 從資料庫獲取所有行，將每行資料組裝成一個 Project 物件，然後放入 List 中
    public  Multi<Project> findAll() {
```

```
        return client.query("SELECT id, name FROM iiit_projects ORDER BY
name ASC").execute().onItem().transformToMulti(set -> Multi.createFrom().
iterable(set)).onItem().transform(ReactiveProjectService::from);
    }

    // 從資料庫過濾出指定行，組裝成一個 Project 物件
    public Uni<Project> findById(Long id) {
        return client.preparedQuery("SELECT id, name FROM iiit_
projects WHERE id = $1").execute(Tuple.of(id)).onItem().
transform(RowSet::iterator)
                .onItem().transform(iterator -> iterator.hasNext() ?
from(iterator.next()) : null);
    }

    // 給資料庫增加一筆資料
    public Uni<Long> save( Project project ) {
        return client.preparedQuery("INSERT INTO iiit_projects (name)
VALUES ($1) RETURNING (id)").execute(Tuple.of(project.name))
                .onItem().transform(pgRowSet -> pgRowSet.iterator().
next(). getLong("id"));
    }

    // 在資料庫中修改一筆資料
    public Uni<Boolean> update (Project project ) {
        return client.preparedQuery("UPDATE iiit_projects SET name = $1
WHERE id = $2").execute(Tuple.of(project.name, project.id))
                .onItem().transform(pgRowSet -> pgRowSet.rowCount() ==
1);
    }

    // 在資料庫中刪除一筆資料
    public  Uni<Boolean> delete( Long id) {
        return client.preparedQuery("DELETE FROM iiit_projects WHERE id =
$1").execute(Tuple.of(id))
                .onItem().transform(pgRowSet -> pgRowSet.rowCount() ==
1);
    }

    // 把一行資料組裝成一個 Project 物件
```

```
private  static Project from( Row row) {
    return new Project(row.getLong("id"), row.getString("name"));
}
}
```

程式說明：

① ProjectService 類別注入了 PgPool 物件。這是以 Vert.x 為基礎的 PostgreSQL 用戶端的響應式實現。

② ProjectService 類別服務的處理採用響應式模式，對外傳回的是 Multi 物件或 Uni 物件。

③ ProjectService 類別實現了響應式資料庫操作，包括查詢、新增、修改和刪除等操作。

由 於 quarkus-sample-reactive-mutiny 程 式 的 序 列 圖 與 quarkus-sample-rest-json 程式的序列圖高度相似，就不再重複列出了。下面用 quarkus-sample-reactive-mutiny 程式執行的服務呼叫過程圖（如圖 7-12 所示）來描述。

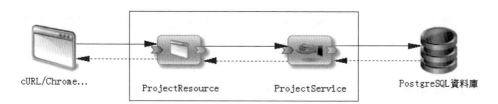

cURL/Chrome...        ProjectResource        ProjectService        PostgreSQL資料庫

▲ 圖 7-12　quarkus-sample-reactive-mutiny 程式執行的服務呼叫過程圖

圖 7-12 中方框內為程式的兩個服務：資源類別服務和業務類別服務，實線表示呼叫（存取）方向，虛線表示傳回資訊。

## 7.4.4 驗證程式

透過下列幾個步驟（如圖 7-13 所示）來驗證案例程式。

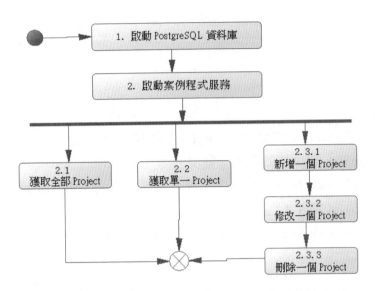

▲ 圖 7-13　quarkus-sample-reactive-sqlclient 程式驗證流程圖

下面對其中相關的關鍵點説明。

## 1. 啟動 PostgreSQL 資料庫

首先要啟動 PostgreSQL 資料庫，然後可以進入 PostgreSQL 的圖形管理介面並觀察資料庫中資料的變化情況。

## 2. 啟動 quarkus-sample-reactive-sqlclient 程式服務

啟動程式有兩種方式，第 1 種是在開發工具（如 Eclipse）中呼叫 ProjectMain 類別的 run 命令，第 2 種是在程式目錄下直接執行命令 mvnw compile quarkus:dev。

## 3. 透過 API 顯示專案的 JSON 格式內容

在命令列視窗中輸入以下命令：

```
curl http://localhost:8080/projects/reactive/
```

## 4. 透過 API 顯示單筆記錄

在命令列視窗中輸入以下命令：

```
curl http://localhost:8080/projects/reactive/1/
```

## 5. 透過 API 增加一筆資料

在命令列視窗中輸入以下命令：

```
curl -X POST  -H "Content-type: application/json" -d {\"id\":5,\"name\":
 \" 專案 ABC\"} http://localhost:8080/projects/reactive/add
```

顯示 Project 的主鍵是 5 的內容：

```
curl http://localhost:8080/projects/reactive/5/
```

已經成功新增資料。

## 6. 透過 API 修改一筆資料的內容

在命令列視窗中輸入以下命令：

```
curl -X PUT  -H "Content-type: application/json" -d {\"id\":5,
\"name\":\" 專案 ABC 修改 \"} http://localhost:8080/projects/reactive/update
```

顯示 Project 的主鍵是 5 的內容：

```
curl http://localhost:8080/projects/reactive/5/
```

已經成功修改資料。

## 7. 透過 API 刪除 project1 記錄

在命令列視窗中輸入以下命令：

```
curl -X DELETE http://localhost:8080/projects/reactive/delete/4 -v
```

顯示 Project 的主鍵是 4 的內容：

```
curl http://localhost:8080/projects/reactive/4/
```

資料已經被刪除了。

# 7.5 建立響應式 Hibernate 應用

## 7.5.1 前期準備

需要安裝 PostgreSQL 資料庫並進行基本設定，安裝和設定 PostgreSQL
資料庫的相關內容可參考 4.1.1 節。

## 7.5.2 案例簡介

本案例介紹以 Quarkus 框架實現為基礎的響應式 JPA 基本功能。Quarkus
整合的響應式框架為 Hibernate 框架，透過閱讀和分析在 JPA 上實現響應
式地查詢、新增、刪除、修改資料等操作的案例程式，可以了解和掌握
Quarkus 框架的響應式 JPA 基本功能的使用方法。

## 7.5.3 撰寫程式碼

撰寫程式碼有 3 種方式。第 1 種方式是透過程式 UI 來實現的，在
Quarkus 官網的生成內碼表面中按照指定步驟生成鷹架程式，然後下載檔
案，將專案引入 IDE 工具中，最後修改程式原始碼。

第 2 種方式是透過 mvn 來建構程式，透過下面的命令建立 Maven 專案來
實現：

```
mvn io.quarkus:quarkus-maven-plugin:1.7.1.Final:create ^
    -DprojectGroupId=com.iiit.quarkus.sample
    -DprojectArtifactId=065-quarkus-sample-reactive-hibernate ^
    -DclassName=com.iiit.quarkus.sample.reactive.hibernate.
ProjectResource
    -Dpath=/projects ^
    -Dextensions=resteasy-jsonb,quarkus-hibernate-reactive,quarkus-
reactive-pg-client,quarkus-resteasy-mutiny
```

第 3 種方式是直接從 GitHub 上獲取程式，可以從 GitHub 上複製預先準

備好的範例程式：

```
git clone https://******.com/rengang66/iiit.quarkus.sample.git (見連結1)
```

該程式位於 "065-quarkus-sample-reactive-hibernate" 目錄中，是一個 Maven 專案程式。

在 IDE 工具中匯入 Maven 專案程式，在 pom.xml 的 <dependencies> 下有以下內容：

```xml
<dependency>
    <groupId>io.quarkus</groupId>
    <artifactId>quarkus-hibernate-reactive</artifactId>
    <version>${quarkus-plugin.version}</version>
</dependency>

<dependency>
    <groupId>io.quarkus</groupId>
    <artifactId>quarkus-reactive-pg-client</artifactId>
</dependency>

<dependency>
    <groupId>io.quarkus</groupId>
    <artifactId>quarkus-resteasy</artifactId>
</dependency>

<dependency>
    <groupId>io.quarkus</groupId>
    <artifactId>quarkus-resteasy-jsonb</artifactId>
</dependency>

<dependency>
    <groupId>io.quarkus</groupId>
    <artifactId>quarkus-resteasy-mutiny</artifactId>
</dependency>

<dependency>
    <groupId>io.quarkus</groupId>
    <artifactId>quarkus-hibernate-reactive-deployment</artifactId>
```

```
        <scope>provided</scope>
        <version>${quarkus-plugin.version}</version>
    </dependency>
```

其中的 quarkus-hibernate-reactive 是 Quarkus 擴充了 Hibernate 的響應式服務實現。Hibernate Reactive 在 Hood 下使用了針對 PostgreSQL 的 reactive-pg-client，所以要引用 quarkus-reactive-pg-client。注意，quarkus-hibernate-reactive 擴充是非 Red Hat 官方提供的擴充實現。

quarkus-sample-reactive-hibernate 程式的應用架構（如圖 7-14 所示）顯示，外部存取 ProjectResource 資源介面，ProjectResource 呼叫 Project Service 服務，ProjectService 服務呼叫注入的 Mutiny.Session 物件來對 PostgreSQL 資料庫執行 CRUD 操作。ProjectResource、ProjectService 和 Mutiny.Session 物件依賴於 SmallRye Mutiny 框架。

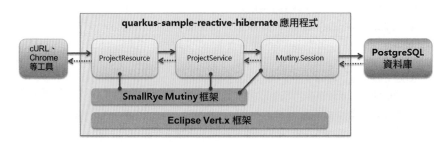

▲ 圖 7-14　quarkus-sample-reactive-hibernate 程式應用架構圖

quarkus-sample-reactive-hibernate 程式的設定檔和核心類別如表 7-3 所示。

表 7-3　quarkus-sample-reactive-hibernate 程式的設定檔和核心類別

| 名　　稱 | 類　型 | 簡　　介 |
|---|---|---|
| application.properties | 設定檔 | 定義資料庫設定參數 |
| import.sql | 設定檔 | 在資料庫中初始化資料 |
| ProjectResource | 資源類別 | 提供 REST 外部響應式 API，簡單介紹 |
| ProjectService | 服務類別 | 主要提供資料服務，實現響應式服務，核心類別 |
| Project | 實體類別 | POJO 物件，無特殊處理，在本節中將不做介紹 |

在該程式中，首先看看設定資訊的 application.properties 檔案：

```
quarkus.datasource.db-kind=postgresql
quarkus.datasource.username=quarkus_test
quarkus.datasource.password=quarkus_test
quarkus.hibernate-orm.database.generation=drop-and-create
quarkus.hibernate-orm.log.sql=true
quarkus.hibernate-orm.sql-load-script=import.sql

# 響應式屬性設定
quarkus.datasource.reactive.url=vertx-reactive:postgresql://localhost/
quarkus_test
```

在 application.properties 檔案中，除 quarkus.datasource.reactive.url 屬性外，其他屬性的設定與 quarkus-sample-orm-hibernate 程式的設定大致相同，在此不再解釋了。而 quarkus.datasource. reactive.url 表示連接資料庫的方式是響應式驅動的。

import.sql 的內容與 quarkus-sample-orm-hibernate 程式大致相同，也不再解釋，其主要作用是實現了 iiit_projects 表的初始化資料工作。

下面講解 quarkus-sample-reactive-hibernate 程式的 ProjectResource 資源類別、ProjectService 服務類別和 Project 實體類別的功能和作用。

## 1. ProjectResource 資源類別

用 IDE 工具開啟 com.iiit.quarkus.sample.reactive.hibernate.ProjectResource 類別檔案，其程式如下：

```
@Path("projects")
@ApplicationScoped
@Produces("application/json")
@Consumes("application/json")
public class ProjectResource {
    private static final Logger LOGGER = Logger.getLogger
(ProjectResource. class.getName());

    // 注入服務類別
```

```
@Inject    ProjectService service;

// 獲取 Project 列表
@GET
public Multi<Project> get() { return service.get(); }

// 獲取單筆 Project 資訊
@GET
@Path("{id}")
public Uni<Project> getSingle(@PathParam("id")  Integer id) {
    return service.getSingle(id);
}

// 增加一個 Project 物件
@POST
public Uni<Response> add( Project project) {
    if (project == null || project.getId() == null) {
        throw new WebApplicationException("Id was invalidly set on
request.", 422);
    }
    return  service.add(project) ;
}

// 修改一個 Project 物件
@PUT
@Path("{id}")
public Uni<Response> update(@PathParam("id") Integer id,Project
project) {
    if (project == null || project.getName() == null) {
        throw new WebApplicationException("Project name was not set
on request.", 422);
    }
    return service.update(id,project);
}

// 刪除一個 Project 物件
@DELETE
@Path("{id}")
public Uni<Response> delete(@PathParam("id") Integer id) {return
service.delete(id); }
```

```
// 處理 Response 的錯誤情況
@Provider

// 省略部分程式

}
```

程式說明：
............

① ProjectResource 類別的主要方法是 REST 的基本操作方法，包括 GET、POST、PUT 和 DELETE 方法。

② ProjectResource 類別服務的處理採用響應式模式，對外傳回的是 Multi 物件或 Uni 物件。

## 2. ProjectService 服務類別

用 IDE 工具開啟 com.iiit.quarkus.sample.reactive.hibernate.ProjectService 類別檔案，其程式如下：

```
@ApplicationScoped
public class ProjectService {
    private static final Logger LOGGER = Logger.getLogger
(ProjectResource. class.getName());
    @Inject    Mutiny.Session mutinySession;

    // 獲取所有 Project 列表
    public Multi<Project> get() {
        return mutinySession
                .createNamedQuery( "Projects.findAll", Project.class).
getResults();
    }

    // 獲取單一 Project
    public Uni<Project> getSingle(Integer id) {return mutinySession.
find(Project.class, id); }

    // 帶交易提交增加一筆記錄
    public Uni<Response> add(Project project) {
        return mutinySession
```

```
                .persist(project)
                .onItem().produceUni(session ->  mutinySession.flush())
            //.onItem().apply(object -> project );
                .onItem().apply(ignore -> Response.ok(project).
status(201). build());
    }

    // 帶交易提交修改一筆記錄
    public Uni<Response> update(Integer id, Project project) {
        Function<Project, Uni<Response>> update = entity -> {
            entity.setName(project.getName());
            return mutinySession.flush()
                    .onItem().apply(ignore -> Response.ok(entity).
build());
        };

        return mutinySession.find(Project.class, id ).onItem().
ifNotNull().produceUni(update)  .onItem().ifNull().continueWith(Response.
ok().status(404).build());
    }

    // 帶交易提交刪除一筆記錄
    public Uni<Response> delete( Integer id) {
        Function<Project, Uni<Response>> delete = entity ->
mutinySession. remove(entity).onItem().produceUni(ignore ->
mutinySession. flush()).onItem().apply(ignore -> Response.ok().
status(204).build());

        return mutinySession
                .find(Project.class,id).onItem().ifNotNull().produceUni
(delete).onItem().ifNull().continueWith(Response.ok(). status(404).
build());
    }
}
```

程式說明：

① 注入了 Mutiny.Session 物件，這是以 Mutiny 為基礎的 PostgreSQL 用
戶端的響應式實現。

② 該類別服務的處理採用響應式模式,對外傳回的是 Multi 物件或 Uni 物件。

③ 該類別實現了響應式資料庫操作,包括查詢、新增、修改和刪除等操作。

由於 quarkus-sample-reactive-hibernate 程式的序列圖與 quarkus-sample-orm-hibernate 程式的序列圖類似,就不重複列出了。下面用 quarkus-sample-reactive-hibernate 程式執行的服務呼叫過程(如圖 7-15 所示)來描述。

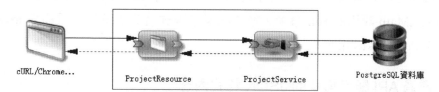

cURL/Chrome...　　　ProjectResource　　　ProjectService　　　PostgreSQL資料庫

▲ 圖 7-15　quarkus-sample-reactive-hibernate 程式執行的服務呼叫過程

圖 7-15 中方框內為程式的兩個服務:資源類別服務和業務類別服務,實線表示呼叫(存取)方向,虛線表示傳回資訊。

## 7.5.4 驗證程式

透過下列幾個步驟(如圖 7-16 所示)來驗證案例程式。

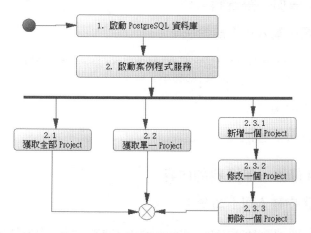

▲ 圖 7-16　quarkus-sample-reactive-hibernate 程式驗證流程圖

下面對其中相關的關鍵點説明。

## 1. 啟動 PostgreSQL 資料庫

首先要啟動 PostgreSQL 資料庫,然後可以進入 PostgreSQL 的圖形管理介面並觀察資料庫中資料的變化情況。

## 2. 啟動 quarkus-sample-reactive-hibernate 程式服務

啟動程式有兩種方式,第 1 種是在開發工具(如 Eclipse)中呼叫 ProjectMain 類別的 run 命令,第 2 種是在程式目錄下直接執行命令 mvnw compile quarkus:dev。

## 3. 透過 API 顯示專案的 JSON 格式內容

在命令列視窗中輸入以下命令:

```
curl http://localhost:8080/projects
```

## 4. 透過 API 顯示單筆記錄

在命令列視窗中輸入以下命令:

```
curl http://localhost:8080/projects/1
```

## 5. 透過 API 增加一筆資料

在命令列視窗中輸入以下命令:

```
curl -X POST  -H "Content-type: application/json" -d {\"id\":6,\"name\":
\" 專案 F\"} http://localhost:8080/projects
```

結果是顯示全部內容:

```
curl http://localhost:8080/projects
```

## 6. 透過 API 修改一筆資料的內容

在命令列視窗中輸入以下命令:

```
curl -X PUT -H "Content-type: application/json" -d {\"id\":5,\"name\":
```

```
\"Project5\"} http://localhost:8080/projects/5 -v
```

顯示以下記錄，可以查看變化情況：

```
http://localhost:8080/projects
```

### 7. 透過 API 刪除 project1 記錄

在命令列視窗中輸入以下命令：

```
curl -X DELETE http://localhost:8080/projects/6  -v
```

執行完成後，呼叫命令 curl http://localhost:8080/projects，顯示該記錄，可以查看變化情況。

# 7.6　建立響應式 Redis 應用

## 7.6.1　前期準備

需要安裝 Redis 伺服器，安裝和設定的相關內容可參考 4.3.1 節。

## 7.6.2　案例簡介

本案例介紹以 Quarkus 框架實現響應式為基礎的 Redis 基本功能。透過閱讀和分析在 Redis 框架上實現響應式地獲取、新增、刪除、修改資料等操作的案例程式，可以了解和掌握 Quarkus 框架的響應式 Redis 基本功能的使用方法。

## 7.6.3　撰寫程式碼

撰寫程式碼有 3 種方式。第 1 種方式是透過程式 UI 來實現的，在 Quarkus 官網的生成內碼表面中按照指定步驟生成鷹架程式，然後下載檔案，將專案引入 IDE 工具中，最後修改程式原始碼。

第 2 種方式是透過 mvn 來建構程式，透過下面的命令建立 Maven 專案來實現：

```
mvn io.quarkus:quarkus-maven-plugin:1.11.1.Final:create ^
    -DprojectGroupId=com.iiit.quarkus.sample
    -DprojectArtifactId=062-quarkus- sample-reactive-redis ^
    -DclassName=com.iiit.quarkus.sample.reactive.redis.ProjectResource
    -Dpath=/projects ^
    -Dextensions=resteasy-jsonb,quarkus-redis-client
```

第 3 種方式是直接從 GitHub 上獲取程式，可以從 GitHub 上複製預先準備好的範例程式：

```
git clone https://******.com/rengang66/iiit.quarkus.sample.git (見連結1)
```

該程式位於 "062-quarkus-sample-reactive-redis" 目錄中，是一個 Maven 專案程式。

在 IDE 工具中匯入 Maven 專案程式，在 pom.xml 的 <dependencies> 下有以下內容：

```
<dependency>
    <groupId>io.quarkus</groupId>
    <artifactId>quarkus-redis-client</artifactId>
</dependency>

<dependency>
    <groupId>io.quarkus</groupId>
    <artifactId>quarkus-resteasy-jsonb</artifactId>
</dependency>

<dependency>
    <groupId>io.quarkus</groupId>
    <artifactId>quarkus-resteasy</artifactId>
</dependency>

<dependency>
    <groupId>io.quarkus</groupId>
```

```
        <artifactId>quarkus-resteasy-mutiny</artifactId>
    </dependency>
```

其中的 quarkus-redis-client 是 Quarkus 擴充了 Redis 的用戶端實現。

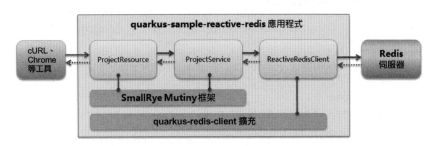

▲ 圖 7-17　quarkus-sample-reactive-redis 程式應用架構圖

quarkus-sample-reactive-redis 程式的應用架構（如圖 7-17 所示）顯示，
外部存取 ProjectResource 資源介面，ProjectResource 呼叫 ProjectService
服務，ProjectService 服務呼叫注入的 ReactiveRedisClient 物件來對 Redis
伺 服 器 執 行 操 作。ProjectResource 和 ProjectService 依 賴 於 SmallRye
Mutiny 框架。ReactiveRedisClient 依賴於 quarkus-redis-client 擴充。

quarkus-sample-reactive-redis 程式的設定檔和核心類別如表 7-4 所示。

表 7-4　quarkus-sample-reactive-redis 程式的設定檔和核心類別

| 名　稱 | 類　型 | 簡　介 |
|---|---|---|
| application.properties | 設定檔 | 定義 Redis 設定參數 |
| ProjectResource | 資源類別 | 提供 REST 外部響應式 API，簡單介紹 |
| ProjectService | 服務類別 | 主要提供資料服務，實現響應式服務，核心類別 |
| Project | 實體類別 | POJO 物件，無特殊處理，在本節中將不做介紹 |

在該程式中，首先看看設定資訊的 application.properties 檔案：

```
quarkus.redis.hosts=redis://localhost:6379
```

在該檔案中，設定了與 Redis 連接相關的參數。quarkus.redis.hosts 表示
連接的資料庫 Redis 的位置資訊。

下面講解 quarkus-sample-reactive-redis 程式的 ProjectResource 資源類別和 ProjectService 服務類別的功能和作用。

## 1. ProjectResource 資源類別

用 IDE 工具開啟 com.iiit.quarkus.sample.reactive.redis.ProjectResource 類別檔案，其程式如下：

```
@Path("/projects")
@ApplicationScoped
@Produces(MediaType.APPLICATION_JSON)
@Consumes(MediaType.APPLICATION_JSON)
public class ProjectResource {
    private static final Logger LOGGER = Logger.getLogger(Project-
Resource. class);

    // 注入 ProjectService 服務物件
    @Inject    ProjectService service;

    public ProjectResource() { }

    // 在 Redis 中初始化資料
    @PostConstruct
    void config() {
        create(new Project("project1", " 關於 project1 的情況描述 "));
        create(new Project("project2", " 關於 project2 的情況描述 "));
    }

    // 獲取 Service 服務物件所有主鍵的列表
    @GET
    public Uni<List<String>> list() {
        return service.keys();
    }

    // 獲取一個主鍵值物件並提交 Service 服務物件，獲取該主鍵的 Project 物件
    @GET
    @Path("/{key}")
    public Uni<Project> get(@PathParam("key") String key) {
```

```
        return service.get(key);
    }

    // 獲取一個 Project 物件並提交 Service 服務物件，增加一個 Project 物件
    @PUT
    public Uni<Response> create(Project project) {
        //LOGGER.info("ProjectResource"+"="+ project.name+"---"+project.
description);
        return  service.set(project.name, project.description);
        //return project;
    }

    // 獲取一個 Project 物件並提交 Service 服務物件，修改一個 Project 物件
    @PUT
    @Path("/{key}")
    public Uni<Response> update(Project project) {
        return service.update(project.name, project.description);
    }

    // 獲取一個主鍵值物件並提交 Service 服務物件，刪除該主鍵的 Project 物件
    @DELETE
    @Path("/{key}")
    public Uni<Void> delete(@PathParam("key") String key) {
        return service.del(key);
    }
}
```

程式說明：
............

① ProjectResource 類別的主要方法是 REST 的基本操作方法，包括 GET、POST、PUT 和 DELETE 方法。

② ProjectResource 類別服務的處理採用響應式模式，對外傳回的是 Multi 物件或 Uni 物件。

## 2. ProjectService 服務類別

用 IDE 工具開啟 com.iiit.quarkus.sample.reactive.redis.ProjectService 類別檔案，其程式如下：

```
@Singleton
class ProjectService {
    private static final Logger LOGGER = Logger.getLogger(ProjectService.
class);

    // 注入 ReactiveRedisClient 用戶端
    @Inject   ReactiveRedisClient reactiveRedisClient;

    ProjectService() { }

    public Uni<List<String>> keys() {
        return reactiveRedisClient
                .keys("*") .map(response -> {
                    List<String> result = new ArrayList<>();
                    for (Response r : response) {
                        result.add(r.toString());
                    }
                    return result;
                });
    }

    // 在 Redis 中為某主鍵設定值
    public Uni<Response> set(String key,String value) {
        //return reactiveRedisClient.set(Arrays.asList(key, value));
        return reactiveRedisClient.getset(key,value);
    }

    // 在 Redis 中獲取某主鍵的值
    public Uni<Project> get(String key) {
        Uni<Project> result = reactiveRedisClient.get(key).map(response
->{
            String value = response.toString();
            Project project = new Project(key,value);
                    return project;});
        return result;
    }

    // 在 Redis 中修改某主鍵
    public Uni<Response> update(String key, String value) {
```

```
        return reactiveRedisClient.getset(key,value);
    }

    // 在 Redis 中刪除某主鍵的值
    public Uni<Void> del(String key) {
        return reactiveRedisClient.del(Arrays.asList(key))
                .map(response -> null);
    }
}
```

程式說明：

① @Singleton 表示單例模式，無論外部進行多少次構造，最終只有一個實例化物件。

② 注入 ReactiveRedisClient 物件，這是以 Vert.x 為基礎的 Redis 用戶端的響應式實現。

③ 該類別服務的處理採用響應式模式，對外傳回的是 Multi 物件或 Uni 物件。

④ 該類別實現了響應式 Redis 操作，包括查詢、新增、修改和刪除等操作。

由於 quarkus-sample-reactive-redis 程式的序列圖與 quarkus-sample-redis 程式的序列圖類似，就不再重複列出了。下面用 quarkus-sample-reactive-redis 程式執行的服務呼叫過程圖（如圖 7-18 所示）來描述。

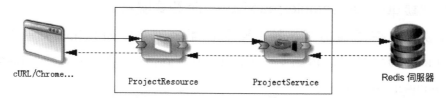

cURL/Chrome...　　ProjectResource　　ProjectService　　Redis 伺服器

▲ 圖 7-18　quarkus-sample-reactive-redis 程式執行的服務呼叫過程圖

圖 7-18 中方框內為程式的兩個服務：資源類別服務和業務類別服務，實線表示呼叫（存取）方向，虛線表示傳回資訊。

## 7.6.4 驗證程式

透過下列幾個步驟（如圖 7-19 所示）來驗證案例程式。

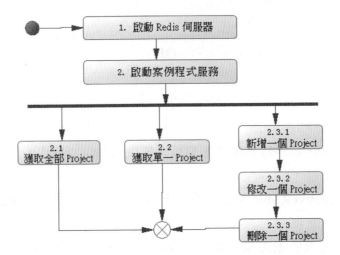

▲ 圖 7-19　quarkus-sample-reactive-redis 程式驗證流程圖

下面對其中相關的關鍵點説明。

### 1. 啟動 Redis 伺服器

啟動 Redis 伺服器，同時也可以開啟 redis-cli，這樣便於觀察資料的變化。

### 2. 啟動 quarkus-sample-reactive-redis 程式服務

啟動程式有兩種方式，第 1 種是在開發工具（如 Eclipse）中呼叫 ProjectMain 類別的 run 命令，第 2 種是在程式目錄下直接執行命令 mvnw compile quarkus:dev。

### 3. 透過 API 顯示 Redis 中的主鍵清單

在命令列視窗中輸入以下命令：

```
curl http://localhost:8080/projects/
```

結果是列出所有 Redis 中的主鍵列表。

## 4. 透過 API 顯示單筆記錄

在命令列視窗中輸入以下命令：

```
curl http://localhost:8080/projects/project1
```

## 5. 透過 API 增加一筆資料

在命令列視窗中輸入以下命令：

```
curl -X PUT -H "Content-type: application/json" -d {\"name\":
\"project1\",\"description\":\" 關於 project1 的描述 \"} http://localhost:
8080/projects/
```

結果是顯示全部內容。

## 6. 透過 API 修改內容

在命令列視窗中輸入以下命令：

```
curl -X PUT -H "Content-type: application/json" -d {\"name\":
\"project1\",\"description\":\" 關於 project1 的描述的修改 \"} http://
localhost: 8080/projects/project1
```

顯示該記錄的修改情況：

```
curl http://localhost:8080/projects/project1
```

## 7. 透過 API 刪除 project1 記錄

在命令列視窗中輸入以下命令：

```
curl -X DELETE http://localhost:8080/projects/project1  -v
```

透過 curl http://localhost:8080/projects/project1 來顯示該記錄，發現已經不存在了。

# 7.7 建立響應式 MongoDB 應用

## 7.7.1 前期準備

需要安裝 MongoDB 資料庫，安裝和設定的相關內容可參考 4.4.1 節。

## 7.7.2 案例簡介

本案例介紹以 Quarkus 框架實現為基礎的響應式 MongoDB 基本功能。透過閱讀和分析在 MongoDB 資料庫上實現響應式地獲取、新增、刪除、修改資料等操作的案例程式，可以了解和掌握 Quarkus 框架的響應式 MongoDB 基本功能的使用方法。

## 7.7.3 撰寫程式碼

撰寫程式碼有 3 種方式。第 1 種方式是透過程式 UI 來實現的，在 Quarkus 官網的生成內碼表面中按照指定步驟生成鷹架程式，然後下載檔案，將專案引入 IDE 工具中，最後修改程式原始碼。

第 2 種方式是透過 mvn 來建構程式，透過下面的命令建立 Maven 專案來實現：

```
mvn io.quarkus:quarkus-maven-plugin:1.11.1.Final:create ^
    -DprojectGroupId=com.iiit.quarkus.sample
    -DprojectArtifactId=064-quarkus- sample-reactive-mongodb ^
    -DclassName=com.iiit.quarkus.sample.mongodb.ProjectResource
    -Dpath= /projects ^
    -Dextensions=resteasy-jsonb,quarkus-resteasy-mutiny,^quarkus-
smallrye- context-propagation,quarkus-mongodb-client
```

第 3 種方式是直接從 GitHub 上獲取程式，可以從 GitHub 上複製預先準備好的範例程式：

```
git clone https://******.com/rengang66/iiit.quarkus.sample.git（見連結 1）
```

該程式位於 "064-quarkus-sample-reactive-mongodb" 目錄中，是一個 Maven 專案程式。

在 IDE 工具中匯入 Maven 專案程式，在 pom.xml 的 <dependencies> 下有以下內容：

```
<dependency>
    <groupId>io.quarkus</groupId>
    <artifactId>quarkus-mongodb-client</artifactId>
</dependency>
```

其中的 quarkus-mongodb-client 是 Quarkus 擴充了 MongoDB 的用戶端實現。

quarkus-sample-reactive-mongodb 程式的應用架構（如圖 7-20 所示）顯示，外部存取 ProjectResource 資源介面，ProjectResource 呼叫 ProjectService 服務，ProjectService 服務呼叫注入的 ReactiveMongoClient 物件來對 MongoDB 資料庫執行 CRUD 操作。ProjectResource 和 ProjectService 依賴於 SmallRye Mutiny 框架。ReactiveMongoClient 依賴於 quarkus-mongodb-client 擴充。

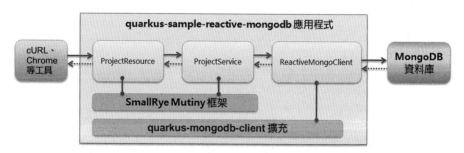

▲ 圖 7-20　quarkus-sample-reactive-mongodb 程式應用架構圖

quarkus-sample-reactive-mongodb 程式的設定檔和核心類別如表 7-5 所示。

表 7-5　quarkus-sample-reactive-mongodb 程式的設定檔和核心類別

| 名　稱 | 類　型 | 簡　介 |
|---|---|---|
| application.properties | 設定檔 | 定義 MongoDB 的設定參數 |
| ProjectResource | 資源類別 | 提供 REST 外部響應式 API，簡單介紹 |
| ProjectService | 服務類別 | 主要提供資料服務，實現響應式服務，核心類別 |
| Project | 實體類別 | POJO 物件，無特殊處理，在本節中將不做介紹 |

在該程式中，首先看看設定資訊的 application.properties 檔案：

```
quarkus.mongodb.connection-string = mongodb://localhost:27017
iiit_projects.init.insert = true
```

在 application.properties 檔案中，設定了與 MongoDB 資料庫連接相關的
參數。其中 quarkus.mongodb.connection-string 表示連接的 MongoDB 資
料庫的位置資訊。

下面講解 quarkus-sample-reactive-mongodb 程式中的 ProjectResource 資
源類別和 ProjectService 服務類別的功能和作用。

## 1. ProjectResource 資源類別

用 IDE 工具開啟 com.iiit.quarkus.sample.mongodb.ProjectResource 類別檔
案，其程式如下：

```
@Path("/projects")
@ApplicationScoped
@Produces(MediaType.APPLICATION_JSON)
@Consumes(MediaType.APPLICATION_JSON)
public class ProjectResource {

    // 注入 ProjectService 物件
    @Inject    ProjectService service;

    public ProjectResource() {}

    // 獲取所有的 Project 物件，形成列表
```

```
@GET
public Uni<List<Project>> list() { return service.list(); }

@GET
@Path("/find")
public Uni<List<Project>> find(@PathParam("id") int id) { return
service. find(id); }

// 提交並新增一個 Project 物件
@POST
public Uni<List<Project>> add(Project project) {
    service.add(project);
    return list();
}

// 提交並修改一個 Project 物件
@PUT
public Uni<List<Project>> update(Project project) {
    service.update(project);
    return list();
}

// 提交並刪除一個 Project 物件
@DELETE
public Uni<List<Project>> delete(Project project) {
    service.delete(project);
    return list();
}
}
```

程式說明：

① ProjectResource 類別的主要方法是 REST 的基本操作方法，包括
GET、POST、PUT 和 DELETE 方法。

② ProjectResource 類別服務的處理採用響應式模式，對外傳回的是
Multi 物件或 Uni 物件。

## 2. ProjectService 服務類別

用 IDE 工具開啟 com.iiit.quarkus.sample.mongodb.ProjectService 類別檔案，其程式如下：

```
@ApplicationScoped
public class ProjectService {

    @Inject   ReactiveMongoClient mongoClient;

    @Inject
    @ConfigProperty(name = "iiit_projects.init.insert",defaultValue =
"true")
    boolean initInsertData;

    public ProjectService() {}

    @PostConstruct
    void config() {
        if (initInsertData) {
            initDBdata();
        }
    }

    // 初始化資料
    private void initDBdata() {
        deleteAll();
        Project project1 = new Project(" 專案 A", " 關於專案 A 的描述 ");
        Project project2 = new Project(" 專案 B", " 關於專案 B 的描述 ");
        add(project1);
        add(project2);
    }

    // 從 MongoDB 中獲取 projects 資料庫 iiit_projects 集合中的所有資料並將其存
入列表中
    public Uni<List<Project>> list() {
        return getCollection().find()
                .map(doc -> {
                    Project project = new Project(doc.getString
```

```
("name"),doc.getString("description"));
                        return project;
                }).collectItems().asList();
    }


    public Uni<List<Project>> find( int id) {
        return getCollection().find()
                    .map(doc -> {
                        Project project = new Project(doc.getString
("name"),doc.getString("description"));
                        return project;
                }).collectItems().asList();
    }


    // 在 MongoDB 的 projects 資料庫 iiit_projects 集合中新增一筆 Document
    public Uni<Void> add(Project project) {
        Document document = new Document().append("name", project.name).
append("description", project.description);
        return   getCollection().insertOne(document).onItem().ignore().
andContinueWithNull();
    }


    // 在 MongoDB 的 projects 資料庫 iiit_projects 集合中修改一筆 Document
    public Uni<Void> update(Project project) {
        getCollection().deleteOne(Filters.eq("name", project.name));
        return add(project);
    }


    // 在 MongoDB 的 projects 資料庫 iiit_projects 集合中刪除一筆 Document
    public Uni<Void> delete(Project project) {
        return getCollection().deleteOne(Filters.eq("name", project.
name)).onItem().ignore().andContinueWithNull();
    }


    // 刪除 MongoDB 的 projects 資料庫 iiit_projects 集合中的所有記錄
    private void deleteAll() {
        BasicDBObject document = new BasicDBObject();
        getCollection().deleteMany(document);
    }
```

```
// 獲取 MongoDB 的 projects 資料庫 iiit_projects 集合物件
private ReactiveMongoCollection<Document> getCollection() {
    return mongoClient.getDatabase("projects").getCollection(
            "iiit_projects");
}
}
```

程式說明：

① 注入了 ReactiveMongoClient 物件。這是以 Vert.x 為基礎的 MongoDB 用戶端的響應式實現。

② 該類別服務的處理採用響應式模式，對外傳回的是 Multi 物件或 Uni 物件。

③ 該類別實現了響應式的資料庫操作，包括查詢、新增、修改和刪除等操作。

由於 quarkus-sample-reactive-mongodb 程式的序列圖與 quarkus-sample-mongodb 程式的序列圖類似，就不再重複列出了。下面用 quarkus-sample-reactive-mongodb 程式執行的服務呼叫過程圖（如圖 7-21 所示）來描述。

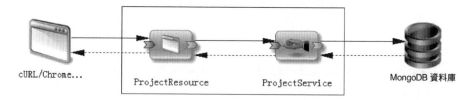

▲ 圖 7-21　quarkus-sample-reactive-mongodb 程式執行的服務呼叫過程圖

圖 7-21 中方框內為程式的兩個服務：資源類別服務和業務類別服務，實線表示呼叫（存取）方向，虛線表示傳回資訊。

## 7.7.4 驗證程式

透過下列幾個步驟（如圖 7-22 所示）來驗證案例程式。

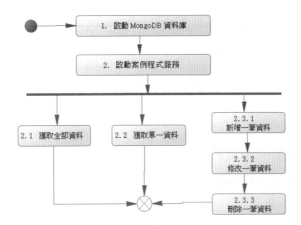

▲ 圖 7-22　quarkus-sample-reactive-mongodb 程式驗證流程圖。

下面對其中相關的關鍵點說明。

### 1. 啟動 MongoDB 資料庫

首先啟動 MongoDB 服務，然後呼叫 MongoDB 的後台管理 Shell。

需要進入 MongoDB 後台管理介面，建立資料庫 projects，建立集合 iiit_projects。

```
use projects
db.createCollection("iiit_projects")
```

### 2. 啟動 quarkus-sample-reactive-mongodb 程式服務

啟動程式有兩種方式，第 1 種是在開發工具（如 Eclipse）中呼叫 ProjectMain 類別的 run 命令，第 2 種是在程式目錄下直接執行命令 mvnw compile quarkus:dev。

### 3. 透過 API 顯示所有記錄

在命令列視窗中輸入以下命令：

```
curl http://localhost:8080/projects
```

結果是顯示全部內容。

## 4. 透過 API 顯示單筆記錄

在命令列視窗中輸入以下命令：

```
curl http://localhost:8080/projects/find/1
```

結果是顯示全部內容。

## 5. 透過 API 增加一筆資料

在命令列視窗中輸入以下命令：

```
curl -X POST -H "Content-type: application/json" -d {\"name\":\"專案
C\",\"description\":\"關於專案C的描述\"} http://localhost:8080/projects
```

結果是顯示全部內容，可以觀察到已經新增了一筆資料。

## 6. 透過 API 修改內容

在命令列視窗中輸入以下命令：

```
curl -X PUT -H "Content-type: application/json" -d {\"name\":\"專案
C\",\"description\":\"關於專案C的描述修改\"} http://localhost:8080/
projects
```

結果是顯示全部內容，可以觀察到已經修改了一筆資料。

## 7. 透過 API 刪除記錄

在命令列視窗中輸入以下命令：

```
curl -X DELETE -H "Content-type: application/json" -d {\"name\":\"專
案B\",\"description\":\"關於專案B的描述修改\"} http://localhost:8080/
projects
```

結果是顯示全部內容，可以觀察到已經刪除了一筆資料。

# **7.8** 建立響應式 Apache Kafka 應用

## 7.8.1 前期準備

需要安裝 Kafka 訊息服務，安裝和設定的相關內容可以參考 5.1.1 節。

## 7.8.2 案例簡介

本案例介紹以 Quarkus 框架為基礎實現分散式訊息串流的基本功能。該模組以成熟的 Apache Kafka 框架作為分散式訊息串流平台。透過閱讀和分析在 Apache Kafka 框架上實現分散式訊息的生成、發佈、廣播和消費等操作的案例程式，可以了解和掌握 Quarkus 框架的分散式訊息串流和 Apache Kafka 的使用方法。

**基 礎 知 識**：MicroProfile Reactive Messaging 標 準 和 SmallRye Reactive Messaging 的實現。

對於 MicroProfile Reactive Messaging 標準，在前面已經進行了介紹。而 SmallRye Reactive Messaging 框架，就是 MicroProfile Reactive Messaging 標準的具體實現。

SmallRye Reactive Messaging 框架（ 執行圖如圖 7-23 所示 ）是一個使用 CDI 建構事件驅動、資料流程和事件來源應用的開發框架。該框架允許開發者的應用使用各種訊息傳遞技術（ 如 Apache Kafka、AMQP 或 MQTT ）進行互動。該框架提供了一個靈活的程式設計模型，將 CDI 和事件驅動連接起來。

在 Quarkus 中使用 SmallRye Reactive Messaging 框架時，引入了一些事件驅動的概念。這些概念基本上與 MicroProfile Reactive Messaging 標準的概念一致。圖 7-24 展示了這些概念之間的關係。

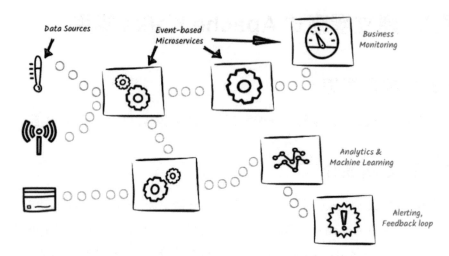

▲ 圖 7-23　SmallRye Reactive Messaging 框架的執行圖

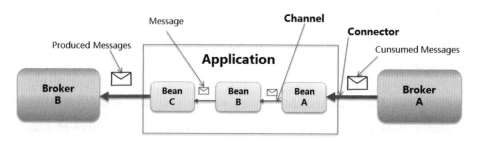

▲ 圖 7-24　SmallRye Reactive Messaging 核心概念之間的關係

首先，介紹一下整個訊息的處理流程。

圖 7-24 中的 Broker A 和 Broker B 代表某個遠端代理或各種訊息傳輸層的
元件。圖 7-24 中的 Application 是一個應用。Application 由 A、B、C 等
多個 Bean 組成。Broker A（訊息代理 A）透過 Connector（連接器）發送
Message（訊息）給 Application（應用）。對於 Application 而言，它是訊
息的消費者，所以這個訊息也就是 Consumed Messages。在 Application
內部，訊息從 Bean A 透過 Channel（管道）傳遞到 Bean B，再到 Bean
C。Application 又透過 Connector 發送 Message 給 Broker B（訊息代理

B）。對於 Application 而言，它是訊息的生產者，所以這個訊息也就是 Produced Messages。

這個訊息傳遞流程雖然比較簡單，但整體上把相關的概念描述清楚了。

然後，説明一下 Messages 內容。

訊息是封裝有效負載（Payload）的信封，在響應式訊息傳遞中由訊息類別表示。訊息既可以在應用、訊息代理 A 和訊息代理 B 之間接收、處理和發送，也可以在應用內部接收、處理和發送。

每筆訊息都包含 <T> 類型的有效負載，可以使用 message.getPayload 獲取：

```
String payload = message.getPayload();
Optional<MyMetadata> metadata = message.getMetadata(MyMetadata.class);
```

訊息也可以包含中繼資料。中繼資料是一種用附加資料擴充訊息的方法。它可以是與 messagebroker 相關的中繼資料（例如 Kafka Message Metadata），也可以包含操作資料（例如追蹤中繼資料）或與業務相關的資料。檢索中繼資料會得到一個可選的訊息，因為它可能不存在。中繼資料還用於影響出站排程（如何將訊息發送給代理）。

接著，看看管道的作用及功能。

在圖 7-24 的 Application 內部，Message 透過 Channel 傳輸。Channel 是由名稱標識的虛擬目的地。Message 將 Bean 元件連接到它們讀取的 Channel 和它們填充的 Channel。而此時的 Message 實際上就變成了一個 SmallRye 響應式串流，即 Message 透過 Channel 在 Bean 元件之間流動。這裡引入了串流（Stream）概念。為什麼訊息會變成響應式串流呢？這是因為 SmallRye 在訊息傳遞過程中建立了遵循訂閱和請求協定的串流並實現了背壓，所以這些串流都是響應式串流。

最後，談談連接器。

連接器是一段將應用連接到代理的程式，實現了應用與訊息傳遞代理或事件主幹之間的互動，而且這種互動是使用非阻塞 I/O 實現的。連接器的功能有：①訂閱、輪詢、接收來自代理的訊息並將其傳遞給應用；②向代理發送、寫入、排程應用提供的訊息。

連接器設定將傳入的訊息映射給特定管道（由應用使用），並收集發送到特定管道的傳出訊息。這些收集到的訊息被發送給外部代理。每個連接器都專用於特定的技術，例如 Kafka 連接器只處理 Kafka。

當然開發者也不一定非用連接器不可。當應用不使用連接器時，一切都發生在記憶體中，響應式串流是透過連結方法建立的。每個鏈仍然是一個響應式串流，並強制執行背壓協定。當不使用連接器時，需要確保鏈是完整的，這表示其以訊息來源開始，以接收器結束。換句話說，需要從應用內部生成訊息（使用只擁有 @Outgoing 的方法或發射器），並從應用內部使用訊息（使用只有 @Incoming 的方法或非託管串流）。

下面簡單介紹一下 SmallRye Reactive Messaging 的應用程式。

在 應 用 SmallRye Reactive Messaging 框 架 時， 開 發 者 可 以 使 用 MicroProfile Reactive Messaging 標準提供的 @Incoming 和 @Outgoing 註釋來註釋應用 Bean 的方法。帶有 @Incoming 註釋的方法將使用來自管道的訊息，帶有 @Outgoing 註釋的方法則將訊息發送到管道，同時帶有 @Incoming 和 @Outgoing 註釋的方法是訊息處理器，它使用來自管道的訊息，對訊息進行一些轉換，然後將訊息發送給另一個管道。

以下程式是一個 @incoming 註釋的範例，其中的 my-channel 代表管道，並且為發送到 my-channel 的每筆訊息呼叫以下方法：

```
@Incoming("my-channel")
public CompletionStage<Void> consume(Message<String> message) {
    return message.ack();
}
```

以下程式是一個 @Outgoing 註釋的範例，其中的 my-channel 是目標管道，並且為每個使用者請求呼叫以下方法：

```
@Outgoing("my-channel")
public Message<String> publish() {
    return Message.of("hello");
}
```

可以使用 org.eclipse.microprofile.reactive.messaging.Message#of(T) 來建立簡單的 org.eclipse. microprofile.reactive.messaging.Message。然後將這些帶註釋的方法轉為與響應式串流相容的發行者、訂閱者和處理者，並使用管道將它們連接起來。管道是不透明的字串，指示使用訊息的哪個來源或目標。

圖 7-25 顯示了分配給方法 A、B 和 C 的註釋 @Outgoing 和 @Incoming，以及它們如何使用管道在這種情況下將 order 和 status 連接起來。

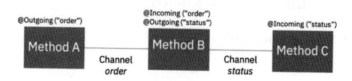

▲ 圖 7-25　使用管道連接起來的帶註釋的方法

管道有兩種類型：內部管道和外部管道。內部管道位於應用本地，它們都支援多步驟處理，此時來自同一應用的多個 Bean 組成了一個處理鏈；外部管道會連接到遠端代理或訊息傳輸層，例如 Apache Kafka，外部管道由連接器使用 Connector API 進行管理。

連接器作為擴充，可管理與特定傳輸技術的通訊。SmallRye Reactive Messaging 框架實現了一些最流行和常用的遠端代理（如 Apache Kafka）預先設定的連接器。不過，開發者也可以建立自己的連接器，因為 MicroProfile Reactive Messaging 標準提供了一個 SPI（Serial Peripheral Interface，串列外接裝置介面）來實現連接器。這樣的話，MicroProfile

Reactive Messaging 標準就不會限制開發者使用哪種訊息代理。Open Liberty 支援以 Kafka 為基礎的訊息傳輸。

透過應用設定,將特定管道映射到遠端接收器或訊息來源。需要注意的是,雖然可能會提供各種方法來實現設定映射,但是必須將 MicroProfile Config 作為設定來源。在 Open Liberty 中,可以為在 MicroProfile Config 中讀取的任何位置定義設定屬性,如作為 Open Liberty 的 bootstrap.properties 檔案中的系統內容,或 Open Liberty 的 server.env 檔案中的環境變數,以及其他自訂設定來源。

## 7.8.3　撰寫程式碼

撰寫程式碼有 3 種方式。第 1 種方式是透過程式 UI 來實現的,在 Quarkus 官網的生成內碼表面中按照指定步驟生成鷹架程式,然後下載檔案,將專案引入 IDE 工具中,最後修改程式原始碼。

第 2 種方式是透過 mvn 來建構程式,透過下面的命令建立 Maven 專案來實現:

```
mvn io.quarkus:quarkus-maven-plugin:1.11.1.Final:create ^
    -DprojectGroupId=com.iiit.quarkus.sample
    -DprojectArtifactId=066-quarkus-sample-reactive-kafka ^
    -DclassName=com.iiit.quarkus.sample.reactive.kafka.ProjectResource
    -Dpath=/projects ^
    -Dextensions=resteasy-jsonb,quarkus-smallrye-reactive-messaging-kafka
```

第 3 種方式是直接從 GitHub 上獲取程式,可以從 GitHub 上複製預先準備好的範例程式:

```
git clone https://******.com/rengang66/iiit.quarkus.sample.git (見連結 1)
```

該程式位於 "066-quarkus-sample-reactive-kafka" 目錄中,是一個 Maven 專案程式。

在 IDE 工具中匯入 Maven 專案程式，在 pom.xml 的 <dependencies> 下有以下內容：

```
<dependency>
    <groupId>io.quarkus</groupId>
    <artifactId>quarkus-resteasy</artifactId>
</dependency>

<dependency>
    <groupId>io.quarkus</groupId>
    <artifactId>quarkus-resteasy-jsonb</artifactId>
</dependency>

<dependency>
    <groupId>io.quarkus</groupId>
    <artifactId>quarkus-smallrye-reactive-messaging-kafka</artifactId>
</dependency>
```

其 中 的 quarkus-smallrye-reactive-messaging-kafka 是 Quarkus 擴 充 了 SmallRye 的 Kafka 實現。

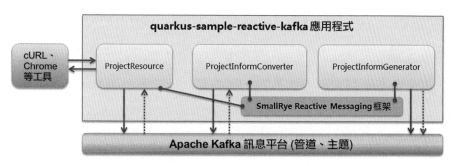

▲ 圖 7-26　quarkus-sample-reactive-kafka 程式應用架構圖

quarkus-sample-reactive-kafka 程 式 的 應 用 架 構（ 如 圖 7-26 所 示 ） 顯 示，ProjectInformGenerator 類 別 遵 循 MicroProfile Reactive Messaging 標準，透過管道向 Apache Kafka 訊息平台的主題發送訊息串流，ProjectInformConverter 訊 息 類 別 遵 循 MicroProfile Reactive Messaging 標準從 Apache Kafka 訊息平台獲取訊息主題的訊息串流，然後

ProjectInformConverter 又透過管道向 Apache Kafka 訊息平台的主題廣播訊息串流。外部存取 ProjectResource 資源介面，ProjectResource 遵循 MicroProfile Reactive Messaging 標準，從 Apache Kafka 訊息平台獲取廣播的訊息串流。ProjectResource 資源類別、ProjectInformConverter 類別和 ProjectInformGenerator 類別都依賴於以 MicroProfile Reactive Messaging 標準為基礎實現的 SmallRye Reactive Messaging 框架。

quarkus-sample-reactive-kafka 程式的設定檔和核心類別如表 7-6 所示。

表 7-6　quarkus-sample-reactive-kafka 程式設定檔和核心類別

| 名　　稱 | 類　　型 | 簡　　介 |
|---|---|---|
| application.properties | 設定檔 | 定義 Kafka 連接和管道、主題等資訊 |
| ProjectInformGenerator | 資料生成類別 | 生成資料並發送到 Kafka 的管道中，核心類別 |
| ProjectInformConverter | 資料轉換類 | 消費 Kafka 管道中的資料並廣播，核心類別 |
| ProjectResource | 資源類別 | 消費 Kafka 管道中的資料並以 REST 方式提供存取，核心類別 |

在該程式中，首先看看設定資訊的 application.properties 檔案：

```
kafka.bootstrap.servers=localhost:9092

mp.messaging.outgoing.generated-inform.connector=smallrye-kafka
mp.messaging.outgoing.generated-inform.topic=informs
mp.messaging.outgoing.generated-inform.value.serializer=org.apache.
kafka.common.serialization.StringSerializer

mp.messaging.incoming.inform.connector=smallrye-kafka
mp.messaging.incoming.inform.topic=informs
mp.messaging.incoming.inform.value.deserializer=org.apache.kafka.common.
serialization.StringDeserializer
```

在 application.properties 檔案中，設定了 MicroProfile Reactive Messaging 標準的相關參數。

（1）kafka.bootstrap.servers 表示連接 Kafka 的位置。

（2）mp.messaging.outgoing.generated-inform.connector 表示輸出管道 generated-inform 的類型。

（3）mp.messaging.outgoing.generated-inform.topic 表示輸出管道 generated-inform 的主題。

（4）mp.messaging.outgoing.generated-inform.value.serializer 表示對 generated-inform 訊息的序列化處理。

（5）mp.messaging.incoming.inform.connector 表示輸入管道 inform 的類型。

（6）mp.messaging.incoming.inform.topic 表示輸入管道 inform 的主題。

（7）mp.messaging.incoming.inform.value.deserializer 表示對 inform 訊息的反序列化處理。

下面講解 quarkus-sample-reactive-kafka 程式的 ProjectInformGenerator 類別、ProjectInformConverter 類別、ProjectResource 資源類別的功能和作用。

## 1. ProjectInformGenerator 類別

用 IDE 工具開啟 com.iiit.quarkus.sample.reactive.kafka.ProjectInformGenerator 類別檔案，其程式如下：

```
@ApplicationScoped
public class ProjectInformGenerator{
    private static final Logger LOGGER = Logger.getLogger(ProjectInform-
Generator. class);

    @Outgoing("generated-inform")
    public Multi<String> generate() {
        int count = 100;
        String name = " 這是專案資訊 :";
        return Multi.createFrom().ticks().every(Duration.ofSeconds(1))
            .onItem().transform(n ->{ String inform = String.format (" 各
位 %s - %d", name, n);
            LOGGER.info(" 生產的資料 :" + inform);
            return inform;
            })
```

```
            .transform().byTakingFirstItems(count);
    }
}
```

程式説明：

① 輸出管道 generated-inform 按照資料流程模式生產資料。

② 按照資料流程模式，每隔 1 秒發送一次資料。

## 2. ProjectInformConverter 類別

用 IDE 工具開啟 com.iiit.quarkus.sample.reactive.kafka.ProjectInformConverter 類別檔案，其程式如下：

```
@ApplicationScoped
public class ProjectInformConverter {
    private static final Logger LOGGER = Logger.getLogger
(ProjectResource. class);

    public ProjectInformConverter() {      }

    @Incoming("inform")
    @Outgoing("data-stream")
    @Broadcast
    @Acknowledgment(Acknowledgment.Strategy.PRE_PROCESSING)
    public String process(String inform) {
        LOGGER.info(" 接收並轉發的資料：" + inform);
        return inform;
    }
}
```

程式説明：

① 獲取輸入管道 inform 的資料。由於輸入管道 inform 和輸出管道 generated-inform 有相同的主題，因此輸出管道 generated-inform 的資料會被輸入管道 receive-data 所接收。

② 輸出管道 data-stream 按照資料流程模式生產資料，資料以廣播方式發出。

## 3. ProjectResource 資源類別

用 IDE 工具開啟 com.iiit.quarkus.sample.rest.json.ProjectResource 類別檔案，其程式如下：

```
@Path("/projects")
@ApplicationScoped
@Produces(MediaType.APPLICATION_JSON)
@Consumes(MediaType.APPLICATION_JSON)
public class ProjectResource {

    private static final Logger LOGGER = Logger.getLogger
(ProjectResource. class);

    @Inject
    @Channel("data-stream")
    Publisher<String> informs;

    public ProjectResource() {
    }

    @GET
    @Path("/kafka")
    @Produces(MediaType.SERVER_SENT_EVENTS)
    @SseElementType("text/plain")
    public Publisher<String> kafkaStream() {
        LOGGER.info(" 最終獲得的資料：" + informs.toString());
        return informs;
    }
}
```

程式說明：

① ProjectResource 類別的主要方法是 REST 的基本操作方法，按照串流模式獲取訊息的內容。

② 注入了 Publisher<String> 發行者，從管道 data-stream 獲取廣播的訂閱資訊。

用通訊圖（遵循 UML 2.0 標準）來表述 quarkus-sample-reactive-kafka 程式的業務場景，如圖 7-27 所示。

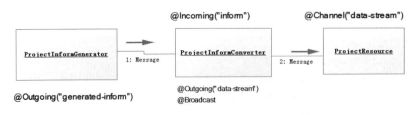

▲ 圖 7-27　quarkus-sample-reactive-kafka 程式通訊圖

訊息的處理過程說明如下。

（1）啟動應用，會呼叫 ProjectInformGenerator 物件的 generate 方法，該方法按照 1 秒一次的頻率向輸出管道 generated-inform 的 informs 主題發送訊息。

（2）ProjectInformConverter 物件透過輸入管道 inform 獲取 informs 主題的訊息，然後透過輸出管道 data-stream 發出、廣播訊息。

（3）ProjectResource 物件透過管道 data-stream 獲取訊息。

## 7.8.4　驗證程式

透過下列幾個步驟（如圖 7-28 所示）來驗證案例程式。

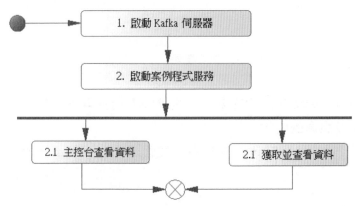

▲ 圖 7-28　quarkus-sample-reactive-kafka 程式驗證流程圖

下面對其中相關的關鍵點説明。

## 1. 啟動 Kafka 伺服器

安裝 Kafka 後，先啟動 ZooKeeper，然後啟動 Kafka 伺服器。

## 2. 啟動 quarkus-sample-reactive-kafka 程式服務

啟動程式有兩種方式，第 1 種是在開發工具（如 Eclipse）中呼叫 ProjectMain 類別的 run 命令，第 2 種是在程式目錄下直接執行命令 mvnw compile quarkus:dev。

## 3. 透過 API 顯示獲取到的訊息內容

在命令列視窗中輸入以下命令：

```
curl http://localhost:8080/projects/kafka
```

結果是獲取到的訊息，而且還是按照串流模式依次展示的，如圖 7-29 所示。

▲ 圖 7-29　執行結果介面

也可以在瀏覽器中輸入以下內容：

```
http://localhost:8080/projects/kafka
```

# 7.9 建立響應式 AMQP 應用

## 7.9.1 前期準備

需要安裝 ActiveMQ Artemis 訊息佇列,安裝和設定的相關資訊可以參考 5.2.1 節。

## 7.9.2 案例簡介

本案例介紹以 Quarkus 框架實現響應式為基礎的 AMQP 基本功能。透過閱讀和分析在 AMQP 協定上實現響應式訊息的生成、發佈、廣播和消費等案例程式,可以了解和掌握 Quarkus 框架的響應式 AMQP 協定使用方法。

**基礎知識**:AMQP 協定。

AMQP(Advanced Message Queuing Protocol,進階訊息佇列協定)是一個處理程序間傳遞非同步訊息的網路通訊協定,這是一個提供統一訊息服務的應用層標準進階訊息佇列協定,是應用層協定的開放標準,針對訊息的中介軟體進行設計。以該協定為基礎的用戶端與訊息中介軟體可傳遞訊息,並且不受用戶端、中介軟體的不同產品、不同開發語言等條件的限制。

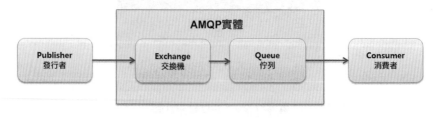

▲ 圖 7-30 AMQP 模型圖

AMQP 模型圖(如圖 7-30 所示)顯示了其工作過程:發行者(Publisher)發佈訊息(Message),經由交換機(Exchange)進行路由。交換機根據路

由規則將收到的訊息分發給與該交換機綁定的佇列（Queue）。最後 AMQP
代理會將訊息投遞給訂閱了佇列的消費者（Consumer）或消費者按照需求
自行獲取訊息。

## 7.9.3 撰寫程式碼

撰寫程式碼有 3 種方式。第 1 種方式是透過程式 UI 來實現的，在
Quarkus 官網的生成內碼表面中按照指定步驟生成鷹架程式，然後下載檔
案，將專案引入 IDE 工具中，最後修改程式原始碼。

第 2 種方式是透過 mvn 來建構程式，透過下面的命令建立 Maven 專案來
實現：

```
mvn io.quarkus:quarkus-maven-plugin:1.11.1.Final:create ^
    -DprojectGroupId=com.iiit.quarkus.sample
    -DprojectArtifactId=063-quarkus- sample-reactive-amqp ^
    -DclassName=com.iiit.quarkus.sample.reactive.amqp.ProjectResource
    -Dpath=/projects ^
    -Dextensions=resteasy-jsonb,quarkus-smallrye-reactive-messaging-amqp
```

第 3 種方式是直接從 GitHub 上獲取程式，可以從 GitHub 上複製預先準
備好的範例程式：

```
git clone https://******.com/rengang66/iiit.quarkus.sample.git（見連結 1）
```

該程式位於 "063-quarkus-sample-reactive-amqp" 目錄中，是一個 Maven
專案程式。

在 IDE 工具中匯入 Maven 專案程式，在 pom.xml 的 <dependencies> 下有
以下內容：

```
<dependency>
    <groupId>io.quarkus</groupId>
    <artifactId>quarkus-smallrye-reactive-messaging-amqp</artifactId>
</dependency>
```

其 中 的 quarkus-smallrye-reactive-messaging-amqp 是 Quarkus 擴 充 了
SmallRye 的 AMQP 實現。

quarkus-sample-reactive-amqp 程式的應用架構（如圖 7-31 所示）顯示，
ProjectInformGenerator 類 別 遵 循 MicroProfile Reactive Messaging 標
準，透過管道向 Activemq-Artemis 訊息伺服器的主題發送訊息串流，
ProjectInformConverter 訊 息 類 別 遵 循 MicroProfile Reactive Messaging
標準從 Activemq-Artemis 訊息伺服器獲取訊息主題的訊息串流，然後
ProjectInformConverter 又透過管道向 Activemq-Artemis 訊息伺服器的主
題廣播訊息串流。外部存取 ProjectResource 資源介面，ProjectResource 遵
循 MicroProfile Reactive Messaging 標準從 Activemq-Artemis 訊息伺服器
獲取廣播的訊息串流。ProjectResource 資源類別、ProjectInformConverter
類別和 ProjectInformGenerator 類別都依賴於依據 MicroProfile Reactive
Messaging 標準實現的 SmallRye Reactive Messaging 框架。

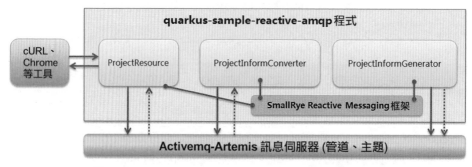

▲ 圖 7-31　quarkus-sample-reactive-amqp 程式應用架構圖

quarkus-sample-reactive-amqp 程式的設定檔和核心類別如表 7-7 所示。

表 7-7　quarkus-sample-reactive-amqp 程式的設定檔和核心類別

| 名　　稱 | 類　　型 | 簡　　介 |
|---|---|---|
| application.properties | 設定檔 | 定義 Artemis 連接和管道、主題等資訊 |
| ProjectInformGenerator | 資料生成類別 | 生成資料並將資料發送到 Artemis 的管道中，核心類別 |

| 名　稱 | 類　型 | 簡　介 |
|---|---|---|
| ProjectInformConverter | 資料轉換類 | 消費 Artemis 管道中的資料並將資料廣播出去，核心類別 |
| ProjectResource | 資源類別 | 消費 Artemis 管道中的資料並以 REST 方式提供存取，核心類別 |

在該程式中，首先看看設定資訊的 application.properties 檔案：

```
amqp-username=mq
amqp-password=123456

# Configure the AMQP connector to write to the `inform` address
mp.messaging.outgoing.generated-inform.connector=smallrye-amqp
mp.messaging.outgoing.generated-inform.address=inform
mp.messaging.outgoing.generated-inform.host=localhost
mp.messaging.outgoing.generated-inform.port=5672

# Configure the AMQP connector to read from the `inform` queue
mp.messaging.incoming.inform.connector=smallrye-amqp
mp.messaging.incoming.inform.address=inform
mp.messaging.incoming.inform.durable=true
mp.messaging.incoming.inform.host=localhost
mp.messaging.incoming.inform.port=5672
```

在 application.properties 檔案中，設定了 MicroProfile Reactive Messaging 標準的相關參數。

（1）amqp-username 和 amqp-password 表示連接的 AMQP Broker 的用戶名稱和密碼。

（2）mp.messaging.outgoing.generated-inform.connector 表 示 輸 出 管 道 generated-inform 的類型。

（3）mp.messaging.outgoing.generated-inform.address 表示輸出管道 generated-inform 的位址。

（4）mp.messaging.outgoing.generated-inform.host 和 mp.messaging. outgoing.generated-inform. port 表 示 輸 出 管 道 generated-inform 的 Host 位址和通訊埠。

（5）mp.messaging.incoming.inform.connector 表示輸入管道 inform 的類型。

（6）mp.messaging.incoming.inform.topic 表示輸入管道 inform 的主題。

（7）mp.messaging.incoming.inform.host 和 mp.messaging.incoming.inform.port 表示輸入管道 inform 的 Host 位址和通訊埠。

下面講解 quarkus-sample-reactive-amqp 程式的 ProjectInformGenerator 類別、ProjectInformConverter 類別和 ProjectResource 資源類別的功能和作用。

## 1. ProjectInformGenerator 類別

用 IDE 工具開啟 com.iiit.quarkus.sample.reactive.amqp.json.ProjectInformGenerator 類別檔案，其程式如下：

```
@ApplicationScoped
public class ProjectInformGenerator {
    private static final Logger LOGGER = Logger.getLogger
(ProjectInformGenerator.class);
    private Random random = new Random();
    private SimpleDateFormat formatter = new SimpleDateFormat("yyyy-MM-dd
HH:mm:ss");
    private String dateString, sendContent = null;

    @Outgoing("generated-inform")
    public Multi<String> generateInform() {
        return Multi.createFrom().ticks().every(Duration.ofSeconds(5))
                .onOverflow().drop().map(tick -> {
                    dateString = formatter.format(new Date());
                    sendContent = " 專案處理程序資料 : "+ Integer. toString
(random. nextInt(100));
                    System.out.println(dateString + " ProjectInform-
Generator 發送資料 : " + sendContent);
                    return sendContent;
                });
    }

}
```

程式說明：

① 輸出管道 generated-inform 按照資料流程模式生產資料。

② 按照資料流程模式，每間隔 5 秒發送一次資料。

## 2. ProjectInformConverter 類別

用 IDE 工具開啟 com.iiit.quarkus.sample.reactive.amqp.ProjectInformConverter 類別檔案，其程式如下：

```
@ApplicationScoped
public class ProjectInformConverter {

    private static final Logger LOGGER = Logger.getLogger(Project-
Resource. class);
    private SimpleDateFormat formatter = new SimpleDateFormat("yyyy-MM-dd
HH:mm:ss");
    private String dateString = null;
    public ProjectInformConverter() {    }

    @Incoming("inform")
    @Outgoing("data-stream")
    @Broadcast
    @Acknowledgment(Acknowledgment.Strategy.PRE_PROCESSING)
    public String process(String inform) {
        dateString=formatter.format(new Date());
        System.out.println(dateString + " ProjectInformConverter 接收並轉
發的資料：" + inform);
        LOGGER.info(" 接收並轉發的資料：" + inform);
        return inform;
    }
}
```

程式說明：

① 獲取輸入管道 generated-inform 的資料。由於輸入管道 inform 和輸出管道 generated-inform 有相同的主題，故輸出管道 generated-inform 的資料會被輸入管道 inform 接收。

② 輸出管道 data-stream 按照資料流程模式生產資料，資料以廣播方式發出。

## 3. ProjectResource 資源類別

用 IDE 工具開啟 com.iiit.quarkus.sample.reactive.amqp.ProjectResource 類別檔案，其程式如下：

```
@Path("/projects")
@ApplicationScoped
@Produces(MediaType.APPLICATION_JSON)
@Consumes(MediaType.APPLICATION_JSON)
public class ProjectResource {
    private static final Logger LOGGER = Logger.getLogger(Project-
Resource. class);

    @Inject
    @Channel("data-stream")
    Publisher<String> informs;

    public ProjectResource() {
    }

    @GET
    @Path("/amqp")
    @Produces(MediaType.SERVER_SENT_EVENTS)
    @SseElementType("text/plain")
    public Publisher<String> kafkaStream() {
        LOGGER.info(" 最終獲得的資料：" + informs.toString());
        return informs;
    }
}
```

程式說明：

① ProjectResource 類別的主要方法是 REST 的基本操作方法，按照串流模式獲取訊息的內容。

② 注入了 Publisher<String> 發行者，從管道 data-stream 獲取廣播的訂閱資訊。

用通訊圖（遵循 UML 2.0 標準）來表述 quarkus-sample-reactive-amqp 程式的業務場景，如圖 7-32 所示。

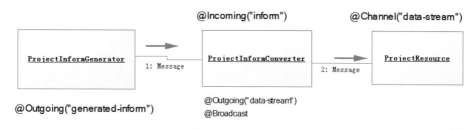

▲ 圖 7-32 quarkus-sample-reactive-amqp 程式通訊圖

訊息的處理過程說明如下。

（1）啟動應用，會呼叫 ProjectInformGenerator 物件的 generate 方法，該方法會按照 1 秒一次的頻率向輸出管道 generated-inform 的 informs 主題發送訊息。

（2）ProjectInformConverter 物件透過輸入管道 inform 獲取 informs 主題的訊息，然後透過輸出管道 data-stream 發出、廣播訊息。

（3）ProjectResource 物件透過管道 data-stream 獲取訊息。

## 7.9.4 驗證程式

透過下列幾個步驟（如圖 7-33 所示）來驗證案例程式。

下面對其中相關的關鍵點說明。

### 1. 啟動 Artemis 訊息服務

安裝 ActiveMQ Artemis，初始化資料檔案，然後進入其資料目錄。要啟動 Artemis 訊息服務，在該資料目錄下執行命令 artemis run 即可。

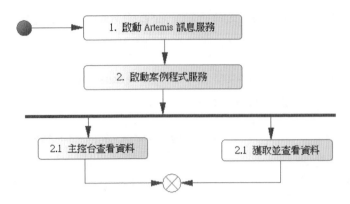

▲ 圖 7-33 quarkus-sample-reactive-amqp 程式驗證流程圖

開啟 Artemis 的 artemis_home 代理實例的 etc 目錄下的 broker.xml 檔案，確認其中有以下設定內容：

```
<acceptor name="amqp">tcp://0.0.0.0:5672?tcpSendBufferSize=1048576; tc
pReceiveBufferSize=1048576;protocols=AMQP;useEpoll=true;amqpCredits=10
00;amqpLowCredits=300;amqpMinLargeMessageSize=102400;amqpDuplicateDetec
tion=true
</acceptor>
```

上述內容的主要含義是，AMQP 協定中的監聽通訊埠是 5672。

## 2. 啟動 quarkus-sample-reactive-amqp 程式服務

啟動程式有兩種方式，第 1 種是在開發工具（如 Eclipse）中呼叫 ProjectMain 類別的 run 命令，第 2 種是在程式目錄下直接執行命令 mvnw compile quarkus:dev。

## 3. 查看資料接收情況

首先在偵錯介面上會出現如圖 7-34 所示的介面。

輸入命令 curl http://localhost:8080/projects/amqp，出現 IDE 工具主控台介面，可以查看資料變化情況，如圖 7-35 所示。

```
=============== quarkus is running! ===============
2020-12-10 21:09:01 ProjectInformGenerator發送數據: 項目進程數據: 39
2020-12-10 21:09:06 ProjectInformGenerator發送數據: 項目進程數據: 77
2020-12-10 21:09:11 ProjectInformGenerator發送數據: 項目進程數據: 23
2020-12-10 21:09:16 ProjectInformGenerator發送數據: 項目進程數據: 53
2020-12-10 21:09:21 ProjectInformGenerator發送數據: 項目進程數據: 69
2020-12-10 21:09:26 ProjectInformGenerator發送數據: 項目進程數據: 8
2020-12-10 21:09:31 ProjectInformGenerator發送數據: 項目進程數據: 9
2020-12-10 21:09:36 ProjectInformGenerator發送數據: 項目進程數據: 50
2020-12-10 21:09:41 ProjectInformGenerator發送數據: 項目進程數據: 49
2020-12-10 21:09:46 ProjectInformGenerator發送數據: 項目進程數據: 32
```

▲ 圖 7-34　主控台的資料展示圖

```
2020-12-10 21:10:16,118 INFO [io.sma.rea.mes.amqp] (vert.x-eventloop-thread-2) SRMSG16203: AMQP Receiver listening address inform
2020-12-10 21:10:16 ProjectInformGenerator發送數據: 項目進程數據: 97
2020-12-10 21:10:16 ProjectInformConverter接收并轉發的數據: 項目進程數據: 97
2020-12-10 21:10:16,345 INFO [com.iii.qua.sam.rea.amq.ProjectResource] (vert.x-eventloop-thread-2) 接收并轉發的數據: 項目進程數據: 97
2020-12-10 21:10:21 ProjectInformGenerator發送數據: 30
2020-12-10 21:10:21 ProjectInformConverter接收并轉發的數據: 項目進程數據: 30
2020-12-10 21:10:21,331 INFO [com.iii.qua.sam.rea.amq.ProjectResource] (vert.x-eventloop-thread-2) 接收并轉發的數據: 項目進程數據: 30
2020-12-10 21:10:26 ProjectInformGenerator發送數據: 項目進程數據: 81
2020-12-10 21:10:26 ProjectInformConverter接收并轉發的數據: 項目進程數據: 81
2020-12-10 21:10:26,342 INFO [com.iii.qua.sam.rea.amq.ProjectResource] (vert.x-eventloop-thread-2) 接收并轉發的數據: 項目進程數據: 81
2020-12-10 21:10:31 ProjectInformGenerator發送數據: 項目進程數據: 68
2020-12-10 21:10:31 ProjectInformConverter接收并轉發的數據: 項目進程數據: 68
2020-12-10 21:10:31,333 INFO [com.iii.qua.sam.rea.amq.ProjectResource] (vert.x-eventloop-thread-2) 接收并轉發的數據: 項目進程數據: 68
2020-12-10 21:10:36 ProjectInformGenerator發送數據: 項目進程數據: 71
2020-12-10 21:10:36 ProjectInformConverter接收并轉發的數據: 項目進程數據: 71
2020-12-10 21:10:36,331 INFO [com.iii.qua.sam.rea.amq.ProjectResource] (vert.x-eventloop-thread-2) 接收并轉發的數據: 項目進程數據: 71
2020-12-10 21:10:41 ProjectInformGenerator發送數據: 項目進程數據: 34
```

▲ 圖 7-35　主控台的資料變化情況

這時的命令列視窗介面如圖 7-36 所示。

▲ 圖 7-36　命令列視窗介面

也可以在瀏覽器中輸入以下內容：

```
http://localhost:8080/projects/amqp
```

# 7.10 Quarkus 響應式基礎框架 Vert.x 的應用

Eclipse Vert.x 是一個用於建構響應式應用的工具套件,它被設計成羽量級和可嵌入的。Vert.x 定義了一個響應式執行模型,並且提供了巨大的生態系統。

Quarkus 的幾乎所有與網路相關的功能都依賴於 Vert.x。雖然 Quarkus 的許多響應式功能不顯性呼叫 Vert.x,但 Vert.x 的的確確存在於 Quarkus 底層。Quarkus 還與 Vert.x 事件匯流排(以支援應用元件之間的非同步訊息傳遞)和一些響應式用戶端整合,也可以在 Quarkus 應用中使用各種 Vert.x API,例如部署 Verticle、實例化用戶端等。

## 7.10.1 案例簡介

本案例介紹以 Quarkus 框架實現響應式為基礎的 Vert.x 基本功能。透過閱讀和分析在以響應式 Vert.x 為基礎的框架上實現延遲、事件匯流排、JSON 格式、響應式資料庫操作、串流資料和 Web 用戶端等的案例程式,可以了解和掌握 Quarkus 框架的響應式 Vert.x 框架的使用方法。

**基礎知識**:Vert.x 框架平台及其概念。

Vert.x 是一個以事件驅動和非同步非阻塞 I/O、執行於 JVM 上為基礎的框架和事件驅動程式設計模型。可以透過閱讀圖書 *Vert.x in Action* 來了解 Eclipse Vert.x 的原理和應用。Vert.x 框架圖如圖 7-37 所示。

Vert.x 的重要介面分別介紹如下。

(1)org.vertx.java.core.Handler 介面:Vert.x 執行時期的核心介面,用於結果回呼處理,在此處執行呼叫者需要實現的業務邏輯程式。

(2)org.vertx.java.core.Context 介面:Context 介面代表著一次可執行單元的上下文。在 Vert.x 裡有兩種上下文,即 EventLoop 與 Worker。

（3）org.vertx.java.core.Vertx 介面：這是對外的 API。透過 Vertx 介面呼叫一個 API，API 內部會持有一個 Context 物件，在 API 本身的非業務邏輯程式執行完成後，將 Handler 傳入 Context 物件來執行。

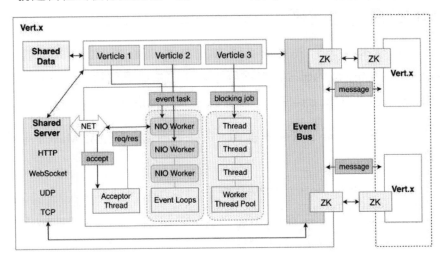

▲ 圖 7-37　Vert.x 框架圖

Vert.x 框架的重要概念介紹如下。

（1）Verticle：Verticle 是最基礎的開發和部署單元。Vert.x 的執行單元叫 Verticle，即程式的入口，每種語言實現的方式可能不一樣，比如 Java 需要繼承一個 AbstractVerticle 抽象類別。Verticle 分兩種，一種是以 EventLoop 為基礎的適合 I/O 密集型的 Verticle，還有一種是適合 CPU 密集型的 Worker Verticle。而 Verticle 之間透過 EventBus 相互通訊。

（2）Module：Vert.x 應用由一個或多個 Module 來實現，一個 Module 由多個 Verticle 來實現。

（3）EventBus：EventBus 是 Vert.x 的通訊核心，其功能是實現叢集中容器之間的通訊。不同的 Verticle 可以透過 EventBus 傳遞資料，進而方便地實現高併發的網路程式。EventBus 可以支援 Point to Point 通訊方式，也可以支援 Publish & Subscribe 通訊方式。

（4）Shared Data：由 Vert.x 提供，可簡單共用 Map 和 Set 物件，用於解決各個 Verticle 之間的資料共用問題。

## 7.10.2 撰寫程式碼

撰寫程式碼有 3 種方式。第 1 種方式是透過程式 UI 來實現的，在 Quarkus 官網的生成內碼表面中按照指定步驟生成鷹架程式，然後下載檔案，將專案引入 IDE 工具中，最後修改程式原始碼。

第 2 種方式是透過 mvn 來建構程式，透過下面的命令建立 Maven 專案來實現：

```
mvn io.quarkus:quarkus-maven-plugin:1.11.1.Final:create ^
    -DprojectGroupId=com.iiit.quarkus.sample
    -DprojectArtifactId=067-quarkus- sample-vertx ^
    -DclassName=com.iiit.quarkus.sample.vertx.ProjectResource
    -Dpath= /projects ^
    -Dextensions=resteasy-jsonb,quarkus-vertx,quarkus-vertx-web,quarkus-
reactive-pg-client, ^quarkus-resteasy-mutiny
```

第 3 種方式是直接從 GitHub 上獲取程式，可以從 GitHub 上複製預先準備好的範例程式：

```
git clone https://******.com/rengang66/iiit.quarkus.sample.git (見連結 1)
```

該程式位於 "067-quarkus-sample-vertx" 目錄中，是一個 Maven 專案程式。

在 IDE 工具中匯入 Maven 專案程式，在 pom.xml 的 <dependencies> 下有以下內容：

```
<dependency>
    <groupId>io.quarkus</groupId>
    <artifactId>quarkus-vertx</artifactId>
</dependency>
```

```
<dependency>
    <groupId>io.quarkus</groupId>
    <artifactId>quarkus-vertx-web</artifactId>
</dependency>

<dependency>
    <groupId>io.quarkus</groupId>
    <artifactId>quarkus-reactive-pg-client</artifactId>
</dependency>

<dependency>
    <groupId>io.smallrye.reactive</groupId>
    <artifactId>smallrye-mutiny-vertx-web-client</artifactId>
</dependency>
```

其 中 的 quarkus-vertx 是 Quarkus 擴 充 了 Vert.x 的 核 心 實 現，quarkus-
vertx-web 是 Quarkus 擴 充 了 Vert.x 的 Web 實 現，quarkus-reactive-pg-
client 是 Quarkus 擴 充 了 Vert.x 的 資料庫實現，smallrye-mutiny-vertx-
web-client 是 Quarkus 擴充了 Vert.x 和 Mutiny 的 Web 實現。

下面介紹 quarkus-vertx 的一些功能。

# 7.10.3 Vert.x API 應用講解和驗證

## 1. Vert.x API 簡介

下面講解如何使用 Vert.x 的幾種 API 類型。

增加 Vert.x 擴充元件後，可以使用 @Inject 註釋來進行實例化，例如
@Inject Vertx vertx。

Vert.x 提供了不同的 API 類型，分別是 Bare、Mutiny、RxJava 2、Axle。
舉例來說，Bare 使用回呼，Mutiny 使用 Uni 和 Multi 物件，RxJava 2 使
用 Single、Maybe、Completable、Observatable 和 Flowable 等 物 件。
Quarkus 提供了 Vert.x 的 4 種 API 類型（如表 7-8 所示）。

表 7-8　Quarkus 提供的 Vert.x 的 API 類型

| 名　　稱 | 註釋和程式 | 說　　明 |
|---|---|---|
| Bare | @inject io.vertx.core.Vertx vertx | Bare Vert.x 實例，API 使用回呼方式來實現 |
| Mutiny | @inject io.vertx.mutiny.core. Vertx vertx | Vert.x 的 Mutiny API |
| RxJava 2 | @inject io.vertx.reativex.core. Vertx vertx | RxJava 2 Vert.x，API 使用 RxJava 2 類型（在 Vert.x 的新版本中已棄用該類型） |
| Axle | @inject io.vertx.axle.core. Vertx vertx | 在 Vert.x 中，API 使用 CompletionStage 和響應式串流來實現（在 Vert.x 的新版本中已棄用該類型） |

可以在 Quarkus 應用的 Bean 中注入 Vert.x 和 EventBus 的 4 種類型中的任何一種：Bare、Mutiny、RxJava 2、Axle。它們需要依賴於單一託管的 Vert.x 實例。

可根據應用的使用案例選擇其中一種，4 種類型分別介紹如下。

- Bare Vert.x：進階用法，或希望在 Quarkus 應用中重用現有 Vert.x 程式時使用。
- Mutiny Vert.x：這是一個由事件驅動的響應式程式設計 API。Mutiny 使用兩種類型的物件——Uni 和 Multi。這是 Vert.x 推薦的 API 實現。
- RxJava 2 Vert.x：當需要在串流上支援多種資料轉換運算符號時可用這種 API 類型，但是不推薦使用，建議切換到 Mutiny Vert.x。
- Axle：與 Quarkus 和 MicroProfile API（CompletionStage 用於單一結果，Publisher 用於串流）配合良好，已棄用，建議切換到 Mutiny Vert.x。

## 2. 程式講解

Vert.x API 應用只由一個 VertxJsonResource 類別組成。

開啟 com.iiit.quarkus.sample.vertx.json.VertxAccessResource.java 檔案，其程式如下：

```java
@Path("/vertx")
@Produces(MediaType.APPLICATION_JSON)
public class VertxAccessResource {
    @Inject io.vertx.core.Vertx vertx;
    @Inject io.vertx.mutiny.core.Vertx mutinyVertx;
    @Inject io.vertx.reactivex.core.Vertx reactivexVertx;
    @Inject io.vertx.axle.core.Vertx axleVertx;

    @GET
    @Path("/bare")
    public void doVertx() {
        //Bare Vert.x:
        vertx.fileSystem().readFile("/META-INF/resources/quarkus-
introduce. txt", ar -> {
            if (ar.succeeded()) {
                System.out.println(" 檔案內容 :" + ar.result().toString(
"UTF-8"));
            } else {
                System.out.println(" 不能開啟檔案 : " + ar.cause().
getMessage());
            }
        });
    }

    @GET
    @Path("/mutiny")
    public void doMutinyVertx() {
        //Mutiny Vert.x:
        mutinyVertx.fileSystem().readFile("/META-INF/resources/quarkus-
introduce.txt")
            .onItem().transform(buffer -> buffer.toString("UTF-8"))
            .subscribe()
            .with(
                    content -> System.out.println(" 檔案內容 : " + content),
                    err -> System.out.println(" 不能開啟檔案 : " + err.
getMessage())
            );
    }
```

```java
@GET
@Path("/reactivex")
public void doReactivexVertx() {
    //Rx Java 2 Vert.x
    reactivexVertx.fileSystem().rxReadFile("/META-INF/resources/
quarkus- introduce.txt")
        .map(buffer -> buffer.toString("UTF-8"))
        .subscribe(
            content -> System.out.println(" 檔案內容： " + content),
            err -> System.out.println(" 不能開啟檔案： " + err.
getMessage())
        );
}

@GET
@Path("/axle")
public void doAxleVertx() {
    //Axle API:
    axleVertx.fileSystem().readFile("/META-INF/resources/quarkus-
introduce.txt")
        .thenApply(buffer -> buffer.toString("UTF-8"))
        .whenComplete((content, err) -> {
            if (err != null) {
                System.out.println(" 不能開啟檔案： " + err.
getMessage());
            } else {
                System.out.println(" 檔案內容： " + content);
            }
        });
}

@GET
@Path("/mutiny/getfile")
//@Produces(MediaType.TEXT_PLAIN)
public Uni<String> doSomethingAsync() {
    return mutinyVertx.fileSystem().readFile("/META-INF/resources/
quarkus-introduce.txt").onItem().transform(b -> b.toString("UTF-8"));
}
}
```

程式說明：

① VertxAccessResource 類別是一個用於測試 Vert.x 且提供了不同 API 的類別。

② VertxAccessResource 類別的 doVertx 方法採用 io.vertx.core.Vertx 物件來讀取檔案並在主控台上展示檔案內容。

③ VertxAccessResource 類別的 doMutinyVertx 方法採用 io.vertx.mutiny. core.Vertx 物件來讀取檔案並在主控台上展示檔案內容。

④ VertxAccessResource 類別的 doReactivexVertx 方法採用 io.vertx. reactivex.core.Vertx 物件來讀取檔案並在主控台上展示檔案內容。

⑤ VertxAccessResource 類別的 doAxleVertx 方法採用 io.vertx.axle.core. Vertx 物件來讀取檔案並在主控台上展示檔案內容。

⑥ VertxAccessResource 類別的 doSomethingAsync 方法採用 io.vertx. mutiny.core.Vertx 物件來讀取檔案並將檔案內容轉為 Uni 物件，然後傳回 Uni 物件。

## 3. 驗證程式

透過下列幾個步驟來驗證程式。

（1）啟動程式

啟動程式有兩種方式，第 1 種是在開發工具（如 Eclipse）中呼叫 ProjectMain 類別的 run 命令，第 2 種是在程式目錄下直接執行命令：

```
mvnw compile quarkus:dev
```

（2）透過 API 顯示 Bare Vert.x、Mutiny Vert.x、RxJava 2 Vert.x 和 Axle Vert.x 的執行情況

在命令列視窗中依次執行以下命令：

```
curl http://localhost:8080/vertx/bare
curl http://localhost:8080/vertx/mutiny
curl http://localhost:8080/vertx/reactivex
curl http://localhost:8080/vertx/axle
```

所有命令都有結果，可以在開發工具的監控主控台上看到相關的結果資訊。

（3）透過 API 讀取檔案內容

在命令列視窗中輸入以下命令：

```
curl http://localhost:8080/vertx/mutiny/getfile
```

這裡採用了推薦的 Mutiny Vert.x 的實現，會在結果介面上顯示讀取的檔案內容。

## 7.10.4 WebClient 應用講解和驗證

### 1. WebClient 簡介

下面講解 WebClient 的非同步（非阻塞）呼叫，顯示資料在接收時被轉發並傳回回應的過程。

### 2. 程式講解

WebClient 應用只由一個 ResourceUsingWebClient 類別組成，開啟 com.iiit.quarkus.sample. vertx.webclient.ResourceUsingWebClient 類別檔案，其程式如下：

```
@Path("/project-data")
public class ResourceUsingWebClient {
    @Inject
    Vertx vertx;
    private WebClient client;
    @PostConstruct
    void initialize() {
        this.client = WebClient.create(vertx,
                new WebClientOptions().setDefaultHost("localhost").
setDefaultPort (8080));
    }

    @GET
```

```
@Produces(MediaType.APPLICATION_JSON)
@Path("/{id}")
public Uni<JsonObject> getData( @PathParam("id")  int id) {
    return client.get("/projects/" + id )
            .send()
            .map(resp -> {
                if (resp.statusCode() == 200) {
                    return resp.bodyAsJsonObject();
                } else {
                    return new JsonObject()
                            .put("code", resp.statusCode())
                            .put("message", resp.bodyAsString());
                }
            });
    }
}
```

程式說明：
............

① ResourceUsingWebClient 資源類別的作用是與外部進行互動，注入 Vertx 物件。

② ResourceUsingWebClient 資源類別建立了一個 WebClient，並根據請求使用該用戶端呼叫 Vertx API。

根據結果，資料在接收時被轉發，或使用狀態和主體建立一個新的 JSON 物件。WebClient 顯然是非同步（非阻塞）的，Web 端點會傳回 Uni 物件。

## 3. 驗證程式

透過下列幾個步驟來驗證程式。

（1）啟動程式

啟動程式有兩種方式，第 1 種是在開發工具（如 Eclipse）中呼叫 Project Main 類別的 run 命令，第 2 種是在程式目錄下直接執行命令 mvnw compile quarkus:dev。

（2）透過 API 顯示 WebClient 的回應內容

在命令列視窗中輸入以下命令：

```
curl http://localhost:8080/vertx/webclient/1
```

結果是轉到 http://localhost:8080/projects/1 並獲取的資料。

# 7.10.5 routes 應用講解和驗證

## 1. routes 簡介

在實現宣告式和路由鏈 HTTP 端點的方式中，響應式路由是一種替代方案。這種方案在 JavaScript 領域非常流行，比如 Express.js 或 Hapi。Quarkus 也提供了這種響應式路由功能，開發者可以單獨使用響應式路由實現 REST API，也可以將響應式路由與 JAX-RS 資源和 Servlet 結合起來使用

@Route 註釋的功能有 6 種，分別介紹如下。① Path：用於按路徑路由，使用 Vert.x Web 格式；②正規表示法：包括使用正規表示法進行路由的詳細說明資訊；③方法：觸發路由的 HTTP 動作，如 GET、POST 等；④類型：可以是 normal（非阻塞）、blocking（在工作執行緒上排程的方法）或 failure（失敗時呼叫該路由）；⑤順序：處理傳入請求時包括的多個路由的順序；⑥使用 produces 和 consumes 註釋表示生成和使用的資料類型是 mime 類型。

## 2. 程式講解

routes 應用有 3 個類別，分別是 ProjectDeclarativeRoutes、ProjectRoute Registar 和 ProjectFilter 類別。

開啟 com.iiit.quarkus.sample.vertx.routes.ProjectDeclarativeRoutes.java 檔案，其程式如下：

```java
@ApplicationScoped
public class ProjectDeclarativeRoutes {
    @Inject    ProjectService service;

    @Route(path = "/route/projects", methods = HttpMethod.GET)
    public void handle(RoutingContext rc) {
        String content = service.getProjectInform();
        System.out.println(content);
        rc.response().end(content);
    }

    @Route(path = "/route/getprojects")
    public String getProjectInform() {
        return service.getProjectInform();
    }

    @Route(path = "/route/getproject/{id}", methods = HttpMethod.GET)
    public void getproject(RoutingContext rc) {
        String id = rc.request().getParam("id");
        String projectContent = "" ;
        if (id != null) {
            Integer i = new Integer(id);
            projectContent = service.getProjectInformById(i);
        }
        rc.response().end(projectContent);
    }

    @Route(path = "/route/hello", methods = HttpMethod.GET)
    public void greetings(RoutingContext rc) {
        String name = rc.request().getParam("name");
        if (name == null) {
            name = "world";
        }
        rc.response().end("hello " + name);
    }
}
```

程式說明：

① ProjectDeclarativeRoutes 類別的作用是與外部進行互動，實現路由轉
移。如果在 ProjectDeclarativeRoutes 類別中沒有作用域的註釋類別，
那麼會自動填上 @javax.inject.Singleton。

② @Route 註釋表示該方法是一個被動路由。預設情況下，方法中包含
的程式不能阻塞。

③ 該類別的 handle、getproject 和 greetings 方法獲取 RoutingContext 作
為參數。在 RoutingContext 中，可以檢索 HTTP 請求（使用 request）
並使用 response 寫入回應，最後使用 end 進行輸出。

④ 如果帶註釋的方法不傳回 void，則參數是可選的。

⑤ RoutingExchange 是 RoutingContext 的方便的包裝器，它提供了一些
有用的方法。

開啟 com.iiit.quarkus.sample.vertx.routes.ProjectRouteRegistar.java 檔案，
其程式如下：

```java
@ApplicationScoped
public class ProjectRouteRegistar {
    @Inject    ProjectService service;

    public void init(@Observes Router router) {
        router.get("/route/registar").handler(rc -> {
            String content = service.getProjectInform();
            System.out.println(content);
            rc.response().end(content);
        });
    }
}
```

程式說明：

① ProjectRouteRegistar 類別的作用是註冊路由。

② 該程式說明 Quarkus 可透過建立一個 Router 物件來直接在 HTTP 路由
層上註冊 Router。

③ ProjectRouteRegistar 類別的 init 方法在 HTTP 路由層上建立了一個 /
route/registar 路徑的路由。

開啟 com.iiit.quarkus.sample.vertx.routes.ProjectFilter.java 檔案，其程式
如下：

```
@ApplicationScoped
public class ProjectFilter {
    public void registerMyFilter(@Observes Filters filters) {
        filters.register(rc -> {
            rc.response().putHeader("X-Header", "intercepting the request");
            rc.next();
        }, 100);
    }
}
```

程式說明：
. . . . . . . . . . . .
① ProjectFilter 表的作用是註冊篩檢程式（Filter）。
② 該程式說明在 Quarkus 啟動時可以註冊篩檢程式（Filter）來攔截傳入
   的 HTTP 請求。這些篩檢程式也適用於 Servlet、JAX-RS 資源和響應
   式路由。
③ 該程式在 Quarkus 啟動時註冊了一個篩檢程式，該篩檢程式為 HTTP
   請求增加了一個 HTTP 表頭。
④ RouteFilter 的值用於定義篩檢程式優先順序，優先順序較高的篩檢程式
   將首先被呼叫。篩檢程式需要呼叫 next 方法才能繼續執行篩檢程式鏈。

## 3. 驗證程式

透過下列幾個步驟來驗證程式。

（1）啟動程式

啟動程式有兩種方式，第 1 種是在開發工具（如 Eclipse）中呼叫
ProjectMain 類別的 run 命令，第 2 種是在程式目錄下直接執行命令 mvnw
compile quarkus:dev。

（2）透過 API 顯示路由的清單

在命令列視窗中輸入以下命令：

```
curl http://localhost:8080/route/projects
```

結果是列出所有專案列表。

在命令列視窗中輸入以下命令：

```
curl http://localhost:8080/route/getprojects
```

結果是列出所有專案列表。

在命令列視窗中輸入以下命令：

```
curl http://localhost:8080/route/registar
```

結果是列出所有專案列表。

## 7.10.6 EventBus 應用講解和驗證

### 1. EventBus 簡介

Quarkus 允許不同的 Bean 之間透過非同步事件進行互動，從而促進鬆散耦合，訊息被發送到虛擬位址。EventBus 提供了 3 種傳送機制：①點對點發送訊息，一個消費者接收訊息，如果存在一個應用於多個消費者的循環，則一個訊息會被發送給多個消費者；②發佈 / 訂閱訊息，所有收聽訂閱位址的消費者都可以接收到發佈的訊息；③請求時發送的訊息並期望得到回應，接收器可以採用非同步方式回應訊息。

所有這些傳送機制都是非阻塞的，Vert.x 為建構響應式應用提供了一個 EventBus 基本元件。非同步訊息傳遞功能允許答覆的回應訊息採用 Vert.x 不支援的訊息格式。但是，這種實現方式僅限於單一事件行為（無串流）和本地訊息。

EventBus 物件提供了以下方法：①向特定位址發送訊息：一個消費者接收訊息；②將訊息發佈到特定位址：所有使用者都會收到訊息；③發送訊息並等待答覆。

## 2. 程式講解

EventBus 應用由 EventResource 類別和 EventService 類別組成。

開啟 com.iiit.quarkus.sample.vertx.eventbus.EventResource.java 檔案，其程式如下：

```
@Path("/eventbus")
public class EventResource {
    @Inject    EventBus bus;

    @GET
    @Produces(MediaType.TEXT_PLAIN)
    @Path("{id}")
    public Uni<String> getName(@PathParam("id") Integer id) {
        return bus.<String> request("getNameByID", id)
                .onItem().transform(Message::body);
    }
}
```

程式說明：

① EventResource 類別的作用是與外部進行互動，只有 REST 的 GET 方法，其注入了 EventBus 物件。

② EventResource 類別的 getName 方法向一個特定的位址發送訊息請求，並且獲取該位址傳回的資料資訊。在這裡，這個特定造訪網址是其內部實現的方法 getNameByID。

開啟 com.iiit.quarkus.sample.vertx.eventbus.EventService.java 檔案，其程式如下：

```
@ApplicationScoped
```

```
public class EventService {
    @Inject    ProjectService service;

    @ConsumeEvent("getNameByID")
    public String getName(Integer id) {
        return service.getProjectInformById(id);
    }
}
```

程式說明：

① EventService 類別是一個服務類別，提供事件消費功能。

② 註釋 @ConsumeEvent("getNameByID") 表示該方法是一個消費事件。若要使用事件，就要使用 io.quarkus.vertx.Event 註釋。

③ 如果沒有設定位址，地址就是 Bean 的完全限定名。舉例來說，在上面這個程式碼片段中，位址是 com.iiit.quarkus.sample.vertx.stream.EventService。方法的參數是訊息本體。如果該方法會傳回資料，那麼這個資料就是對訊息的回應。

**3. 驗證程式**

透過下列幾個步驟來驗證程式。

（1）啟動程式

啟動程式有兩種方式，第 1 種是在開發工具（如 Eclipse）中呼叫 ProjectMain 類別的 run 命令，第 2 種是在程式目錄下直接執行命令 mvnw compile quarkus:dev。

（2）透過 API 顯示 Redis 中的主鍵清單

在命令列視窗中輸入以下命令：

```
curl http://localhost:8080/eventbus/1
```

結果是列出轉到 http://localhost:8080/getNameByID/1 的消費事件，該事件傳回專案 ID 是 1 的專案資訊。

# 7.10.7 stream 應用講解和驗證

## 1. stream 簡介

Quarkus 使用伺服器發送的事件（Server-Sent Events）進行流式處理。

需要以伺服器發送事件（Server-Sent Events）的形式發送訊息的 Quarkus Web 資源必須有一個方法：①宣告 text/event-stream 回應內容類別型；②傳回 Reactive Streams Publisher 或 Mutiny Multi（需要 quarkus-resteasy-mutiny 擴充）。

## 2. 程式講解

stream 應用由一個 StreamingResource 類別和一個 js 檔案組成。

開啟 com.iiit.quarkus.sample.vertx.webclient.StreamingResource.java 檔案，其程式如下：

```
@Path("/stream")
public class StreamingResource {
    @Inject   Vertx vertx;

    @GET
    @Produces(MediaType.SERVER_SENT_EVENTS)
    @Path("{name}")
    public Multi<String> getStreaming(@PathParam("name") String name) {
        return Multi.createFrom().publisher(vertx.periodicStream(2000).
toPublisher())
            .map(l -> String.format("Hello %s! (%s)%n", name, new Date()));
    }
}
```

程式說明：

① StreamingResource 類別主要實現的功能就是延遲時間，其注入物件是 Vertx。

② StreamingResource 類別的 getStreaming 方法宣告 text、event-stream 回應內容類別型，獲取資料後會傳回 Mutiny Multi 物件。

開啟 src\main\resources\META-INF\resource\streaming.js 檔案，其程式如下：

```
if (!!window.EventSource) {
    var eventSource = new EventSource("/stream/reng");
    eventSource.onmessage = function (event) {
        var container = document.getElementById("container");
        var paragraph = document.createElement("p");
        paragraph.innerHTML = event.data;
        container.appendChild(paragraph);
    };
} else {
    window.alert("EventSource not available on this browser.")
}
```

程式說明：

streaming.js 中定義了 EventSource 物件，然後透過事件函數 eventSource.onmessage 在瀏覽器中展示資料流程的內容。

## 3. 驗證程式

透過下列幾個步驟來驗證程式。

（1）啟動程式

啟動程式有兩種方式，第 1 種是在開發工具（如 Eclipse）中呼叫 ProjectMain 類別的 run 命令，第 2 種是在程式目錄下直接執行命令 mvnw compile quarkus:dev。

（2）透過 API 顯示資料流程

在命令列視窗中輸入以下命令：

```
curl http://localhost:8080/stream/reng
```

結果是顯示資料流程。

也可以透過在瀏覽器中輸入 http://localhost:8080/streaming.html 來觀察結果。

## 7.10.8　pgclient 應用講解和驗證

### 1. pgclient 簡介

下面將學習如何實現一個簡單的 CRUD 應用，以及如何透過 RESTful API 公開 PostgreSQL 中儲存的資料。

### 2. 程式講解

pgclient 應用由設定資訊、ProjectPgResource 類別和 ProjectPg 類別組成。

在該程式中，首先看看設定資訊的 application.properties 檔案：

```
quarkus.datasource.db-kind=postgresql
quarkus.datasource.username=quarkus_test
quarkus.datasource.password=quarkus_test
quarkus.datasource.reactive.url=postgresql://localhost:5432/quarkus_test
myapp.schema.create=true
ProjectPg.schema.create=true
```

在 application.properties 檔案中，設定了與資料庫連接相關的參數。

開啟 com.iiit.quarkus.sample.vertx.pgclient.ProjectPgResource.java 檔案，其程式如下：

```
@Path("projectpgs")
@Produces(MediaType.APPLICATION_JSON)
@Consumes(MediaType.APPLICATION_JSON)
public class ProjectPgResource {

    @Inject
    @ConfigProperty(name = "ProjectPg.schema.create",defaultValue = "true")
    boolean schemaCreate;

    @Inject
    PgPool client;

    @PostConstruct
    void config() {
```

```
            if (schemaCreate) { initdb(); }
    }

    private void initdb() {
        client.query("DROP TABLE IF EXISTS iiit_projects").execute()
                .flatMap(r -> client.query("CREATE TABLE iiit_projects (id
SERIAL PRIMARY KEY, name TEXT NOT NULL)").execute())
                .flatMap(r -> client.query("INSERT INTO iiit_projects
(name) VALUES (' 專案 A')").execute())
                .flatMap(r -> client.query("INSERT INTO iiit_projects
(name) VALUES (' 專案 B')").execute())
                .flatMap(r -> client.query("INSERT INTO iiit_projects
(name) VALUES (' 專案 C')").execute())
                .flatMap(r -> client.query("INSERT INTO iiit_projects
(name) VALUES (' 專案 D')").execute())
                .await().indefinitely();
    }

    @GET
    public Uni<Response> get() {
        return ProjectPg.findAll(client)
                .onItem().transform(Response::ok)
                .onItem().transform(ResponseBuilder::build);
    }

    @GET
    @Path("{id}")
    public Uni<Response> getSingle(@PathParam Long id) {
        return ProjectPg.findById(client, id)
                .onItem().transform(fruit -> fruit != null ? Response.
ok(fruit) : Response.status(Status.NOT_FOUND))
                .onItem().transform(ResponseBuilder::build);
    }

    @POST
    public Uni<Response> create(ProjectPg projectPg) {
        return projectPg.save(client)
                .onItem().transform(id -> URI.create("/projectpgs/" + id))
                .onItem().transform(uri -> Response.created(uri).build());
```

```
    }

    @PUT
    @Path("{id}")
    public Uni<Response> update( ProjectPg projectPg) {
        return projectPg.update(client)
                .onItem().transform(updated -> updated ? Status.OK :
Status.NOT_FOUND)
                .onItem().transform(status -> Response.status(status).
build());
    }

    @DELETE
    @Path("{id}")
    public Uni<Response> delete(@PathParam Long id) {
        return ProjectPg.delete(client, id)
                .onItem().transform(deleted -> deleted ? Status.NO_
CONTENT: Status.NOT_FOUND)
                .onItem().transform(status -> Response.status(status).
build());
    }
}
```

程式說明：
..........

① ProjectPgResource 類別的主要方法是 REST 的基本操作方法，包括 GET、POST、PUT 和 DELETE 方法。

② ProjectPgResource 類別服務的處理採用響應式模式，對外傳回的是 Multi 物件或 Uni 物件。

開啟 com.iiit.quarkus.sample.vertx.pgclient.ProjectPg.java 檔案，其程式如下：

```
    public class ProjectPg {
    public Long id;
    public String name;

    public ProjectPg() {  }
```

```
    public ProjectPg(String name) {
        this.name = name;
    }

    public ProjectPg(Long id, String name) {
        this.id = id;
        this.name = name;
    }

    public static Uni<List<ProjectPg>> findAll(PgPool client) {
        return client.query("SELECT id, name FROM iiit_projects ORDER BY
name ASC").execute().onItem().transform(pgRowSet -> {
            List<ProjectPg> list = new ArrayList<>(pgRowSet.size());
            for (Row row : pgRowSet) {
            list.add(from(row));
            }
            return list;
            });
    }

    public static Uni<ProjectPg> findById(PgPool client, Long id) {
        return client.preparedQuery("SELECT id, name FROM iiit_projects
WHERE id = $1").execute(Tuple.of(id))
                .onItem().transform(RowSet::iterator)
                .onItem().transform(iterator -> iterator.hasNext() ? from
(iterator.next()) : null);
    }

    public Uni<Long> save(PgPool client) {
        return client.preparedQuery("INSERT INTO iiit_projects (name)
VALUES ($1) RETURNING (id)").execute(Tuple.of(name))
                .onItem().transform(pgRowSet -> pgRowSet.iterator().
next(). getLong("id"));
    }

    public Uni<Boolean> update(PgPool client) {
        return client.preparedQuery("UPDATE iiit_projects SET name = $1
WHERE id = $2").execute(Tuple.of(name, id))
                .onItem().transform(pgRowSet -> pgRowSet.rowCount() == 1);
```

```
    }

    public static Uni<Boolean> delete(PgPool client, Long id) {
        return client.preparedQuery("DELETE FROM iiit_projects WHERE id =
$1").execute(Tuple.of(id))
                .onItem().transform(pgRowSet -> pgRowSet.rowCount() == 1);
    }

    private static ProjectPg from(Row row) {
        return new ProjectPg(row.getLong("id"), row.getString("name"));
    }
}
```

程式說明：

ProjectPg 類別是一個實體類別，透過方法參數 PgPool（這是 Vert.x 針對
PostgreSQL 的響應式用戶端）來對資料庫執行 CRUD 操作。

## 3. 驗證程式

透過下列幾個步驟來驗證程式。

（1）啟動 PostgreSQL 資料庫

首先需要啟動 PostgreSQL 資料庫，然後可以進入 PostgreSQL 的圖形管
理介面並觀察資料庫中資料的變化情況。

（2）啟動程式

啟動程式有兩種方式，第 1 種是在開發工具（如 Eclipse）中呼叫
ProjectMain 類別的 run 命令，第 2 種是在程式目錄下直接執行命令 mvnw
compile quarkus:dev。

（3）透過 API 顯示專案的 JSON 格式內容

在命令列視窗中輸入以下命令：

```
curl http://localhost:8080/projectpgs
```

（4）透過 API 顯示單筆記錄

在命令列視窗中輸入以下命令：

```
curl http://localhost:8080/projectpgs/1
```

（5）透過 API 增加一筆資料

在命令列視窗中輸入以下命令：

```
curl -X POST -H "Content-type: application/json" -d {\"id\":5,\"name\":
\" 專案 ABC\"} http://localhost:8080/projectpgs
```

顯示 Project 的主鍵是 5 的內容：

```
curl http://localhost:8080/projects/reactive/5/
```

可以看到已成功新增資料。

（6）透過 API 修改一筆資料內容

在命令列視窗中輸入以下命令：

```
curl -X PUT -H "Content-type: application/json" -d {\"id\":5,\"name\":\"
專案 ABC 修改 \"} http://localhost:8080/projectpgs/5
```

顯示 Project 的主鍵是 5 的內容：

```
curl http://localhost:8080/projects/reactive/5/
```

可以看到已成功修改資料。

（7）透過 API 刪除 project1 記錄

在命令列視窗中輸入以下命令：

```
curl -X DELETE http://localhost: 8080/projectpgs/4 -v
```

顯示 Project 的主鍵是 4 的內容：

```
curl http://localhost:8080/ projectpgs/4/
```

可以看到資料已被刪除了。

## 7.10.9　delay 應用講解和驗證

### 1. delay 簡介

下面講解 Vert.x 框架如何實現時間上的延遲。

### 2. 程式講解

delay 應用只由一個 DelayResource 類別組成。

開啟 com.iiit.quarkus.sample.vertx.delay.DelayResource.java 檔案，其程式
如下：

```
@Path("/vertx/delay")
public class DelayResource {
    @Inject    Vertx vertx;
    @Inject    ProjectService service;

    @GET
    @Produces(MediaType.TEXT_PLAIN)
    @Path("{id}")
    public Uni<String> greeting(@PathParam("id") Integer id) {
        return Uni.createFrom().emitter(emitter -> {
            long start = System.nanoTime();
            // 延遲回應 100ms
            vertx.setTimer(100, l -> {
                String content = service.getProjectInformById(id);
                // 計算已用時間（ms）
                long duration = MILLISECONDS.convert(System.nanoTime() -
start, NANOSECONDS);
                String message = "延遲回應:"+ duration +"; 獲取資料:"+
content;
                emitter.complete(message);
            });
        });
    }
}
```

程式說明：

① DelayResource 類別主要實現的功能就是延遲時間，其注入物件是
　　Vertx。

② DelayResource 類別的方法呼叫 Vertx 物件的延遲方法，獲取資料，並延遲 100ms 傳回響應式 Uni 物件。

**3. 驗證程式**

透過下列幾個步驟來驗證程式。

（1）啟動程式

啟動程式有兩種方式，第 1 種是在開發工具（如 Eclipse）中呼叫 ProjectMain 類別的 run 命令，第 2 種是在程式目錄下直接執行命令 mvnw compile quarkus:dev。

（2）透過 API 顯示延遲效果

在命令列視窗中輸入以下命令：

```
curl http://localhost:8080/vertx/delay/1
```

結果是列出延遲時間和獲取的資料。

# 7.10.10 JSON 應用講解和驗證

**1. JSON 簡介**

下面講解 Vert.x 框架如何實現 JSON 的呼叫。

**2. 程式講解**

JSON 應用只由一個 VertxJsonResource 類別組成。

開啟 com.iiit.quarkus.sample.vertx. json.VertxJsonResource.java 檔案，其程式如下：

```
@Path("/json")
@Produces(MediaType.APPLICATION_JSON)
public class VertxJsonResource {
    @Inject    ProjectService service;
```

```
@GET
@Path("/object/{name}")
public JsonObject jsonObject(@PathParam String name) {
    return new JsonObject().put("Hello", name);
}

@GET
@Path("/array/{name}")
public JsonArray jsonArray(@PathParam String name) {
    return new JsonArray().add("Hello").add(name);
}
}
```

程式說明：
. . . . . . . . . . . .

① VertxJsonResource 類別的 jsonObject 方法說明如何組裝一個 JsonObject。

② VertxJsonResource 類別的 jsonArray 方法說明如何組裝一個 JsonArray。

## 3. 驗證程式

透過下列幾個步驟來驗證程式。

（1）啟動程式

啟動程式有兩種方式，第 1 種是在開發工具（如 Eclipse）中呼叫 ProjectMain 類別的 run 命令，第 2 種是在程式目錄下直接執行命令 mvnw compile quarkus:dev。

（2）透過 API 顯示 JSON 資料

在命令列視窗中輸入以下命令：

```
curl http://localhost:8080/vertx/json/object/reng
curl http://localhost:8080/vertx/json/array/reng
```

結果是列出 JSON 物件資料和 JSON 陣列資料。

# 7.11 本章小結

本章主要介紹了 Quarkus 在響應式開發中的應用，從以下 10 個部分來進行講解。

第一： 簡介響應式系統的原理和基本概念。

第二： 簡介 Quarkus 框架的響應式應用。

第三： 介紹在 Quarkus 框架上如何開發響應式 JAX-RS 應用，包含案例的原始程式、講解和驗證。

第四： 介紹在 Quarkus 框架上如何開發響應式 SQL Client 應用，包含案例的原始程式、講解和驗證。

第五： 介紹在 Quarkus 框架上如何開發響應式 Hibernate 應用，包含案例的原始程式、講解和驗證。

第六： 介紹在 Quarkus 框架上如何開發響應式 Redis 應用，包含案例的原始程式、講解和驗證。

第七： 介紹在 Quarkus 框架上如何開發響應式 MongoDB 應用，包含案例的原始程式、講解和驗證。

第八： 介紹在 Quarkus 框架上如何開發響應式 Apache Kafka 應用，包含案例的原始程式、講解和驗證。

第九： 介紹在 Quarkus 框架上如何開發響應式 AMQP 應用，包含案例的原始程式、講解和驗證。

第十： 介紹在 Quarkus 框架上基於 Vert.x 建立響應式應用，包含案例的原始程式、講解和驗證。

# Quarkus 微服務容錯機制

## 8.1 微服務容錯簡介

設計微服務框架時需要加入容錯措施，確保某一服務即使出現問題也不會影響系統整體可用性。這些措施包括：逾時與重試（Timeout and Retry）、限流（Rate Limiting）、熔斷器（Circuit Breaking）、回復（Backoff）、隔艙隔離（Bulkhead Isolation）等。下面簡單介紹這幾種容錯措施。

（1）逾時與重試：在呼叫服務時，超出了限定的時間，這時的呼叫就是逾時呼叫。對於逾時，要採用一定的規則進行處理，這個規則就是逾時機制。比如，針對網路連接逾時、RPC 響應逾時的逾時回應機制等。在分散式服務環境下，逾時機制主要解決了當依賴服務出現網路連接或回應延遲、服務端執行緒佔滿、回呼無限等待等問題時，呼叫方可依據設定的逾時策略來採取中斷呼叫或間歇呼叫，及時釋放關鍵資源，避免無限佔用某個系統資源而出現整個系統拒絕對外提供服務的情況。

（2）限流：服務的容量和性能是有限的，限流機制主要限定了對微服務應用的併發存取。比如定義了一個限流閾值，當外部存取超過了這個限流閾值時，後續的請求就會遭到拒絕，這樣就可以防止微服務應用在突發流量下或被攻擊時被擊垮。

（3）熔斷器：在微服務系統中，當服務的輸入負載迅速增加時，如果沒有有效的措施對負載進行切斷，則服務會被迅速壓垮，接著壓垮的服務會導致依賴它的其他服務也被壓垮，出現連鎖反應並造成雪崩效應。因此，可在微服務架構中實現熔斷器，即在某個微服務發生故障後，透過熔斷器的故障監控，向呼叫方傳回一個錯誤回應，呼叫方進行主動熔斷。這樣可以防止服務被長時間佔用而得不到釋放，避免了故障在分散式系統中的蔓延。如果故障恢復正常，服務呼叫也能自動恢復。

（4）回復：指微服務系統在熔斷或限流發生時，採用某種處理邏輯，返回到以前的狀態。這是一種彈性恢復能力。常見的處理策略有直接拋出異常、傳回空值或預設值，以及傳回備份資料等。回復機制是保證微服務系統具有彈性恢復能力的機制。

（5）隔艙隔離：這裡借用了造船產業裡的概念，輪船上往往會對一個個船艙進行隔離，這樣一個船艙漏水不會影響其他船艙。同樣的道理，隔艙隔離措施就是採用隔離手段把各個資源分隔開。當其中一個資源出現故障時，只會損失一個資源，其他資源不受影響。執行緒隔離（Thread Isolation）就是隔艙隔離的常見場景之一。

# 8.2 Quarkus 容錯的實現

## 8.2.1 案例簡介

本案例介紹以 Quarkus 框架實現應用服務為基礎的容錯功能。透過閱讀和分析在 Quarkus 框架上實現重試、逾時、回復和熔斷器等操作的案例程式，可以了解和掌握 Quarkus 框架容錯功能的使用方法。

微服務分散式特性帶來的挑戰之一是，與外部系統的通訊從本質上說是不可靠的。這增加了對應用彈性的需求。為了方便製作更具彈性的應用，Quarkus 實現了包含 MicroProfile 標準的容錯處理。在本案例中，我們將示範 MicroProfile 容錯註釋的用法，例如 @Timeout、@Fallback、@Retry 和 @CircuitBreaker 等。

**基礎知識**：MicroProfile Fault Tolerance 標準。

MicroProfile Fault Tolerance 標準為確保微服務具有災備能力提供了以下處理故障的策略。

- @Timeout 逾時：定義執行的最大持續時間，為業務關鍵型任務設定時間限制。
- @Retry 重試：如果失敗，請再次嘗試執行。處理臨時網路故障。
- @Bulkhead 隔艙隔離：限制併發執行，使得該區域的故障不會讓整個系統超載。防止一個微服務使整個系統癱瘓。
- @CircuitBreaker 熔斷器：執行過程重複失敗時自動快速故障。
- @Fallback 回復：在執行失敗時提供替代解決方案，提供備份計畫。容錯為每個策略提供了一個註釋，可以放在 CDI Bean 的方法上。當一個帶註釋的方法被呼叫時，呼叫被截獲，對應的容錯策略被應用到該方法的執行過程中。

## 8.2.2 撰寫程式碼

撰寫程式碼有 3 種方式。第 1 種方式是透過程式 UI 來實現的，在 Quarkus 官網的生成內碼表面中按照指定步驟生成鷹架程式，然後下載檔案，將專案引入 IDE 工具中，最後修改程式原始碼。

第 2 種方式是透過 mvn 來建構程式，透過下面的命令建立 Maven 專案來實現：

```
mvn io.quarkus:quarkus-maven-plugin:1.11.1.Final:create ^
    -DprojectGroupId=com.iiit.quarkus.sample
    -DprojectArtifactId=070-quarkus- sample-fault-tolerance ^
```

```
-DclassName=com.iiit.quarkus.sample.microprofile.ProjectResource
-Dpath= /projects ^
-Dextensions=resteasy-jsonb,quarkus-smallrye-fault-tolerance
```

第 3 種方式是直接從 GitHub 上獲取程式,可以從 GitHub 上複製預先準備好的範例程式:

```
git clone https://******.com/rengang66/iiit.quarkus.sample.git(見連結 1)
```

該程式位於 "070-quarkus-sample-fault-tolerance" 目錄中,是一個 Maven 專案程式。

在 IDE 工具中匯入 Maven 專案程式,在 pom.xml 的 <dependencies> 下有以下內容:

```
<dependency>
    <groupId>io.quarkus</groupId>
    <artifactId>quarkus-smallrye-fault-tolerance</artifactId>
</dependency>
```

其中的 quarkus-smallrye-fault-tolerance 是 Quarkus 整合了 SmallRye 的容錯實現。

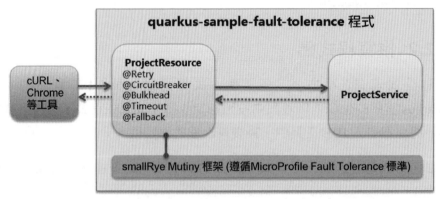

▲ 圖 8-1　quarkus-sample-fault-tolerance 程式應用架構圖

quarkus-sample-fault-tolerance 程式的應用架構(如圖 8-1 所示)顯示,外部存取 ProjectResource 資源介面,ProjectResource 提供逾時、重試、

回復、熔斷器、隔艙隔離等容錯功能。ProjectResource 資源依賴於遵循 MicroProfile Fault Tolerance 標準的 SmallRye Mutiny 框架。

quarkus-sample-fault-tolerance 程式的核心類別如表 8-1 所示。

表 8-1　quarkus-sample-fault-tolerance 程式的核心類別

| 名　稱 | 類　型 | 簡　介 |
|---|---|---|
| ProjectResource | 資源類別 | 容錯的核心處理類 |
| ProjectService | 服務類別 | 主要提供資料服務，無特殊處理，在本節中將不做介紹 |
| Project | 實體類別 | POJO 物件，無特殊處理，在本節中將不做介紹 |

該程式無設定資訊的 application.properties 檔案。

由於 ProjectResource 資源類別覆蓋了所有的容錯方法，因此下面分別介紹 ProjectResource 類別的各個容錯功能及其對應的程式碼。

## 8.2.3 Quarkus 重試的實現和驗證

用 IDE 工具開啟 com.iiit.quarkus.sample.microprofile.faulttolerance.Project Resource 類別檔案，關於重試主題的方法有 3 個，分別是 list、get、maybeFail 方法，程式如下：

```
@Path("/projects")
@ApplicationScoped
@Produces(MediaType.APPLICATION_JSON)
@Consumes(MediaType.APPLICATION_JSON)
public class ProjectResource {

    // 省略部分程式

    //********Quarkus 重試的實現 *******
    // 在 50% 的時間內，這種方法都會失敗。但是，由於使用了 @Retry 註釋，
    // 該方法在失敗後會自動被重新呼叫（最多 4 次）。
    // 因為很少同時連續出現 4 次故障，這表示出現故障的機率很低。
```

```
    @GET
    @Retry(maxRetries = 4, retryOn = RuntimeException.class)
    public List<Project> list() {
        final Long invocationNumber = counter.getAndIncrement();
        maybeFail(String.format("ProjectResourcee 的 list 方法 invocation
#%d failed",invocationNumber));
        LOGGER.infof("ProjectResourcee 的 list 方法  invocation #%d
returning successfully",invocationNumber);
        return service.getAllProject();
    }

    @GET
    @Path("/{id}")
    @Retry(maxRetries = 4, retryOn = RuntimeException.class)
    public Response get(@PathParam("id") int id) {
        final Long invocationNumber = counter.getAndIncrement();
        maybeFail(String.format("CoffeeResource#coffees() invocation #%d
failed", invocationNumber));
        LOGGER.infof("CoffeeResource#coffees() invocation #%d returning
successfully",invocationNumber);

        Project project = service.getProjectById(id);
        // 沒有找到 id 對應的 project 物件，傳回 404 錯誤
        if (project == null) {
            return Response.status(Response.Status.NOT_FOUND).build();
        }
        return Response.ok(project).build();
    }

    // 引入一些人為的故障
    private void maybeFail(String failureLogMessage) {
        if (new Random().nextFloat() < failRatio) {
            LOGGER.error(failureLogMessage);
            throw new RuntimeException("Resource failure.");
        }
    }
}
```

程式說明：

① ProjectResource 類別的作用是與外部進行互動，主要方法是 REST 的 GET 方法。該程式包括 3 個 GET 方法。

② ProjectResource 類別的 list 方法和 get 方法都是重試策略的入口。現以 get 方法為例，get 方法會呼叫 maybeFail 方法，實現重試。

下面用程式執行過程圖來解釋一下，Quarkus 重試的程式執行過程如圖 8-2 所示。

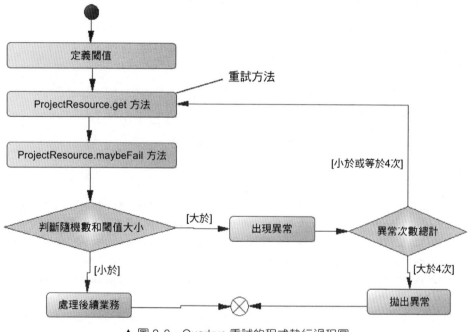

▲ 圖 8-2　Quarkus 重試的程式執行過程圖

解析說明：呼叫的方法是 public Response get(@PathParam("id") int id)，同時有註釋 @Retry(maxRetries = 4, retryOn = RuntimeException.class)，表示當出現異常時可以重試 4 次，若 4 次還不成功，才會拋出異常。

程式首先隨機產生一個浮點數，當該浮點數小於 0.5 時，就拋出異常。因為應用在執行過程中產生這種情況的機率是 50%，並有 4 次重試，所以

出現異常的機率是 $0.5×0.5×0.5×0.5×100\%=6.25\%$，也就是説執行 16 次才有 1 次會真正抛出異常。

下面介紹 Quarkus 重試的驗證過程。

首先在命令列視窗中輸入命令 curl http://localhost:8080/projects/2，或直接在瀏覽器中開啟 http://localhost:8080/projects/2，顯示的結果是 {"description":" 關於專案 B 的情況描述 ","id":2,"name":" 專案 B"}。

然後反覆刷新頁面，一般會出現以下結果：

```
{"description":" 關於專案 B 的情況描述 ","id":2,"name":" 專案 B"}
```

這時候，日誌監控介面如圖 8-3 所示。

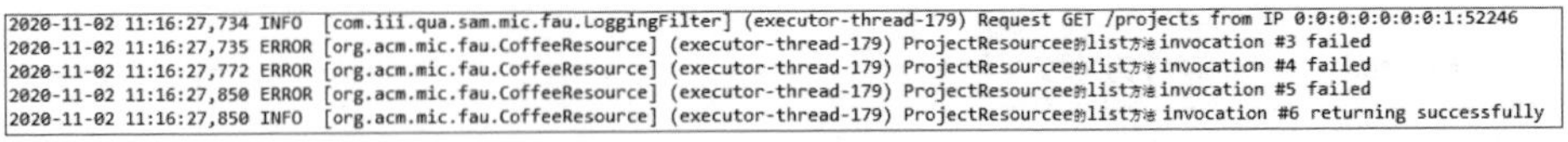

```
2020-11-02 11:16:27,734 INFO  [com.iii.qua.sam.mic.fau.LoggingFilter] (executor-thread-179) Request GET /projects from IP 0:0:0:0:0:0:0:1:52246
2020-11-02 11:16:27,735 ERROR [org.acm.mic.fau.CoffeeResource] (executor-thread-179) ProjectResourcee的list方法 invocation #3 failed
2020-11-02 11:16:27,772 ERROR [org.acm.mic.fau.CoffeeResource] (executor-thread-179) ProjectResourcee的list方法 invocation #4 failed
2020-11-02 11:16:27,850 ERROR [org.acm.mic.fau.CoffeeResource] (executor-thread-179) ProjectResourcee的list方法 invocation #5 failed
2020-11-02 11:16:27,850 INFO  [org.acm.mic.fau.CoffeeResource] (executor-thread-179) ProjectResourcee的list方法 invocation #6 returning successfully
```

▲ 圖 8-3 日誌監控介面

內容如下：

```
2020-11-02 11:16:27,735 ERROR [org.acm.mic.fau.CoffeeResource] (executor-
thread-179) ProjectResourcee 的 list 方法 invocation #3 failed
2020-11-02 11:16:27,772 ERROR [org.acm.mic.fau.CoffeeResource] (executor-
thread-179) ProjectResourcee 的 list 方法 invocation #4 failed
2020-11-02 11:16:27,850 ERROR [org.acm.mic.fau.CoffeeResource] (executor-
thread-179) ProjectResourcee 的 list 方法 invocation #5 failed
2020-11-02 11:16:27,850 INFO  [org.acm.mic.fau.CoffeeResource] (executor-
thread-179) ProjectResourcee 的 list 方法  invocation #6 returning
successfully
```

筆者在反覆刷新頁面的過程中基本上很難遇到異常，下面是刷到的一次異常，該異常出現的機率是 6.25%，如圖 8-4 所示。

**Internal Server Error**

Error handling 0ba514f1-726b-4331-b81e-e5c3372aed71-10, org.jboss.resteasy.spi.UnhandledException:

java.lang.RuntimeException: Resource failure.

*The stacktrace below has been reversed to show the root cause first. Click Here to see the original stacktrace*

```
java.lang.RuntimeException: Resource failure.
    at com.iiit.quarkus.sample.microprofile.faulttolerance.ProjectResource.maybeFail(ProjectResource.java:80)
    at com.iiit.quarkus.sample.microprofile.faulttolerance.ProjectResource.get(ProjectResource.java:65)
    at com.iiit.quarkus.sample.microprofile.faulttolerance.ProjectResource_Subclass.get$$superaccessor2(ProjectResource_Subclass.zig:448)
    at com.iiit.quarkus.sample.microprofile.faulttolerance.ProjectResource_Subclass$$function$$12.apply(ProjectResource_Subclass$$function$$12.zig:35)
    at io.quarkus.arc.impl.AroundInvokeInvocationContext.proceed(AroundInvokeInvocationContext.java:54)
    at io.smallrye.faulttolerance.FaultToleranceInterceptor.lambda$syncFlow$5(FaultToleranceInterceptor.java:204)
    at io.smallrye.faulttolerance.core.InvocationContext.call(InvocationContext.java:20)
    at io.smallrye.faulttolerance.core.Invocation.apply(Invocation.java:24)
    at io.smallrye.faulttolerance.core.retry.Retry.apply(Retry.java:50)
```

▲ 圖 8-4　案例程式的重試異常介面

## 8.2.4 Quarkus 逾時和回復的實現和驗證

用 IDE 工 具 開 啟 com.iiit.quarkus.sample.microprofile.faulttolerance.
ProjectResource 類別檔案，關於逾時和回復主題的方法有 3 個，分別是
recommendations、randomDelay 和 fallbackRecommendations 方法，其程
式如下：

```
@Path("/projects")
@ApplicationScoped
@Produces(MediaType.APPLICATION_JSON)
@Consumes(MediaType.APPLICATION_JSON)
public class ProjectResource {

// 省略部分程式
...

    //********Quarkus 逾時和回復的實現 *******
    @GET
    @Path("/recommendations/{id}")
    @Timeout(250)
    @Fallback(fallbackMethod = "fallbackRecommendations")
    public List<Project> recommendations(@PathParam("id") int id) {
        long started = System.currentTimeMillis();
```

```
            final long invocationNumber = counter.getAndIncrement();
            try {
                randomDelay();
                LOGGER.infof("ProjectResource 的 recommendations() 呼叫
#%dreturning successfully",invocationNumber);
                return Collections.singletonList(service.getProjectById(id));
            } catch (InterruptedException e) {
                LOGGER.errorf("ProjectResource 的 recommendations() 呼叫 #%d
timed out after %d ms", invocationNumber, System.currentTimeMillis() -
started);
                return null;
            }
        }

        // 引入人為的延誤
        private void randomDelay() throws InterruptedException {
            long random = new Random().nextInt(500);
            LOGGER.info(" 隨機數 random:"+random);
            Thread.sleep(random);
        }

        // 推薦的後備方法
         public List<Project> fallbackRecommendations(int id) {
             LOGGER.info("Falling back to ProjectResource 的 fallbackRecommend
ations()");
             return service.getRecommendations(id);
         }
    }
```

程式說明：
..........
① ProjectResource 類別的作用是與外部進行互動，主要方法有 REST 的
  GET 方法。該程式包括 3 個 GET 方法。
② ProjectResource 類別的 recommendations 方法是逾時策略的入口。
  recommendations 方法會呼叫 randomDelay 方法，執行人為設定的隨
  機逾時操作。

下面用程式執行過程圖來解釋一下，Quarkus 逾時和回復的程式執行過程
如圖 8-5 所示。

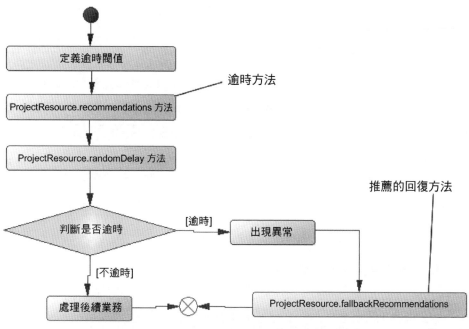

▲ 圖 8-5　Quarkus 逾時和回復的程式執行過程

呼叫的方法是 public List<Project> recommendations(@PathParam("id") int
id)，在該方法上有 4 個註釋，其中有兩個表示的意思分別如下。

① @Timeout(250)：表示可以等待 250ms，如果逾時，將呼叫逾時處理
　　機制。

② @Fallback(fallbackMethod = "fallbackRecommendations")：表 示 如 果
　　出現異常（如拋出異常等），將呼叫 fallbackRecommendations 方法來
　　回應外部回應。

首先是呼叫逾時方法，逾時是由隨機數確定的。若隨機數大於 250，則
出現異常，然後執行回復方法（@Fallback(fallbackMethod = "fallback

Recommendations")），直接傳回除當前 id 的所有記錄。若隨機數小於或等於 250，則直接傳回含有當前 id 的所有記錄。

筆者在刷新頁面的過程中，基本上這兩種情況出現的機率都是 50%。

下面介紹 Quarkus 逾時和回復的驗證過程。

首先在命令列視窗中輸入命令 curl http://localhost:8080/projects/2/recommendations，或直接在瀏覽器中開啟 http://localhost:8080/projects/2/recommendations 頁面。然後反覆刷新頁面，結果介面顯示的是：

```
[{"description":"關於專案 A 的情況描述 ","id":1,"name":" 專案
A"},{"description":"關於專案 C 的情況描述 ","id":3,"name":" 專案 C"}]
```

或是：

```
[{"description":"關於專案 B 的情況描述 ","id":2,"name":" 專案 B"}]
```

這時候，日誌監控介面如圖 8-6 所示。

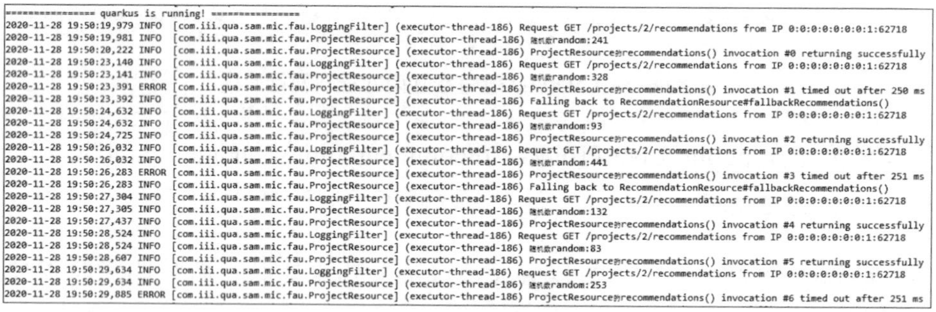

▲ 圖 8-6 日誌監控介面

具體處理過程中可執行以下操作。

■ 在瀏覽器中開啟 http://localhost:8080/projects/recommendations/2 頁面，應該會看到文字內容 "[{"description":" 關於專案 A 的情況描述 ","id":1,"name":" 專案 A"},{"description":" 關於專案 C 的情況描述

","id":3,"name":" 專案 C"}]" 或 "[{"description":" 關於專案 B 的情況描述 ","id":2,"name":" 專案 B"}]" 被傳回。

■ 反覆刷新頁面，傳回以上兩種文字內容之一，出現的次數大致各佔一半。

## 8.2.5 Quarkus 熔斷器的實現和驗證

用 IDE 工具開啟 com.iiit.quarkus.sample.microprofile.faulttolerance.Project Resource 類別檔案，關於熔斷器主題的方法有 3 個，分別是 availability、getAvailability 和 maybeFail 方法，其程式如下：

```
@Path("/projects")
@ApplicationScoped
@Produces(MediaType.APPLICATION_JSON)
@Consumes(MediaType.APPLICATION_JSON)
public class ProjectResource {

// 省略部分程式

    //********Quarkus 熔斷器的實現 *******
    @GET
    @Path("/availability/{id}")
    public Response availability(@PathParam("id") int id) {
        final Long invocationNumber = counter.getAndIncrement();
        try {
            String  availability = getAvailability(id);
            LOGGER.infof("ProjectResource 的 availability 方法呼叫 #%d
returning successfully",    invocationNumber);
            return Response.ok(availability).build();
        } catch (RuntimeException e) {
            String message = e.getClass().getSimpleName() + ": "+ e.
getMessage();
            LOGGER.errorf("ProjectResource 的 availability 方法呼叫 #%d
failed: %s", invocationNumber, message);
            return Response.status(Response.Status.INTERNAL_SERVER_
ERROR). entity(message).build();
```

```
        }
    }

    @CircuitBreaker(requestVolumeThreshold = 4)
    private String getAvailability(int id) {
        maybeFail();
        Project project = service.getProjectById(id);
        if (project == null) {
            return "沒有找到對應的專案！";
        }
        return "專案名稱："+project.name +"，專案描述：" + project.
description;
    }

    //引入一些人為的故障
    private void maybeFail() {
        final Long invocationNumber = circuitBreakerCounter.
getAndIncrement();
        if (invocationNumber % 4 > 1) {
            //2次成功呼叫和2次失敗呼叫交替出現
            LOGGER.errorf("Invocation #%d failing", invocationNumber);
            throw new RuntimeException("Service failed.");
        }
        LOGGER.infof("Invocation #%d OK", invocationNumber);
    }
}
```

程式說明：
...........

① ProjectResource 類別的作用是與外部進行互動，主要方法是 REST 的 GET 方法。該程式包括 3 個 GET 方法。

② ProjectResource 類別的 availability 方法是熔斷器策略的入口。getAvailability 方法會呼叫 maybeFail 方法，執行人為設定的隨機異常操作。

下面用程式執行過程圖來解釋一下，Quarkus 熔斷器的程式執行過程如圖 8-7 所示。

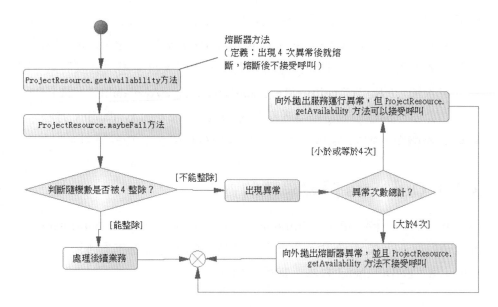

▲ 圖 8-7　Quarkus 熔斷器的程式執行過程

呼叫的方法是 public Response availability(@PathParam("id") int id)，該方法呼叫了 getAvailability(int id) 方法，其中包含註釋 @CircuitBreaker(requestVolumeThreshold = 4)，表示呼叫熔斷器的次數是 4 次。

下面介紹 Quarkus 熔斷器的驗證過程。

首先在命令列視窗中輸入命令 curl http://localhost:8080/projects/2/availability，或直接在瀏覽器中開啟 http://localhost:8080/projects/2/availability 頁面。

然後進行測試，執行以下操作。

- 在瀏覽器中開啟 http://localhost:8080/projects/availability/2 頁面，應該會看到文字內容「專案名稱：專案 B, 專案描述：關於專案 B 的情況描述」被傳回。
- 刷新頁面，第二個請求成功並返迴文字內容「專案名稱：專案 B, 專案描述：關於專案 B 的情況描述」。

■ 再刷新頁面兩次，這兩次都應該能看到 "RuntimeException:Service failed."，這是 ProjectResource 的 getAvailability 方法引發的異常提示。

■ 再刷新頁面幾次。除非等待的時間太長，否則應該會再次看到異常，因為這次顯示的是 "CircuitBreakerOpenException:getAvailability"。該異常表示熔斷器已開啟，並且不再呼叫 ProjectResource #getAvailability 方法。

■ 熔斷器關閉，經過 5s 後，應該能夠再次發出兩個成功的請求。

## 8.2.6 Quarkus 隔艙隔離的實現

用 IDE 工具開啟 com.iiit.quarkus.sample.microprofile.faulttolerance. ProjectResource 類別檔案，關於隔艙隔離主題的方法有兩個，分別是 bulkhead、getBulkhead 方法，其程式如下：

```
@GET
@Path("/bulkhead/{id}")
@Produces(MediaType.TEXT_PLAIN)
public String bulkhead(@PathParam("id") int id) {
      return getBulkhead(id);
   }


@Bulkhead(3)
private String getBulkhead(int id) {
   try {
       TimeUnit.SECONDS.sleep(2);
   } catch (InterruptedException e) {
       }
       Project project = service.getProjectById(id);
       if (project == null) {
           return "沒有找到對應的專案！";
       }
       return  "專案名稱："+project.name +", 專案描述：" + project.
description;
   }
```

程式說明：
..............

① 該程式指定對實例的最大併發呼叫數，值必須大於 0。

② getBulkhead 方法的 @Bulkhead(3) 註釋說明，等待任務佇列中有 3 個任務，這 3 個任務獨立執行。一個任務失敗並不影響其他任務。這樣，3 個獨立的併發任務實例有一個成功就能得到正確的結果。該設定僅對非同步呼叫有效。

# 8.3 本章小結

本章主要介紹了 Quarkus 在微服務容錯方面的開發、應用，從以下兩個部分進行講解。

第一： 介紹微服務容錯。

第二： 介紹在 Quarkus 框架上如何開發微服務容錯的應用。這些微服務容錯案例包括重試、逾時和回復、熔斷器、隔艙隔離等的實現和驗證，包含案例的原始程式、講解和驗證。

# Quarkus 監控和日誌

## 9.1　Quarkus 的健康監控

本節將示範 Quarkus 應用如何透過 SmallRye 擴充元件來使用 MicroProfile
執行狀況標準。MicroProfile 執行狀況標準允許應用向外部檢視器提供有
關其狀態的資訊。這點在雲端環境中非常有用，因為在雲端環境中，自
動化處理程序必須能夠確定應用是否應該被捨棄或重新啟動。

### 9.1.1　案例簡介

本案例介紹以 Quarkus 框架為基礎實現應用服務的執行健康狀況的監控功
能。Quarkus 透過 MicroProfile 標準和 SmallRye Mutiny 框架來擴充應用
服務執行健康狀況功能。透過閱讀和分析在 REST 端點實現健康狀態請求
和檢查等的案例程式，可以了解和掌握 Quarkus 框架執行健康狀況功能的
使用方法。

基礎知識：Eclipse MicroProfile Health 標準和 SmallRye Health 擴充元件。

Eclipse MicroProfile Health 標準分為兩部分：①一個健康檢查協定和 wire
格式；②實現健康檢查過程的 Java API。Eclipse MicroProfile Health 的
執行狀況檢查用於從另一台電腦探測計算節點的狀態，主要目標是雲基

礎設施環境,其中的自動化處理程序會維護計算節點的狀態。在此場景中,執行狀況檢查用於確定是否需要捨棄(終止、關閉)計算節點,並最終由另一個(正常)實例替換。

SmallRye Mutiny 框架實現了 Eclipse MicroProfile Health 標準,並直接公開了 3 個 REST 端點:① /health/live——應用已啟動並正在執行;② /health/ready——應用已準備好服務請求;③ /health——匯集應用中的所有健康檢查程式。所有 health REST 端點都會傳回一個帶有兩個欄位的簡單 JSON 物件:①狀態——所有健康檢查程式的整體結果;②檢查——單一檢查的陣列。健康檢查的一般狀態是透過所有已宣告的執行狀況檢查過程的邏輯「與」來計算的。

## 9.1.2 撰寫程式碼

撰寫程式碼有 3 種方式。第 1 種方式是透過程式 UI 來實現的,在 Quarkus 官網的生成內碼表面中按照指定步驟生成鷹架程式,然後下載檔案,將專案引入 IDE 工具中,最後修改程式原始碼。

第 2 種方式是透過 mvn 來建構程式,透過下面的命令建立 Maven 專案來實現:

```
mvn io.quarkus:quarkus-maven-plugin:1.11.1.Final:create ^
    -DprojectGroupId=com.iiit.quarkus.sample
    -DprojectArtifactId=071-quarkus- sample-microprofile-health ^
    -DclassName=com.iiit.quarkus.sample.microprofile.health.
ProjectResource
    -Dpath=/projects ^
    -Dextensions=resteasy-jsonb,quarkus-smallrye-health,quarkus-smallrye-
metrics
```

第 3 種方式是直接從 GitHub 上獲取程式,可以從 GitHub 上複製預先準備好的範例程式:

```
git clone https://******.com/rengang66/iiit.quarkus.sample.git(見連結 1)
```

該程式位於 "071-quarkus-sample-microprofile-health" 目錄中,是一個 Maven 專案程式。

在 IDE 工具中匯入 Maven 專案程式,在 pom.xml 的 <dependencies> 下有以下內容:

```
<dependency>
    <groupId>io.quarkus</groupId>
    <artifactId>quarkus-smallrye-health</artifactId>
</dependency>

<dependency>
    <groupId>io.quarkus</groupId>
    <artifactId>quarkus-smallrye-metrics</artifactId>
</dependency>
```

其中的 quarkus-smallrye-health 是 Quarkus 整合了 SmallRye 的健康監控實現,quarkus-smallrye-metrics 是 Quarkus 整合了 SmallRye 的健康指標輸出實現。

quarkus-sample-microprofile-health 程式的應用架構(如圖 9-1 所示)顯示,外部存取 ProjectResource 資源介面,ProjectResource 呼叫 ProjectService 服務。ProjectResource 和 ProjectService 提供健康監控服務。ProjectResource 資源依賴於遵循 Eclipse MicroProfile Health 標準的 SmallRye Mutiny 框架。

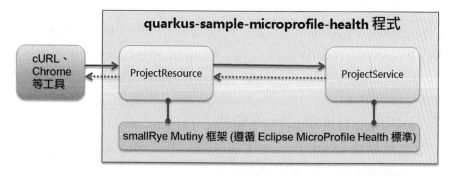

▲ 圖 9-1　quarkus-sample-microprofile-health 程式應用架構圖

quarkus-sample-microprofile-health 程式的設定檔和核心類別如表 9-1 所示。

表 9-1　quarkus-sample-microprofile-health 程式的設定檔和核心類別

| 名　稱 | 類　型 | 簡　介 |
|---|---|---|
| application.properties | 設定檔 | 基本設定資訊 |
| ProjectSimpleHealthCheck | 健康監測類別 | 檢查應用是否還執行著 |
| ProjectBusinessHealthCheck | 健康監測類別 | 檢查應用的某項應用是否還在運行 |
| ProjectDataHealthCheck | 健康監測類別 | 檢查應用是否還能提供資料服務 |
| PrimeNumberChecker | 測試擷取類 | 透過執行程式，獲取應用的執行時期狀態資料 |
| ProjectResource | 資源類別 | 提供 REST 外部 API，無特殊處理，在本節中將不做介紹 |
| ProjectService | 服務類別 | 主要提供資料服務，無特殊處理，在本節中將不做介紹 |
| Project | 實體類別 | POJO 物件，無特殊處理，在本節中將不做介紹 |

在該程式中，首先看看設定資訊的 application.properties 檔案：

```
business.up=true
database.up=true
```

這是兩個基本設定，用於後續驗證中的資料獲取情況。

下面分別説明 ProjectSimpleHealthCheck 類別、ProjectBusinessHealthCheck 類別、ProjectDataHealthCheck 類別、PrimeNumberChecker 類別的功能和作用。

## 1. ProjectSimpleHealthCheck 類別

用 IDE 工具開啟 com.iiit.quarkus.sample.microprofile.health.ProjectSimple HealthCheck 類別檔案，其程式如下：

```
@Liveness
@ApplicationScoped
public class ProjectSimpleHealthCheck implements HealthCheck {

    @Override
    public HealthCheckResponse call() {
        return HealthCheckResponse.up(" 簡單健康檢測 ");
    }
}
```

程式說明：

ProjectSimpleHealthCheck 類別實現了介面 HealthCheck，其 @Liveness 註釋表示可以透過存取路徑 "{$home}/health/live" 來進行活躍度檢查。所謂活躍度，就是該應用是否執行著。

## 2. ProjectBusinessHealthCheck 類別

用 IDE 工具開啟 com.iiit.quarkus.sample.microprofile.health.ProjectBusiness HealthCheck 類別檔案，其程式如下：

```
@Readiness
@ApplicationScoped
public class ProjectBusinessHealthCheck implements HealthCheck {

    @ConfigProperty(name = "business.up", defaultValue = "false")
    boolean businessUP;

    @Override
    public HealthCheckResponse call() {
        HealthCheckResponseBuilder responseBuilder = HealthCheckResponse.
named("Project 業務邏輯健康檢測 ");

        try {
            BusinessVerification();
            responseBuilder.up();
        } catch (IllegalStateException e) {
            responseBuilder.down().withData("error", e.getMessage());
```

```
        }
        return responseBuilder.build();
    }

    private void BusinessVerification() {
        if (!businessUP) {
            throw new IllegalStateException(" 警告，Project 業務邏輯有問
題！！");
        }
    }
}
```

程式說明：

ProjectBusinessHealthCheck 類別實現了介面 HealthCheck，其 @Readiness
註釋表示可以透過存取路徑 "{$home}/health/ready" 來進行準備就緒檢
查。所謂準備就緒，就是該應用的這項業務是否正常進行。

## 3. ProjectDataHealthCheck 類別

用 IDE 工 具 開 啟 com.iiit.quarkus.sample.microprofile.health.ProjectData
HealthCheck 類別檔案，其程式如下：

```
@Liveness
@Readiness
@ApplicationScoped
public class ProjectDataHealthCheck implements HealthCheck {

    @Inject
    ProjectService service;

    @Override
    public HealthCheckResponse call() {
        return HealthCheckResponse.named(" 資料存取健康檢測 ")
            .up()
            .withData(((Project)service.getProjectById(1)).name, (Project)
service.getProjectById(1)).description)
            .withData(((Project)service.getProjectById(2)).name, (Project)
```

```
service.getProjectById(1)).description)
        .build();
    }
}
```

程式說明：

① ProjectDataHealthCheck 類別實現了介面 HealthCheck，其 @Liveness 註釋表示可以透過存取路徑 "{$home}/health/live" 來進行活躍度檢查，其 @Readiness 註釋表示可以透過存取路徑 "{$home}/health/ready" 來進行準備就緒檢查。

② ProjectDataHealthCheck 類別的 call 方法做了活躍度檢查，接著又對業務資料邏輯做了檢測。

該程式動態執行的序列圖（如圖 9-2 所示，遵循 UML 2.0 標準繪製）描述了外部呼叫者 Actor、ProjectSimpleHealthCheck、ProjectBusinessHealthCheck 和 ProjectDataHealthCheck 等物件之間的時間順序互動關係。

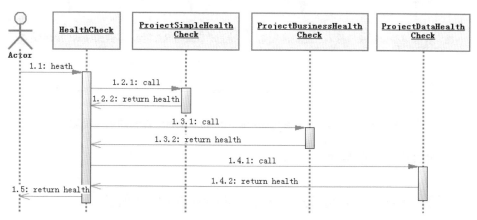

▲ 圖 9-2　quarkus-sample-microprofile-health 程式動態執行的序列圖

該序列圖中總共有一個序列，介紹如下。

序列 1 活動：① 外部 Actor 呼叫應用健康監控物件的 heath 方法；② 程式健康監控物件的 heath 方法向 ProjectSimpleHealthCheck 物件呼

叫 call 方法並獲取健康資訊；③ 程式健康監控物件的 heath 方法向
ProjectBusinessHealthCheck 物件呼叫 call 方法並獲取健康資訊；④ 程式
健康監控物件的 heath 方法向 ProjectDataHealthCheck 物件呼叫 call 方法
並獲取健康資訊；⑤ 健康監控物件傳回 health 資訊給外部 Actor。

也可以分別呼叫各個監控物件，其序列圖基本相似，在此就不再重複講
解了。

## 9.1.3 驗證程式

透過下列幾個步驟（如圖 9-3 所示）來驗證案例程式。

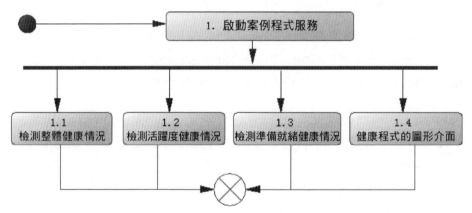

▲ 圖 9-3　quarkus-sample-microprofile-health 程式驗證流程圖

下面對其中相關的關鍵點說明。

### 1. 啟動 quarkus-sample-microprofile-health 程式服務

啟動程式有兩種方式，第 1 種是在開發工具（如 Eclipse）中呼叫
ProjectMain 類別的 run 命令，第 2 種是在程式目錄下直接執行命令 mvnw
compile quarkus:dev。

## 2. 檢測程式的整體健康情況

在命令列視窗中輸入以下命令：

```
curl http://localhost:8080/health/
```

結果是顯示如圖 9-4 所示的介面。

▲ 圖 9-4　quarkus-sample-microprofile-health 程式整體健康情況圖

也可以在瀏覽器中輸入 http://localhost:8080/health/，顯示的結果也是如圖 9-4 所示的介面。

圖 9-4 顯示了整個應用的狀態是 UP，即正常的。下面列出該程式下的所有類別的狀況。

## 3. 檢測程式的活躍度健康情況

在命令列視窗中輸入命令 curl http://localhost:8080/health/live，或在瀏覽器中輸入 http://localhost:8080/health/live，顯示如圖 9-5 所示的介面。

▲ 圖 9-5　quarkus-sample-microprofile-health 程式活躍度健康情況圖

圖 9-5 顯示了應用定義的兩個為 @Liveness 註釋監控的業務類別都在列表中輸出。

## 4. 檢測程式的準備就緒健康情況

在命令列視窗中輸入命令 curl http://localhost:8080/health/ready，或在瀏覽器中輸入 http://localhost:8080/health/ready，顯示如圖 9-6 所示的介面。

▲ 圖 9-6　quarkus-sample-microprofile-health 程式準備就緒健康情況圖

圖 9-6 顯示了應用定義的兩個為 @Readiness 註釋監控的業務類別都在列表中輸出。

### 5. 健康程式的圖形介面

在瀏覽器中輸入 http://localhost:8080/health/ready，進入如圖 9-7 所示的 Health UI 介面。

▲ 圖 9-7　Quarkus 的 Health UI 介面

在該介面中可以了解各個類別的健康情況。

# 9.2　Quarkus 的監控度量

## 9.2.1　案例簡介

本案例介紹以 Quarkus 框架為基礎實現了解應用服務的執行度量狀況的功能。Quarkus 整合的框架為 SmallRye Mutiny 框架和 MicroProfile 框架（MicroProfile 標準的實現）。透過閱讀和分析在 REST 端點實現執行狀況度量等的案例程式，可以了解和掌握 Quarkus 框架的執行狀況度量功能的使用方法。MicroProfile 度量標準是 Quarkus 監控度量的推薦方法。當需要保留 MicroProfile 標準相容性時，可使用 MicroProfile 度量擴充元件。

**基礎知識**：Eclipse MicroProfile Metrics 標準和 SmallRye Metrics 擴充元件。

需要簡單了解一下 MicroProfile 度量標準和 SmallRye Metrics 擴充元件的使用方法。MicroProfile 度量標準旨在為 MicroProfile 伺服器提供一種將監控資料匯出到管理代理的統一方法，並提供一個統一的 Java API，所有應用都可以使用該 API 公開其遙測資料。MicroProfile 度量允許應用收集各種度量和統計資訊，以便深入了解應用內部發生的事情。這些指標可以使用 JSON 格式或 OpenMetrics 格式遠端讀取，這樣就可以匯入其他工具（比如 Prometheus）來處理這些指標，並將其儲存起來進行分析和視覺化。除了本節中描述的特定於應用的度量外，還可以使用由各種 Quarkus 擴充元件公開的內建度量。

## 9.2.2 撰寫程式碼

本案例程式採用 "071-quarkus-sample-microprofile-health" 目錄中的程式。

quarkus-sample-microprofile-health 中的 Checker 程式引入了 Quarkus 的兩項 REST 和擴充元件，還引入了使用回應性擴充的依賴元件，在 pom.xml 的 <dependencies> 下有以下內容：

```
<dependency>
    <groupId>io.quarkus</groupId>
    <artifactId>quarkus-smallrye-metrics</artifactId>
</dependency>
```

其中的 quarkus-smallrye-metrics 是 Quarkus 整合了 SmallRye 的監控度量實現。

Checker 程式的核心類別如表 9-2 所示。

表 9-2　Checker 程式的核心類別

| 名　稱 | 類　型 | 簡　介 |
|---|---|---|
| PrimeNumberChecker | 資源類別 | 提供 REST 外部 API，無特殊處理，在本節中將不做介紹 |

下面主要介紹 PrimeNumberChecker 類別的功能和作用。

用 IDE 工具開啟 com.iiit.quarkus.sample.microprofile.metrics.PrimeNumber Checker 類別檔案，其程式如下：

```
@Path("/metric")
public class PrimeNumberChecker {
    private long highestPrimeNumberSoFar = 2;

    @GET
    @Path("/{number}")
    @Produces("text/plain")
    @Counted(name = "performedChecks", description = "How many primality
checks have been performed.")
    @Timed(name = "checksTimer", description = "A measure how long it
takes to perform the primality test.", unit = MetricUnits.MILLISECONDS)
    public String checkIfPrime(@PathParam("number") long number) {
        if (number < 1) { return "Only natural numbers can be prime
numbers."; }
        if (number == 1) {return "1 is not prime."; }
        if (number == 2) { return "2 is prime.";}
        if (number % 2 == 0) { return number + " is not prime, it is
divisible by 2."; }
        for (int i = 3; i < Math.floor(Math.sqrt(number)) + 1; i = i + 2) {
            if (number % i == 0) {
                return number + " is not prime, is divisible by " + i + ".";
            }
        }
        if (number > highestPrimeNumberSoFar) { highestPrimeNumberSoFar =
number; }
        return number + " is prime.";
    }

    @Gauge(name = "highestPrimeNumberSoFar", unit = MetricUnits.NONE,
description = "Highest prime number so far.")
    public Long highestPrimeNumberSoFar() {
        return highestPrimeNumberSoFar;
    }
}
```

程式說明：

① PrimeNumberChecker 類別用於生成監控度量資料。透過多次輸入不同的數字，可以形成一系列監控資料，可以在後台輸出整個監控度量資料的整理資訊。

② @Counted(name = "performedChecks") 是一個攔截器綁定註釋，計算所命名物件檢查的次數。

③ @Timed(name = "checksTimer") 用於衡量要素測試所用的時間，所有持續時間均以 ms 為單位。

④ @Gauge(name = "highestPrimeNumberSoFar") 用於儲存使用者詢問的、確定為質數的最大數。

## 9.2.3 驗證程式

透過下列幾個步驟（如圖 9-8 所示）來驗證案例程式。

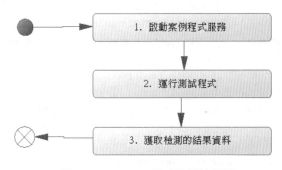

▲ 圖 9-8　Checker 程式驗證流程圖

下面對其中相關的關鍵點說明。

### 1. 啟動 quarkus-sample-microprofile-health 程式服務

啟動程式有兩種方式，第 1 種是在開發工具（如 Eclipse）中呼叫 ProjectMain 類別的 run 命令，第 2 種是在程式目錄下直接執行命令 mvnw compile quarkus:dev。

## 2. 執行測試程式，獲取檢測資料

在命令列視窗中輸入命令 curl http://localhost:8080/metric/77，多執行幾次
該命令。

## 3. 獲取檢測的結果資料

然後執行命令 curl -H"Accept: application/json" localhost:8080/metrics/
application，結果介面如圖 9-9 所示。

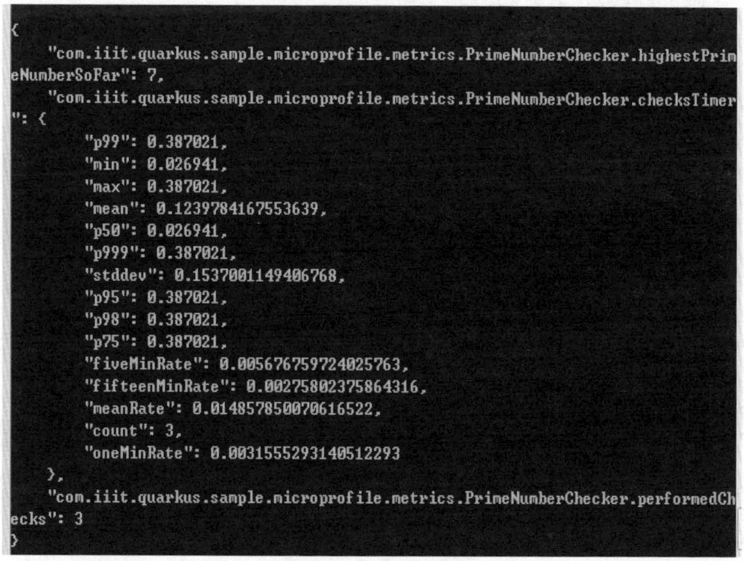

▲ 圖 9-9　結果介面

其內容如下：

```
{
    "com.iiit.quarkus.sample.microprofile.metrics.PrimeNumberChecker.
highestPrimeNumberSoFar": 7,
    "com.iiit.quarkus.sample.microprofile.metrics.PrimeNumberChecker.
checksTimer
": {
        "p99": 0.387021,
        "min": 0.026941,
```

```
        "max": 0.387021,
        "mean": 0.1239784167553639,
        "p50": 0.026941,
        "p999": 0.387021,
        "stddev": 0.1537001149406768,
        "p95": 0.387021,
        "p98": 0.387021,
        "p75": 0.387021,
        "fiveMinRate": 0.005676759724025763,
        "fifteenMinRate": 0.00275802375864316,
        "meanRate": 0.014857850070616522,
        "count": 3,
        "oneMinRate": 0.0031555293140512293
    },
    "com.iiit.quarkus.sample.microprofile.metrics.PrimeNumberChecker.
performedChecks": 3
}
```

下面是以上變數的解釋和說明。

① highestPrimerNumberSoFar：這是一個度量工具，用於儲存使用者詢問的、確定為質數的最大數。

② checksTimer：這是一個計時器，也是一個複合指標，用來衡量所列對象素性測試所用的時間。所有持續時間均以 ms 為單位。它由以下值組成：

- min：執行素性測試所用的最短時間，可能是針對少數人進行的。
- max：最長的持續時間，可能是因為有一個大質數。
- mean：測量持續時間的平均值。
- stddev：標準差。
- count：觀察值的數量（count 與 performedChecks 的值相同）。
- p50、p75、p95、p99、p999：持續時間的百分位數。舉例來說，p95 中的值表示 95% 的測量值比這個持續時間短。
- meanRate、oneMinRate、fiveMinRate、fifteenMinRate：平均輸送量和 1 分鐘、5 分鐘和 15 分鐘的指數加權移動平均輸送量。

③ performedChecks：一種計數器，每當使用者詢問某個數字時，它就增加 1。

# **9.3** Quarkus 的呼叫鏈日誌

## **9.3.1** 案例簡介

本案例介紹以 Quarkus 框架為基礎實現分散式追蹤功能。Quarkus 整合的框架為遵循 OpenTracing 標準的 Jaeger 框架，透過閱讀和分析在 REST 端點實現分散式追蹤等的案例程式，可以了解和掌握 Quarkus 框架的分散式追蹤功能的使用方法。

**基礎知識**：Google Dapper 論文、OpenTracing 標準和 Jaeger 實現框架。

### **1.** Google Dapper 論文

Google Dapper 是 Google 公司為廣泛使用分散式叢集、應對自身大規模的複雜叢集環境而研發的一套分散式追蹤系統。其相關論文 *Dapper, a Large-Scale Distributed Systems Tracing Infrastructure* 也成為當前分散式追蹤系統的理論基礎。分散式追蹤是針對伺服器上的每一次發送和接收動作來收集和記錄追蹤識別符號（Message Identifier）和時間戳記（Timestamped）等相關資訊。

以這個系統為基礎，Google 公司在該論文中提出了以下重要概念。

（1）以標注（Annotation-Based）為基礎，又叫植入點或埋點
在應用或中介軟體中明確定義了一個全域標注（Annotation），這是一個特殊 ID，透過這個 ID 可連接每一筆記錄和發起者的請求。Dapper 系統能夠以對應用程式開發者來說近乎零侵入的成本，對分散式控制路徑進行追蹤。當一個執行緒在處理追蹤控制路徑時，Dapper 把這次追蹤的上

下文儲存在 ThreadLocal 中。追蹤上下文是一個小且容易複製的容器，其中承載了追蹤的屬性，比如 trace ID 和 span ID。計算過程是延遲呼叫或非同步進行的。Dapper 確保所有這樣的呼叫可以儲存這次追蹤的上下文，而當回呼函數被觸發時，這次追蹤的上下文會與適當的執行緒連結。在這種方式下，Dapper 可以使用 trace ID 和 span ID 來輔助建構非同步呼叫的路徑。

（2）追蹤樹和 span 物件

在 Dapper 追蹤樹結構中，樹節點是整個架構的基本單元，而每一個節點又是對 span 的引用。節點之間的連線表示 span 和它的父 span 之間的關係。透過簡單的 parentId 和 spanId 就可以有序地把所有關係串聯起來，達到記錄業務串流的作用。

## 2. OpenTracing 標準

OpenTracing 標準（架構如圖 9-10 所示）是一套分散式追蹤協定，與平台、語言無關，統一介面，方便開發、連線不同的分散式追蹤標準。OpenTracing 標準透過提供平台無關、廠商無關的 API，使得開發者能夠方便地增加（或更換）追蹤系統的實現。OpenTracing 標準正在為全球的分散式追蹤系統提供統一的概念和資料標準。

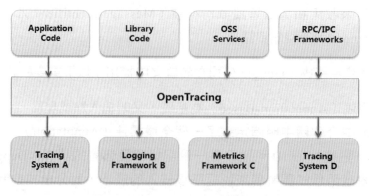

▲ 圖 9-10　OpenTracing 標準的架構圖

OpenTracing 標準定義了 Trace、Span、SpanContext、Propagation 等多種
概念及其對應的操作。OpenTracing 標準支援多種語言，提供不同語言的
API。開發者可在自己的應用中執行鏈路記錄。

## 3. Jaeger 實現框架

Jaeger 是 Uber 開發的一套分散式追蹤系統，受到了 Dapper 和 OpenZipkin
的啟發，相容 OpenTracing 標準，是歸屬於 CNCF 的開放原始碼專案。
Jaeger 系統框架圖如圖 9-11 所示。

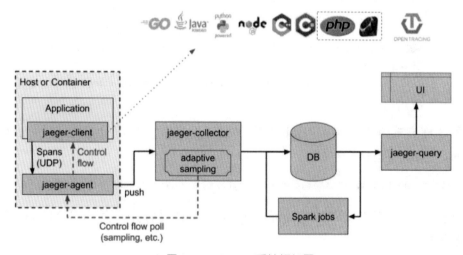

▲ 圖 9-11　Jaeger 系統框架圖

Jaeger 系統框架（如圖 9-11 所示）由以下元件組成。① jaeger-client 是
Jaeger 的用戶端，為不同語言實現了符合 OpenTracing 標準的 SDK。
② jaeger-agent 是一個監聽 UDP 通訊埠和接收 span 資料的網路守護處理
程序，其暫存 Jaeger 用戶端發來的 Span，並批次地向 Jaeger Collector 發
送 Span，一般每台機器上都會部署一個 jaeger-agent。③ jaeger-collector
接收 jaeger-agent 發來的資料，並將其寫入儲存後端。④ DB 儲存元件是
一個可抽換的後端儲存元件，目前支援採用 Cassandra 和 Elasticsearch 作
為儲存後端。⑤ jaeger-query & jaeger-ui 功能用於讀取儲存後端中的資
料，並以直觀的形式呈現。

## 9.3.2 撰寫程式碼

撰寫程式碼有 3 種方式。第 1 種方式是透過程式 UI 來實現的，在 Quarkus 官網的生成內碼表面中按照指定步驟生成鷹架程式，然後下載檔案，將專案引入 IDE 工具中，最後修改程式原始碼。

第 2 種方式是透過 mvn 來建構程式，透過下面的命令建立 Maven 專案來實現：

```
mvn io.quarkus:quarkus-maven-plugin:1.11.1.Final:create ^
    -DprojectGroupId=com.iiit.quarkus.sample
    -DprojectArtifactId=073-quarkus- sample-opentracing ^
    -DclassName=com.iiit.quarkus.sample.opentracing.ProjectResource
    -Dpath= /projects ^
    -Dextensions=resteasy-jsonb,quarkus-smallrye-opentracing,quarkus-
rest-client
```

第 3 種方式是直接從 GitHub 上獲取程式，可以從 GitHub 上複製預先準備好的範例程式：

```
git clone https://******.com/rengang66/iiit.quarkus.sample.git（見連結 1）
```

該程式位於 "073-quarkus-sample-opentracing" 目錄中，是一個 Maven 專案程式。

在 IDE 工具中匯入 Maven 專案程式，在 pom.xml 的 <dependencies> 下有以下內容：

```
<dependency>
    <groupId>io.quarkus</groupId>
    <artifactId>quarkus-smallrye-opentracing</artifactId>
</dependency>
```

其中的 quarkus-smallrye-opentracing 是 Quarkus 整合了 SmallRye 的 Open Tracing 實現。

quarkus-sample-opentracing 程式的應用架構（如圖 9-12 所示）顯示，外

部存取 ProjectResource 資源介面，ProjectResource 呼叫 ProjectService 服務。ProjectResource 和 ProjectService 提供分散式日誌監控服務。ProjectResource 資源依賴於遵循 OpenTracing 標準的 Jaeger 框架。

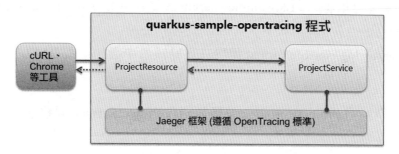

▲ 圖 9-12　quarkus-sample-opentracing 程式應用架構圖

quarkus-sample-opentracing 程式的設定檔和核心類別如表 9-3 所示。

表 9-3　quarkus-sample-opentracing 程式的設定檔和核心類別

| 名　稱 | 類　型 | 簡　介 |
|---|---|---|
| application.properties | 設定檔 | 定義分散式追蹤的設定資訊和輸出格式 |
| ProjectResource | 資源類別 | 提供 REST 外部 API，在本節中進行了追蹤設定 |
| ProjectService | 服務類別 | 主要提供資料服務，在本節中進行了追蹤設定 |
| Project | 實體類別 | POJO 物件，無特殊處理，在本節中將不做介紹 |

在該程式中，首先看看設定資訊的 application.properties 檔案：

```
quarkus.jaeger.service-name=myservice
quarkus.jaeger.sampler-type=const
quarkus.jaeger.sampler-param=1
quarkus.log.console.format=%d{HH:mm:ss} %-5p traceId=%X{traceId}, spanId=
%X{spanId}, sampled=%X{sampled} [%c{2.}] (%t) %s%e%n
```

程式說明：

① 如果 quarkus.jaeger.service-name（或 JAEGER_SERVICE_ NAME 環境變數）未提供屬性，則將設定 noop 追蹤器，將導致不會向後端報告追蹤資料。

② quarkus.jaeger.sampler-type 用於設定一個取樣器，使用恆定的取樣策略。

③ quarkus.jaeger.sampler-param 用於抽樣所有請求。如果不希望對所有請求進行取樣，可將 sampler param 設定為 0 和 1 之間的某個值，例如 0.50。

④ quarkus.log.console.format 用於在日誌訊息中增加追蹤 ID 的內容及格式。

下面分別說明 ProjectResource 資源類別和 ProjectService 服務類別的功能和作用。

## 1. ProjectResource 資源類別

用 IDE 工具開啟 com.iiit.quarkus.sample.opentracing.ProjectResource 類別檔案，其程式如下：

```
@Path("/projects")
@ApplicationScoped
@Produces(MediaType.APPLICATION_JSON)
@Consumes(MediaType.APPLICATION_JSON)
@Traced
public class ProjectResource {
    private static final Logger LOGGER = Logger.getLogger(ProjectResource.
class);
    @Inject    ProjectService service;

    // 省略部分程式

}
```

程式說明：

ProjectResource 類別的 @Traced 註釋表示該類別要納入分散式監控的日誌記錄範圍。

## 2. ProjectService 服務類別

ProjectService 服務類別的程式如下：

```
@Traced
@ApplicationScoped
public class ProjectService {
    private static final Logger LOGGER = Logger.getLogger(ProjectService.
class);

    // 省略部分程式
}
```

程式說明：

ProjectService 類別的 @Traced 註釋表示該類別要納入分散式監控的日誌記錄範圍。

該程式動態執行的序列圖（如圖 9-13 所示，遵循 UML 2.0 標準繪製）描述了外部呼叫者 Actor 與 ProjectResource、ProjectService 和 Traced 等物件之間的時間順序互動關係。

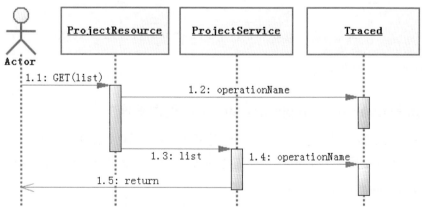

▲ 圖 9-13　quarkus-sample-opentracing 程式動態執行的序列圖

該序列圖中總共有一個序列，介紹如下。

序列 1 活動：① 外部呼叫 ProjectResource 資源物件的 GET(list) 方法；② ProjectResource 資源類別的切面會呼叫 Traced 物件的 operationName 方法，記錄這次呼叫日誌；③ ProjectResource 資源物件的 GET(list) 方法呼叫 ProjectService 類別的 getAllProject 方法；④ ProjectService 服務物件的切面會呼叫 Traced 物件的 operationName 方法，記錄這次呼叫日誌；⑤ 傳回整個 Project 列表。

## 9.3.3 驗證程式

透過下列幾個步驟（如圖 9-14 所示）來驗證案例程式。

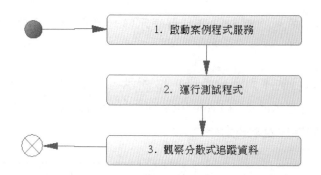

▲ 圖 9-14　quarkus-sample-opentracing 程式驗證流程圖

下面對其中相關的關鍵點說明。

### 1. 啟動 quarkus-sample-opentracing 程式服務

啟動程式有兩種方式，第 1 種是在開發工具（如 Eclipse）中呼叫 ProjectMain 類別的 run 方法，第 2 種是在程式目錄下直接執行命令 mvnw compile quarkus:dev。

### 2. 執行測試程式，觀察日誌資訊

在命令列視窗中輸入命令 curl http://localhost:8080/projects，接著在命令列視窗中輸入命令 curl http://localhost:8080/projects/2。

這時，在監控日誌裡就會出現如圖 9-15 所示的分散式日誌記錄介面。

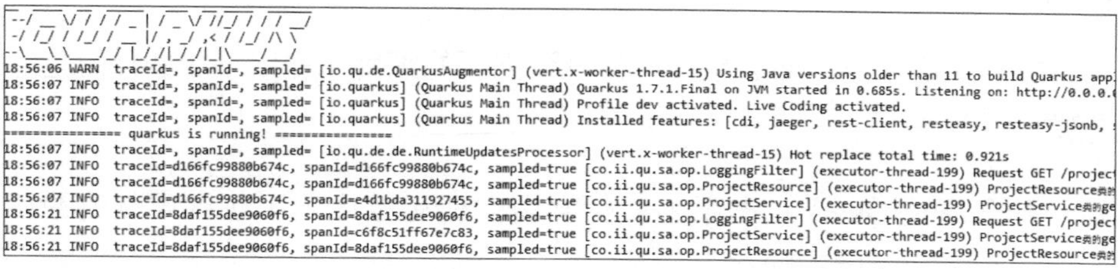

```
18:56:06 WARN  traceId=, spanId=, sampled= [io.qu.de.QuarkusAugmentor] (vert.x-worker-thread-15) Using Java versions older than 11 to build Quarkus app.
18:56:07 INFO  traceId=, spanId=, sampled= [io.quarkus] (Quarkus Main Thread) Quarkus 1.7.1.Final on JVM started in 0.685s. Listening on: http://0.0.0.0
18:56:07 INFO  traceId=, spanId=, sampled= [io.quarkus] (Quarkus Main Thread) Profile dev activated. Live Coding activated.
18:56:07 INFO  traceId=, spanId=, sampled= [io.quarkus] (Quarkus Main Thread) Installed features: [cdi, jaeger, rest-client, resteasy, resteasy-jsonb,
=============== quarkus is running! ===============
18:56:07 INFO  traceId=, spanId=, sampled= [io.qu.de.de.RuntimeUpdatesProcessor] (vert.x-worker-thread-15) Hot replace total time: 0.921s
18:56:07 INFO  traceId=d166fc99880b674c, spanId=d166fc99880b674c, sampled=true [co.ii.qu.sa.op.LoggingFilter] (executor-thread-199) Request GET /project
18:56:07 INFO  traceId=d166fc99880b674c, spanId=d166fc99880b674c, sampled=true [co.ii.qu.sa.op.ProjectResource] (executor-thread-199) ProjectResource
18:56:07 INFO  traceId=d166fc99880b674c, spanId=e4d1bda311927455, sampled=true [co.ii.qu.sa.op.ProjectService] (executor-thread-199) ProjectService類別的ge
18:56:21 INFO  traceId=8daf155dee9060f6, spanId=8daf155dee9060f6, sampled=true [co.ii.qu.sa.op.LoggingFilter] (executor-thread-199) Request GET /project
18:56:21 INFO  traceId=8daf155dee9060f6, spanId=c6f8c51ff67e7c83, sampled=true [co.ii.qu.sa.op.ProjectService] (executor-thread-199) ProjectService類別的ge
18:56:21 INFO  traceId=8daf155dee9060f6, spanId=8daf155dee9060f6, sampled=true [co.ii.qu.sa.op.ProjectResource] (executor-thread-199) ProjectResource類別的
```

▲ 圖 9-15　監控日誌中的分散式日誌記錄介面

其日誌記錄如下：

```
18:56:07 INFO  traceId=, spanId=, sampled= [io.qu.de.de.RuntimeUpdates
Processor] (vert.x-worker-thread-15) Hot replace total time: 0.921s
18:56:07 INFO  traceId=d166fc99880b674c, spanId=d166fc99880b674c,
sampled=true [co.ii.qu.sa.op.LoggingFilter] (executor-thread-199) Request
GET /projects from IP 0:0:0:0:0:0:0:1:58260
18:56:07 INFO  traceId=d166fc99880b674c, spanId=d166fc99880b674c,
sampled=true [co.ii.qu.sa.op.ProjectResource] (executor-thread-199)
ProjectResource 類別的 list() 生產的日誌
18:56:07 INFO  traceId=d166fc99880b674c, spanId=e4d1bda311927455,
sampled=true [co.ii.qu.sa.op.ProjectService] (executor-thread-199)
ProjectService 類別的 get() 生產的日誌
18:56:21 INFO  traceId=8daf155dee9060f6, spanId=8daf155dee9060f6,
sampled=true [co.ii.qu.sa.op.LoggingFilter] (executor-thread-199) Request
GET /projects/2 from IP 0:0:0:0:0:0:0:1:58269
18:56:21 INFO  traceId=8daf155dee9060f6, spanId=c6f8c51ff67e7c83,
sampled=true [co.ii.qu.sa.op.ProjectService] (executor-thread-199)
ProjectService 類別的 get() 生產的日誌
18:56:21 INFO  traceId=8daf155dee9060f6, spanId=8daf155dee9060f6,
sampled=true [co.ii.qu.sa.op.ProjectResource] (executor-thread-199)
ProjectResource 類別的 get() 生產的日誌
```

説明：每執行 1 次，產生 3 個日誌記錄，分別由 co.ii.qu.sa.op.LoggingFilter
（這是簡寫）、co.ii.qu.sa.op.ProjectResource 和 co.ii.qu.sa.op.ProjectService
產生。在這些日誌記錄中，雖然 spanId 不同，但是 traceId 是相同的。

# 9.4 本章小結

本章主要介紹了 Quarkus 在監控和日誌方面的應用，從以下 3 個部分進行講解。

第一： 介紹在 Quarkus 框架上如何開發健康監控應用，包含案例的原始程式、講解和驗證。

第二： 介紹在 Quarkus 框架上如何實現監控度量功能，包含案例的原始程式、講解和驗證。

第三： 介紹在 Quarkus 框架上如何開發呼叫鏈日誌應用，包含案例的原始程式、講解和驗證。

# 整合 Spring 到 Quarkus 中

## 10.1 整合 Spring 的 DI 功能

### 10.1.1 案例簡介

本案例介紹以 Quarkus 框架實現整合 Spring 框架為基礎的 DI（依賴注入）功能。Quarkus 以 Spring DI 擴充的形式為 Spring 依賴注入提供了一個相容層。透過閱讀和分析 Quarkus 整合 Spring 框架的設定、服務和資源等的案例程式，可以了解和掌握 Quarkus 整合 Spring 框架的 DI 功能的使用方法。

**基礎知識**：Spring 框架的 DI（依賴注入）相關知識。

Spring 框架的依賴注入（DI）模組是 Spring 的核心模組，其作用是降低 Bean 之間的耦合依賴關係，其實現方式就是在 Spring 框架的設定檔或註釋中定義 Bean 之間的關係，其依賴注入可以分為 3 種方式：建構元注入、setter 注入、介面注入。

## 10.1.2 撰寫程式碼

撰寫程式碼有 3 種方式。第 1 種方式是透過程式 UI 來實現的，在 Quarkus 官網的生成內碼表面中按照指定步驟生成鷹架程式，然後下載檔案，將專案引入 IDE 工具中，最後修改程式原始碼。

第 2 種方式是透過 mvn 來建構程式，透過下面的命令建立 Maven 專案來實現：

```
mvn io.quarkus:quarkus-maven-plugin:1.11.1.Final:create ^
    -DprojectGroupId=com.iiit.quarkus.sample
    -DprojectArtifactId=100-quarkus- sample-integrate-spring-di ^
    -DclassName=com.iiit.quarkus.sample.integrate.spring.
di.ProjectResource
    -Dpath=/projects ^
    -Dextensions=resteasy-jsonb,quarkus-spring-di
```

第 3 種方式是直接從 GitHub 上獲取程式，可以從 GitHub 上複製預先準備好的範例程式：

```
git clone https://******.com/rengang66/iiit.quarkus.sample.git（見連結 1）
```

該程式位於 "100-quarkus-sample-integrate-spring-di" 目錄中，是一個 Maven 專案程式。

在 IDE 工具中匯入 Maven 專案程式，在 pom.xml 的 <dependencies> 下有以下內容：

```
<dependency>
    <groupId>io.quarkus</groupId>
    <artifactId>quarkus-spring-di</artifactId>
</dependency>
```

其中的 quarkus-spring-di 是 Quarkus 整合了 Spring 框架的 DI 實現。

quarkus-sample-integrate-spring-di 程式的應用架構（如圖 10-1 所示）顯示，外部存取 ProjectResource 資源介面，ProjectResource 呼叫 ProjectService 服

務，ProjectService 服務則呼叫由 Spring 框架的依賴注入形成的元件服務，
包括 ProjectConfiguration、ProjectStateFunction 和 MessageBuilder 等。

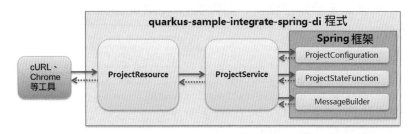

▲ 圖 10-1　quarkus-sample-integrate-spring-di 程式應用架構圖

quarkus-sample-integrate-spring-di 程式的核心類別如表 10-1 所示。

表 10-1　quarkus-sample-integrate-spring-di 程式的核心類別

| 名　稱 | 類　型 | 簡　介 |
|---|---|---|
| ProjectConfiguration | 設定類 | 以 Spring 框架模式為基礎提供設定功能 |
| ProjectFunction | 介面類別 | 以 Spring 框架模式為基礎提供介面 |
| ProjectStateFunction | 元件類 | 以 Spring 框架模式為基礎提供元件實現介面 |
| MessageBuilder | 服務類別 | 以 Spring 框架模式為基礎提供資訊服務 |
| ProjectResource | 資源類別 | 提供 REST 外部 API，可以進行一些介面上的處理 |
| ProjectService | 服務類別<br>（元件類別） | 以 Spring 框架模式提供資料服務為基礎，是該程式的核心處理類 |
| Project | 實體類別 | POJO 物件，無特殊處理，在本節中將不做介紹 |

在該程式中，首先看看設定資訊的 application.properties 檔案：

```
project.message = Project Message Content
project.changeitem = abc
```

這是兩個基本設定，用於後續驗證資料獲取情況。

下面分別説明 ProjectConfiguration 設定類別、ProjectFunction 介面類別、
ProjectStateFunction 元件類別、MessageBuilder 服務類別、ProjectResource
資源類別、ProjectService 服務類別等的功能和作用。

## 1. ProjectConfiguration 設定類別

用 IDE 工具開啟 com.iiit.quarkus.sample.integrate.spring.di.ProjectConfiguration
類別檔案，該設定類別定義了一個實現 ProjectFunction 介面類別的設定，
其程式如下：

```
@Configuration
public class ProjectConfiguration {
    @Bean(name = "projectCapitalizeFunction")
    public ProjectFunction capitalizer() {
        return String::toUpperCase;
    }
}
```

程式說明：

ProjectConfiguration 的 @Configuration 註釋（Spring 框架專用註釋）表
示其主要目的是作為 Bean 定義的來源，同時允許透過呼叫同一類中的其
他 @Bean 方法來定義 Bean 之間的依賴關係。

## 2. ProjectFunction 介面類別

用 IDE 工具開啟 com.iiit.quarkus.sample.integrate.spring.di.ProjectFunction
類別檔案，該介面類別定義了一個實現 Function<String, String> 的介面函
數，其程式如下：

```
public interface ProjectFunction extends Function<String, String> {
}
```

程式說明：

ProjectFunction 介面類別是一個繼承自 Function<String, String> 的函數。

## 3. ProjectStateFunction 元件類別

用 IDE 工 具 開 啟 com.iiit.quarkus.sample.integrate.spring.di.ProjectState
Function 類別檔案，其程式如下：

```
@Component("projectStateFunction")
public class ProjectStateFunction implements ProjectFunction {
    @Override
    public String apply(String isTrue) {
        if (Boolean.valueOf(isTrue)) return "false";
        return "true";
    }
}
```

程式說明：

① ProjectStateFunction 類 別 實 現 了 ProjectFunction 介 面， 表 示 ProjectStateFunction 類別是一個方法類別。

② ProjectStateFunction 類別的 @Component 註釋（Spring 框架專用註釋）顯示 ProjectStateFunction 類別是一個元件 Bean，在 Spring 框架的 Bean 容器中可以透過名稱 projectStateFunction 進行呼叫，或在 Spring 執行框架的 Bean 容器中有一個名為 projectStateFunction 的 Bean。

③ ProjectStateFunction 類別的 apply 方法，是一個 Function 必須實現的方法。該方法的功能是進行 true 或 false 的轉換，類似開關按鈕。當外部輸入 true 時，方法就傳回 false；當外部輸入 false 時，方法就傳回 true。

## 4. MessageBuilder 服務類別

用 IDE 工具開啟 com.iiit.quarkus.sample.integrate.spring.di.MessageBuilder 類別檔案，其程式如下：

```
@Service
public class MessageBuilder {
    @Value("${project.message}")
    String message;
    public String getMessage() {
        return message;
    }
}
```

程式說明：

① MessageBuilder 類別的類別註釋 @Service（Spring 框架專用註釋）表
示 MessageBuilder 類別是一個業務邏輯服務 Bean。

② MessageBuilder 類別的值註釋 @Value（Spring 框架專用註釋）表示
定義的變數需要從設定檔中獲取。@Value 註釋的功能類似於 Quarkus
的 @ConfigProperty 註釋，區別在於，Quarkus 的 @ConfigProperty 註
釋遵循的是 Eclipse MicroProfile 標準，而 @Value 註釋是 Spring 框架
自訂的專用註釋實現。

## 5. ProjectResource 資源類別

用 IDE 工具開啟 com.iiit.quarkus.sample.integrate.spring.di.ProjectResource
類別檔案，其程式如下：

```
@Path("/projects")
@ApplicationScoped
@Produces(MediaType.APPLICATION_JSON)
@Consumes(MediaType.APPLICATION_JSON)
public class ProjectResource {
    private static final Logger LOGGER = Logger.getLogger
(ProjectResource. class);

    // 注入 ProjectService 物件
    @Autowired    ProjectService service;

    // 省略部分程式
    ...

    @GET
    @Path("/getstate/{id}")
    public Response getState(@PathParam("id")  int id) {
        Project project = service.getProjectStateById(id);
        if (project == null) {
            return Response.status(Response.Status.NOT_FOUND).build();
        }
        return Response.ok(project).build();
```

```
    }

    @GET
    @Path("/message")
    public Response getMessage() {
            return Response.ok(service.getMessage()).build();
    }

    @GET
    @Path("/change")
    public Response getChange() {
            return Response.ok(service.getChange()).build();
    }
}
```

程式說明：

① ProjectResource 類別的作用是與外部進行互動，主要方法是 REST 的 GET 方法。該程式包括 3 個 GET 方法。

② ProjectResource 類別的 @Autowired 註釋（Spring 框架專用註釋）表示要注入一個 Bean。@Autowired 註釋的功能類似於 Quarkus 的 @Inject 註釋。區別在於，Quarkus 的 @Inject 註釋遵循的是 Java 標準，而 @Autowired 註釋是 Spring 框架自訂的專用註釋實現。

## 6. ProjectService 服務類別

用 IDE 工具開啟 com.iiit.quarkus.sample.integrate.spring.di.ProjectService 類別檔案，其程式如下：

```
@Service
public class ProjectService {
    private static final Logger LOGGER = Logger.getLogger(ProjectService.
class);

    @Autowired
    @Qualifier("projectStateFunction")
    ProjectFunction projectState;

    @Autowired
```

```
    @Qualifier("projectCapitalizeFunction")
    ProjectFunction capitalizerStringFunction;

    @Autowired
    MessageBuilder  messageBuilder;

    @Value("${project.changeitem}")
    String changItem;

    private Map<Integer, Project> projectMap = new HashMap<>();

    public ProjectService() {
        projectMap.put(1, new Project(1, "專案 A", "關於專案 A 的情況描述"));
        projectMap.put(2, new Project(2, "專案 B", "關於專案 B 的情況描述"));
        projectMap.put(3, new Project(3, "專案 C", "關於專案 C 的情況描述"));
    }

    // 省略部分程式

    public Project getProjectStateById(Integer id) {
        Project project = projectMap.get(id);
        String isTrue = String.valueOf(project.state);
        project.state = Boolean.valueOf(projectState.apply(isTrue));
        return project;
    }

    public String getMessage(){
        return messageBuilder.getMessage();
    }

    public String getChange(){
        return capitalizerStringFunction.apply(changItem);
    }
  }
```

程式說明：

① ProjectService 類別的類別註釋 @Service（Spring 框架專用註釋）表示 ProjectService 類別是一個業務邏輯服務 Bean。

② ProjectService 類別的值註釋 @Qualifier("projectCapitalizeFunction")
表示 Spring 框架容器中的 Bean 是 projectCapitalizeFunction，這是
一個具有唯一名稱的 Bean。其中的 @Qualifier 註釋（全稱是 @org.
springframework.beans.factory.annotation.Qualifier）是 Spring 框架自
訂的專用註釋。而 Quarkus 也有名稱相同註釋，但其全稱是 @ javax.
inject.Qualifier，遵循的是 Java 標準，在這裡不要混淆。

③ ProjectService 類別主要展現了 Quarkus 框架如何整合 Spring 框架
的 DI 功能，包括 @Service、@Qualifier、@Autowired、@Value、
@Component 等註釋。

## 10.1.3　驗證程式

透過下列幾個步驟（如圖 10-2 所示）來驗證案例程式。

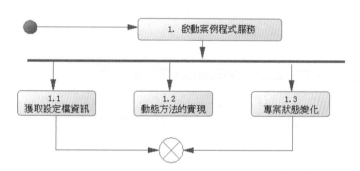

▲ 圖 10-2　quarkus-sample-integrate-spring-di 程式驗證流程圖

下面對其中相關的關鍵點說明。

### 1. 啟動 quarkus-sample-integrate-spring-di 程式服務

啟動程式有兩種方式：第 1 種是在開發工具（如 Eclipse）中呼叫
ProjectMain 類別的 run 命令，第 2 種是在程式目錄下直接執行命令 mvnw
compile quarkus:dev。

## 2. 透過 API 來驗證獲取的設定檔資訊

在命令列視窗中輸入以下命令:

```
curl http://localhost:8080/projects/message
```

其結果如下:

```
Project Message Content
```

這正是設定檔中的 project.message 屬性定義,說明正確獲取了設定檔的資訊。

## 3. 透過 API 來驗證動態方法的實現

在命令列視窗中輸入以下命令:

```
curl http://localhost:8080/projects/change
```

其結果如下:

```
ABC
```

這正是設定檔中的 project.changeitem 屬性的大寫字母,說明正確獲取了設定檔中的小寫字母資訊,然後透過 ProjectConfiguration 設定類別定義的 projectCapitalizeFunction Bean,把該內容轉為大寫字母。

## 4. 透過 API 來驗證專案狀態變化

顯示專案 1 的清單內容,可觀察其中的 state 值。

在命令列視窗中輸入以下命令:

```
curl http://localhost:8080/projects/1/
```

其結果是所有專案 1 的內容:

```
{"description":"關於專案 A 的情況描述 ","id":1,"name":" 專案 A","state":true}
```

其中的 state 值為 true。

然後在命令列視窗中輸入以下命令：

```
curl http://localhost:8080/projects/getstate/1
```

其結果是所有專案 1 的內容：

```
{"description":"關於專案 A 的情況描述 ","id":1,"name":" 專案
A","state":false}
```

其中的 state 值為 false，這說明已經發生了變化。

當然，當再次輸入 curl http://localhost:8080/projects/getstate/1 命令時，又會發現 state 值為 true，true 和 false 會反覆交替出現。

這說明 ProjectService 物件的 getProjectStateById 方法成功呼叫了 Project StateFunction 類別的 apply 方法。而 ProjectStateFunction 類別的 apply 方法實現了開關功能，即當輸入為 true 時，傳回值是 false；當輸入為 false 時，傳回值是 true。

# 10.2 整合 Spring 的 Web 功能

## 10.2.1 案例簡介

本案例介紹以 Quarkus 框架實現整合 Spring 框架為基礎的 Web 功能。Quarkus 以 Spring Web 擴充的形式為 Spring MVC 提供了一個相容層。透過閱讀和分析 Quarkus 框架整合 Spring MVC 框架的 Controller 和 Services 等的案例程式，可以了解和掌握 Quarkus 框架整合 Spring 框架的 Web 功能的使用方法。

**基礎知識**：Spring MVC 框架。

Spring MVC 框架以請求為驅動，圍繞 Servlet 進行設計，將請求發送給控制器，然後透過模型物件、排程器來展示請求結果視圖。其中的核心類別是 DispatcherServlet，這是一個 Servlet，頂層是 Servlet 介面。Spring

MVC 的 6 個主要元件是 DisPatcherServlet 前端控制器、HandlerMapping
處理器映射器、HandLer 處理器、HandlerAdapter 處理器介面卡、
ViewResolver 視圖解析器、View 視圖等。

## 10.2.2 撰寫程式碼

撰寫程式碼有 3 種方式。第 1 種方式是透過程式 UI 來實現的，在
Quarkus 官網的生成內碼表面中按照指定步驟生成鷹架程式，然後下載檔
案，將專案引入 IDE 工具中，最後修改程式原始碼。

第 2 種方式是透過 mvn 來建構程式，透過下面的命令建立 Maven 專案來
實現：

```
mvn io.quarkus:quarkus-maven-plugin:1.11.1.Final:create ^
    -DprojectGroupId=com.iiit.quarkus.sample
    -DprojectArtifactId=101-quarkus- sample-integrate-spring-web ^
    -DclassName=com.iiit.quarkus.sample.integrate.spring.web.
ProjectController
    -Dpath=/projects ^
    -Dextensions=resteasy-jsonb,quarkus-spring-web
```

第 3 種方式是直接從 GitHub 上獲取程式，可以從 GitHub 上複製預先準
備好的範例程式：

```
git clone https://******.com/rengang66/iiit.quarkus.sample.git (見連結 1)
```

該程式位於 "101-quarkus-sample-integrate-spring-web" 目錄中，是一個
Maven 專案程式。

在 IDE 工具中匯入 Maven 專案程式，在 pom.xml 的 <dependencies> 下有
以下內容：

```
<dependency>
    <groupId>io.quarkus</groupId>
    <artifactId>quarkus-spring-web</artifactId>
</dependency>
```

其中的 quarkus-spring-web 是 Quarkus 整合了 Spring 框架的 Web 實現，無設定檔資訊。

quarkus-sample-integrate-spring-web 程式的應用架構（如圖 10-3 所示）顯示，外部存取以 Spring MVC 框架為基礎的 ProjectController 介面，ProjectController 介面呼叫 ProjectService 服務，兩者無縫地協作在一起。

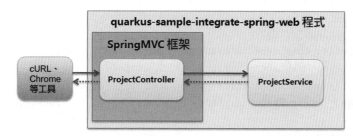

▲ 圖 10-3　quarkus-sample-integrate-spring-web 程式應用架構圖

quarkus-sample-integrate-spring-web 程式的核心類別如表 10-2 所示。

表 10-2　quarkus-sample-integrate-spring-web 程式的核心類別

| 名　稱 | 類　型 | 簡　介 |
|---|---|---|
| ProjectController | 資源類別 | 採用 Spring MVC 架構方式提供 REST 外部 API，是該程式的核心處理類 |
| ProjectService | 服務類別（元件類別） | 提供資料服務，無特殊處理，在本節中將不做介紹 |
| Project | 實體類別 | POJO 物件，無特殊處理，在本節中將不做介紹 |

下面說明 ProjectController 資源類別的功能和作用。

用 IDE 工具開啟 com.iiit.quarkus.sample.integrate.spring.web.ProjectController 類別檔案，其程式如下：

```
@RestController
@RequestMapping("/projects")
public class ProjectController {
    private static final Logger LOGGER = Logger.
getLogger(ProjectController. class);
```

```
private final ProjectService service;

public ProjectController( ProjectService service1 ) {
    this.service = service1;
}

@GetMapping()
public List<Project> list() {return service.getAllProject();}

@GetMapping("/{id}")
public Response get(@PathVariable(name = "id")  int id) {
    Project project = service.getProjectById(id);
    if (project == null) {
        return Response.status(Response.Status.NOT_FOUND).build();
    }
    return Response.ok(project).build();
}

@POST
@RequestMapping("/add")
public Response add(@RequestBody Project project) {
    if (project == null) {
        return Response.status(Response.Status.NOT_FOUND).build();
    }
    service.add(project);
    return Response.ok(project).build();
}

@PUT
@RequestMapping("/update")
public Response update(@RequestBody Project project) {
    if (project == null) {
        return Response.status(Response.Status.NOT_FOUND).build();
    }
    service.update(project);
    return Response.ok(project).build();
}

@DELETE
@RequestMapping("/delete")
```

```
    public Response delete(@RequestBody Project project) {
        if (project == null) {
            return Response.status(Response.Status.NOT_FOUND).build();
        }
        service.delete(project);
        return Response.ok(project).build();
    }
}
```

程式說明：

① ProjectController 類別主要與外部進行互動，主要方法是 REST 的基本操作方法，包括 GET、POST、PUT 和 DELETE 方法。

② ProjectController 類別完全以 Spring MVC 框架實現為基礎。關於具體實現內容，可參閱 Spring MVC 框架的相關資料。

③ ProjectController 類別注入了 ProjectService 物件。這是採用 Quarkus 框架的注入方式實現的。

④ 該程式證明，前端可以是 Spring 框架的 MVC，後台服務可以由 Quarkus 框架來實現。在這種前端 Spring MVC 框架、後端 Quarkus 框架的模式下，兩個框架可以完全無縫銜接。

該程式動態執行的序列圖（如圖 10-4 所示，遵循 UML 2.0 標準繪製）描述了外部呼叫者 Actor、ProjectController 和 ProjectService 等物件之間的時間順序互動關係。

該序列圖中總共有 5 個序列，分別介紹如下。

序列 1 活動：① 外部呼叫 ProjectController 資源物件的 GET(list) 方法；② GET(list) 方法呼叫 ProjectService 服務物件的 list 方法；③ 傳回整個 Project 列表。

序列 2 活動：① 外部傳入參數 ID 並呼叫 ProjectController 資源物件的 GET(getById) 方法；② GET(getById) 方法呼叫 ProjectService 服務物件的 getById 方法；③ 傳回 Project 列表中對應 ID 的 Project 物件。

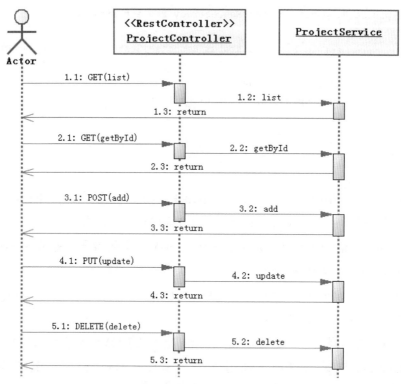

▲ 圖 10-4　quarkus-sample-integrate-spring-web 程式動態執行的序列圖

序列 3 活動：① 外部傳入參數 Project 物件並呼叫 ProjectController 資源
類別的 POST(add) 方法；② POST(add) 方法呼叫 ProjectService 服務物件
的 add 方法，ProjectService 服務物件實現增加一個 Project 物件的操作並
傳回整個 Project 列表。

序列 4 活動：① 外部傳入參數 Project 物件並呼叫 ProjectController 資源
物件的 PUT(update) 方法；② PUT(update) 方法呼叫 ProjectService 服務
物件的 update 方法，ProjectService 服務物件根據專案名稱是否相等來實
現修改一個 Project 物件的操作並傳回整個 Project 列表。

序列 5 活動：① 外部傳入參數 Project 物件並呼叫 ProjectController 資源
物件的 DELETE(delete) 方法；② DELETE(delete) 方法呼叫 ProjectService

服務物件的 delete 方法，ProjectService 服務物件根據專案名稱是否相等來實現刪除一個 Project 物件的操作並傳回整個 Project 列表。

## 10.2.3　驗證程式

透過下列幾個步驟（如圖 10-5 所示）來驗證案例程式。

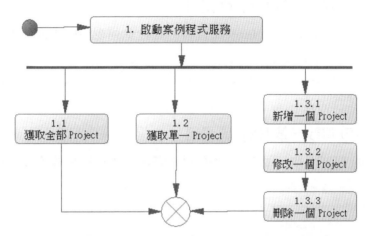

▲ 圖 10-5　quarkus-sample-integrate-spring-web 程式驗證流程圖

下面對其中相關的關鍵點説明。

### 1. 啟動 quarkus-sample-integrate-spring-web 程式服務

啟動程式有兩種方式，第 1 種是在開發工具（如 Eclipse）中呼叫 ProjectMain 類別的 run 命令，第 2 種是在程式目錄下直接執行命令 mvnw compile quarkus:dev。

### 2. 透過 API 顯示全部 Project 的 JSON 清單內容

在命令列視窗中輸入以下命令：

```
curl http://localhost:8080/projects
```

其結果是所有 Project 的 JSON 列表。

### 3. 透過 API 顯示專案 1 的清單內容

在命令列視窗中輸入以下命令：

```
curl http://localhost:8080/projects/1/
```

其結果是專案 1 的清單內容。

### 4. 透過 API 增加一筆 Project 資料

按照 JSON 格式增加一筆 Project 資料，在命令列視窗中輸入以下命令：

```
curl -X POST -H "Content-type: application/json" -d {\"id\":4,\"name\":
\" 專案 D\",\"description\":\" 關於專案 D 的描述 \"} http://localhost: 8080/
projects/add
```

### 5. 透過 API 修改一筆 Project 資料

按照 JSON 格式修改一筆 Project 資料，在命令列視窗中輸入以下命令：

```
curl -X PUT -H "Content-type: application/json" -d {\"id\":4,\"name\":\"
專案 D\",\"description\":\" 關於專案 D 的描述的修改 \"} http://localhost:
8080/projects/update
```

根據結果，可以看到專案 D 的描述已經進行了修改。注意，這裡採用的
是 Windows 格式。

### 6. 透過 API 刪除一筆 Project 資料

按照 JSON 格式刪除一筆 Project 資料，在命令列視窗中輸入以下命令：

```
curl -X DELETE  -H "Content-type: application/json" -d {\"id\":3,
\"name\":\" 專案 C\",\"description\":\" 關於專案 C 的描述 \"} http://
localhost: 8080/projects/delete
```

根據結果，可以看到已經刪除了專案 C 的內容。

# 10.3 整合 Spring 的 Data 功能

## 10.3.1 案例簡介

本案例介紹以 Quarkus 框架為基礎實現整合 Spring 框架的 Data 功能。Quarkus 以 Spring Data 擴充元件的形式為 Spring Data JPA 儲存倉庫提供了一個相容層。透過閱讀和分析 Quarkus 框架整合 Spring Data 擴充元件的 JPA 來實現資料的查詢、新增、刪除、修改等操作的案例程式，可以了解和掌握 Quarkus 整合 Spring 框架的 Data 功能的使用方法。

**基礎知識**：Spring Data 框架。

Spring Data 框架是一款以 Spring 框架實現為基礎的資料存取框架，旨在提供一致的資料庫存取模型。同時仍然保留了不同資料庫底層資料儲存的特點。Spring Data 框架由一系列對應不同資料庫具體實現的元件組成，同時 Spring Data 實現了存取關聯式資料庫、非關聯式資料庫、Map-Reduce 框架及以雲端為基礎的資料服務的統一介面，對於常見的企業級 CRUD、排序操作等都不需要手動增加任何 SQL 敘述，同時也支援手動擴充功能。

Spring Data 框架中最核心的概念是 Repository，Repository 是一個抽象介面，使用者透過該介面來實現資料的存取。Spring Data JPA 提供了關聯式資料庫存取的一致性，在該元件中，Repository 包括 CrudRepository 和 PagingAndSortingRepository 兩個類別。其中 CrudRepository 介面的內容如下：

```
public interface CrudRepository<T, ID extends Serializable>extends
Repository<T, ID> {
    <S extends T> S save(Sentity);
    <S extends T> Iterable<S> save(Iterable<S>entities);
    T findOne(ID id);
    boolean exists(IDid);
```

```
    Iterable<T> findAll();
    Iterable<T> findAll(Iterable<ID> ids);
    long count();
    void delete(IDid);
    void delete(Tentity);
    void delete(Iterable<?extends T> entities);
    void deleteAll();
}
```

CrudRepository 介面實現了 save、delete、count、exists、findOne 等方法，繼承這個介面時需要兩個範本參數 T 和 ID，T 是實體類別（對應資料庫表），ID 是主鍵。

## 10.3.2 撰寫程式碼

撰寫程式碼有 3 種方式。第 1 種方式是透過程式 UI 來實現的，在 Quarkus 官網的生成內碼表面中按照指定步驟生成鷹架程式，然後下載檔案，將專案引入 IDE 工具中，最後修改程式原始碼。

第 2 種方式是透過 mvn 來建構程式，透過下面的命令建立 Maven 專案來實現：

```
mvn io.quarkus:quarkus-maven-plugin:1.11.1.Final:create \
    -DprojectGroupId=org.acme \
    -DprojectArtifactId=spring-data-jpa-quickstart \
    -DclassName="org.acme.spring.data.jpa.FruitResource" \
    -Dpath="/greeting" \
    -Dextensions="spring-data-jpa,resteasy-jsonb,quarkus-jdbc-postgresql"
```

第 3 種方式是直接從 GitHub 上獲取程式，可以從 GitHub 上複製預先準備好的範例程式：

```
git clone https://******.com/rengang66/iiit.quarkus.sample.git（見連結 1）
```

該程式位於 "102-quarkus-sample-integrate-spring-data" 目錄中，是一個 Maven 專案程式。

在 IDE 工具中匯入 Maven 專案程式，在 pom.xml 的 <dependencies> 下有以下內容：

```
<dependency>
    <groupId>io.quarkus</groupId>
    <artifactId>quarkus-spring-data-jpa</artifactId>
</dependency>

<dependency>
    <groupId>io.quarkus</groupId>
    <artifactId>quarkus-jdbc-postgresql</artifactId>
</dependency>
```

其中的 quarkus-spring-data-jpa 是 Quarkus 整合了 Spring 框架的 JPA 實現。

quarkus-sample-integrate-spring-data 程式的應用架構（如圖 10-6 所示）顯示，外部存取 ProjectResource 資源介面，ProjectResource 呼叫以 Spring Data 框架為基礎的 ProjectRepository 服務，ProjectRepository 服務依賴於 Spring Data 框架。

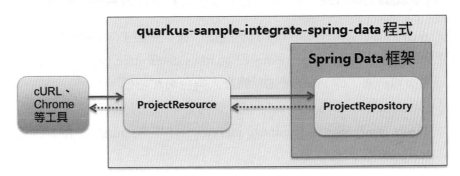

▲ 圖 10-6　quarkus-sample-integrate-spring-data 程式應用架構圖

quarkus-sample-integrate-spring-data 程式的設定檔和核心類別如表 10-3 所示。

表 10-3　quarkus-sample-integrate-spring-data 程式的設定檔和核心類別

| 名　　稱 | 類　　型 | 簡　　介 |
|---|---|---|
| application.properties | 設定檔 | 定義資料庫設定資訊 |
| ProjectResource | 資源類別 | 提供 REST 外部 API，無特殊處理 |
| ProjectRepository | 服務類別 | 提供資料服務 |
| Project | 實體類別 | POJO 物件，無特殊處理，在本節中將不做介紹 |

在該程式中，首先看看設定資訊的 application.properties 檔案：

```
quarkus.datasource.db-kind=postgresql
quarkus.datasource.username=quarkus_test
quarkus.datasource.password=quarkus_test
quarkus.datasource.jdbc.url=jdbc:postgresql://localhost/quarkus_test
quarkus.datasource.jdbc.max-size=8
quarkus.datasource.jdbc.min-size=2

quarkus.hibernate-orm.database.generation=drop-and-create
quarkus.hibernate-orm.log.sql=true
quarkus.hibernate-orm.sql-load-script=import.sql
```

在 application.properties 檔案中，設定了與資料庫連接相關的參數。

（1）quarkus.datasource.db-kind 表示連接的資料庫是 PostgreSQL。

（2）quarkus.datasource.username 和 quarkus.datasource.password 是用戶名稱和密碼，即 PostgreSQL 的登入角色名和密碼。

（3）quarkus.datasource.jdbc.url 用於定義資料庫的連接位置資訊，其中 jdbc:postgresql:// localhost/quarkus_test 中的 quarkus_test 是連接 PostgreSQL 的資料庫。

（4）quarkus.hibernate-orm.database.generation=drop-and-create 表示每次啟動都要刪除和重新建立新表。

（5）quarkus.hibernate-orm.sql-load-script=import.sql 的含義是，啟動時要透過 import.sql 來初始化資料。

下面看看 import.sql 的內容：

```
insert into  iiit_projects(id, name) values (1, '專案 A');
insert into  iiit_projects(id, name) values (2, '專案 B');
insert into  iiit_projects(id, name) values (3, '專案 C');
insert into  iiit_projects(id, name) values (4, '專案 D');
insert into  iiit_projects(id, name) values (5, '專案 E');
```

import.sql 主要實現了 iiit_projects 表的資料初始化工作。

下面分別說明 ProjectRepository 服務類別、ProjectResource 資源類別的功能和作用。

## 1. ProjectRepository 服務類別

用 IDE 工具開啟 com.iiit.quarkus.sample.integrate.spring.data. ProjectRepository 類別檔案，其程式如下：

```
public interface ProjectRepository extends CrudRepository<Project, Long>
{
    List<Project> findByDescription(String description);
}
```

程式說明：

該 ProjectRepository 介面繼承了 CrudRepository，實現了資料庫的 CRUD 操作。CrudRepository 是一個抽象介面，開發者可以透過該介面來實現資料的 CRUD 操作。Spring Data JPA 提供了關聯式資料庫存取的一致性。

## 2. ProjectResource 資源類別

用 IDE 工具開啟 com.iiit.quarkus.sample.integrate.spring.data.ProjectResource 類別檔案，其程式如下：

```
@Path("/projects")
public class ProjectResource {
    private static final Logger LOGGER = Logger.getLogger
(ProjectResource. class);
```

```java
        private final ProjectRepository projectRepository;
        public ProjectResource( ProjectRepository projectRepository ) {
            this.projectRepository = projectRepository;
        }

        @GET
        @Produces("application/json")
        public Iterable<Project> findAll() {
            return projectRepository.findAll();
        }

        @GET
        @Produces("application/json")
        @Path("/{id}")
        public Project findById(@PathParam Long id) {
            Optional<Project> optional = projectRepository.findById(id);
            Project project = null;
            if (optional.isPresent()) {
                project = optional.get();
            }
            return project;
        }

        @DELETE
        @Path("/{id}")
        public void delete(@PathParam long id) {
            projectRepository.deleteById(id);
        }

        @POST
        @Path("/add")
        @Produces("application/json")
        @Consumes("application/json")
        public Project create( Project project) {
            Optional<Project> optional = projectRepository.findById(project.
    getId());
            if (!optional.isPresent()) {
                return projectRepository.save(project);
            }
```

```
        throw new IllegalArgumentException("Project with id " + project.
getId()+ " exists");
    }

    @PUT
    @Path("/update")
    @Produces("application/json")
    @Consumes("application/json")
    public Project changeColor( Project project) {
        Optional<Project> optional = projectRepository.findById(project.
getId());
        if (optional.isPresent()) {
            return projectRepository.save(project);
        }
        throw new IllegalArgumentException("No Project with id " +
project.getId()+ " exists");
    }
}
```

程式說明：
..........

① ProjectResource 類別的主要方法是 REST 的基本操作方法，包括
   GET、POST、PUT 和 DELETE 方法。

② ProjectResource 類別注入了 ProjectRepository 物件，這是採用
   Quarkus 框架的注入方式實現的。

③ 該程式證明，前端可以是 Quarkus 框架，後台服務可以是 Spring Data
   JPA 框架。在這種前端 Quarkus 框架、後端 Spring Data JPA 框架的模
   式下，兩個框架可以完全無縫銜接起來。

該程式動態執行的序列圖（如圖 10-7 所示，遵循 UML 2.0 標準繪製）描
述了外部呼叫者 Actor、ProjectResource 和 ProjectRepository 等物件之間
的時間順序互動關係。

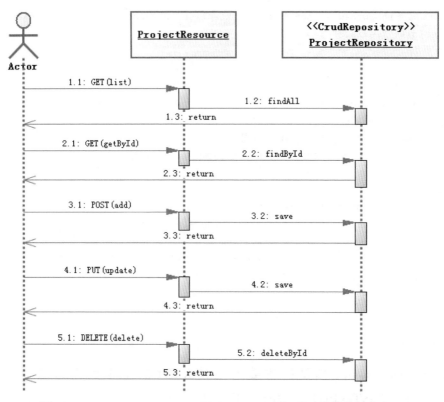

▲ 圖 10-7　quarkus-sample-integrate-spring-data 程式動態執行的序列圖

該序列圖中總共有 5 個序列，分別介紹如下。

序列 1 活動：① 外部呼叫 ProjectResource 資源類別的 GET(list) 方法；②
GET(list) 方法呼叫 ProjectRepository 服務類別的 findAll 方法；③ 傳回整
個 Project 列表。

序列 2 活動：① 外部傳入參數 ID 並呼叫 ProjectResource 資源類別的
GET(getById) 方法；② GET(getById) 方法呼叫 ProjectRepository 服務類
別的 findById 方法；③ 傳回 Project 列表中對應 ID 的 Project 物件。

序列 3 活動：① 外部傳入參數 Project 物件並呼叫 ProjectResource 資源類
別的 POST(add) 方法；② POST(add) 方法呼叫 ProjectRepository 服務類

別的 add 方法，ProjectRepository 服務類別實現增加一個 Project 物件的操作並傳回整個 Project 列表。

序列 4 活動：① 外部傳入參數 Project 物件並呼叫 ProjectResource 資源類別的 PUT(update) 方法；② PUT(update) 方法呼叫 ProjectRepository 服務類別的 update 方法，ProjectRepository 服務類別根據專案名稱是否相等來實現修改一個 Project 物件的操作並傳回整個 Project 列表。

序列 5 活動：① 外部傳入參數 Project 物件並呼叫 ProjectResource 資源類別的 DELETE (delete) 方法；② DELETE(delete) 方法呼叫 ProjectRepository 服務類別的 deleteById 方法，ProjectRepository 服務類別根據專案名稱是否相等來實現刪除一個 Project 物件的操作並傳回整個 Project 列表。

## 10.3.3 驗證程式

透過下列幾個步驟（如圖 10-8 所示）來驗證案例程式。

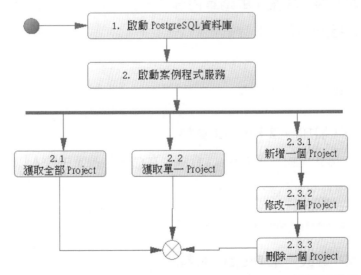

▲ 圖 10-8　quarkus-sample-integrate-spring-data 程式驗證流程圖

下面對其中相關的關鍵點說明。

## 1. 啟動 PostgreSQL 資料庫

首先要啟動 PostgreSQL 資料庫，然後可以進入 PostgreSQL 的圖形管理介面並觀察資料庫中資料的變化情況。

## 2. 啟動 quarkus-sample-integrate-spring-data 程式服務

啟動程式有兩種方式，第 1 種是在開發工具（如 Eclipse）中呼叫 Project Main 類別的 run 命令，第 2 種是在程式目錄下直接執行命令 mvnw compile quarkus:dev。

## 3. 透過 API 顯示全部 Project 的 JSON 清單內容

在命令列視窗中輸入以下命令：

```
curl http://localhost:8080/projects
```

其結果是所有 Project 的 JSON 列表。

## 4. 透過 API 顯示專案 1 的清單內容

在命令列視窗中輸入以下命令：

```
curl http://localhost:8080/projects/1/
```

其結果是專案 1 的清單內容。

## 5. 透過 API 增加一筆 Project 資料

按照 JSON 格式增加一筆 Project 資料，在命令列視窗中輸入以下命令：

```
curl -X POST -H "Content-type: application/json" -d {\"id\":6,
\"name\":\" 專案 F\",\"description\":\" 關於專案 F 的描述 \"} http://
localhost: 8080/projects/add
```

## 6. 透過 API 修改一筆 Project 資料

按照 JSON 格式修改一筆 Project 資料，在命令列視窗中輸入以下命令：

```
curl -X PUT -H "Content-type: application/json" -d {\"id\":6,\"name\":\"
```

```
專案 F\",\"description\":\" 關於專案 F 的描述的修改 \"} http://
localhost:8080/ projects/update
```

根據結果，可以看到專案 D 的描述已經進行了修改。

### 7. 透過 API 刪除一筆 Project 資料

按照 JSON 格式刪除一筆 Project 資料，在命令列視窗中輸入以下命令：

```
curl -X DELETE http://localhost:8080/projects/5
```

根據結果，可以看到已經刪除了專案 C 的內容。

# 10.4 整合 Spring 的安全功能

## 10.4.1 案例簡介

本案例介紹以 Quarkus 框架為基礎實現整合 Spring 框架的安全功能。Quarkus 以 Spring Security 擴充元件的形式為 Spring Security 提供了一個相容層。透過閱讀和分析 Quarkus 框架整合 Spring Security 框架的案例程式，可以了解和掌握 Quarkus 框架整合 Spring 框架的安全功能的使用方法。

**基礎知識**：Spring Security 框架。

Spring Security 框架是一個專注於為 Java 應用提供身份驗證和授權的框架。Spring Security 框架可以很容易地被擴充以滿足訂製需求。

## 10.4.2 撰寫程式碼

撰寫程式碼有 3 種方式。第 1 種方式是透過程式 UI 來實現的，在 Quarkus 框架的生成內碼表面中按照指定步驟生成鷹架程式，然後下載檔案，將專案引入 IDE 工具中，最後修改程式原始碼。

第 2 種方式是透過 mvn 來建構程式，透過下面的命令建立 Maven 專案來
實現：

```
mvn io.quarkus:quarkus-maven-plugin:1.11.1.Final:create ^
    -DprojectGroupId=com.iiit.quarkus.sample    ^
    -DprojectArtifactId=103-quarkus-sample-integrate-spring-security ^
    -DclassName=com.iiit.quarkus.sample.integrate.spring.security.
ProjectController
    -Dpath=/projects ^
    -Dextensions=resteasy-jsonb,quarkus-spring-web,quarkus-spring-
security, ^ quarkus-elytron-security-properties-file
```

第 3 種方式是直接從 GitHub 上獲取程式，可以從 GitHub 上複製預先準
備好的範例程式：

```
git clone https://******.com/rengang66/iiit.quarkus.sample.git（見連結 1）
```

該程式位於 "103-quarkus-sample-integrate-spring-security" 目錄中，是一
個 Maven 專案程式。

在 IDE 工具中匯入 Maven 專案程式，在 pom.xml 的 <dependencies> 下有
以下內容：

```
<dependency>
    <groupId>io.quarkus</groupId>
    <artifactId>quarkus-spring-web</artifactId>
</dependency>

<dependency>
    <groupId>io.quarkus</groupId>
    <artifactId>quarkus-spring-security</artifactId>
</dependency>

<dependency>
    <groupId>io.quarkus</groupId>
    <artifactId>quarkus-elytron-security-properties-file</artifactId>
</dependency>
```

其中的 quarkus-spring-security 是 Quarkus 整合了 Spring Security 框架的實現。

quarkus-sample-integrate-spring-security 程式的應用架構（如圖 10-9 所示）顯示，外部存取以 Spring Security 框架為基礎的 ProjectController 介面，ProjectController 介面呼叫 ProjectService 服務類別。

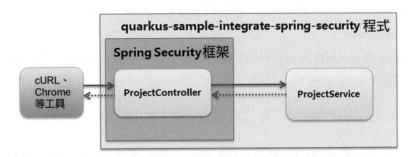

▲ 圖 10-9　quarkus-sample-integrate-spring-security 程式應用架構圖

quarkus-sample-integrate-spring-security 程式的設定檔和核心類別如表 10-4 所示。

表 10-4　quarkus-sample-integrate-spring-security 程式的設定檔和核心類別

| 名　稱 | 類　型 | 簡　介 |
|---|---|---|
| application.properties | 設定檔 | 定義應用與安全相關的設定資訊 |
| ProjectController | 資源類別 | 提供 REST 外部 API，是該程式的核心處理類 |
| ProjectService | 服務類別 | 提供資料服務，在本節中將不做介紹 |
| Project | 實體類別 | POJO 物件，無特殊處理，在本節中將不做介紹 |

在該程式中，首先看看設定資訊的 application.properties 檔案：

```
quarkus.security.users.embedded.enabled=true
quarkus.security.users.embedded.plain-text=true
quarkus.security.users.embedded.users.reng=password
quarkus.security.users.embedded.roles.reng=admin,user
quarkus.security.users.embedded.users.test=test
quarkus.security.users.embedded.roles.test=user
```

在 application.properties 檔案中，定義了與安全相關的設定參數。

（1）quarkus.security.users.embedded.enabled=true，表示啟動內部安全設定。

（2）quarkus.security.users.embedded.plain-text=true，表示安全資訊的輸出格式。

（3）quarkus.security.users.embedded.users.reng=password，表示用戶名稱及其密碼。

（4）quarkus.security.users.embedded.roles.reng=admin,user，表示使用者歸屬的角色。

下面說明 ProjectController 資源類別的功能和作用。

用 IDE 工具開啟 com.iiit.quarkus.sample.integrate.spring.security.Project Controller 類別檔案，其程式如下：

```
@RestController
@RequestMapping("/projects")
public class ProjectController {
    private static final Logger LOGGER = Logger.getLogger
(ProjectController. class);
    private final ProjectService service;
    public ProjectController( ProjectService service1 ) {this.service =
service1;}

    @Secured("admin")
    @GetMapping
    public List<Project> list() {return service.getAllProject();}

    @Secured("user")
    @GetMapping("/{id}")
    public Response get(@PathVariable(name = "id")  int id) {
        Project project = service.getProjectById(id);
        if (project == null) {
            return Response.status(Response.Status.NOT_FOUND).build();
        }
```

```
        return Response.ok(project).build();
    }

    // 省略部分程式
}
```

程式說明：

① ProjectController 類別主要與外部進行互動，主要方法是 REST 的基本操作方法，包括 GET、POST、PUT 和 DELETE 方法。ProjectController 類別完全以 Spring MVC 框架實現為基礎。關於具體實現內容，可參閱 Spring MVC 框架的相關資料。

② ProjectController 類別的方法註釋 @Secured（Spring 框架自訂註釋）表示該方法需要認證。

該程式動態執行的序列圖（如圖 10-10 所示，遵循 UML 2.0 標準繪製）描述了外部呼叫者 Actor、ProjectController、Spring Security Authentication 和 ProjectService 等物件之間的時間順序互動關係。

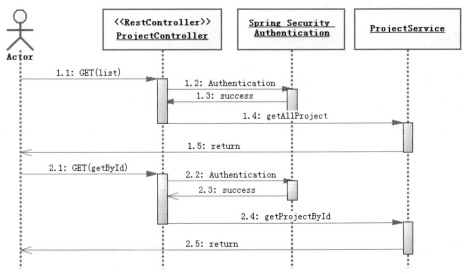

▲ 圖 10-10　quarkus-sample-integrate-spring-security 程式動態執行的序列圖

該序列圖中總共有 2 個序列，分別介紹如下。

序列 1 活動：① 外部傳入參數用戶名稱和密碼並呼叫 ProjectController 資源物件的 GET(list) 方法；② ProjectController 資源物件向 Spring Security Authentication 進行用戶名稱和密碼的認證；③認證成功後，傳回成功資訊；④ 獲取認證成功資訊後，ProjectController 資源物件的 GET(list) 方法呼叫 ProjectService 服務物件的 getAllProject 方法；⑤ 傳回 Project 列表。

序列 2 活動：① 外部傳入參數用戶名稱和密碼並呼叫 ProjectController 資源物件的 GET(getById) 方法；② ProjectController 資源物件向 Spring Security Authentication 進行用戶名稱和密碼的認證；③認證成功後，傳回成功資訊；④ 獲取認證成功資訊後，ProjectController 資源物件的 GET(getById) 方法呼叫 ProjectService 服務物件的 getProjectById 方法；⑤ 傳回 Project 列表中對應的 Project 物件。

## 10.4.3 驗證程式

透過下列幾個步驟來驗證案例程式。

### 1. 啟動 quarkus-sample-integrate-spring-security 程式服務

啟動程式有兩種方式，第 1 種是在開發工具（如 Eclipse）中呼叫 Project Main 類別的 run 命令，第 2 種是在程式目錄下直接執行命令 mvnw compile quarkus:dev。

### 2. 透過 API 來示範功能

為了顯示所有專案的 JSON 清單內容，在瀏覽器中輸入 http://localhost: 8080/projects。由於有安全限制，會彈出對話方塊，如圖 10-11 所示。

▲ 圖 10-11　彈出對話方塊來輸入用戶名稱及密碼（編按：本圖例為簡體中文介面）

輸入用戶名稱 reng，密碼 password，即可獲取存取資訊。

以 reng 使用者為基礎，可以造訪 http://localhost:8080/projects/1 等。由於 reng 使用者的角色是 admin 和 user，也可以使用 test 使用者（密碼也是 test）進行登入來存取，但 test 使用者只能造訪 http://localhost:8080/projects/1，而不能造訪 http://localhost:8080/projects，這是因為 test 使用者只是 user 角色。

# 10.5　獲取 Spring Boot 的設定檔屬性功能

## 10.5.1　案例簡介

本案例介紹以 Quarkus 框架為基礎實現獲取 Spring Boot 框架的設定檔屬性功能。Quarkus 以 Spring Boot 擴充元件的形式為 Spring Boot 提供了一個相容層。透過閱讀和分析 Quarkus 框架透過 Spring Boot 框架的 ConfigurationProperties 元件讀取 application.properties 檔案的案例程式，可以了解和掌握 Quarkus 框架獲取 Spring Boot 框架的設定檔屬性功能的使用方法。

**基礎知識**：Spring Boot 框架。

Spring Boot 框架是一個簡化的 Spring 開發框架，用來幫助開發 Spring 應用，透過約定規則大於設定的實現方式，去繁就簡。

## 10.5.2 撰寫程式碼

撰寫程式碼有 3 種方式。第 1 種方式是透過程式 UI 來實現的，在 Quarkus 官網的生成內碼表面中按照指定步驟生成鷹架程式，然後下載檔案，將專案引入 IDE 工具中，最後修改程式原始碼。

第 2 種方式是透過 mvn 來建構程式，透過下面的命令建立 Maven 專案來實現：

```
mvn io.quarkus:quarkus-maven-plugin:1.11.1.Final:create ^
    -DprojectGroupId=com.iiit.quarkus.sample    ^
    -DprojectArtifactId=104-quarkus-sample-integrate-springboot-
properties ^
    -DclassName=com.iiit.quarkus.sample.integrate.springboot.properties.
ProjectResource
    -Dpath=/projects ^
    -Dextensions=resteasy-jsonb,quarkus-spring-boot-properties
```

第 3 種方式是直接從 GitHub 上獲取程式，可以從 GitHub 上複製預先準備好的範例程式：

```
git clone https://******.com/rengang66/iiit.quarkus.sample.git (見連結 1)
```

該程式位於 "104-quarkus-sample-integrate-springboot-properties" 目錄中，是一個 Maven 專案程式。

在 IDE 工具中匯入 Maven 專案程式，在 pom.xml 的 <dependencies> 下有以下內容：

```
<dependency>
    <groupId>io.quarkus</groupId>
```

```
    <artifactId>quarkus-spring-boot-properties</artifactId>
  </dependency>
```

其中的 quarkus-spring-boot-properties 是 Quarkus 整合了 Spring Boot 框架的屬性實現。

quarkus-sample-integrate-springboot-properties 程式的應用架構（如圖 10-12 所示）顯示，外部存取 ProjectResource 資源介面，ProjectResource 呼叫 ProjectService 服務，ProjectService 服務則呼叫由 Spring Boot 框架提供的屬性服務。

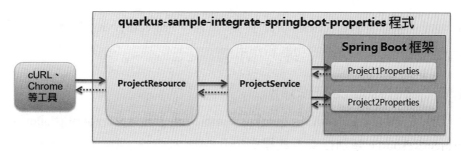

▲ 圖 10-12　quarkus-sample-integrate-springboot-properties 程式應用架構圖

quarkus-sample-integrate-springboot-properties 程式的設定檔和核心類別如表 10-5 所示。

表 10-5 quarkus-sample-integrate-springboot-properties 程式的設定檔和核心類別

| 名　稱 | 類　型 | 簡　介 |
|---|---|---|
| application.properties | 設定檔 | 定義一些驗證資料的參數 |
| ProjectResource | 資源類別 | 提供 REST 外部 API，無特殊處理 |
| ProjectService | 服務類別（元件類別） | 提供資料服務，是該程式的核心處理類 |
| ProjectProperties | 設定資訊類 | 用於設定的父類 |
| Project1Properties | 設定資訊類 | 用於設定的子類 |
| Project2Properties | 設定資訊類 | 用於設定的子類 |
| Project | 實體類別 | POJO 物件，無特殊處理，在本節中將不做介紹 |

在該程式中，首先看看設定資訊的 application.properties 檔案：

```
init.data.create=true
project1.id=1
project1.inform.name= 專案 A
project1.inform.description= 關於專案 A 的描述

project2.id=2
project2.inform.name= 專案 B
project2.inform.description= 關於專案 B 的描述
```

這些基本設定用於後續驗證資料獲取情況。

下面分別說明 ProjectResource 資源類別、ProjectService 服務類別和 Project1Properties 類別的功能和作用。

## 1. ProjectResource 資源類別

用 IDE 工具開啟 com.iiit.quarkus.sample.integrate.springboot.properties. ProjectResource 類別檔案，其程式如下：

```
@Path("/projects")
@ApplicationScoped
@Produces(MediaType.APPLICATION_JSON)
@Consumes(MediaType.APPLICATION_JSON)
public class ProjectResource {
    private static final Logger LOGGER = Logger.getLogger
(ProjectResource. class.getName());

    // 注入 ProjectService 物件
    @Inject    ProjectService service;

    // 省略部分程式

}
```

程式說明：

ProjectResource 類別的主要方法是 REST 的基本操作方法，主要是 GET 方法。

## 2. ProjectService 服務類別

用 IDE 工 具 開 啟 com.iiit.quarkus.sample.integrate.springboot.properties. ProjectService 類別檔案，其程式如下：

```java
@ApplicationScoped
public class ProjectService {
    private static final Logger LOGGER = Logger.getLogger(ProjectService.
class.getName());
    @Inject    Project1Properties properties1;

    @Inject    Project2Properties properties2;

    @Inject
    @ConfigProperty(name = "init.data.create", defaultValue = "true")
    boolean isInitData;

    private Set<Project> projects = Collections.newSetFromMap
(Collections.synchronizedMap(new LinkedHashMap<>()));

    public ProjectService() {
    }

    // 初始化資料
    @PostConstruct
    void initData() {
        LOGGER.info(" 初始化資料 ");
        if (isInitData) {
            Project project1 = new Project (properties1.id, properties1.
inform. name, properties1.inform.description);
            Project project2 = new Project (properties2.id, properties2.
inform. name, properties2.inform.description);
            projects.add(project1);
            projects.add(project2);
        }
    }

    public Set<Project> list() {return projects;    }
```

```
public Project getById(Integer id) {
    for (Project value : projects) {
        if ( (id.intValue()) == (value.id.intValue())) {
            return value;
        }
    }
    return null;
}
}
```

程式說明：

ProjectService 類別分別注入了 Project1Properties 和 Project2Properties 物件。這兩個物件就是由 Spring Boot 定義的屬性類別，可以透過 Spring Boot 的設定註釋來獲取其屬性值。

## 3. Project1Properties 類別

用 IDE 工 具 開 啟 com.iiit.quarkus.sample.integrate.springboot.properties. ProjectProperties 類別檔案，其程式如下：

```
public class ProjectProperties {
    public Information inform;
    public Integer id;
    public static class Information {
        public String name;
        public String description ;
    }
}
```

而 Project1Properties 類別（程式以下）和 Project2Properties 類別繼承自 ProjectProperties 類別，但讀取的設定資訊不同。

```
@ConfigurationProperties("project1")
public class Project1Properties  extends ProjectProperties {
}
```

程式說明：
.............

Project1Properties 類別的類別註釋 @ConfigurationProperties 是 Spring Boot 的屬性註釋，在該應用設定參數清單中增加一個 project1 屬性類別。

## 10.5.3 驗證程式

透過下列幾個步驟（如圖 10-13 所示）來驗證案例程式。

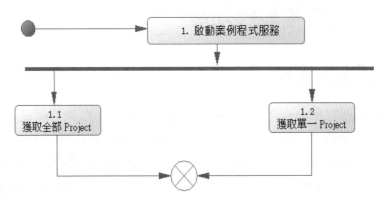

▲ 圖 10-13　quarkus-sample-integrate-springboot-properties 程式驗證流程圖

下面詳細說明各個步驟。

### 1. 啟動 quarkus-sample-integrate-springboot-properties 程式

啟動程式有兩種方式，第 1 種是在開發工具（如 Eclipse）中呼叫 Project Main 類別的 run 命令，第 2 種是在程式目錄下直接執行命令 mvnw compile quarkus:dev。

### 2. 透過 API 顯示全部 Project 的 JSON 清單內容

在命令列視窗中輸入以下命令：

```
curl http://localhost:8080/projects
```

其結果是所有 Project 的 JSON 列表。

### 3. 透過 API 顯示專案 1 的清單內容

在命令列視窗中輸入以下命令：

```
curl http://localhost:8080/projects/1/
```

其結果是專案 1 的清單內容。

# 10.6 獲取 Spring Cloud 的 Config Server 設定檔屬性功能

## 10.6.1 案例簡介

本案例介紹以 Quarkus 框架實現獲取 Spring Cloud 框架為基礎的 Config Server 設定檔屬性功能。透過閱讀和分析 Quarkus 框架透過 Spring Cloud 框架的 Config Server 讀取 application.properties 檔案和 Spring Cloud Config 設定檔的案例程式，可以了解和掌握 Quarkus 呼叫 Spring Cloud Config 框架設定檔屬性功能的使用方法。

**基礎知識**：Spring Cloud Config 框架。

Spring Cloud Config 框架是一個解決分散式系統的設定管理方案。該方案包含了用戶端和伺服器兩個部分。伺服器提供設定檔的儲存、以介面形式將設定檔的內容提供出去，用戶端透過介面獲取資料並依據此資料初始化自己的應用。

## 10.6.2 撰寫程式碼

直接從 GitHub 上獲取程式，可以從 GitHub 上複製預先準備好的範例程式：

```
git clone https://******.com/rengang66/iiit.quarkus.sample.git (見連結 1)
```

該 程 式 位 於 "105-quarkus-sample-integrate-springcloud-configserver" 目 錄
中，是一個 Maven 專案程式。整個程式分為兩個部分，第 1 部分是 Spring
Cloud Config Server，第 2 部分是 Quarkus 框架的讀取程式。

quarkus-sample-integrate-springcloud-configserver 程式的應用架構（如圖
10-14 所示）顯示，外部存取 ProjectResource 資源介面，ProjectResource
呼 叫 ProjectService 服 務，ProjectService 服 務 呼 叫 springcould-config-
server 的 Config Server 伺服器，獲取設定資訊。

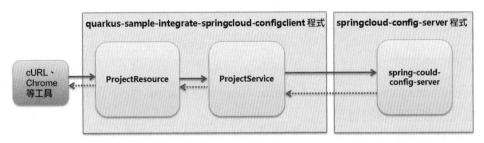

▲ 圖 10-14　quarkus-sample-integrate-springcloud-configserver 程式應用架構圖

第 1 部分是 Spring Cloud Config Server，這是一個標準的 Spring Cloud 程
式。Spring Cloud Config Server 的核心是 application.properties 設定檔：

```
project1.id=1
project1.inform.name= 專案 A
project1.inform.description= 關於專案 A 的描述

project2.id=2
project2.inform.name= 專案 B
project2.inform.description= 關於專案 B 的描述
```

第 2 部分是 quarkus-sample-integrate-springcloud-configclient 程式。

撰寫程式碼有 3 種方式。第 1 種方式是透過程式 UI 來實現的，第 2 種方
式是透過建立 Maven 專案來實現的：

```
mvn io.quarkus:quarkus-maven-plugin:1.10.5.Final:create ^
```

```
    -DprojectGroupId=com.iiit.quarkus.sample      ^
    -DprojectArtifactId=104-quarkus-sample-integrate-springboot-
properties ^
    -DclassName=com.iiit.quarkus.sample.integrate.springboot.properties.
ProjectResource
    -Dpath=/projects ^
    -Dextensions=resteasy-jsonb, quarkus-spring-cloud-config-client
```

第 3 種方式是在 IDE 工具中匯入 Maven 專案程式 quarkus-sample-integrate-springcloud-configclient，在 pom.xml 的 <dependencies> 下有以下內容：

```
<dependency>
    <groupId>io.quarkus</groupId>
    <artifactId>quarkus-spring-cloud-config-client</artifactId>
</dependency>
```

其中的 quarkus-spring-cloud-config-client 是 Quarkus 整合了 Spring Cloud 框架的設定服務的實現。

quarkus-sample-integrate-springcloud-configclient 程式的設定檔和核心類別如表 10-6 所示。

表 10-6　quarkus-sample-integrate-springcloud-configclient
程式的設定檔和核心類別

| 名　稱 | 類　型 | 簡　介 |
|---|---|---|
| application.properties | 設定檔 | 定義連接 Spring Cloud Config Server 的參數 |
| ProjectController | 資源類別 | 採用 Spring MVC 架構方式來提供 REST 外部 API，是該程式的核心處理類 |
| ProjectService | 服務類別（元件類別） | 提供資料服務，無特殊處理，在本節中將不做介紹 |
| Project | 實體類別 | POJO 物件，無特殊處理，在本節中將不做介紹 |

在 quarkus-sample-integrate-springcloud-configclient 程式中，首先看看設定資訊的 application.properties 檔案：

```
init.data.create=true
quarkus.application.name=spring-could-config-client
quarkus.spring-cloud-config.enabled=true
quarkus.spring-cloud-config.url=http://localhost:8888
```

在 application.properties 檔案中，設定了與 Spring Cloud Config Server 連接相關的參數。

（1）init.data.create 表示初始化資料。

（2）quarkus.application.name=spring-could-config-client 表示使用在設定伺服器上確定的用戶端應用名稱。

（3）quarkus.spring-cloud-config.enabled=true 表示啟用從設定伺服器檢索設定，其在預設情況下處於關閉狀態。

（4）quarkus.spring-cloud-config.url=http://localhost:8888 表示定義設定伺服器的位置，即監聽 HTTP 請求的 URL。

quarkus-sample-integrate-springcloud-configclient 程式與 quarkus-sample-integrate-springboot-properties 程式的大部分內容一樣，其差別在於，quarkus-sample-integrate-springboot-properties 程式透過 springboot-properties 類別讀取本地設定檔來獲取設定值，而 quarkus-sample-integrate-springcloud-configclient 程式透過讀取 Spring Cloud Config Server 的遠端設定檔來獲取設定值。

## 10.6.3 驗證程式

透過下列幾個步驟（如圖 10-15 所示）來驗證案例程式。

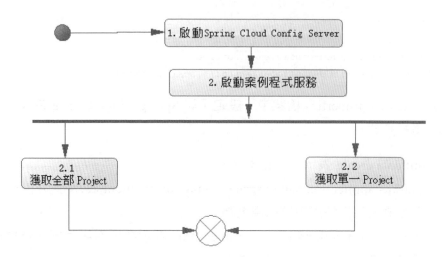

▲ 圖 10-15　quarkus-sample-integrate-springcloud-configserver 程式驗證流程圖

下面對其中相關的關鍵點說明。

## 1. 啟動 Spring Cloud Config Server 程式服務

在開發工具（如 Eclipse）中呼叫 com.iiit.train.springcloud.config.Application
類別的 run 命令，就可以啟動 Spring Cloud Config Server 程式。

## 2. 啟動 quarkus-sample-integrate-springcloud-configclient 程式

啟動程式有兩種方式，第 1 種是在開發工具（如 Eclipse）中呼叫
ProjectMain 類別的 run 命令，第 2 種是在程式目錄下直接執行命令 mvnw
compile quarkus:dev。

## 3. 透過 API 顯示全部 Project 的 JSON 清單內容

在命令列視窗中輸入以下命令：

```
curl http://localhost:8080/projects
```

其結果是所有 Project 的 JSON 列表。

### 4. 透過 API 顯示專案 1 的清單內容

在命令列視窗中輸入以下命令：

```
curl http://localhost:8080/projects/1/
```

其結果是專案 1 的清單內容。

# 10.7　本章小結

本章主要介紹 Quarkus 框架整合 Spring 框架的開發應用，從以下 6 個部分來進行講解。

第一：　介紹在 Quarkus 框架上如何整合 Spring 框架的 DI 功能的應用，包含案例的原始程式、講解和驗證。

第二：　介紹在 Quarkus 框架上如何整合 Spring 框架的 Web 功能的應用，包含案例的原始程式、講解和驗證。

第三：　介紹在 Quarkus 框架上如何整合 Spring 框架的 Data 功能的應用，包含案例的原始程式、講解和驗證。

第四：　介紹在 Quarkus 框架上如何整合 Spring 框架的安全功能的應用，包含案例的原始程式、講解和驗證。

第五：　介紹在 Quarkus 框架上如何獲取 Spring Boot 框架的設定檔屬性功能的應用，包含案例的原始程式、講解和驗證。

第六：　介紹在 Quarkus 框架上如何獲取 Spring Cloud 框架的 Config Server 設定檔屬性功能的應用，包含案例的原始程式、講解和驗證。

# Quarkus 的雲端原生應用和部署

## 11.1 建構容器映像檔

### 11.1.1 Quarkus 建構容器映像檔概述

Quarkus 為建構和推送容器映像檔提供擴充。目前 Quarkus 支持 Jib、Docker 和 S2I 等 3 種方式。

#### 1. Quarkus 容器映像檔擴充元件

（1）Jib

quarkus-container-image-jib 擴充元件由 Jib 驅動，用於執行容器映像檔建構。將 Jib 與 Quarkus 一起使用的主要好處是，所有依賴項都快取在與實際應用不同的層中，這使得重構非常快且應用非常小。使用該擴充的另一個好處是，它提供了建立容器映像檔的能力，而不必使用任何專用的用戶端工具（如 Docker）或執行守護處理程序（如 Docker 守護處理程序），只需推送到容器映像檔登錄檔。

要使用 quarkus-container-image-jib 擴充功能，請將以下擴充元件增加到專案中：

```
./mvnw quarkus:add-extension -Dextensions="container-image-jib"
```

在執行建構一個容器映像檔所需的所有操作而不需要向登錄檔推送的情況下（本質上是設定了 quarkus.container-image.build=true，而沒有設定 quarkus.container-image.push 屬性，則 quarkus.container-image.push 的預設值為 false），如果這個屬性值為 true，則該擴充元件將建立一個容器映像檔並將其註冊到 Docker 守護處理程序中。這表示雖然 Docker 不用於建構映像檔，但它仍然是必需的。還請注意，在執行命令 docker images 時使用該模式，將顯示已建構的容器映像檔。

在某些情況下，需要將其他檔案（除 Quarkus 建構生成的檔案外）增加到容器映像檔中。為了支援這些情況，Quarkus 會將 src/main/jib 目錄下的所有檔案複製到建構的容器映像檔中（這與 jib Maven 和 Gradle 外掛程式所支持的大致相同）。

（2）Docker

quarkus-container-image-docker 擴充元件正在使用 Docker 二進位檔案和 src/main/docker 目錄下生成的 Dockerfiles 來執行 Docker 建構。

要使用 quarkus-container-image-docker 擴充功能，請將以下擴充元件增加到專案中：

```
./mvnw quarkus:add-extension -Dextensions="container-image-docker"
```

（3）S2I

quarkus-container-image-s2i 擴充元件使用 S2I 二進位檔案建構，以便在 OpenShift 叢集內進行容器建構。S2I 建構的核心思想是，只需將工件及其依賴項上傳到叢集，在建構過程中它們將被合併到建構元映像檔中（預設為 fabric8/s2i-java）。

這種方法的好處是，它可以與 OpenShift 的 DeploymentConfig 相結合，這樣就可以很容易地對叢集進行更改。要使用此擴充功能，請將以下擴充元件增加到專案中：

```
./mvnw quarkus:add-extension -Dextensions="container-image-s2i"
```

S2I 建構需要建立一個 BuildConfig（基本設定資訊）和兩個 ImageStream 資源，一個 ImageStream 資源用於建構元映像檔，另一個 ImageStream 資源用於輸出映像檔。這種資源物件的生成是由 Quarkus Kubernetes Extension 來處理的。

## 2. 建立容器映像檔

要為專案建構容器映像檔，在使用 Quarkus 支援的任何方式時都需要設定 quarkus.container-image.build=true，命令如下：

```
mvnw clean package -Dquarkus.container-image.build=true
```

## 3. 推送容器映像檔

要為專案推送容器映像檔，在使用 Quarkus 支援的任何方式時都需要設定 quarkus.container-image.push=true，命令如下：

```
mvnw clean package -Dquarkus.container-image.push=true
```

如果沒有設定登錄檔（使用 quarkus.container-image.registry），那麼 docker.io 將用作預設值。

## 4. 訂製化容器映像檔

設定屬性可在執行時期修改，所有在設定檔中設定的屬性都可在執行時期重新定義。訂製化容器映像檔參數通用設定資訊清單如表 11-1 所示。

表 11-1　訂製化容器映像檔參數通用設定資訊清單

| 設定屬性 | 描述 | 類型 | 預設值 |
|---|---|---|---|
| quarkus.container-image.group | 容器映像檔屬於的群組 | string | ${user.name} |
| quarkus.container-image.name | 容器映像檔的名稱。如果未設定，則預設值是應用的名稱 | string | ${quarkus.application.name:unset} |
| quarkus.container-image.tag | 容器映像檔的標籤。如果未設定，則預設值是應用的版本 | string | ${quarkus.application.version:latest} |
| quarkus.container-image.additional-tags | 容器映像檔的附加標籤 | list of string | |
| quarkus.container-image.registry | 要使用的容器登錄檔 | string | |
| quarkus.container-image.image | 表示整個容器映像檔的字串。如果設定，則忽略 group、name、registry、tags 和 additionalTags 等的設定 | string | |
| quarkus.container-image.username | 用於推送生成容器映像檔的登錄檔時進行身份驗證的用戶名稱 | string | |
| quarkus.container-image.password | 用於推送生成容器映像檔的登錄檔時進行身份驗證的密碼 | string | |
| quarkus.container-image.insecure | 是否允許不安全的註冊 | boolean | false |
| quarkus.container-image.build | 是否生成容器映像檔 | boolean | false |
| quarkus.container-image.push | 是否推送容器映像檔 | boolean | false |
| quarkus.container-image.builder | 要使用的容器映像檔擴充元件的名稱（例如 docker、jib、s2i）。如果存在多個擴充元件，將使用該屬性進行設定 | string | |

訂製化容器映像檔參數 Docker 設定資訊清單如表 11-2 所示。

表 11-2　訂製化容器映像檔參數 Docker 設定資訊清單

| 設定屬性 | 描述 | 類型 | 預設值 |
|---|---|---|---|
| quarkus.docker. dockerfile-jvm-path | JVM Dockerfile 的路徑。如果未設定，將使用 ${project.root}/src/main/docker/Dockerfile.jvm 檔案作為預設路徑和檔案名稱。如果設定為絕對路徑，則將使用絕對路徑，否則該路徑被視為針對專案根的相對路徑 | string | |
| quarkus.docker. dockerfile-native-path | JVM Dockerfile 的路徑。如果未設定，將使用 ${project.root}/src/main/docker/Dockerfile.native 檔案作為預設檔案的路徑和名稱。如果設定為絕對路徑，則將使用絕對路徑，否則該路徑將被視為針對專案根的相對路徑 | string | |
| quarkus.docker. cache-from | 需要快取來源的映像檔。透過參數值 cache-from 的選項傳遞給 Docker Build | list of string | |
| quarkus.docker. executable-name | 用於執行 Docker 命令的二進位檔案名稱 | string | docker |
| quarkus.docker. build-args | 透過 Build arg 傳遞參數給 Docker | Map <String,String> | |

## 11.1.2　案例簡介

本案例介紹以 Quarkus 框架實現容器擴充元件為基礎的基本功能。通過了解將 Quarkus 應用建構為 Docker 映像檔的設定和過程，可以掌握和使用 Quarkus 應用在容器上的發佈和建構。

**基礎知識**：Docker 容器技術。

Docker 是容器技術的一種實現，也是目前比較主流的開放原始碼容器實現工具。Docker 元件包括：①用戶端（Docker Client）和服務端（Docker Host）；②映像檔（Images）；③登錄檔（Registry）；④容器（Containers），如圖 11-1 所示。

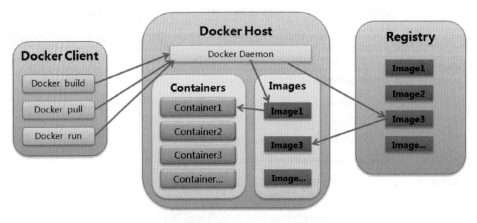

▲ 圖 11-1　Docker 元件

## 11.1.3　撰寫程式碼

撰寫程式碼有 3 種方式。第 1 種方式是透過程式 UI 來實現的，在 Quarkus 官網的生成內碼表面中按照指定步驟生成鷹架程式，然後下載檔案，將專案引入 IDE 工具中，最後修改程式原始碼。

第 2 種方式是透過 mvn 來建構程式，透過下面的命令建立 Maven 專案來實現：

```
mvn io.quarkus:quarkus-maven-plugin:1.11.1.Final:create ^
    -DprojectGroupId=com.iiit.quarkus.sample ^
    -DprojectArtifactId=120-quarkus-sample-container-image ^
    -DclassName=com.iiit.quarkus.sample.hello.HelloResource -Dpath=/hello ^
    -Dextensions="docker"
```

第 3 種方式是直接從 GitHub 上獲取程式，可以從 GitHub 上複製預先準備好的範例程式：

```
git clone https://******.com/rengang66/iiit.quarkus.sample.git（見連結 1）
```

該程式位於 "120-quarkus-sample-container-image" 目錄中，是一個 Maven 專案程式。

在 IDE 工具中匯入 Maven 專案程式，在 pom.xml 的 <dependencies> 下有以下內容：

```
<dependency>
    <groupId>io.quarkus</groupId>
    <artifactId>quarkus-container-image-docker</artifactId>
</dependency>
```

quarkus-container-image-docker 是 Quarkus 整合了 Docker 的實現。

quarkus-sample-container-image 程式的設定檔和核心類別如表 11-3 所示。

表 11-3　quarkus-sample-container-image 程式的設定檔和核心類別

| 名　稱 | 類　型 | 簡　介 |
|---|---|---|
| application.properties | 設定檔 | 須定義 container-imager 設定的資訊，是該程式的核心內容 |
| HelloResource | 資源類別 | 提供 REST 的外部 API，無特殊處理，在本節中將不做介紹 |

在該程式中，首先看看設定資訊的 application.properties 檔案：

```
# 統一的容器映像檔的設定資訊
quarkus.container-image.group =
quarkus.container-image.name =
quarkus.container-image.tag =
quarkus.container-image.additional-tags = additional-tags
quarkus.container-image.registry =
quarkus.container-image.image =

quarkus.container-image.username = reng
quarkus.container-image.password = 12345678
quarkus.container-image.insecure  = false
quarkus.container-image.build = false
quarkus.container-image.push = false
quarkus.container-image.builder = docker

# Docker 映像檔的設定資訊
quarkus.docker.dockerfile-jvm-path =
quarkus.docker.dockerfile-native-path =
```

```
quarkus.docker.cache-from =
quarkus.docker.executable-name = docker
quarkus.docker.build-args =
```

application.properties 檔案的參數設定可以參看表 11-1 和表 11-2。

由於本案例的應用程式就是一個簡單的 Hello 程式,故不多做解釋了。所有的 Quarkus 應用都可以按照以上模式生成容器映像檔。

## 11.1.4 建立 Docker 容器映像檔並執行容器程式

### 1. 建立 Docker 容器映像檔

建立 Docker 容器映像檔有兩種方式,第 1 種方式只需要一步,即在程式目錄下執行以下命令:

```
mvnw clean package -Dquarkus.container-image.build=true
```

第 2 種方式是採用 Dockerfile 檔案,步驟如下。

第 1 步:在程式目錄下執行命令 mvnw clean package(或 mvn clean package)。

第 2 步:透過 Docker 用戶端程式來建立容器映像檔,命令如下:

```
docker build -f src/main/docker/Dockerfile.jvm -t quarkus/120-quarkus-
sample-container-image-jvm
```

### 2. 執行容器程式

建構了 Docker 容器映像檔後,就可以執行容器內的應用了,命令如下:

```
docker run -i --rm -p 8080:8080 quarkus/120-quarkus-sample-container-
image-jvm
```

如果要在 Docker 映像檔中包含偵錯通訊埠,那麼執行以下的容器命令:

```
docker run -i --rm -p 8080:8080 -p 5005:5005 -e JAVA_ENABLE_DEBUG="true"
quarkus/120-quarkus-sample-container-image-jvm
```

# 11.2 生成 Kubernetes 資源檔

Quarkus 提供以正常預設值和使用者提供為基礎的設定來自動生成 Kubernetes 資源的部署能力。Quarkus 目前支持為 Kubernetes、OpenShift 和 Knative 生產資源。此外，Quarkus 可以透過將生成的清單應用於目標叢集的 API 伺服器，將應用部署到目標 Kubernetes 叢集。最後，當 Kubernetes 叢集存在一個容器映像檔擴充時，Quarkus 可以建立容器映像檔並在將應用部署到目標平台之前將其推送給登錄檔。

## 11.2.1 Quarkus 在 Kubernetes 上部署雲端原生應用

可以在 Quarkus 中定義一些部署 Kubernetes 的參數屬性，主要透過 application.properties 檔案進行訂製。

### 1. 設定容器映像檔資訊

預設使用 yourDockerUsername/test-quarkus-app:1.0-SNAPSHOT 作為容器映像檔的應用名稱，容器映像檔名稱由 Docker Extension 設定，例如 application.properties 檔案中的設定如下：

```
quarkus.container-image.group=quarkus  # 可選，預設是系統用戶名稱
quarkus.container-image.name=demo-app  # 可選，預設是應用名稱
quarkus.container-image.tag=1.0        # 可選，預設是應用版本
quarkus.container-image.registry=my.docker-registry.net
```

將在生成的清單中使用的容器映像檔是 quarkus/demo-app:1.0。

### 2. 設定 Kubernetes 標籤資訊

針對 Kubernetes 的標籤和自訂標籤資訊，application.properties 檔案中的設定如下：

```
qquarkus.kubernetes.part-of=121-quarkus-hello-kubernetes
quarkus.kubernetes.name=quarkus-hello-kubernetes
quarkus.kubernetes.version=1.0-SNAPSHOT
```

```
quarkus.kubernetes.labels.business=hello
```

## 3. 設定 Kubernetes 註釋資訊

針對 Kubernetes 的註釋資訊，application.properties 檔案中的設定如下：

```
quarkus.kubernetes.annotations.business=hello
quarkus.kubernetes.annotations."app.quarkus/id"=42
```

## 4. 設定 quarkus.kubernetes 的 mounts volume、secret-volumes、config-map、replicas、hostaliases 屬性

針對 Kubernetes 的 mounts volume、secret-volumes、config-map、replicas、hostaliases 屬性，application.properties 檔案中的設定如下：

```
quarkus.kubernetes.mounts.my-volume.path=/where/to/mount
quarkus.kubernetes.secret-volumes.my-volume.secret-name=my-secret
quarkus.kubernetes.config-map-volumes.my-volume.config-map-name=my-secret
quarkus.kubernetes.replicas=3
quarkus.kubernetes.hostaliases."10.0.0.0".hostnames=business.com,iiit.com
```

## 5. 設定 quarkus.kubernetes 的 env 屬性

針對 Kubernetes 的 env 屬性，application.properties 檔案中的設定如下：

```
quarkus.kubernetes.env.vars.my-env-var=businessbar
# quarkus.kubernetes.env.secrets=my-secret,my-other-secret
# quarkus.kubernetes.env.configmaps=my-config-map,another-config-map
# quarkus.kubernetes.env.mapping.business.from-secret=my-secret
# quarkus.kubernetes.env.mapping.business.with-key=keyName
# quarkus.kubernetes.env.mapping.business.from-configmap=my-configmap
# quarkus.kubernetes.env.mapping.business.with-key=keyName
quarkus.kubernetes.env.fields.business=metadata.name
```

## 6. 設定 quarkus.kubernetes 的 resources 屬性

針對 Kubernetes 的 resources 屬性，application.properties 檔案中的設定如下：

```
quarkus.kubernetes.resources.requests.memory=64Mi
quarkus.kubernetes.resources.requests.cpu=250m
```

```
quarkus.kubernetes.resources.limits.memory=512Mi
quarkus.kubernetes.resources.limits.cpu=1000m
```

## 11.2.2　案例簡介

本案例介紹以 Quarkus 框架為基礎實現生成 Kubernetes 資源檔的功能。
Kubernetes 能提供一個以「容器為中心的基礎架構」，滿足在生產環境中
執行應用的一些常見需求。透過閱讀和分析在 Quarkus 框架中生成可以部
署到 Kubernetes 的資源檔等的案例程式，可以了解和掌握如何把 Quarkus
框架與 Kubernetes 更友善和高效率地協作起來。

**基礎知識**：Kubernetes 平台及其基本概念。

Kubernetes 可以在物理或虛擬機器的 Kubernetes 叢集上執行容器化應
用，提供多種功能，如多個處理程序協作工作、儲存系統掛載、分散式
加密、服務健康檢測、服務實例複製、自動伸縮 / 擴充、服務發現、負載
平衡、迭代更新、資源監控、日誌存取、偵錯應用、提供認證和授權等。

### 1. Kubernetes 框架的組成

Kubernetes 框架平台採用了主從架構。Kubernetes 的元件可以被分為管理
單一節點和控制平面（Control Plane）的部分，如圖 11-2 所示。

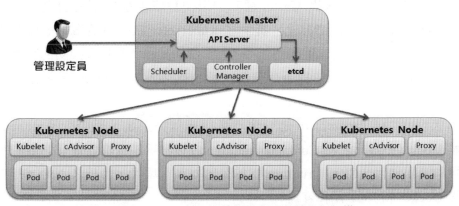

▲ 圖 11-2　Kubernetes 框架平台整體執行架構

下面主要介紹 Kubernetes 的核心元件。

（1）Kubernetes 的 Master
Kubernetes 的 Master 主要是在不同系統之間負責管理工作負載和指導通訊的控制單元。Kubernetes 本身的處理程序可以執行在一個單獨的 Master 節點上，或執行在由多個 Master 支援的高可用叢集中。Master 節點主要由 kube-apiserver、kube-scheduler、kube-controller-manager、cloud-controller-manager、etcd 等 5 個元件組成。各元件的功能如下：① kube-apiserver 是資源操作的統一、唯一入口，提供了認證、授權、存取控制、API 註冊和發現等機制；② kube-scheduler 負責資源的排程，按照預定的排程策略將 Pod 排程到對應的機器上；③ kube-controller-manager 負責執行管理控制器，負責維護叢集的狀態，比如故障檢測、自動擴充、捲動更新等，它是核心 Kubernetes 控制器所執行的處理程序；④ cloud-controller-manager（雲端控制器管理器）負責與雲端提供商的底層平台互動；⑤ etcd 是一個由 CoreOS 開發的羽量級、分散式 key-value 資料記憶體。

（2）Kubernetes 的 Node
Kubernetes 節點（Node，也叫 worker 或 minion）是部署容器的單一機器或虛擬機器。叢集中的每一個節點必須執行著容器執行時期及下面提到的各個元件，用來與 Master 通訊，以便對容器進行網路設定。節點（Node）元件執行在節點上，提供了 Kubernetes 執行時期環境，以及維護 Pod。節點元件的作用和功能如下：① Kubelet 負責每個節點的執行狀態，也就是確保節點中的所有容器正常執行；② kube-proxy 是網路代理和負載平衡的實現；③ cAdvisor 是監聽和收集資源使用情況和性能指標的代理者；④ supervisord 是一個羽量級的監控系統，用於確保 Kubelet 和 Docker 的執行；⑤ Container runtime 負責容器映像檔管理及 Pod 和容器的真正執行（CRI）；runtime 指的是容器執行環境，目前 Kubernetes 支援 Docker 和 RKT 兩種容器。

## 2. Quarkus 開發者需要了解的 Kubernetes 的一些基本概念

雖然 Kubernetes 平台具有豐富的概念和功能，同時圍繞 Kubernetes 還形成了一個雲端原生生態，但對於開發者，而非運行維護者，主要需要搞清楚自己寫的程式（或微服務）如何與 Kubernetes 連結，這首先要搞明白 4 個基本概念：Pod、ReplicationController、Service、Label，下面分別介紹。

■ Pod 是 Kubernetes 的基本操作單元，也是應用執行的載體。整個 Kubernetes 系統都是圍繞著 Pod 展開的。一個 Pod 代表著叢集中執行的處理程序。Pod 中封裝著應用的容器、儲存，擁有獨立的網路 IP、管理容器如何執行的策略選項等。Pod 中可以共用兩種資源：網路和儲存。

■ ReplicationController 用於確保容器應用的備份數量始終與使用者定義的備份數量保持一致，即如果有容器異常退出，則會自動建立新的 Pod 來替代，而由於發生異常而多出來的容器會被自動回收。在新版本的 Kubernetes 中建議使用 ReplicaSet 來取代 ReplicationController。ReplicaSet 跟 ReplicationController 沒有本質區別，只是名字不一樣，而且 ReplicaSet 支援集合式的 Selector。

■ Kubernetes Service 定義了一種抽象，一個 Pod 的邏輯分組，一種可以存取分組的策略，通常被稱為微服務（這裡是 Kubernetes 定義的微服務概念）。這一組 Pod 能夠被 Service 存取，通常是透過 Label Selector 實現的。Service 有幾個屬性，分別是 Internal IP、Extendal IP、Service Port、Pod Port 和 Label Selector 等。

■ Label 是附著在物件（例如 Pod）上的鍵值對。Label 的值對系統本身並沒有什麼含義，Label 可以將組織架構映射到系統架構上，這樣能夠方便管理微服務。

對於 Kubernetes 叢集中的應用，Kubernetes 提供了簡單的 Endpoints API，只要 Service 中的一組 Pod 發生變更，應用就會被更新。對於非

Kubernetes 叢集中的應用，Kubernetes 提供了以 VIP 為基礎的橋接器方式來存取 Service，再由 Service 重新導向到 backend Pod。一個 Service 在 Kubernetes 中是一個 REST 物件。

另外，要搞明白這 4 個基本概念之間的關係。為了方便讀者了解，給大家展示如圖 11-3 所示的關係映射圖。

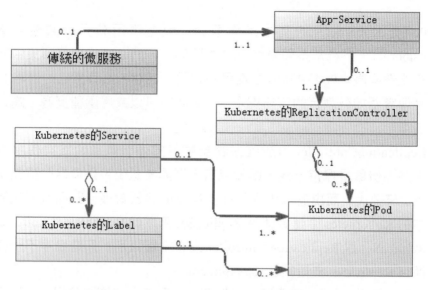

▲ 圖 11-3　Kubernetes 內元件與微服務的關係映射圖

傳統微服務是一個可以執行的服務元件。Kubernetes 的 Service 定義了這種服務抽象。傳統微服務與具體應用服務元件是一對一的關係，具體應用服務元件與 Kubernetes 的 ReplicationController 也是一對一的關係。Kubernetes 的 ReplicationController 與 Kubernetes 的 Pod 是一對多的關係。這樣進行推理，傳統微服務與 Kubernetes 的 Pod 是一對多的關係。Kubernetes 的 Service 與 Kubernetes 的 Label 是一對多的關係。Kubernetes 的 Label 與 Kubernetes 的 Pod 是一對多的關係。再進行推理，Kubernetes 的 Service 與 Kubernetes 的 Pod 是一對多的關係。

**3. 將 Quarkus 開發的微服務發佈到 Kubernetes 及其叢集**

Kubectl 是對 Kubernetes 進行管理的命令列工具。透過 Kubectl 能夠對 Kubernetes 及其叢集進行管理，並能夠在叢集上進行容器化應用的安裝部署。

本案例生成的 Kubernetes 資源部署檔案，就是透過 Kubectl 發佈到 Kubernetes 平台或叢集中的。

## 11.2.3 撰寫程式碼

撰寫程式碼有 3 種方式。第 1 種方式是透過程式 UI 來實現的，在 Quarkus 官網的生成內碼表面中按照指定的步驟生成鷹架程式，然後下載檔案，將專案引入 IDE 工具中，最後修改程式原始碼。

第 2 種方式是透過 mvn 來建構程式，透過下面的命令建立 Maven 專案來實現：

```
mvn io.quarkus:quarkus-maven-plugin:1.11.1.Final:create ^
    -DprojectGroupId=com.iiit.quarkus.sample ^
    -DprojectArtifactId=121-quarkus-sample-kubernetes  ^
    -DclassName=com.iiit.quarkus.sample.hello.HelloResource ^
    -Dpath=/hello  ^
    -Dextensions=resteasy,kubernetes,docker
```

第 3 種方式是直接從 GitHub 上獲取程式，可以從 GitHub 上複製預先準備好的範例程式：

```
git clone https://******.com/rengang66/iiit.quarkus.sample.git (見連結 1)
```

這裡有兩個關於生成 Kubernetes 部署檔案的程式，其中 quarkus-sample-kubernetes 程式中沒有任何設定資訊，其生成的 Kubernetes 部署檔案也都進行的是預設設定。而 quarkus-sample-kubernetes-customizing 程式的設定資訊進行了訂製化。下面選擇位於 "124-quarkus-sample-kubernetes-customizing" 目錄中的 Maven 專案程式進行講解。

在 IDE 工具中匯入 Maven 專案程式，在 pom.xml 的 <dependencies> 下有以下內容：

```
<dependency>
    <groupId>io.quarkus</groupId>
    <artifactId>quarkus-kubernetes</artifactId>
</dependency>

<dependency>
    <groupId>io.quarkus</groupId>
    <artifactId>quarkus-container-image-docker</artifactId>
</dependency>
```

quarkus-kubernetes 是 Quarkus 整合了 Kubernetes 的實現。

quarkus-sample-kubernetes-customizing 程式的設定檔和核心類別如表 11-4 所示。

表 11-4　quarkus-sample-kubernetes-customizing 程式的設定檔和核心類別

| 名　稱 | 類　型 | 簡　介 |
|---|---|---|
| application.properties | 設定檔 | 須定義 Kubernetes 的設定資訊，是該程式的核心內容 |
| HelloResource | 資源類別 | 提供了 REST 外部 API，無特殊處理，在本節中將不做介紹 |

在該程式中，首先看看設定資訊的 application.properties 檔案：

```
# 訂製化 quarkus.container-image 屬性
# quarkus.container-image.group=quarkus
# quarkus.container-image.name=demo-app
# quarkus.container-image.tag=1.0
# quarkus.container-image.registry=my.docker-registry.net

# 訂製化 quarkus.kubernetes 的 labels 屬性
quarkus.kubernetes.part-of=121-quarkus-hello-kubernetes
quarkus.kubernetes.name=quarkus-hello-kubernetes
quarkus.kubernetes.version=1.0-SNAPSHOT
quarkus.kubernetes.labels.business=hello
```

```
# 訂製化 quarkus.kubernetes 的 annotations 屬性
quarkus.kubernetes.annotations.business=hello
quarkus.kubernetes.annotations."app.quarkus/id"=42

# 訂製化 quarkus.kubernetes 的 env 屬性
quarkus.kubernetes.env.vars.my-env-var=businessbar
#quarkus.kubernetes.env.secrets=my-secret,my-other-secret
#quarkus.kubernetes.env.configmaps=my-config-map,another-config-map
#quarkus.kubernetes.env.mapping.business.from-secret=my-secret
#quarkus.kubernetes.env.mapping.business.with-key=keyName
#quarkus.kubernetes.env.mapping.business.from-configmap=my-configmap
#quarkus.kubernetes.env.mapping.business.with-key=keyName
quarkus.kubernetes.env.fields.business=metadata.name

# 訂製化 quarkus.kubernetes 的 mounts volume 屬性
quarkus.kubernetes.mounts.my-volume.path=/where/to/mount

# 訂製化 quarkus.kubernetes 的 secret-volumes 屬性
quarkus.kubernetes.secret-volumes.my-volume.secret-name=my-secret

# 訂製化 quarkus.kubernetes 的 config-map 屬性
quarkus.kubernetes.config-map-volumes.my-volume.config-map-name=my-secret

# 訂製化 quarkus.kubernetes 的 replicas 屬性
quarkus.kubernetes.replicas=3

# 訂製化 quarkus.kubernetes 的 hostaliases 屬性
quarkus.kubernetes.hostaliases."10.0.0.0".hostnames=business.com,iiit.com

# 訂製化 quarkus.kubernetes 的 resources 屬性
quarkus.kubernetes.resources.requests.memory=64Mi
quarkus.kubernetes.resources.requests.cpu=250m
quarkus.kubernetes.resources.limits.memory=512Mi
quarkus.kubernetes.resources.limits.cpu=1000m
```

在上述程式中有 quarkus.kubernetes 設定資訊的註釋，下面就不贅述了。

由於本案例的應用就是一個簡單的 Hello 程式，故不多做解釋。所有的
Quarkus 應用都可以按照以上模式生成、部署 Kubernetes 的資源檔。

# 11.2.4 建立 Kubernetes 部署檔案並將其部署到 Kubernetes 中

## 1. 建立 Kubernetes 部署檔案

在程式目錄下執行命令 mvnw clean package（或 mvn clean package）。

可以看到，在 target/kubernetes/ 目錄中，有兩個名為 kubernetes.json 和 kubernetes.yml 的檔案。

隨便查看其中一個檔案，會看到它同時包含 Kubernetes 部署和服務內容。

kubernetes.json 檔案內容以下（由於內容太多，只選擇了部分進行展示）：

```
{
  "apiVersion" : "v1",
  "kind" : "Service",
  "metadata" : {
    "annotations" : {
      "app.quarkus/id" : "42",
      ...
    },
    "labels" : {
      "app.kubernetes.io/name" : "quarkus-sample-kubernetes",
      "app.kubernetes.io/part-of" : "121-quarkus-sample-kubernetes",
      "app.kubernetes.io/version" : "1.0-SNAPSHOT",
      "business" : "hello"
    },
    "name" : "quarkus-sample-kubernetes"
  },
  "spec" : {
    "ports" : [ {
      "name" : "http",
      "port" : 8080,
      "targetPort" : 8080
    } ],
    "selector" : {
      ...
```

```
    },
    "type" : "ClusterIP"
  }
}{
  "apiVersion" : "apps/v1",
  "kind" : "Deployment",
  "metadata" : {
    "annotations" : {
      ...
    },
    "labels" : {
     ...
    },
    "name" : "quarkus-sample-kubernetes"
  },
  "spec" : {
    "replicas" : 3,
    "selector" : {
      "matchLabels" : {
        ...
      }
    },
    "template" : {
      "metadata" : {
        "annotations" : {
          ...
        },
        "labels" : {
          ...
        }
      },
      "spec" : {
        "containers" : [ {
          "env" : [ {
            "name" : "KUBERNETES_NAMESPACE",
            "valueFrom" : {
              "fieldRef" : {
                "fieldPath" : "metadata.namespace"
              }
```

```
          }
        }, {
          "name" : "MY_ENV_VAR",
          "value" : "businessbar"
        }, {
          "name" : "BUSINESS",
          "valueFrom" : {
            "fieldRef" : {
              "fieldPath" : "metadata.name"
            }
          }
        } ],
        "image" : "reng/124-quarkus-sample-kubernetes-customizing:1.0-
SNAPSHOT",
        "imagePullPolicy" : "IfNotPresent",
        "name" : "quarkus-sample-kubernetes",
        "ports" : [ {
          "containerPort" : 8080,
          "name" : "http",
          "protocol" : "TCP"
        } ],
        "volumeMounts" : [ {
          "mountPath" : "/where/to/mount",
          "name" : "my-volume",
          "readOnly" : false,
          "subPath" : ""
        } ]
      } ],
      "hostAliases" : [ {
        "hostnames" : [ "business.com", "iiit.com" ],
        "ip" : "10.0.0.0"
      } ],
      "volumes" : [ {
        "name" : "my-volume",
        "secret" : {
          "defaultMode" : 384,
          "optional" : false,
          "secretName" : "my-secret"
        }
```

```
    }, {
      "configMap" : {
        "defaultMode" : 384,
        "name" : "my-secret",
        "optional" : false
      },
      "name" : "my-volume"
    } ]
  }
 }
 }
 }
```

從上面的檔案內容可以解析，其中的所有生成資訊都是從 application.
properties 設定檔中獲得的。

### 2. 將檔案部署到 Kubernetes 中

可以在專案根目錄下使用 kubectl 命令將上述生成的 kubernetes.json 清單
應用到叢集，命令如下：

```
kubectl apply -f  target/kubernetes/kubernetes.json
```

關於部署需要注意，該部署檔案使用 reng/124-quarkus-sample-kubernetes-
customizing:1.0-SNAPSHOT 作為容器映像檔，容器映像檔的名稱由
Docker Extension 設定，也可以在 application.properties 中進行訂製。

# 11.3 生成 OpenShift 資源檔

## 11.3.1 Quarkus 在 OpenShift 中部署雲端原生應用

Quarkus 提 供 了 以 預 設 設 定 或 使 用 者 提 供 為 基 礎 的 設 定 自 動 生 成
OpenShift 資源的部署能力。OpenShift 擴充元件實際上是一個包裝器擴充
元件，它將 Kubernetes、container-image-docker 擴充元件與合理的預設

值結合在一起，這樣使用者就可以很容易地在 OpenShift 上使用 Quarkus 了。

雖然 Quarkus 實現 OpenShift 的訂製化方式與 Quarkus 實現 Kubernetes 的訂製化方式非常相似，但是很多細節是完全不同的。針對 OpenShift 主要進行了大量的擴充和細化工作。

## 11.3.2 案例簡介

本案例介紹以 Quarkus 框架為基礎實現生成 OpenShift 資源檔的功能。OpenShift 是一個向開發者提供建構、測試、執行和管理其應用的 PaaS 平台。透過閱讀和分析在 Quarkus 框架中生成可以部署到 OpenShift 上的資源檔等的案例程式，可以了解和掌握如何把 Quarkus 框架與 OpenShift 更友善和高效率地協作起來。

**基礎知識**：OpenShift 平台及其基本概念。

OpenShift 是由 Red Hat 推出的一款針對開放原始碼開發者的 PaaS 平台。OpenShift 透過在語言、框架和雲端上為開發者提供更多的選擇，使開發者可以建構、測試、執行和管理他們的應用。

OpenShift 因 Kubernetes 而生，Kubernetes 因 OpenShift 而走向企業級 PaaS 平台。在過去的時間裡，Red Hat 及各大廠商（例如 Google、華為、中興、微軟、VMware 等）為 Kubernetes 提供了大量的程式。Kubernetes 專注於容器編排，而 OpenShift 以 Kubernetes 為基礎提供了整套的企業級 PaaS 功能，如管理員主控台（網頁化）、日誌系統、入口流量（route）、映像檔倉庫、監控、持久儲存、應用範本、CI/CD 等。OpenShift 還實現了對 IaaS 的管理功能，也就是說，當 OpenShift 叢集資源不足時，可以自動從 IaaS 的機器資源中增加機器至 OpenShift 叢集。目前 OpenShift 只支持對 AWS EC2 的管理。

## 11.3.3 撰寫程式碼

撰寫程式碼有 3 種方式。第 1 種方式是透過程式 UI 來實現的，在 Quarkus 官網的生成內碼表面中按照指定步驟生成鷹架程式，然後下載檔案，將專案引入 IDE 工具中，最後修改程式原始碼。

第 2 種方式是透過 mvn 來建構程式，透過下面的命令建立 Maven 專案來實現：

```
mvn io.quarkus:quarkus-maven-plugin:1.11.1.Final:create ^
    -DprojectGroupId=com.iiit.quarkus.sample ^
    -DprojectArtifactId=122-quarkus-sample-openshift ^
    -DclassName=com.iiit.quarkus.sample.hello.HelloResource ^
    -Dpath=/hello ^
    -Dextensions=openshift
```

第 3 種方式是直接從 GitHub 上獲取程式，可以從 GitHub 上複製預先準備好的範例程式：

```
git clone https://******.com/rengang66/iiit.quarkus.sample.git (見連結 1)
```

該程式位於 "122-quarkus-sample-openshift" 目錄中，是一個 Maven 專案程式。

在 IDE 工具中匯入 Maven 專案程式，在 pom.xml 的 <dependencies> 下有以下內容：

```
<dependency>
    <groupId>io.quarkus</groupId>
    <artifactId>quarkus-openshift</artifactId>
</dependency>
```

quarkus-openshift 是 Quarkus 整合了 OpenShift 的實現。

quarkus-sample-openshift 程式的設定檔和核心類別如表 11-5 所示。

表 11-5　quarkus-sample-openshift 程式的設定檔和核心類別

| 名　稱 | 類　型 | 簡　介 |
|---|---|---|
| application.properties | 設定檔 | 須定義 OpenShift 設定的資訊，是該程式的核心內容 |
| HelloResource | 資源類別 | 提供 REST 外部 API，無特殊處理，在本節中將不做介紹 |

在該程式中，首先看看設定資訊的 application.properties 檔案：

```
# 訂製化 quarkus.openshift 的 labels 屬性
quarkus.openshift.name=quarkus-hello-openshift
quarkus.openshift.version=1.0-SNAPSHOT
quarkus.openshift.part-of=122-quarkus-hello-openshift
quarkus.openshift.labels.business=hello

# 訂製化 quarkus.openshift 的 annotations 屬性
quarkus.openshift.annotations.business=hello

# 訂製化 quarkus.openshift 的 mounts volume 屬性
quarkus.openshift.mounts.my-volume.path=/where/to/mount

# 訂製化 quarkus.openshift 的 secret-volumes 屬性
quarkus.openshift.secret-volumes.my-volume.secret-name=my-secret

# 訂製化 quarkus.openshift 的 config-map 屬性
quarkus.openshift.config-map-volumes.my-volume.config-map-name=my-secret

# 訂製化 quarkus.openshift 的 replicas 屬性
quarkus.openshift.replicas=3

# 訂製化 quarkus.openshift 的 hostaliases 屬性
quarkus.openshift.host=0.0.0.0
```

由於本案例的應用程式就是一個簡單的 Hello 程式，故不多做解釋。所有的 Quarkus 應用都可以按照以上模式生成、部署 OpenShift 的資源檔。

## 11.3.4 建立 OpenShift 部署檔案並將其部署到 OpenShift 中

### 1. 建立 OpenShift 部署檔案

在程式目錄下執行命令 mvnw clean package（或 mvn clean package）。

可以看到，在 target/kubernetes/ 目錄中有 4 個檔案，分別是 kubernetes. json、kubernetes. yml、openshift.json、openshift.yml。

隨便查看其中一個檔案，將看到它同時包含 OpenShift 部署和服務內容。

openshift.json 檔案內容以下（由於內容太多，只選擇了部分進行展示）：

```json
{
  "apiVersion" : "v1",
  "kind" : "Service",
  "metadata" : {
    "annotations" : {
      "business" : "hello",
      ...
    },
    "labels" : {
      "app.kubernetes.io/name" : "quarkus-hello-openshift",
      "app.kubernetes.io/part-of" : "122-quarkus-hello-openshift",
      "app.kubernetes.io/version" : "1.0-SNAPSHOT",
      "app.openshift.io/runtime" : "quarkus",
      "business" : "hello"
    },
    "name" : "quarkus-hello-openshift"
  },
  "spec" : {
    "ports" : [ {
      "name" : "http",
      "port" : 8080,
      "targetPort" : 8080
    } ],
    "selector" : {
```

```
      ...
    },
    "type" : "ClusterIP"
  }
}{
  "apiVersion" : "image.openshift.io/v1",
  "kind" : "ImageStream",
  "metadata" : {
    "annotations" : {
      ...
    },
    "labels" : {
      ...
    },
    "name" : "openjdk-11"
  },
  "spec" : {
    "dockerImageRepository" : "registry.access.redhat.com/ubi8/
openjdk-11"
  }
}{
  "apiVersion" : "image.openshift.io/v1",
  "kind" : "ImageStream",
  "metadata" : {
    "annotations" : {
      ...
    },
    "labels" : {
      ...
    },
    "name" : "quarkus-hello-openshift"
  },
  "spec" : { }
}{
  "apiVersion" : "build.openshift.io/v1",
  "kind" : "BuildConfig",
  "metadata" : {
    "annotations" : {
      ...
```

```
      },
      "labels" : {
        ...
      },
      "name" : "quarkus-hello-openshift"
    },
    "spec" : {
      "output" : {
        "to" : {
          "kind" : "ImageStreamTag",
          "name" : "quarkus-hello-openshift:1.0-SNAPSHOT"
        }
      },
      "source" : {
        "binary" : { }
      },
      "strategy" : {
        "sourceStrategy" : {
          "from" : {
            "kind" : "ImageStreamTag",
            "name" : "openjdk-11:latest"
          }
        }
      }
    }
  }{
    "apiVersion" : "apps.openshift.io/v1",
    "kind" : "DeploymentConfig",
    "metadata" : {
      "annotations" : {
        ...
      },
      "labels" : {
        ...
      },
      "name" : "quarkus-hello-openshift"
    },
    "spec" : {
      "replicas" : 3,
```

```
"selector" : {
  ...
},
"template" : {
  "metadata" : {
    "annotations" : {
      ...
    },
    "labels" : {
      ...
    }
  },
  "spec" : {
    "containers" : [ {
      "args" : [ ...
      "command" : [ "java" ],
      "env" : [ {
        "name" : "KUBERNETES_NAMESPACE",
        "valueFrom" : {
          "fieldRef" : {
            "fieldPath" : "metadata.namespace"
          }
        }
      }, {
        "name" : "JAVA_LIB_DIR",
        "value" : "/deployments/target/lib"
      }, {
        "name" : "JAVA_APP_JAR",
        "value" : "/deployments/target/122-quarkus-sample-openshift-
1.0-SNAPSHOT-runner.jar"
      } ],
      "image" : "reng/122-quarkus-sample-openshift:1.0-SNAPSHOT",
      "imagePullPolicy" : "IfNotPresent",
      "name" : "quarkus-hello-openshift",
      "ports" : [ {
        "containerPort" : 8080,
        "name" : "http",
        "protocol" : "TCP"
      } ],
```

```
      "volumeMounts" : [ {
        "mountPath" : "/where/to/mount",
        "name" : "my-volume",
        "readOnly" : false,
        "subPath" : ""
      } ]
    } ],
    "volumes" : [ {
      "name" : "my-volume",
      "secret" : {
        "defaultMode" : 384,
        "optional" : false,
        "secretName" : "my-secret"
      }
    }, {
      "configMap" : {
        "defaultMode" : 384,
        "name" : "my-secret",
        "optional" : false
      },
      "name" : "my-volume"
    } ]
  }
},
"triggers" : [ {
  ...
} ]
  }
}
```

從上面的檔案內容可以解析，其中的所有生成資訊都是從 application.
properties 設定檔中獲得的。

## 2. 將程式部署到 OpenShift 中

可以在專案根目錄下使用 kubectl 命令將上述生成的 openshift.json 清單應
用到叢集，命令如下：

```
kubectl apply -f target/kubernetes/openshift.json
```

對於把應用部署到 OpenShift，使用者可能希望使用 oc 命令而非 kubectl 命令，oc 命令如下：

```
oc apply -f target/kubernetes/openshift.json
```

# 11.4 生成 Knative 資源檔

## 11.4.1 Quarkus 生成 Knative 部署檔案

Knative 是 Google 公司開放原始碼的 Serverless 架構方案，旨在提供一套簡單、好用、標準化的 Serverless 方案，目前參與該專案的公司主要有 Google、Pivotal、IBM、Red Hat 和 SAP。

Quarkus 可以生成 Knative 資源檔，需要在 application.properties 檔案中進行以下設定：

```
quarkus.kubernetes.deployment-target=knative
```

上述設定表示生成的目標是 Knative 資源檔。同時，還可以訂製化生成 Knative 資源檔的參數屬性。Knative 訂製化參數清單（部分）如表 11-6 所示。

表 11-6　Knative 訂製化參數清單（部分）

| 設定屬性 | 描述 | 類型 | 預設值 |
|---|---|---|---|
| quarkus.knative.name | quarkus.knative 的名稱 | String | ${quarkus.container-image.name} |
| quarkus.knative.version | quarkus.knative 的版本 | String | ${quarkus.container-image.tag} |
| quarkus.knative.part-of | | String | |
| quarkus.knative.init-containers | quarkus.knative 初始化容器 | Map<String, Container> | |

| 設定屬性 | 描述 | 類型 | 預設值 |
|---|---|---|---|
| quarkus.knative.labels | quarkus.knative 的標籤 | Map | |
| quarkus.knative.annotations | quarkus.knative 的註釋 | Map | |
| quarkus.knative.env-vars | quarkus.knative 的環境變數 | Map<String, Env> | |
| quarkus.knative.working-dir | quarkus.knative 的工作目錄 | String | |
| quarkus.knative.command | quarkus.knative 的命令模式 | String[] | |
| quarkus.knative.arguments | quarkus.knative 的參數 | String[] | |
| quarkus.knative.replicas | quarkus.knative 生成的複本數量 | int | 1 |
| quarkus.knative.service-account | quarkus.knative 的服務帳號 | String | |

## 11.4.2　案例簡介

本案例介紹以 Quarkus 框架為基礎實現生成 Knative 資源檔的功能。透過閱讀和分析在 Quarkus 框架中生成可以部署到 Knative 上的資源檔等的案例程式，可以了解和掌握如何把 Quarkus 框架與 Knative 更友善和高效率地協作起來。

**基礎知識**：Knative 平台及其基本概念。

Knative 建立在 Kubernetes 和 Istio 平台上，使用 Kubernetes 提供的容器管理功能（Deployment、ReplicaSet 和 Pod 等）及 Istio 提供的網路管理功能（Ingress、LB、Dynamic Route 等）。對於 Knative 開發，開發者只需撰寫程式或函數，以及設定檔（如何建構、執行及存取等宣告式資訊），然後執行 build 和 deploy 命令就能把應用自動部署到公有雲或私有雲的叢集上。

Knative 的 Serverless 平台會自動處理部署後的操作，這些工作包括：①自動完成程式到容器的建構；②把應用或函數與特定的事件進行綁定，當事件發生時，自動觸發應用或函數；③網路的路由和流量控制；④應用的自動伸縮。

Knative 有兩個特點：第一個特點是 Knative 的建構是在 Kubernetes 中進行的，和整個 Kubernetes 生態結合更緊密；第二個特點是 Knative 提供了一個通用的標準化建構元件，可以作為其他更大系統中的一部分，其核心目標更多的是定義標準化、可移植、可重用、性能高效的建構方法。

Knative 提供了 Build CRD 物件，讓使用者可以透過 yaml 檔案定義建構過程。一個典型的 Build 設定檔如下：

```
apiVersion: build.knative.dev/v1alpha1
kind: Build
metadata:
  name: example-build
spec:
  serviceAccountName: build-auth-example
  source:
    git:
      url: https://******.com/example/build-example.git (見連結 4)
      revision: master
  steps:
  - name: ubuntu-example
    image: ubuntu
    args: ["ubuntu-build-example", "SECRETS-example.md"]
  steps:
  - image: gcr.io/example-builders/build-example
    args: ['echo', 'hello-example', 'build']
```

Quarkus 生成 Knative 資源檔使用的就是這個典型的 Build 設定檔。

## 11.4.3　撰寫程式碼

撰寫程式碼有 3 種方式。第 1 種方式是透過程式 UI 來實現的，在 Quarkus 官網的生成內碼表面中按照指定步驟生成鷹架程式，然後下載檔案，將專案引入 IDE 工具中，最後修改程式原始碼。

第 2 種方式是透過 mvn 來建構程式，透過下面的命令建立 Maven 專案來實現：

```
mvn io.quarkus:quarkus-maven-plugin:1.11.1.Final:create ^
    -DprojectGroupId=com.iiit.quarkus.sample ^
    -DprojectArtifactId=123-quarkus-sample-knative  ^
    -DclassName=com.iiit.quarkus.sample.hello.HelloResource ^
    -Dpath=/hello  ^
    -Dextensions=resteasy,kubernetes,docker
```

第 3 種方式是直接從 GitHub 上獲取程式，可以從 GitHub 上複製預先準備好的範例程式：

```
git clone https://******.com/rengang66/iiit.quarkus.sample.git（見連結 1）
```

該程式位於 "123-quarkus-hello-knative" 目錄中，是一個 Maven 專案程式。

在 IDE 工具中匯入 Maven 專案程式，在 pom.xml 的 <dependencies> 下有以下內容：

```
<dependency>
    <groupId>io.quarkus</groupId>
    <artifactId>quarkus-kubernetes</artifactId>
</dependency>

<dependency>
    <groupId>io.quarkus</groupId>
    <artifactId>quarkus-container-image-docker</artifactId>
</dependency>
```

quarkus-kubernetes 是 Quarkus 整合了 Kubernetes 的實現。

quarkus-hello-knative 程式的設定檔和核心類別如表 11-7 所示。

表 11-7　quarkus-hello-knative 程式的設定檔和核心類別

| 名　稱 | 類　型 | 簡　介 |
|---|---|---|
| application.properties | 設定檔 | 須定義 Knative 設定的資訊，是該程式的核心內容 |
| HelloResource | 資源類別 | 提供 REST 外部 API，無特殊處理，在本節中將不做介紹 |

在該程式中，首先看看設定資訊的 application.properties 檔案：

```
# 輸出為 knative
quarkus.kubernetes.deployment-target=knative

# 訂製化 quarkus.knative 的 labels 屬性
quarkus.knative.name=quarkus-hello-knative
quarkus.knative.version=1.0-SNAPSHOT
quarkus.knative.part-of=123-quarkus-hello-knative
quarkus.kknative.labels.business=hello

# 訂製化 quarkus.knative 的 annotations 屬性
quarkus.knative.annotations.business=hello

# 訂製化 quarkus.knative 的 mounts volume 屬性
quarkus.knative.mounts.my-volume.path=/where/to/mount

# 訂製化 quarkus.knative 的 secret-volumes 屬性
quarkus.knative.secret-volumes.my-volume.secret-name=my-secret

# 訂製化 quarkus.knative 的 config-map 屬性
quarkus.knative.config-map-volumes.my-volume.config-map-name=my-secret

# 訂製化 quarkus.knative 的 replicas 屬性
quarkus.knative.replicas=3

# 訂製化 quarkus.knative 的 hostaliases 屬性
quarkus.knative.host=0.0.0.0
```

在上述程式中有 quarkus.knative 設定資訊的註釋，下面就不贅述了。

由於本案例的應用就是一個簡單的 Hello 程式，故不多做解釋。所有的
Quarkus 應用都可以按照以上模式生成、部署 Knative 平台的資源檔。

# 11.4.4 建立 Knative 部署檔案並將其部署到 Kubernetes 中

## 1. 建立 Knative 部署檔案

在程式目錄下執行命令 mvnw clean package（或 mvn clean package）。

可以看到，在 target/kubernetes/ 目錄中有兩個名為 knative.json 及 knative.
yml 的檔案。隨便查看其中一個檔案，將看到它同時包含 Knative 的部署
和服務（Service）內容。

knative.json 檔案內容如下所示：

```json
{
  "apiVersion" : "serving.knative.dev/v1",
  "kind" : "Service",
  "metadata" : {
    "annotations" : {
      "app.quarkus.io/build-timestamp" : "2021-01-31 - 03:04:53 +0000",
      "business" : "hello",
      "app.quarkus.io/commit-id" : "027200a87f42e7057fb089cc99900ea7e90b8a30",
      "app.quarkus.io/vcs-url" : ""
    },
    "labels" : {
      "app.kubernetes.io/name" : "quarkus-hello-knative",
      "app.kubernetes.io/part-of" : "123-quarkus-hello-knative",
      "app.kubernetes.io/version" : "1.0-SNAPSHOT"
    },
    "name" : "quarkus-hello-knative"
  },
  "spec" : {
    "template" : {
```

```
      "metadata" : {
        "labels" : {
          "app.kubernetes.io/name" : "quarkus-hello-knative",
          "app.kubernetes.io/part-of" : "123-quarkus-hello-knative",
          "app.kubernetes.io/version" : "1.0-SNAPSHOT"
        }
      },
      "spec" : {
        "containers" : [ {
          "image" : "reng/123-quarkus-sample-knative:1.0-SNAPSHOT",
          "imagePullPolicy" : "IfNotPresent",
          "name" : "quarkus-hello-knative",
          "ports" : [ {
            "containerPort" : 8080,
            "name" : "http1",
            "protocol" : "TCP"
          } ],
          "volumeMounts" : [ {
            "mountPath" : "/where/to/mount",
            "name" : "my-volume",
            "readOnly" : false,
            "subPath" : ""
          } ]
        } ]
      }
    }
  }
}
```

從上面的檔案內容可以解析，其中的所有生成資訊都是從 application.properties 設定檔中獲得的。

## 2. 將程式部署到 Kubernetes 中

可以在專案根目錄下使用 kubectl 命令將上述生成的 knative.json 清單應用到叢集，命令如下：

```
kubectl apply -f target/kubernetes/knative.json
```

# 11.5　本章小結

本章主要介紹了 Quarkus 框架的雲端原生應用和部署，從以下 4 個部分進行講解。

第一：　介紹在 Quarkus 框架中如何建構容器映像檔的應用，包含案例的原始程式、講解和驗證。

第二：　介紹在 Quarkus 框架中如何生成 Kubernetes 資源檔的應用，包含案例的原始程式、講解和驗證。

第三：　介紹在 Quarkus 框架中如何生成 OpenShift 資源檔的應用，包含案例的原始程式、講解和驗證。

第四：　介紹在 Quarkus 框架中如何生成 Knative 資源檔的應用，包含案例的原始程式、講解和驗證。

# 進階應用 --
# Quarkus Extension

## 12.1 Quarkus Extension 概述

Quarkus Extension 可以像專案依賴項那樣增強應用程式。Quarkus 框架擴充元件的作用是利用 Quarkus 核心將外部大量的開發函數庫無縫地整合到 Quarkus 系統結構中,例如在建構時做更多的事情,這就是你使用已經經過實戰驗證的生態系統,並充分利用 Quarkus 的高性能和原生編譯功能。

### 12.1.1 Quarkus Extension 的哲學

Quarkus 的任務就是建構比傳統方式耗費更少資源的應用程式,可以使用 GraalVM 來建構原生應用程式。因此,需要分析和了解應用程式的完整「封閉世界」。如果沒有全面和完整的上下文,可以實現的最佳結果是部分的、有限的和通用的支持。透過使用 Quarkus Extension 擴充方法,Quarkus 可以使 Java 應用程式符合記憶體佔用受限的環境,如 Kubernetes 或雲端平台環境。即使在不使用 GraalVM 的情況下(例如在 HotSpot 中),Quarkus Extension 也能顯著提高資源使用率。

下面列出 Quarkus Extension 在建構過程中執行的操作。

(1)收集建構時的中繼資料並生成程式。這一部分與 GraalVM 無關,主要是 Quarkus 如何「在建構時」啟動框架。Quarkus Extension 需要讀取中繼資料、掃描類別及根據需要生成類別。一小部分擴充工作在執行時期透過生成的類別執行，而大部分擴充工作在建構時（或稱為部署時）完成。

（2）以應用程式為基礎的內部視圖，強制執行自己確定的且合理的預設值（舉例來説，沒有 @Entity 的應用程式不需要啟動 Hibernate ORM）。

（3）其中一個 Quarkus 擴充元件託管了底層虛擬機器程式，這樣函數庫可以在 GraalVM 上執行。大多數更改都會被推到上游，以幫助底層函數庫在 GraalVM 上執行，但是並不是所有的更改都可以被推到上游，擴充元件託管的以虛擬機器為基礎的替換函數庫可以方便地執行。

（4）替換主機和底層虛擬機器程式，幫助消除以應用需求為基礎的死程式。這取決於應用程式，不能在函數庫中真正共用。舉例來説，Quarkus 需要最佳化 Hibernate 程式，因為 Quarkus 知道 Hibernate 程式只需要提供給程式一個特定的連接池和快取。

（5）向 GraalVM 發送需要反射的範例類別的中繼資料。這些資訊不需要每個函數庫都是靜態的（例如 Hibernate），但是框架有語義知識，知道哪些類別需要反射（例如 @Entity classes）。

複習一下，為了建構擴充元件，Quarkus 框架執行了以下步驟。

- Quarkus 框架從 application.properties 歸檔並映射到物件。
- Quarkus 框架從類別中讀取中繼資料而且不必載入它們，這包括類別路徑和註釋掃描。
- Quarkus 框架根據需要生成位元組碼（例如代理的實例化）。
- Quarkus 框架將合理的預設值傳遞給應用程式。
- Quarkus 框架使應用程式與 GraalVM（資源、反射、替換）相容。
- Quarkus 框架實施重新熱載入。

## 12.1.2  Quarkus Extension 基本概念

下面我們需要從一些基本概念開始。

虛擬機器（JVM）模式與原生（Native）模式介紹如下。

- 虛擬機器模式：Quarkus 框架首先是一個 Java 框架，這表示開發者可以開發、打包和執行經典的 JAR 應用程式，這就是常説的 JVM 模式。
- 原生模式：由於 GraalVM 的出現，開發者可以將 Java 應用程式編譯為特定的機器程式（如同在 Go 或 C++ 語言中所做的），這就是原生模式。

將Java位元組碼編譯成本機系統的特定機器程式的操作被稱為提前編譯。

下面是經典 Java 框架中建構時（Building）與執行時期（Running）的比較。

- 建構時（Building）代表應用 Java 原始檔案的所有操作，可以將這些原始檔案轉為可執行的內容（類別檔案、jar/war 檔案、本機映像檔）。通常這個階段由編譯、註釋處理、位元組碼生成等組成，此時一切都在開發者的控制之下。
- 執行時期（Running）代表執行應用程式時發生的所有操作。這個階段顯然偏重於啟動針對業務的操作，但依賴於許多技術操作，如載入庫和設定檔、掃描應用程式的類別路徑、設定依賴注入、設定物件關係映射、實例化 REST 控制器等。

一般來説 Java 框架在實際啟動應用程式之前、在執行時期進行啟動。在啟動過程中，框架透過掃描類別路徑來動態收集中繼資料，以尋找設定、定義實體、綁定依賴注入等，透過反射實例化適當的物件。主要結果如下。

- 延遲應用程式的準備：在實際提交業務請求之前，需要等待幾秒。

- 啟動時有一個資源消耗高峰：在一個受限環境中，需要根據技術啟動的需求而非實際業務需求來調整所需資源的大小。

Quarkus Extension 的哲學是「向左移動」這些操作，並最終在建構時執行這些操作，從而盡可能地防止緩慢和記憶體密集的動態程式執行。Quarkus Extension 通常是一段 Java 程式，充當常用的開發函數庫或技術的介面卡層。

## 12.1.3　Quarkus Extension 的組成

Quarkus Extension 由以下兩部分組成。

執行時期（Running）模組表示擴充元件開發者向應用程式開發者公開的功能（如身份驗證篩檢程式、增強的資料層 API 等）。執行時期依賴項是使用者將（在 Maven POMs 或 Gradle 建構指令稿中）增加的應用程式依賴項。

建構時（Building）模組用於建構階段，建構時（Building）模組描述了如何按照 Quarkus Extension 的哲學 "Building" 一個函數庫。也就是，在建構期間，將所有 Quarkus 最佳化應用於應用程式。另外，Building 模組也是為 GraalVM 的本地編譯進行準備的地方。

使用者不應該將擴充的建構時（Building）模組作為應用程式依賴項增加。建構時（Building）依賴項由 Quarkus 在擴充階段從應用程式的執行時期依賴項解析。

## 12.1.4　啟動 Quarkus 應用程式

Quarkus 應用程式有 3 個不同的啟動階段，分別介紹如下。

（1）增強（Augmentation）在建構期間，Quarkus Extension 將載入並掃描應用程式的位元組碼（包括依賴項）和設定。在這個階段，Quarkus

Extension 可以讀取設定檔、掃描類別中的特定註釋等。一旦收集到所有中繼資料，擴充元件就可以前置處理函數庫啟動操作，比如應用程式的 ORM、DI 或 REST 控制器設定。啟動的結果會被直接記錄到位元組碼中，並將成為最終應用套裝程式的一部分。

（2）靜態初始化（Static Init）在執行期間，Quarkus 會首先執行一個靜態初始化方法，該方法包含一些擴充操作 / 設定。當進行原生打包時，這個靜態方法將在建構時進行前置處理，此階段生成的物件將被序列化到最終的原生可執行程式中，因此初始化程式不會在原生模式下執行。在 JVM 模式下執行應用程式時，這個靜態初始化階段在應用程式開始時執行。

（3）執行時期初始化（Runtime Init）這沒什麼特別之處，就是執行經典的執行時期程式。因此，在上面兩個階段中執行的程式越多，應用程式的啟動速度就越快。

# 12.2 建立一個 Quarkus 擴充應用

## 12.2.1 案例簡介

本案例介紹如何把上述專案管理的內容做成一個 Quarkus 擴充應用，並提供給外部呼叫。

## 12.2.2 撰寫程式碼

撰寫程式碼有兩種方式。第 1 種方式是透過建立 Maven 專案來實現的：

```
mvn io.quarkus:quarkus-maven-plugin:1.9.2.Final:create-extension -N
    -DgroupId=com.iiit
    -DartifactId=quarkus-sample-extension-project
    -Dversion=1.0-SNAPSHOT
    -Dquarkus.nameBase="iiit Project Extension"
```

第 2 種方式是直接從 GitHub 上獲取程式，可以從 GitHub 上複製預先準備好的範例程式：

```
git clone https://******.com/rengang66/iiit.quarkus.sample.git (見連結 1)
```

該程式位於 "110-quarkus-sample-extension-project" 目錄中，是一個 Maven 專案程式。然後在 IDE 工具中匯入 Maven 該專案程式。

整個程式分為兩部分，第 1 部分是部署時 quarkus-sample-extension-project-deployment 程式，第 2 部分是執行時期 quarkus-sample-extension-project 程式。這兩個部分都屬於 quarkus-sample-extension-project-parent 程式。quarkus-sample-extension-project-parent 程式應用架構如圖 12-1 所示。

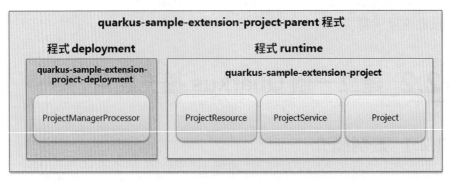

▲ 圖 12-1　quarkus-sample-extension-project-parent 程式應用架構圖

quarkus-sample-extension-parent 程式的應用架構顯示，其中包括 3 個專案，分別是父專案（quarkus-sample-extension-project-parent）、部署專案（quarkus-sample-extension-project-deployment）和執行專案（quarkus-sample-extension-project）。

## 1. 父專案

父專案主要是一個父 pom.xml 檔案，該程式的 pom.xml 檔案如下：

```
<?xml version="1.0" encoding="UTF-8"?>
```

```
<project xmlns="http://*****.apache.org/POM/4.0.0(見連結 5)"
         xmlns:xsi="http://www.**.org/2001/XMLSchema-instance(見連結 6)"
         xsi:schemaLocation="http://*****.apache.org/POM/4.0.0(見連結 5)
https://*****.apache.org/xsd/maven-4.0.0.xsd(見連結 7)">
    <modelVersion>4.0.0</modelVersion>

    <groupId>com.iiit</groupId>
    <artifactId>quarkus-sample-extension-project-parent</artifactId>
    <version>1.0-SNAPSHOT</version>
    <name>iiit Project Extension - Parent</name>

    <packaging>pom</packaging>

    <properties>
        <project.build.sourceEncoding>UTF-8</project.build.
sourceEncoding>
        <project.reporting.outputEncoding>UTF-8</project.reporting.
outputEncoding>
        <maven.compiler.source>1.8</maven.compiler.source>
        <maven.compiler.target>1.8</maven.compiler.target>
        <maven.compiler.parameters>true</maven.compiler.parameters>
        <quarkus.version>1.9.2.Final</quarkus.version>
        <compiler-plugin.version>3.8.1</compiler-plugin.version>
        <quarkus.platform.artifact-id>quarkus-universe-bom</quarkus.
platform.artifact-id>
        <quarkus.platform.group-id>io.quarkus</quarkus.platform.group-id>
        <quarkus.platform.version>1.9.0.CR1</quarkus.platform.version>
    </properties>

    <modules>
        <module>deployment</module>
        <module>runtime</module>
    </modules>
    <dependencyManagement>
        <dependencies>
            <dependency>
                <groupId>io.quarkus</groupId>
                <artifactId>quarkus-bom</artifactId>
                <version>${quarkus.version}</version>
```

```
            <type>pom</type>
            <scope>import</scope>
        </dependency>

        <dependency>
            <groupId>${quarkus.platform.group-id}</groupId>
            <artifactId>${quarkus.platform.artifact-id}</artifactId>
            <version>${quarkus.platform.version}</version>
            <type>pom</type>
            <scope>import</scope>
        </dependency>
    </dependencies>
</dependencyManagement>
<build>
    <pluginManagement>
        <plugins>
            <plugin>
                <groupId>org.apache.maven.plugins</groupId>
                <artifactId>maven-compiler-plugin</artifactId>
                <version>${compiler-plugin.version}</version>
            </plugin>
        </plugins>
    </pluginManagement>
</build>
</project>
```

程式說明：

① 擴充元件宣告了兩個子模組部署和執行時期。

② quarkus bom 部署將依賴項與 Quarkus 在部署階段使用的依賴項結合。

③ Quarkus 需要支援 annotationProcessorPaths 設定的最新版本的 Maven 編譯器外掛程式。

## 2. 部署模式專案

下面讓我們看看部署的 pom.xml 檔案，檔案路徑為 110-quarkus-sample-extension-project\ deployment\pom.xml，檔案內容如下：

```xml
<?xml version="1.0" encoding="UTF-8"?>
<project xmlns="http://*****.apache.org/POM/4.0.0 (見連結 5)" xmlns:xsi=
"http://www.**.org/2001/XMLSchema-instance (見連結 6)"
    xsi:schemaLocation="http://*****.apache.org/POM/4.0.0 (見連結 5)
https://*****.apache.org/xsd/maven-4.0.0.xsd (見連結 7)">
    <modelVersion>4.0.0</modelVersion>
    <parent>
        <groupId>com.iiit</groupId>
        <artifactId>quarkus-sample-extension-project-parent</artifactId>
        <version>1.0-SNAPSHOT</version>
        <relativePath>../pom.xml</relativePath>
    </parent>

    <artifactId>quarkus-sample-extension-project-deployment</artifactId>
    <name>iiit Project Extension - Deployment</name>

    <dependencies>
        <dependency>
            <groupId>io.quarkus</groupId>
            <artifactId>quarkus-core-deployment</artifactId>
        </dependency>

        <dependency>
            <groupId>io.quarkus</groupId>
            <artifactId>quarkus-arc-deployment</artifactId>
        </dependency>

        <dependency>
            <groupId>com.iiit</groupId>
            <artifactId>quarkus-sample-extension-project</artifactId>
            <version>${project.version}</version>
        </dependency>
    </dependencies>

    <build>
        <plugins>
            <plugin>
                <groupId>org.apache.maven.plugins</groupId>
                <artifactId>maven-compiler-plugin</artifactId>
```

```xml
                <configuration>
                    <annotationProcessorPaths>
                        <path>
                            <groupId>io.quarkus</groupId>
                            <artifactId>quarkus-extension-processor
</artifactId>
                            <version>${quarkus.version}</version>
                        </path>
                    </annotationProcessorPaths>
                </configuration>
            </plugin>
        </plugins>
    </build>

</project>
```

程式說明：

① 按照慣例，部署模組使用 -deployment 尾碼（quarkus-sample-extension-project-deployment）命名。

② 部署模組依賴於 Quarkus 核心部署元件。

③ 部署模組還必須依賴於執行時期模組。

④ 需要將 Quarkus 擴充處理器增加到編譯器註釋處理器。

除了 pom.xml 檔 案 建 立 擴 充 外 還 有 com.iiit.quarkus.sample.extension. project.deployment. ProjectManagerProcessor 類別，其程式如下：

```java
package com.iiit.quarkus.sample.extension.project.deployment;

import io.quarkus.deployment.annotations.BuildStep;
import io.quarkus.deployment.builditem.FeatureBuildItem;
import io.quarkus.arc.deployment.AdditionalBeanBuildItem;
import io.quarkus.deployment.annotations.BuildProducer;

import com.iiit.quarkus.sample.extension.project.Project;
import com.iiit.quarkus.sample.extension.project.ProjectService;
import com.iiit.quarkus.sample.extension.project.ProjectResource;
```

```java
class ProjectManagerProcessor {
    private static final String FEATURE = "quarkus-sample-extension-
project";

    @BuildStep
    FeatureBuildItem feature() {
        return new FeatureBuildItem(FEATURE);
    }

    @BuildStep
    public AdditionalBeanBuildItem buildProject() {
        return new AdditionalBeanBuildItem(Project.class);
    }

    @BuildStep
    void load(BuildProducer<AdditionalBeanBuildItem> additionalBeans) {
        additionalBeans.produce(new AdditionalBeanBuildItem(ProjectServi
ce.class));
        additionalBeans.produce(new AdditionalBeanBuildItem(ProjectResour
ce.class));
    }
}
```

FeatureBuildItem 表示由擴充元件提供的功能。在應用程式啟動期間，功能的名稱將顯示在日誌中。擴充元件最多應該提供一個特性。

Quarkus 依賴於建構時生成的位元組碼，而非等待執行時期程式評估，這是擴充的部署模組的職能。Quarkus 提出了一個進階 API。

這個 io.quarkus.builder.item.BuildItem 表示將生成或使用的物件實例（在某些時候被轉為位元組碼），這要歸功於用 @io.quarkus.builder.item.BuildItem 描述了擴充元件的部署任務。

feature 方法用 @BuildStep 註釋，這表示它被標識為 Quarkus 在部署期間必須執行的部署任務。BuildStep 方法在擴充時併發執行，以擴充應用程式。它們使用生產者 / 消費者模型，在這一模型中，有一個步驟可以保證在所有專案被生產出來之前該方法不會執行。

io.quarkus.deployment.builditem.FeatureBuildItem 是 表 示 擴 充 説 明 的
BuildItem 實現。Quarkus 將使用該建構項在啟動應用程式時向使用者顯
示資訊。

有許多 BuildItem 實現，每個實現都代表部署過程的方面，以下是一些範
例。

- ServletBuildItem：描述在部署過程中要生成的 Servlet（名稱、路徑
  等）。
- BeanContainerBuildItem：描述在部署期間用於儲存和檢索物件實例的
  容器。

如果找不到要實現的建構項，可以建立自己的實現。請記住，建構項應
該盡可能細粒度，代表部署的特定部分。要建立 BuildItem，可以使用的
擴充元件如下。

- 如果在部署過程中只需要該 BuildItem 項的單一實例（例如 Bean
  ContainerBuildItem，則只需要一個容器），可以使用 io.quarkus.builder.
  item.SimpleBuildItem 擴充元件。
- 如果在部署過程中想要多個 BuildItem 實例（例如 ServletBuildItem，
  可以在部署期間生成許多 Servlet），可以使用 io.quarkus.builder.item.
  MultiBuildItem 擴充元件。

## 3. 執行模式專案

最後讓我們看看執行時期的 pom.xml 檔案，檔案路徑為 110-quarkus-
sample-extension-project\runtime\pom.xml，檔案內容如下：

```xml
<?xml version="1.0" encoding="UTF-8"?>
<project xmlns="http://*****.apache.org/POM/4.0.0（見連結 5）" xmlns:xsi=
"http://www.**.org/2001/XMLSchema-instance（見連結 6）"
    xsi:schemaLocation="http://*****.apache.org/POM/4.0.0（見連結 5）
https://*****.apache.org/xsd/maven-4.0.0.xsd（見連結 7）">
    <modelVersion>4.0.0</modelVersion>
```

```xml
<parent>
    <groupId>com.iiit</groupId>
    <artifactId>quarkus-sample-extension-project-parent</artifactId>
    <version>1.0-SNAPSHOT</version>
    <relativePath>../pom.xml</relativePath>
</parent>

<artifactId>quarkus-sample-extension-project</artifactId>
<name>iiit Project Extension - Runtime</name>

<dependencies>
</dependencies>

<build>
    <plugins>
        <plugin>
            <groupId>io.quarkus</groupId>
            <artifactId>quarkus-bootstrap-maven-plugin</artifactId>
            <version>${quarkus.version}</version>
            <executions>
                <execution>
                    <goals>
                        <goal>extension-descriptor</goal>
                    </goals>
                    <phase>compile</phase>
                    <configuration>
                        <deployment>${project.groupId}:${project.
artifactId}-deployment:${project. version}
                        </deployment>
                    </configuration>
                </execution>
            </executions>
        </plugin>
        <plugin>
            <groupId>org.apache.maven.plugins</groupId>
            <artifactId>maven-compiler-plugin</artifactId>
            <configuration>
                <annotationProcessorPaths>
                    <path>
```

```
                              <groupId>io.quarkus</groupId>
                              <artifactId>quarkus-extension-processor
  </artifactId>
                              <version>${quarkus.version}</version>
                         </path>
                    </annotationProcessorPaths>
                </configuration>
           </plugin>
        </plugins>
    </build>
</project>
```

程式說明：
..........

① 按照慣例，執行時期模組沒有尾碼，因為該模組是針對最終使用者的公開元件。

② 增加 quarkus-bootstrap-maven-plugin 來生成包含在執行時期元件中的 Quarkus 擴充描述符號，quarkus-bootstrap-maven-plugin 將與之對應的部署元件連接起來。

③ 將 quarkus-extension-processor 增加到編譯器註釋處理器中。

下面分別說明 ProjectService 服務類別的內容。ProjectService 服務類別就是簡單提供一個資料服務的功能，其程式如下：

```java
public class ProjectService {
    private Map<Integer, Project> projectMap = new HashMap<>();

    public ProjectService() {
        projectMap.put(1, new Project(1, "專案 A", "關於專案 A 的情況描述"));
        projectMap.put(2, new Project(2, "專案 B", "關於專案 B 的情況描述"));
        projectMap.put(3, new Project(3, "專案 C", "關於專案 C 的情況描述"));
    }

    public List<Project> getAllProject() {
        return new ArrayList<>(projectMap.values());
    }
```

```
// 省略部分程式

}
```

## 12.2.3 驗證程式

由於擴充元件生成了傳統的 jar 檔案，共用擴充元件最簡單的方法就是
將其發佈到 Maven 儲存倉庫。發佈後就可以簡單地使用專案依賴項宣告
了。下面透過建立一個簡單的 Quarkus 應用程式來示範這一點。

透過下列幾個步驟（如圖 12-2 所示）來驗證案例程式。

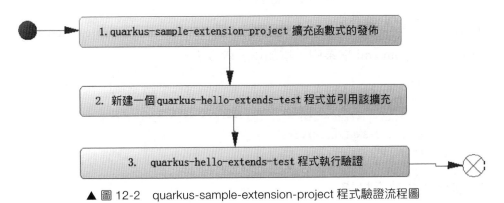

▲ 圖 12-2　quarkus-sample-extension-project 程式驗證流程圖

下面對其中相關的關鍵點說明。

### 1. quarkus-sample-extension-project 擴充函數庫的發佈

透過下面的命令可以將該擴充函數庫發佈到本地 Maven 儲存倉庫中：

```
mvn clean install
```

quarkus-sample-extension-project 必須安裝在本地 Maven 儲存倉庫（或網
路 Maven 儲存倉庫）中，這樣才能在應用程式中使用它。

## 2. 建立測試程式

撰寫程式碼有兩種方式。第 1 種方式是透過建立 Maven 專案來實現的：

```
mvn io.quarkus:quarkus-maven-plugin:1.8.1.Final:create ^
    -DprojectGroupId=com.iiit.quarkus.sample ^
    -DprojectArtifactId=114-quarkus-hello-extends-test ^
    -DclassName=com.iiit.quarkus.sample.hello.HelloResource ^
    -Dpath=/hello
```

第 2 種方式是直接從 GitHub 上獲取程式，可以從 GitHub 上複製預先準備好的範例程式：

```
git clone https://******.com/ (見連結 3)
```

在 IDE 工具中匯入 Maven 專案程式 110-quarkus-sample-extension-project。在 pom.xml 檔案中，增加以下內容：

```
<dependency>
    <groupId>com.iiit</groupId>
    <artifactId>quarkus-sample-extension-project</artifactId>
    <version>1.0-SNAPSHOT</version>
</dependency>
```

## 3. 測試程式執行驗證

（1）啟動程式

啟動程式有兩種方式，第 1 種是在開發工具（如 Eclipse）中呼叫 ProjectMain 類別的 run 命令，第 2 種是在程式目錄下直接執行命令 mvnw compile quarkus:dev。

（2）透過 API 顯示專案的 JSON 格式內容
在命令列視窗中輸入以下命令：

```
curl http://localhost:8080/hello/project
```

結果表示已經呼叫了 quarkus-sample-extension-project 擴充元件的內容。

# 12.3 一些關於 Quarkus Extension 的說明

12.2 節中的案例只是一個非常簡單的 Quarkus Extension 應用案例，實際工作中有很多非常複雜的框架或平台要擴充到 Quarkus 框架中，這就需要掌握更多的知識和技能，更需要了解 Quarkus 框架的一些底層架構和原理。

由於篇幅原因，就不進行詳細介紹了。

# 12.4 本章小結

本章主要介紹了 Quarkus Extension 的相關內容，從以下 3 個部分來進行講解。

第一： 介紹 Quarkus Extension 的概念和內容。

第二： 介紹如何在 Quarkus 框架中建立一個 Quarkus 的擴充應用，包含案例的原始程式、講解和驗證。

第三： 列出了一些關於 Quarkus Extension 的說明。

世界上唯一不變的就是變化，Quarkus 也是這樣，時刻處於高速發展中。筆者當初寫相關文章和案例程式時，Quarkus 的版本還是 1.7.1，而現在 Quarkus 的版本已經更新了。因此，必須考慮如何應對這樣的情況。

首先，介紹一下 Quarkus 的版本執行情況。

Quarkus 框架包括 Quarkus Core 、Quarkus Platform 和其他一些輔助部分。

- Quarkus Core 主要是由 Quarkus 基礎元件和所有核心擴充元件組成的，quarkus-bom 是 Quarkus Core 之一。Quarkus Maven 外掛程式也是其中的一部分。
- Quarkus Platform 包含了更多的擴充元件，一般包含 Quarkus Core 和其他擴充元件。

Quarkus 開發團隊通常會先發佈 Quarkus Core 的更新內容，然後發佈 Quarkus Platform 的更新內容，兩者會相隔幾天，這是因為每次發佈新的 Quarkus 擴充元件時都需要進行 72 小時投票。當然，更新完 Quarkus 版本，還需要更新對應的文件及其他相關資料。

其次，介紹一下新版本的發佈對舊版本的影響。

在新建的 Quarkus 專案中，在 Maven 的 pom.xml 下有以下版本資訊：

```
<quarkus-plugin.version>1.1.1.Final</quarkus-plugin.version>
<quarkus.platform.artifact-id>quarkus-universe-bom</quarkus.platform.
```

```
artifact-id>
<quarkus.platform.group-id>io.quarkus</quarkus.platform.group-id>
<quarkus.platform.version>1.1.1.Final</quarkus.platform.version>
```

解釋說明：

① quarkus-plugin.version 是 Quarkus Maven 外掛程式的版本編號，該版本編號與 Quarkus Core 的版本編號一致。

② quarkus.platform.artifact-id 是整個平台的 quarkus-universe-bom，也是 Quarkus Core 的 quarkus-bom。

③ quarkus.platform.version 是 BOM 的版本編號。

實際上，在 Quarkus 發佈新版本時，只有 quarkus-plugin.version 和 quarkus.platform.version 發生了變化，因此更新新版本時主要升級的是這兩個內容。

最後，說明一下本書的案例程式版本。

本書在寫作初期採用的 Quarkus 版本是 1.7.0，但隨著 Quarkus 版本的更新，後續一些案例使用了 1.8、1.9 等版本，因此本書中使用的 Quarkus 版本很多。

但是各位讀者不用擔心，在提交本書案例程式時，筆者把全部案例程式的 Quarkus 版本都統一為了 1.11.1.Final，並重新進行了建構、編譯、執行、測試和驗證。根據筆者的經驗，如果是 Red Hat 官方實現的擴充元件，正常情況下直接升級即可，最多進行一些設定上的修改。而如果是非官方（例如其他廠商）實現的擴充元件，則可能出現未及時更新、在 Quarkus 新版本中不可用的情況。

最後，在 Quarkus 版本的後續升級過程中，筆者也會繼續把全部案例程式更新到 Quarkus 的最新版本上，並重新進行建構、編譯、執行、測試和驗證。

[1]   Quarkus 官網（見連結 8）

[2]   Quarkus guides 網址（見連結 9）

[3]   Quarkus 原始程式網址（見連結 10）

[4]   Quarkus quickstarts 網址（見連結 11）

[5]   Quarkus 中文網站（見連結 12）

[6]   Quarkus Workshop（見連結 13）

[7]   Quarkus 初探（見連結 14）

[8]   任鋼 . 微服務系統建設和實踐 . 北京：電子工業出版社，2019.

[9]   Quarkus：超音速亞原子 Java 體驗（見連結 15）

[10]  MicroProfile Config（見連結 16）

[11]  E.Gamma, R.Helm, R.Johnson, and Vlissides. Design Patterns Elements of Reusable Object Oriented Software. Addison-Wesley, 1995.

[12]  E.Gamma, R.Helm, R.Johnson, and Vlissides. 設計模式：可重複使用物件導向軟體的基礎 . 李英軍等譯 . 北京：機械工業出版社 . 2000.9.

[13]  Java 官網（見連結 17）

[14]  GraalVM 官網（見連結 18）

[15]  SubstrateVM（見連結 19）

[16]　Maven 官網（見連結 20）

[17]　Maven Central（見連結 21）

[18]　cURL 官網（見連結 22）

[19]　Docker 官網（見連結 23）

[20]　Postman 官網（見連結 24）

[21]　PostgreSQL 官網（見連結 25）

[22]　Redis 官網（見連結 26）

[23]　MongoDB 官網（見連結 27）

[24]　Apache Kafka 官網（見連結 28）

[25]　Apache ActiveMQ Artemis 官網（見連結 29）

[26]　Eclipse Mosquitto 官網（見連結 30）

[27]　Keycloak 官網（見連結 31）

[28]　Kubernetes 官網（見連結 32）

[29]　OpenShift 官網（見連結 33）

[30]　Knative 官網（見連結 34）

[31]　Jakarta EE 標準官網（見連結 35）

[32]　MicroProfile 4.0 標準（見連結 36）

[33]　UML 官網（見連結 37）

[34]　RESTEasy（見連結 38）

[35]　JAX-RS 標準網站（見連結 39）

[36]　OpenAPI 標準官網（見連結 40）

[37]　Eclipse MicroProfile OpenAPI 官網（見連結 41）

[38]　Swagger 官網（見連結 42）

[39]　Swagger UI 介紹（見連結 43）

[40] GraphQL 知識網站（見連結 44）

[41] MicroProfile GraphQL 標準官網（見連結 45）

[42] WebSocket 標準官網（見連結 46）

[43] JPA 介面標準官網（見連結 47）

[44] Hibernate 官網（見連結 48）

[45] Agroal 官網（見連結 49）

[46] JTA 標準官網（見連結 50）

[47] JMS 標準官網（見連結 51）

[48] Keycloak Doc Guide（見連結 52）

[49] OIDC 官網（見連結 53）

[50] JWT 官網（見連結 54）

[51] OAuth 2.0 協定官網（見連結 55）

[52] Quarkus OAuth2 and security with Keycloak（見連結 56）

[53] 使用響應式訊息傳遞開發響應式微服務（見連結 57）

[54] 關於響應式概念（見連結 58）

[55] 回應串流（reactive-streams）官網（見連結 59）

[56] SmallRye 官網（見連結 60）

[57] Eclipse MicroProfile 官網（見連結 61）

[58] Eclipse Vert.x 官網（見連結 62）

[59] MicroProfile Reactive Messaging（見連結 63）

[60] AMQP 官網（見連結 64）

[61] MicroProfile Fault Tolerance（見連結 65）

[62] MicroProfile Health（見連結 66）

[63] MicroProfile Metrics（見連結 67）

[64]  Sigelman B H, Barroso L A, Burrows M, et al. Dapper, a large-scale distributed systems tracing infrastructure[J]. 2010.

[65]  OpenTracing 官網（見連結 68）

[66]  Jaeger 官網（見連結 69）

[67]  Spring Framework Core Technologies（見連結 70）

[68]  Spring MVC 官網（見連結 71）

[69]  Spring Data 官網（見連結 72）

[70]  Spring Security 官網（見連結 73）

[71]  Spring Boot 官網（見連結 74）

[72]  Spring Cloud Config 官網（見連結 75）

[73]  How to update the quarkus version used（見連結 76）

書附程式中亦有此表，讀者可開啟檔案複製貼上連結。

1  https://github.com/rengang66/iiit.quarkus.sample.git

2  https://www.iiit.com

3  https://github.com/

4  https://github.com/example/build-example.git

5  http://maven.apache.org/POM/4.0.0

6  http://www.w3.org/2001/XMLSchema-instanc

7  https://maven.apache.org/xsd/maven-4.0.0.xsd

8  https://quarkus.io/

9  https://quarkus.io/guides/

10  https://github.com/quarkusio

11  https://github.com/quarkusio/quarkus-quickstarts

12  https://quarkus.pro/guides/

13  https://quarkus.io/quarkus-workshops/super-heroes/#introduction

14  https://github.com/shadowmanportfolio/runtime/blob/master/Quarkus_
    introduction.md

15  https://developer.ibm.com/zh/articles/cl-lo-quarkus-supersonic-
    subatomic-java-experience/

16  https://microprofile.io/project/eclipse/microprofile-config

17  https://www.oracle.com/java/

18  https://www.graalvm.org

19  https://github.com/oracle/graal/tree/master/substratevm

20  https://maven.apache.org

21  https://search.maven.org

22  https://curl.haxx.se

23  https://www.docker.com/

24  https://www.postman.com/

25  https://www.postgresql.org/https://www.postgresql.org/

26  http://redis.io

27  https://www.mongodb.com/

28  https://kafka.apache.org/。

29  https://activemq.apache.org/

30  https://mosquitto.org/

31  https://www.keycloak.org/

32  https://kubernetes.io/

33  https://www.openshift.com/

34  https://knative.dev/

35  https://jakarta.ee/specifications/

36  https://microprofile.io

37  https://www.uml.org/

38  https://resteasy.github.io

39  https://jakarta.ee/specifications/restful-ws/。

40  https://github.com/OAI/OpenAPI-Specification/

41  https://github.com/eclipse/microprofile-open-api

42  https://swagger.io/

43  https://swagger.io/tools/swagger-ui

44  https://graphql.cn/

45  https://github.com/eclipse/microprofile-graphql

46  https://jakarta.ee/specifications/websocket/

47  https://jakarta.ee/specifications/persistence/

48  http://hibernate.org/

49  https://agroal.github.io

50  https://jakarta.ee/specifications/transactions/

51  https://jakarta.ee/specifications/messaging/

52  https://www.keycloak.org/documentation.html

53  http://openid.net/connect/

54  https://jwt.io/

55  https://oauth.net/2/

56  https://piotrminkowski.com/2020/09/16/quarkus-oauth2-and-security-with-keycloak/

57  https://developer.ibm.com/zh/articles/develop-reactive-microservices-with-microprofile/

58  https://developer.ibm.com/zh/articles/defining-the-term-reactive/

59  http://www.reactive-streams.org/

60  https://smallrye.io/

61  https://microprofile.io/

62  https://vertx.io/

63  https://github.com/eclipse/microprofile-reactive-messaging

64  https://www.amqp.org/

65  https://github.com/eclipse/microprofile-fault-tolerance

66  https://microprofile.io/project/eclipse/microprofile-health

67  https://microprofile.io/project/eclipse/microprofile-metrics

68  http://opentracing.io/

69  https://www.jaegertracing.io/

70  https://spring.io/projects/spring-framework

71  https://docs.spring.io/spring-framework/docs/current/reference/html/web.html

72  https://spring.io/projects/spring-data

73  https://spring.io/projects/spring-security

74  https://spring.io/projects/spring-boot

75  https://spring.io/projects/spring-cloud-config

76  https://stackoverflow.com/questions/59880235/how-to-update-the-quarkus-version-used

77  https://gitee.com/rengang66/iiit.quarkus.sample.git